项目三——任务一 制作“蓉锦大学”首页页面

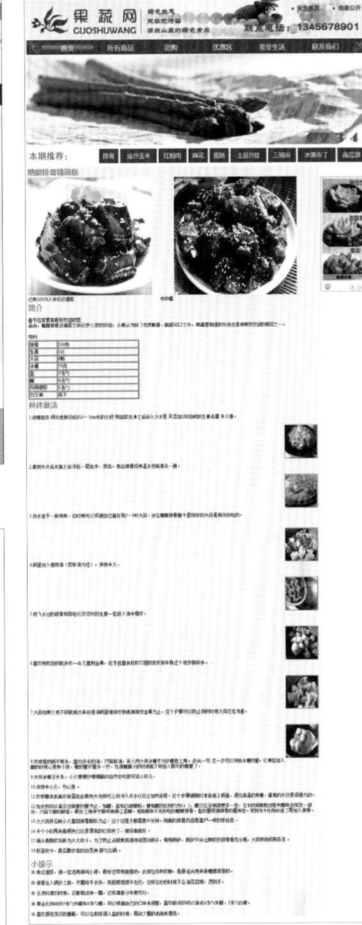

项目五——任务一
制作“享受生活”页面

项目五——实训二 制作“招生就业”页面

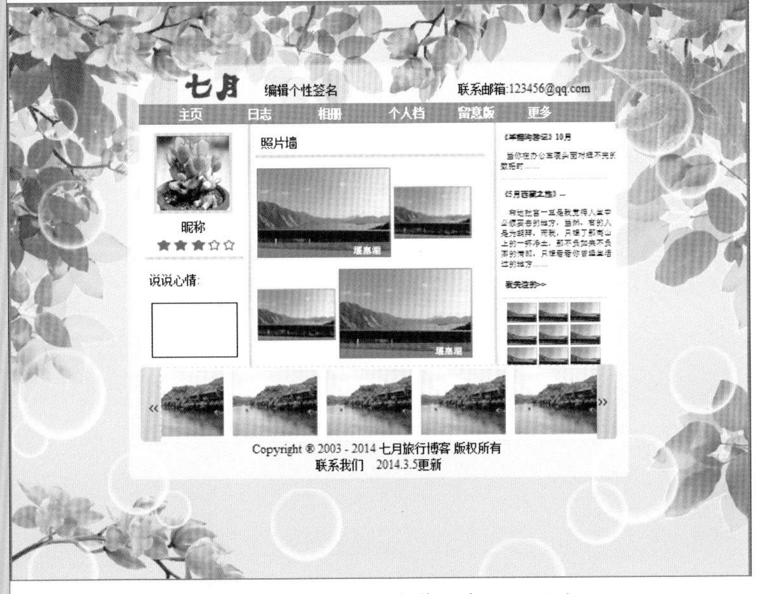

项目五——课后练习 制作“七月”网页

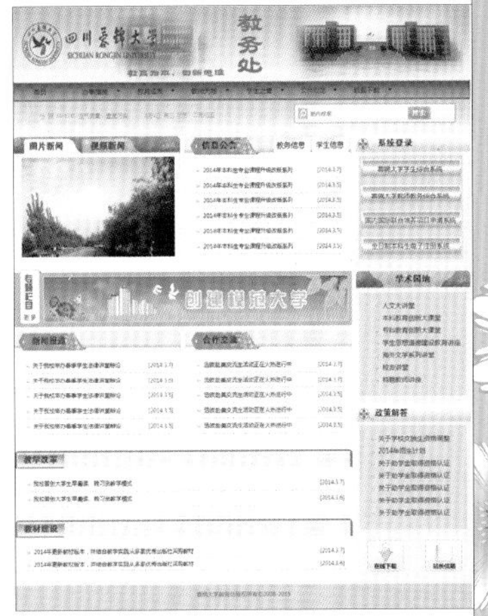

项目五——任务二
使用 DIV+CSS 制作蓉锦大学教务处网页

您好！欢迎来到七月旅行网！

请 [登录] [免费注册]

七月 | 欢迎注册

基本信息

用户名：请输入会员名称

密 码：

确认密码：

性 别：女

附加信息

请输入不少于20个字的自我介绍

自我介绍：

喜欢的旅行方式：独行 跟团 全家旅 骑行 其他

从哪里了解到七月网：

朋友介绍 杂志报刊 网站推广 论坛/贴吧 其他

上传头像：选择文件 未选择文件

我已阅读并完全同意条款内容

提交注册 重新填写

收藏本站 联系我们

Copyright © 2003 - 2014 七月旅行博客 版权所有 2014.3.5更新

项目六——课后练习
制作“七月”注册页面

项目十一
微观多肉世界网站建设（1）

项目十一 微观多肉世界网站建设（2）

项目十一 微观多肉世界网站建设（3）

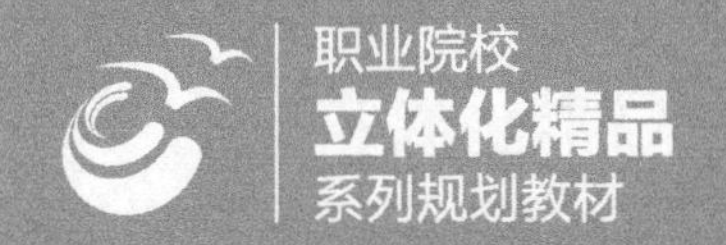

网页设计与制作(Photoshop+Dreamweaver+Flash)立体化教程

危锋 李茂林 ◎ 主编
胥保华 邓晓宁 张哲 ◎ 副主编

人 民 邮 电 出 版 社
北 京

图书在版编目（C I P）数据

网页设计与制作（Photoshop+Dreamweaver+Flash）
立体化教程 / 危锋，李茂林主编. -- 北京 : 人民邮电
出版社，2014.8（2020.9重印）
职业院校立体化精品系列规划教材
ISBN 978-7-115-35497-6

Ⅰ. ①网… Ⅱ. ①危… ②李… Ⅲ. ①网页制作工具
－高等职业教育－教材 Ⅳ. ①TP393.092

中国版本图书馆CIP数据核字(2014)第109758号

内 容 提 要

本书主要讲解网页设计的基本流程、Dreamweaver CS5 的基本操作，编辑页面元素，布局网页页面，使用 CSS+DIV 统一页面风格，使用库、模板、行为和表单，制作动态网页效果，Photoshop CS5 的基本操作，使用 Photoshop CS5 处理图像，使用 Flash CS5 制作动画等知识。本书最后还安排了一个综合案例，进一步提高学生对知识的应用能力。

本书采用项目式、分任务讲解，每个任务主要由任务目标、相关知识和任务实施 3 个部分组成，然后再进行强化实训。每章最后还总结了常见疑难解析，并安排了相应的练习和实践。本书着重于对学生实际应用能力的培养，将职业场景引入课堂教学，因此可以让学生提前进入工作的角色。

本书适合作为职业院校网页设计专业以及计算机应用等相关专业的教材，也可作为各类社会培训学校相关专业的教材，同时还可供网页设计者、网页美工人员自学使用。

◆ 主　　编　危　锋　李茂林
副 主 编　胥保华　邓晓宁　张　哲
责任编辑　王　平
责任印制　焦志炜

◆ 人民邮电出版社出版发行　　北京市丰台区成寿寺路 11 号
邮编　100164　　电子邮件　315@ptpress.com.cn
网址　http://www.ptpress.com.cn
涿州市京南印刷厂印刷

◆ 开本：787×1092　1/16　　彩插：1
印张：16　　2014 年 8 月第 1 版
字数：396 千字　　2020 年 9 月河北第 7 次印刷

定价：42.00 元（附光盘）

读者服务热线：(010) 81055256　印装质量热线：(010) 81055316
反盗版热线：(010) 81055315
广告经营许可证：京东市监广登字 20170147 号

前言 PREFACE

随着近年来职业教育课程改革的不断发展，也随着计算机软硬件日新月异的升级，以及教学方式的不断发展，市场上很多教材的软件版本、硬件型号、教学结构等很多方面都已不再适应目前的教授和学习。

有鉴于此，我们认真总结了教材编写经验，用了两三年的时间深入调研各地、各类职业教育学校的教材需求，组织了一批优秀的、具有丰富的教学经验和实践经验的作者团队编写了本套教材，以帮助各类职业院校快速培养优秀的技能型人才。

本着“工学结合”的原则，我们在教学方法、教学内容和教学资源3个方面体现出了本套教材的特色。

教学方法

本书精心设计“情景导入→任务讲解→上机实训→常见疑难解析与拓展→课后练习”5段教学法，将职业场景引入课堂教学，激发学生的学习兴趣；然后在任务的驱动下，实现“做中学，做中教”的教学理念；最后有针对性地解答常见问题，并通过练习全方位帮助学生提升专业技能。

- **情景导入**：以情景对话方式引入项目主题，介绍相关知识点在实际工作中的应用情况及其与前后知识点之间的联系，让学生了解学习这些知识点的必要性和重要性。
- **任务讲解**：以实践为主，强调“应用”。每个任务先指出要做一个什么样的实例，制作的思路是怎样的，需要用到哪些知识点，然后讲解完成该实例必备的基础知识，最后分步骤详细讲解任务的实施过程。讲解过程中穿插有“操作提示”、“知识补充”和“职业素养”3个小栏目。
- **上机实训**：结合任务讲解的内容和实际工作需要给出操作要求，提供适当的操作思路及步骤提示供参考，要求学生独立完成操作，充分训练学生的动手能力。
- **常见疑难解析与拓展**：精选出学生在实际操作和学习中经常会遇到的问题并进行答疑解惑，通过拓展知识版块，学生可以深入、综合地了解一些提高应用知识。
- **课后练习**：结合该项目内容给出难度适中的上机操作题，通过练习，学生可以达到强化、巩固所学知识的目的，温故而知新。

教学内容

本书的教学目标是循序渐进地帮助学生掌握网页设计的相关知识，具体包括掌握Dreamweaver CS5、Photoshop CS5、Flash CS5的相关操作，以及3个软件协同使用完成网页设计的操作流程。全书共11个项目，可分为如下几个方面的内容。

- **项目一**：概述网页设计的基础知识，主要用一个网页案例来认识网站，并介绍网站规划与制作流程。

- **项目二～项目三**：主要讲解Dreamweaver CS5的基本操作和网页基本元素的添加。
- **项目四～项目五**：主要讲解使用表格、框架、CSS+DIV进行页面布局的相关知识。
- **项目六**：主要讲解库、模板、行为、表单的使用方法。
- **项目七**：主要讲解动态网页效果的制作方法。
- **项目八～项目九**：主要讲解使用Photoshop CS5进行图片处理的相关知识。
- **项目十**：主要讲解使用Flash CS5制作动画的操作。
- **项目十一**：以一个综合类型的网站为例，从前期规划到效果图制作、动画制作、页面制作的流程来体现网页设计的流程。

教学资源

本书的教学资源包括以下 3 方面的内容。

（1）配套光盘

本书配套光盘中包含图书中实例涉及的素材与效果文件、各章节实训及习题的操作演示动画以及模拟试题库 3 个方面的内容。模拟试题库中含有丰富的关于网页设计与制作的相关试题，包括填空题、单项选择题、多项选择题、判断题和操作题等多种题型，读者可自动组合出不同的试卷进行测试。另外，还提供了两套完整模拟试题，以便读者测试和练习。

（2）教学资源包

本书配套精心制作的教学资源包，包括PPT教案和教学教案（备课教案、Word文档），以便老师顺利开展教学工作。

（3）教学扩展包

教学扩展包中包括方便教学的拓展资源以及每年定期更新的拓展案例两个方面的内容。其中拓展资源包含网页设计案例素材、网页设计中网站发布技术等。

特别提醒：上述教学资源包和教学扩展包可访问人民邮电出版社教学服务与资源网（http:// www.ptpedu.com.cn）搜索下载，或者发电子邮件至dxbook@qq.com索取。

本书由河南经贸职业学院危锋、运城职业技术学院李茂林任主编，聊城市工业学校胥保华、武隆县职业教育中心邓晓宁和南阳师范学院软件学院张哲任副主编，其中危锋负责编写项目一和项目二，李茂林负责编写项目三～项目五，胥保华负责编写项目六和项目七，邓晓宁负责编写项目八和项目九，张哲负责编写项目十和项目十一。虽然编者在编写本书的过程中倾注了大量心血，但百密之中仍有疏漏，恳请广大读者及专家不吝赐教。

编者

2014年4月

目 录 CONTENTS

项目一 网页设计基础 1

项目二 Dreamweaver CS5的基本操作 15

项目三 编辑网页元素 37

项目四　布局网页页面　61

项目五　使用CSS+DIV统一页面风格　81

项目六 库、模板、表单、行为的应用 107

项目七 实现动态网页效果 129

项目八　Photoshop CS5的基本操作　145

项目九　使用Photoshop CS5处理图像　167

项目十　使用Flash CS5制作动画　193

项目十一　微观多肉世界网站建设　219

PART 1

项目一 网页设计基础

情景导入

阿秀：小白，这批新进员工中就你工作最用心，今后你一定要多加努力，争取早日成为一名合格的网页设计师。

小白：谢谢阿秀的夸奖，但是现在我很迷茫，不知道要如何才能成为一名合格的网页设计师，而且也不清楚网页设计的一般流程。

阿秀：先别着急，今后的网页设计工作我会带着你一起来完成，现在首先熟悉网页设计的基础知识。

小白：好的。

学习目标

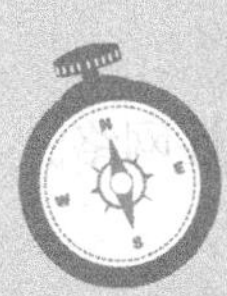

- 了解网页设计中相关术语及概念
- 掌握HTML常用的标记语言
- 掌握一个完整网站设计的基本流程

技能目标

- 掌握网页设计的基础知识
- 掌握网页设计的基本流程
- 能够独立完成一个网站的项目规划

任务一 购物网站赏析

随着互联网时代的到来，网络已经完全融入人们的生活。在网络中企业和个人通常会通过网站来展示自己，精美的网页设计，对于提升企业和个人形象至关重要。

一、任务目标

本任务将赏析购物类的网站，从而掌握网页设计的基本知识，主要包括网站、网页、主页的概念，网页常用术语，常用网页制作软件，HTML标记语言等。通过本任务的学习，可掌握网页设计的基础知识。

二、相关知识

（一）网站、网页、主页概念

网站、网页、主页是网络的基本组成元素，是包含与被包含的关系，具体如下。

- **网站**：在Internet中根据一定规则，使用HTML等工具制作的用于展示特定内容的相关网页集合。通常网站的作用是发布资讯或提供相关服务。
- **网页**：网页是Internet中的页面，在浏览器的地址栏中输入网站地址打开的页面就是网页，网页是构成网站的基本元素，是网站应用平台的载体。网页按表现形式可分为静态网页和动态网页两种类型：静态网页通常使用HTML语言编写，一般没有交互性，其后缀名为.html或.htm；动态网页通常会增加ASP、PHP、JSP等技术，具有较好的交互性，其后缀名为.asp、.php、.jsp。
- **主页**：主页也叫首页或起始页，是用户进入网站后看到的第一个页面，大多数主页的文件名为index、detault\main加上扩展名。

（二）网页常用术语

网页设计有其专业的常用术语，如Internet、WWW、浏览器、URL、IP地址、域名、HTTP、FTP、站点、发布、客户机、服务器、脚本等，作为一名网页设计师，必须熟练掌握这些常用术语。下面分别介绍。

1. Internet

Internet又名互联网或因特网，是各种不同类型的计算机网络连接起来的全球性网络。

2. WWW

WWW是“World Wide Web，万维网”的缩写，简称Web，其功能是让Web客户端（常用浏览器）访问Web服务器中的网页。

3. 浏览器

浏览器是将Internet中的文本文档和其他文件翻译成网页的软件，通过浏览器可以快捷地获取Internet中的内容。常用的浏览器有Internet Explorer、Firefox、Chrome等。

4. URL

URL的中文名称是“统一资源定位符”，用于指定通信协议和地址，如“http://www.

baidu.com”就是一个URL，其中，“http://”表示通信协议为超文本传输协议，“www.baidu.com”表示网站名称。

5. IP

IP（Internet Protocol的缩写）即网际协议。Internet中的每台计算机都有唯一的IP地址，表示该计算机在Internet中的位置。IP实际是由32位的二进制数、4段数字组成，每段8位，各部分用小数点分开。IP通常分为3类，具体如下。

- **A类**：IP前8位表示网络号，后24位表示主机号，有效范围为1.0.0.1~126.255.255.254。
- **B类**：IP前16位表示网络号，后16位表示主机号，有效范围为128.0.0.1~191.255.255.254。
- **C类**：IP前24位表示网络号，后8位表示主机号，有效范围为192.0.0.1~222.255.255.254。

6. 域名

域名指网站的名称，任何网站的域名都是全世界唯一的。通常把域名看成网站的网址，如“www.baidu.com”就是百度网的域名。域名由固定的网络域名管理组织进行全球统一管理。域名需向各地的网络管理机构进行申请才能获取。域名的书写格式：机构名.主机名.类别名.地区名。如新浪网的域名为：www.baidu.com.cn，其中“www”为机构名，“sina”为主机名，“sina”为类别名，“cn”为地区名。

7. FTP

FTP是文件传输协议的简称，通过这个协议，可以把文件从一个地方传到另外一个地方，从而真正地实现资源共享。

8. 发布

发布指将制作好的网站传到网络上的过程，也称为上传网站。

9. 超链接

超链接是指从一个网页指向一个目标的接关系，这个目标可以是另一个网页，也可以是相同网页的不同位置，也可以是一个图片、一个电子邮件地址、一个文件，甚至是一个程序。在浏览网页时单击超链接就能跳转到与之相应的页面。图1-1所示网页中有文本超链接和图片超链接。

图1-1 超级链接

10. 导航条

导航条链接了网页的其他页面，就如同一个网站的路标，只要单击导航条中的超链接就能进入对应的页面。

11. 客户机和服务器

用户浏览网页时，实际是由个人计算机向Internet中的计算机发出请求，Internet中的计算机在接收到请求后响应请求，将需要的内容通过Internet发回个人计算机上，这种发送请求的个人计算机称为客户机或客户端，而Internet中的计算机称为服务器或服务端。

（三）常用网页制作软件

网页中可以包含文本、图像、动画、音乐、视频等元素，这些内容都需要使用专门的软件进行制作，下面分别进行介绍。

1. 图像处理软件——Photoshop

Photoshop是著名的图像处理软件，操作界面如图1-2所示。前期设计时，由于Photoshop的可修改性强，通常被网页设计师用来进行网页的界面设计，也可以用来处理网页中需要展现的图片或广告。

Photoshop对图像的处理能力非常强大，使用其包含的滤镜功能可以制作出一些非常特殊的艺术效果，而且使用Photoshop的匹配颜色等功能，可以统一整个页面的风格。本书涉及图像处理的操作，统一使用Photoshop CS5来进行讲解。

2. 动画制作软件Flash

Flash动画是网页中普遍使用的一种动画格式，要制作Flash动画，通常使用Flash软件进行制作。Flash软件也可以制作网页，但耗时较长，费用较高，且需要有较强的专业知识，如一些房地产网站就是纯Flash制作的。本书涉及动画制作的操作，统一使用Flash CS5来进行讲解，图1-3所示为Flash CS5的操作界面。

图1-2　Photoshop CS5操作界面

图1-3　Flash CS5操作界面

3. 网页编辑软件——Dreamweaver

Dreamweaver是当今最主流的网页编辑软件，支持最新的XHTML和CSS标准。其“设计”模式增加了网页的可视性，减少了用户对代码的编写，使网页设计过程变得简单。另外，Dreamweaver有专业的HTML编辑器，即“代码”模式，可用于对Web站点、页面、应用程序进行开发，还可以使用服务器语言生成支持动态数据库的Web应用。本书涉及网页编辑的操作统一使用Dreamweaver CS5来进行讲解，图1-4所示为Dreamweaver CS5的操作界面。

图1-4 Dreamweaver CS5操作界面

（四）HTML标记语言

HTML全名是Hyper Text Markup Language，即超文本标记语言，是用来描述WWW上超文本文件的语言。下面介绍HTML的结构和常用标记。

1. HTML文档的基本结构

一个完整的HTML文档包括标题、段落、列表、表格等各种嵌入元素，HTML使用标签来分隔并描述这些元素，即HTML是由各种HTML元素和标签组成。图1-5所示为HTML文档的基本结构。

```
<html>              //文件开始标记
<head>              //文件头开始标记
<title>我是标题标记</title>         //文件头内容
</head>             //文件头结束标记

<body>              //文件主体开始标记
<p>我是段落标记</p>                //文件主体内容
</body>             //文件主体结束标记
</html>             //文件结束标记
```

图1-5 HTML文档基本结构

从代码上看，所有标记都是对应的，开始标记为<>，结束标记为</ >，并在两个标记之间添加内容。

2. HTML常用标记

HTML定义了多种数据类型的标记内容，常用的有以下几种。

（1）标题标记<h*n*>

网页中的文章也有标题和副标题等结构，在HTML中可通过<h*n*>标记来实现。其中*n*为标题的等级，共6个等级，*n*值越小，表示标题字号越大。如<h1>…</h1>表示一级标题。

（2）换行标记

当网页中需要换行显示时编者可在其后添加
标记，该标记是一个单标记，即只需要一个
即可完成换行要求。

（3）段落标记<p>

段落标记顾名思义就是为文章分段。用法是在一段开始处添加<p>标记，在段落结尾处添加</p>标记。<p>标记的属性如表1-1所示。

表 1-1　段落标记属性

属性	说明	属性	说明
id	文档的识别标示	style	行内样式
class	文本样式控制类的名称	align	段落对齐方式
dir	文字方向	title	额外信息（在工具提示中显示）

（4）字体、字号和颜色

字体、字号和颜色标记的格式如图1-6所示，其中相关基本属性介绍如下。

```
<font face="宋体" size="4" color="#FF0000">设置字体样式</font>
```

图1-6　字体标记格式

- face属性：用于设置标记的字体格式。
- size属性：用于设置标记的文本尺寸。
- color属性：用于设置标记的文本颜色。

为了丰富文字效果，字体标记其他属性如表1-2所示。

表 1-2　字体标记属性

属性	说明	属性	说明
<b>…</b>	粗体	<em>…</em>	表示强调，一般为斜体
<i>…</i>	斜体	<strong>…</strong>	表示强调，一般为加粗
<u>…</u>	加下划线	[…]	上标

（5）水平分割线标记<hr/>

水平分割线标记也是单标记，用于段落与段落之间的分隔，其相关属性如表1-3所示。

表 1-3　水平分割线标记属性

属性	说明	属性	说明
size	设置分割线粗细	color	设置颜色
width	设置分割线宽度	noshade	取消阴影
align	设置对齐方式		

（6）特殊字符

在HTML中一些特殊的字符无法直接显示出来，如“®”，一些HTML文档特殊字符在浏览器解析时会报错，为防止代码混淆，因此采用特殊代码来表示，如表1-4所示。

表 1-4　特殊字符及其代码

特殊字符	代码	特殊字符	代码
<	<	©	©
>	>	®	®
&	&	空格	
"	"		

（7）其他标记

HTML标记语言中，还有一些常用的标记语言，如表1-5所示，了解即可。

表 1-5 其他标记和说明

代码	说明	代码	说明
<ol><li>…</li></ol>	有序列表	<table>…</table>	表格
<ul><li>…</li></ul>	无序列表	<caption>…</caption>	表格标题
<a href="URL"><a>	超链接	<tr><td>…</td></tr>	行列单元格
<img>	图像	<embed>	嵌入的内容，如插件

三、任务实施

随着网上购物的普及，购物类网站的网页设计也发生着变化，其中典型的就是界面更加丰富多样化，内容功能也更加强大。图1-7所示为一个购物类型的网站首页。

- **从页面内容上看：**该网站是一个典型的购物网站。
- **从页面布局上看：**该页面可分为三行四列，即页面开始位置到导航位置为一行，页面最下方的注明等内容为一行，中间一行则被划分为四列，用于放置网页的主要内容等。
- **从表现形式上：**在网页banner（横幅广告）处采用大图片来展现这部分内容，吸引购买者眼球，另外通过图片轮显动画效果增加了视觉效果和交互功能。
- **从配色上看：**整个页面颜色非常统一，且对图片都进行了一个主色调处理，背景颜色、文字颜色、商品图片颜色搭配协调。

图1-7 购物类网站首页

任务二 规划“蓉锦大学”网站

制作网页前需要先对网站进行整体规划，包括网站风格、主题内容、表现形式等。网站规划有独特的流程，合理地规划网站可以使网站形象更加完美，布局更合理、维护更方便。

一、任务目标

本任务将练习规划网站的操作流程。通过本任务的学习，可了解网页设计的相关内容和原则，能够独立完成一个网站的前期策划工作。图1-8所示为网站规划大致流程图。

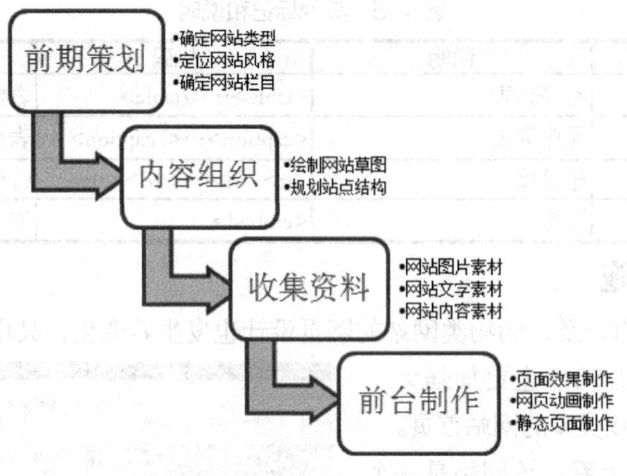

图1-8 “蓉锦大学”网站规划流程图

二、相关知识

网站规划前期，了解网页设计包含的内容以及网页设计的一些相关原则是非常有必要的。下面分别进行介绍。

（一）网页设计内容

网页设计内容包括以下几方面。

- **确定网站背景和定位**：确定网站背景是指在网站规划前，需要先对网站环境进行调查分析，包括开展社会环境调查、消费者调查、竞争对手调查、资源调查等。网站定位指在调查的基础上进行进一步的规划，一般是根据调查结果确定网站的服务对象和内容。需要注意的是网站的内容一定要有针对性。
- **确定网站目标**：网站目标是指从总体上为网站建设提供的总的框架大纲，确定网站需要实现的功能等。
- **内容与形象规划**：网站的内容与形象是网站最吸引浏览者的主要因素，与内容相比，多变的形象设计具有更加丰富的表现效果，如网站的风格设计、版式设计、布局设计等。这一过程需要设计师、编辑人员、策划人员的全力合作，才能达到内容与形象的高度统一。
- **推广网站**：网站推广是网页设计过程中必不可少的环节，一个优秀的网站，尤其是商业网站，有效的市场推广是成功的重要关键因素之一。

（二）网页设计原则

网页设计与其他设计相似，需要内容与形式统一，另外还要遵循以下原则。

- **统一内容与形式**：好的信息内容应当具有编辑合理性与形式的统一性，形式是为内容服务的，而内容需要利用美观的形式才能吸引浏览者的关注，就如同产品与包装的关系，包装对产品销售有着重大的作用。网站类型的不同，其表现风格也不同，通常表现在色彩、构图和版式等方面，如新闻网站设计时采用简洁的色彩和大篇幅的构图，娱乐网站采用丰富的色彩和个性化的排版等。总之，设计时一定要采用美观、科学的色彩搭配和构图原则。

- **风格定位**：确定网站的风格对网页设计具有决定性的作用，网站风格包括内容风格和设计风格。内容风格主要体现在文字的展现方法和表达方法上，设计风格则体现在构图和排版上，如主页风格，通常主页依赖于版式设计、页面色调处理、图文并茂等，这需要设计者具有一定的美术资质和修养。

一个简单的保持网站内部设计风格统一的方法是保持网页某部分固定不变，如Logo、徽标、商标或导航栏等；或者设计相同风格的图表或图片。通常，上下结构的网站保持导航栏和顶部的Logo等内容固定不变，需要注意的是，不能陷入一个固定不变的模式，要在统一的前提下寻找变化，寻找设计风格的衔接和设计元素的多元化。

- **CIS的使用**：CIS设计是企业的识别系统，是企业、公司、团体在形象上的整体设计，包括企业理念识别MI、企业行为识别BI、企业视觉识别VI三部分，VI是CIS中的视觉传达系统，对企业形象在各种环境下的应用进行了合理的规定。在网站中，标志、色彩、风格、理念的统一延续性是VI应用的重点。将VI设计应用于网页设计中，是VI设计的延伸，即网站页面的构成元素以VI为核心，并加以延伸和拓展，随着网络的发展，网站成为企业、集团宣传自身形象、传递企业信息的一个重要窗口，因此，VI系统在提高网站质量、树立专业形象等方面起着举足轻重的作用。CIS的使用还包括标准化的Logo、标准化的色彩两部分。

①标准化Logo：为了实现网页的统一形象，常用的方法是统一各个页面的Logo。Logo是网站的标记，网站形象的代表，标准化的Logo是统一网站的第一步，Logo的色彩和样式确定后，一般不轻易更改。Logo一般放在最醒目的位置，如左上角，也叫“网眼”。

②标准化色彩：统一网站色彩使用规范和色调对网站的整体性设计有重要意义，通常对网站色彩的使用有两种情况，一是规定一个范围的色系，整个网站都套用，通过调整色相的明度来体现网页的层次感；一是网站中同级页面的颜色色相相同，不同栏目的子页面采用不同的色系。

三、任务实施

（一）前期策划与内容组织

在制作网站前，需要先对网站进行准确的定位和明确网站的功用，网站主题与类型确定好后可以开始规划网站的栏目和目录结构以及页面布局等项目。

1. 确定完整栏目

经过调查分析，“蓉锦大学”网站需要建设以下栏目：学校概况、新闻资讯、教学科研、教务中心、招生就业、交流合作、馆藏资源。

2. 设计网站草图

网站草图是指将网站的所有内容进行整理，然后规划一个草图，旨在向客户勾画出需要展示的内容，然后将其交于美工人员，美工人员则根据草图进行效果图设计，蓉锦大学网站草图如图1-9所示。

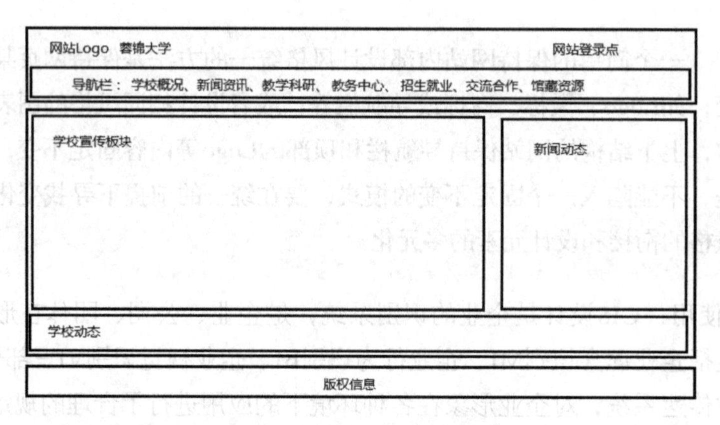

图1-9 蓉锦大学网站草图

3. 规划站点结构

站点结构决定了浏览者如何在网站中浏览，因此，规划站点结构时一定要结构清晰、易于导航，蓉锦大学网站站点具体规划参见项目二的任务一，这里不再赘述，图1-10所示为网站站点文件层次结构图。

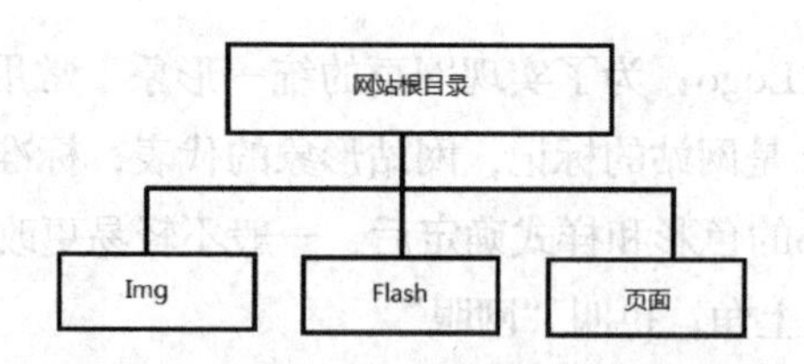

图1-10 蓉锦大学网站文件层次结构图

（二）搜集和整理资料

在确定好网页类型后，需要搜集和整理网页内容与相关文本，以及图形和动画等素材，并将其进行分类整理，如制作企业或公司的网站就需要搜集和整理企业或公司的介绍、产品、企业文化等信息。本任务制作的蓉锦大学网站需要搜集的素材包括相关文字介绍、学校标志、学校宣传动画等。

（三）网页效果图设计

网页效果图设计与传统的平面设计相同，通常使用Photoshop进行界面设计，利用其图像处理上的优势制作多元化的效果图，最后将图片进行切片并导出为网页，图1-11所示为使用Photoshop CS5设计的蓉锦大学网站界面效果图。

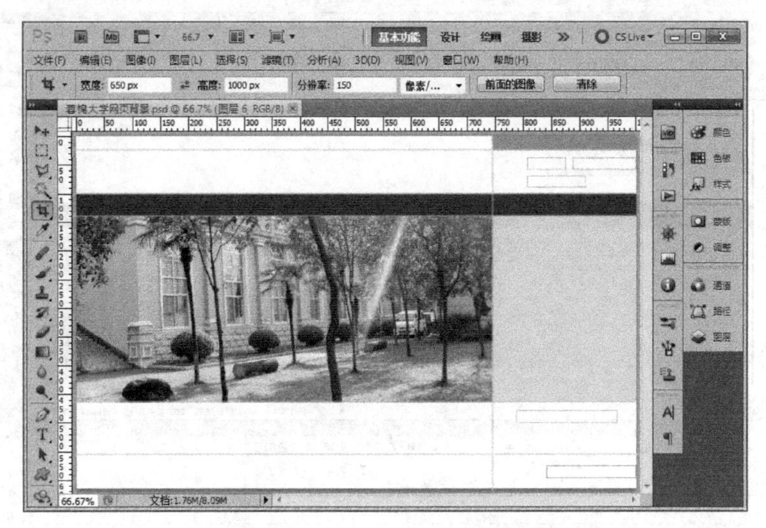

图1-11 使用Photoshop CS5制作的蓉锦大学网站效果图

（四）网页中动画设计

网页中常见的动画通常是使用Flash制作，如banner和导航等，通常使用图片轮显或遮罩动画等动画效果，图1-12所示为使用Flash CS5设计的蓉锦大学网站图片轮显动画。

图1-12 使用Flash CS5制作的蓉锦大学网站图片轮显动画

（五）网站页面设计制作

网站静态页面的制作通常使用Dreamweaver来完成，其可视化的设计视图使没有编程基础的设计者使用起来得心应手，代码视图中的代码提示等辅助功能让有编程基础的设计者提高工作效率，图1-13所示为使用Dreamweaver CS5制作的蓉锦大学网站页面。

图1-13 使用Dreamweaver CS5制作的网页页面

（六）网站测试与发布

网站制作好后，需要先对站点进行测试，网站测试通常是将站点转移到一个模拟调试服务器上进行，然后才能发布到服务器上，在网站测试过程中需要注意以下问题。

- 监测页面文件大小和下载速度。
- 通过链接检查报告对链接进行测试。因为页面在制作过程中可能会使某些链接指向的页面被移动或删除，需要检查是否有断开链接的现象。
- 一些浏览器不能很好地兼容网页中的某些样式、层、插件等，导致网页显示不正常。这需要测试人员检查浏览器的行为，将自动访问定位到其他页面。
- 页面布局、字体大小、颜色、默认浏览窗口大小等在目标浏览器中无法预览，因此需要在不同的浏览器和平台上进行预览并调试。
- 在制作过程中要经常对站点进行测试，及早发现并解决问题。

实训 规划“果蔬网”网站

【实训要求】

本实训要求为一个水果蔬菜网上购物店规划一个网站，网店中的水果蔬菜是天然无污染的绿色有机食品，另外，网站会定期推出优惠商品，并提供团购优惠，还会教大家一些时令果蔬的制作技巧。要求制作的网页能体现该网站的主要功能，界面设计要符合产品特色。

【实训思路】

根据本实训要求，先搜集相关的图片和文字等资料，然后制作草图送客户确认。本实训的站点规划草图效果如图1-14所示。

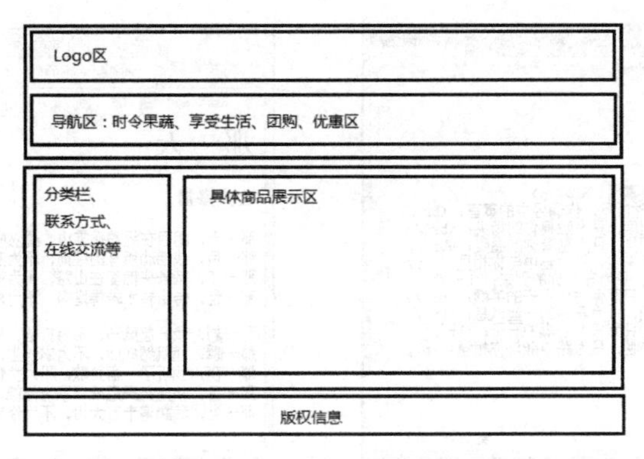

图1-14 果蔬网网站草图

【步骤提示】

STEP 1 根据客户提出的要求绘制并修改网站站点基本结构。

STEP 2 绘制草图给客户确认，然后搜集相关的文字、图片资料。

常见疑难解析

问：如何才能规划出一个好的商业站点？

答：商业站点规划的内容大致包括“建站目的”、“实现方式”、“制作工作量”、“注明提供的服务”等几个方面。其中明确建站目的很重要，它决定着整个站点建设的主导思想和页面设计时所突出的内容及版面风格。其次是实现方式，这个环节比较灵活，例如，同一个内容可以用动态也可以用静态来表现，这需要根据客户的要求来决定。在做规划时，应该主动向客户注明提供的服务种类，如域名注册、主机空间及给予的权限、网站规划、网上推广、主页制作页数、提供的应用程序等。明确了客户意图后，再参考一些国内外优秀的网站设计，从中汲取精华和灵感，并结合当前项目的需要进行规划，这样不仅可以提高效率，而且可以保证站点的专业性和准确性。

问：什么时候预算网站制作费用给客户比较合适？

答：通常在网站草图确定后，网页效果图设计期间就可以先预算网站制作费用、域名与虚拟主机费用以及后期维护和技术支持费用等。

拓展知识

HTML可以在任何文本编辑软件中编写，下面简单介绍在记事本程序中编写一个简单的网页的操作。根据前面讲解过的HTML标记语言的相关知识，在记事本文件中输入网页代码，如图1-15所示，然后选择【文件】/【保存】菜单命令，在打开的对话框中设置文件保存位置，在文件名文本框中设置文件名称，需要注意的是，文件后缀名必须改为“.html”或“.htm”，保存后双击即可使用浏览器将其打开，效果如图1-16所示。

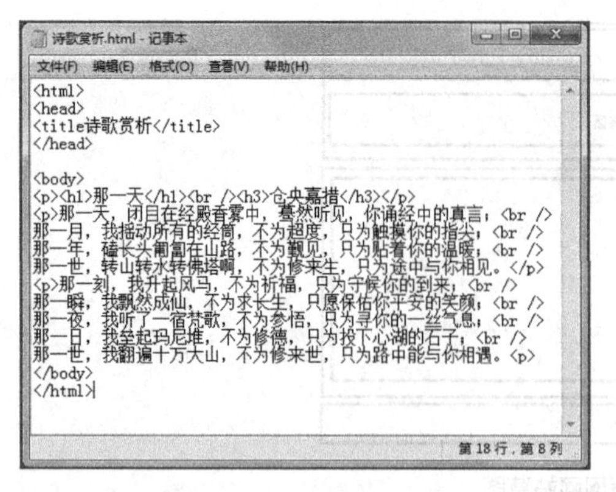

图1-15　编写HTML代码

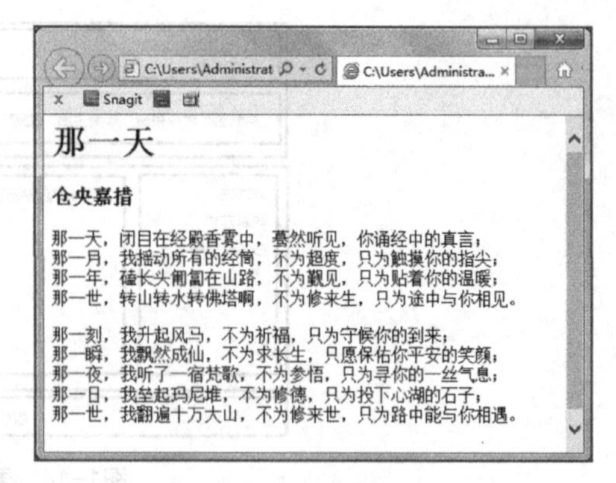

图1-16　预览网页效果

课后练习

（1）简述网站设计的一般流程，并具体介绍各个流程需要注意的事项。

（2）通过网络查阅资料或浏览一些优秀的个人网站，然后根据自己习惯，规划一个个人空间网站，图1-17所示为一个个人网站的规划草图，以供参考。

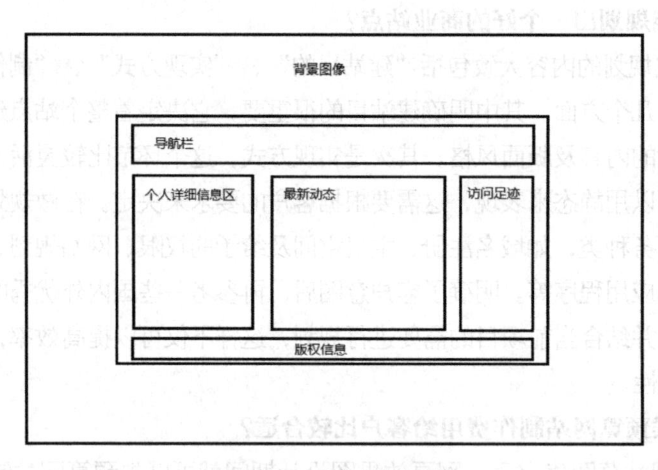

图1-17　个人网站草图

PART 2

项目二 Dreamweaver CS5的基本操作

情景导入

阿秀：小白，前面的效果草图的制作方法你已经基本掌握了，下面将带着你一起制作静态的网页页面，你要仔细学习。

小白：太好了，我接下来是不是就可以独立完成网页制作了？

阿秀：别着急，知识要通过慢慢的积累才行，你首先需要学习如何创建站点和在页面中添加文本的方法。

小白：好的，那我们开始吧。

学习目标

- 掌握站点的创建方法
- 熟悉站点的管理方法
- 掌握网页中文本的输入与编辑操作
- 掌握在网页中添加其他元素的操作

技能目标

- 掌握“果蔬网”站点的创建方法
- 掌握“蓉锦大学——学校简介”页面的制作方法
- 能够完成站点的创建和简单文字页面的编辑操作

任务一 创建“果蔬网”站点

任何网站在制作时都需要先创建站点，并合理地管理这些站点，使其在网站浏览中得到相应的显示。下面介绍在Dreawmeaver CS5中创建站点的方法。

一、任务目标

本任务将练习用Dreawmeaver CS5创建“果蔬网”站点，在制作时可以先创建基本站点，然后再创建站点中的文件夹，并合理地管理这些文件夹。本任务制作完成后的果蔬网站点结构如图2-1所示。

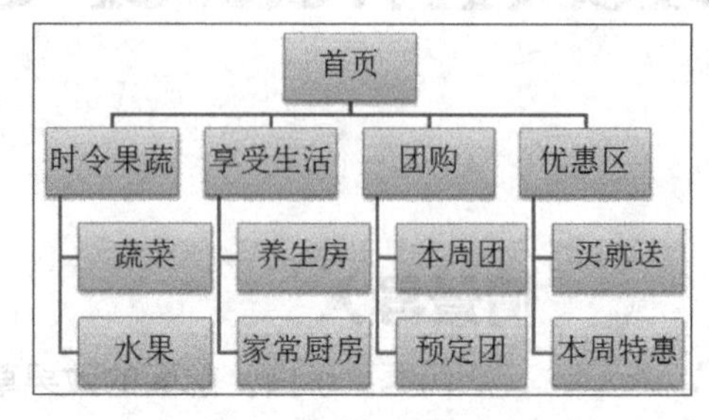

图2-1 果蔬网站点结构图

二、相关知识

（一）认识Dreamweaver CS5的操作界面

使用Dreamweaver CS5进行网页设计前，首先需要对其界面有全面的了解，选择【开始】/【所有程序】/【Adobe Dreamweaver CS5】菜单命令即可启动Dreamweaver CS5，如图2-2所示。下面分别介绍Dreamweaver CS5操作界面的各个组成部分。

图2-2 Dreamweaver CS5的操作界面

1. 菜单栏

菜单栏位于标题栏下方，以菜单命令的方式集合了Dreamweaver网页制作的所有命令，单击某个菜单项，在弹出的菜单中选择相应的命令即可执行对应的操作。

若将Dreamweaver CS5的工作界面最大化，那么菜单栏将直接与标题栏合并，位于Dreamweaver CS5图标和“设计器”按钮 设计器 之间，这样的布局也为编辑区提供了更大的操作空间。

2. 文档工具栏

文档工具栏位于菜单栏下方，主要用于显示页面名称、切换视图模式、查看源代码、设置网页标题等操作。Dreamweaver CS5提供了多种查看代码的方式。

- **设计视图**：仅在文档窗口中显示页面的设计界面。在文档工具栏中单击 设计 按钮即可切换到该视图，如图2-3所示。

图2-3 设计视图

- **代码视图**：仅在文档窗口中显示页面的代码，适合于代码的直接编写。在文档工具栏中单击 代码 按钮即可切换到该视图，如图2-4所示。

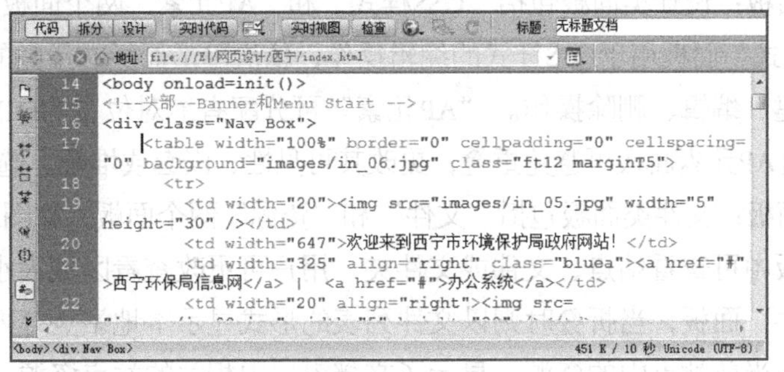

图2-4 代码视图

- **拆分视图**：该视图可在文档窗口中同时显示代码视图和设计视图。在文档工具栏中单击 拆分 按钮即可切换到该视图，如图2-5所示。

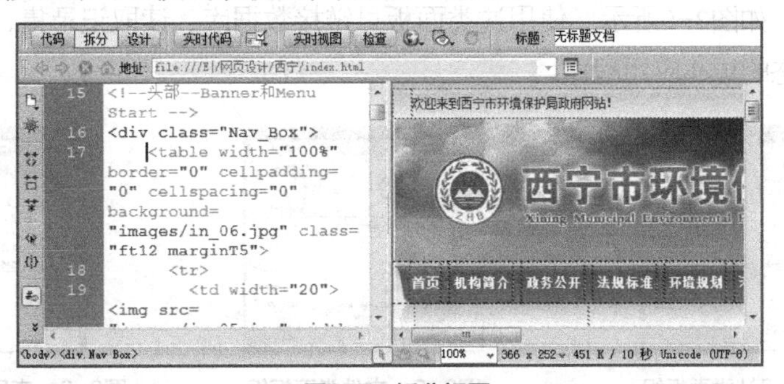

图2-5 拆分视图

● **实时视图**：当切换到该视图模式时，可在页面中显示JavaScript特效。在文档工具栏中单击 实时视图 按钮即可切换到该视图，如图2–6所示。

图2–6　实时视图

文档工具栏下方的工具栏称为浏览器导航工具栏，与浏览器地址栏的作用相似，主要用于查看网页、停止加载网页、显示主页、输入网页路径。

3. 面板组

默认情况下，面板组位于操作界面右侧，按功能可将面板组分为以下3类。

● **设计类面板**：设计类面板包括“CSS样式”和“AP元素”两个面板，如图2–7所示。“CSS样式”面板用于CSS样式的编辑操作，依次单击面板右下角的按钮，可实现扩展、新建、编辑、删除操作。“AP元素”可分配有绝对位置的DIV或任何HTML标签，通过AP元素面板可避免重叠，更改其可见性、嵌套或堆叠、选择等操作。

● **文件类面板**：文件类面板包括“文件”和“资源”两个面板，如图2–8所示。在“文件”面板中可查看站点、文件或文件夹，用户可更改查看区域大小，也可展开或折叠“文件”面板，当折叠时则以文件列表的形式显示本地站点等内容。“资源”面板可管理当前站点中的资源，显示了文档窗口中相关的站点资源。“代码片段”面板收录了一些非常有用或经常使用的代码片段，以方便用户使用。

● **应用程序类面板**：应用程序类面板中包括“数据库”、“服务器行为”和“绑定”3个面板，如图2–9所示。使用这类面板可链接数据库、读取记录集，使用户能够轻松创建动态的Web应用程序。

图2–7　设计类面板组

图2–8　文件类面板组

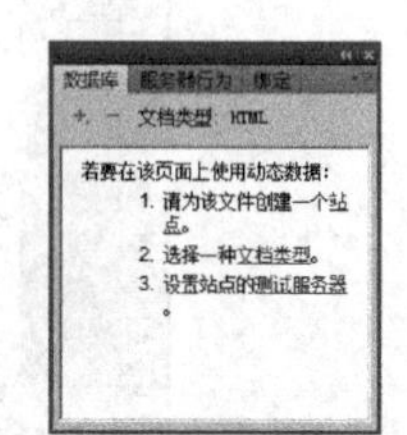

图2–9　应用程序类面板组

Dreamweaver CS5的面板组可操作性强，其中相关操作如下。

- **打开“插入”面板**：选择【窗口】/【插入】菜单命令或按【Ctrl+F2】组合键。
- **展开“插入”面板**：双击插入面板的“插入”标签可展开其中的内容，再次双击可折叠其中的内容。
- **关闭“插入”面板**：在“插入”标签上单击鼠标右键，在弹出的快捷菜单中选择“关闭”命令。
- **切换“插入”栏**：插入面板中默认显示的是“常用”插入栏，如需切换到其他类别，可在展开插入栏后，单击▾按钮，在弹出的列表中选择相应的类别。图2-10所示为“常用”插入栏切换为“布局”插入栏的操作。

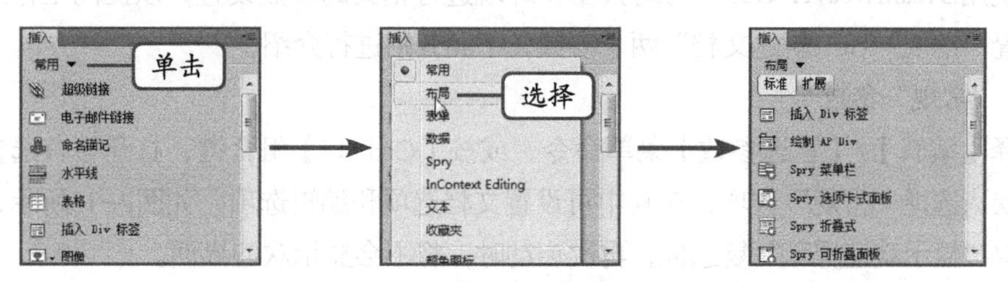

图2-10　切换插入栏

- **切换面板**：当面板组中包含多个标签时，单击相应的标签即可显示对应的面板内容，图2-11所示为单击“CSS样式”标签后切换到其他面板的过程。
- **移动面板**：拖曳某个面板标签至该面板组或其他面板组上，当出现蓝色框线后释放鼠标即可移动该面板，图2-12所示为将“代码片段”面板移动到“CSS样式”面板右侧的过程。通过此方法可将常用面板组成一个组。

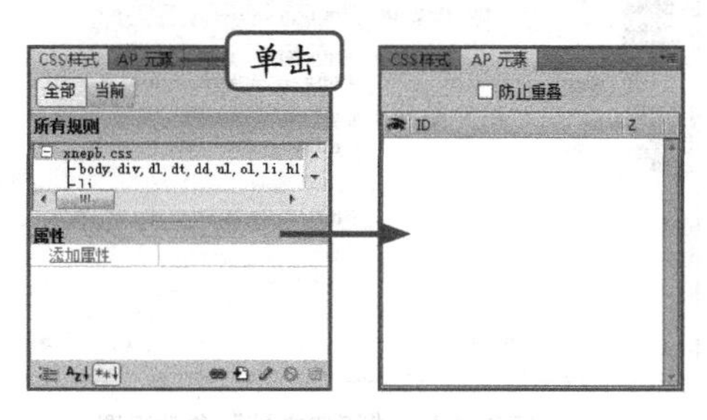

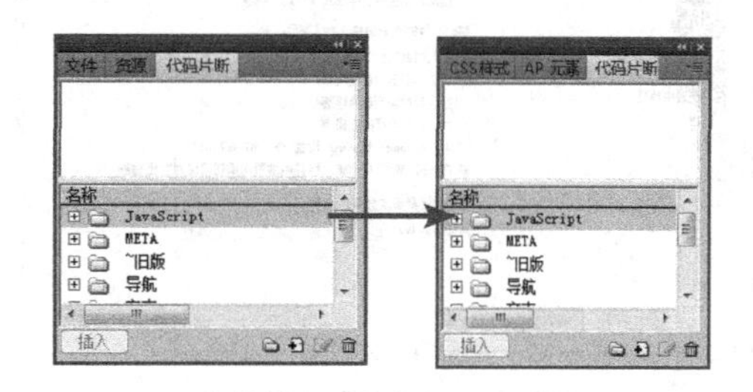

图2-11　切换面板　　　　图2-12　移动面板

4. 状态栏

状态栏位于文档编辑区下方，其中各个按钮的作用介绍如下。

- **标签选择器**<body>：显示常用的HTML标签，单击相应标签可以很快地选择编辑区中的某些对象。
- **“选取工具”按钮**：单击该按钮后，可以在设计视图中选择各种对象。
- **“手形工具”按钮**：单击该按钮后，在设计视图中拖曳鼠标可移动整个网页，从而查看未显示出的网页内容。
- **“缩放工具”按钮**：单击该按钮后，在设计视图中单击鼠标可以放大显示设计视图中的内容；按住【Alt】键的同时单击鼠标，可缩小显示设计视图中的内容；若单击并拖曳鼠标，则被绘制的矩形框框住的部分将被放大显示。

- “设置缩放比率”下拉列表框：用于设置设计视图的缩放比率。
- “窗口大小”栏：显示当前设计视图的尺寸。
- “文件大小”栏：显示当前网页文件的大小以及下载时需要的时间。

5. **属性面板**

属性面板位于Dreamweaver CS5底部，用于查看和设置所选对象的各种属性。

（二）Dreamweaver CS5参数设置

在使用Dreamweaver CS5前可对其工作环境进行相关的参数设置，以提高工作效率，通常会设置“常规”和“新建文档”两个参数，下面分别进行介绍。

1. **“常规”参数**

选择【编辑】/【首选参数】菜单命令，或按【Ctrl+U】组合键，打开“首选参数”对话框，默认选择“常规”选项，在其中可设置文档选项和编辑选项，如图2-13所示，如单击取消选中“显示欢迎屏幕”复选框，再次启动时，将不会显示欢迎界面。

2. **“新建文档”参数**

在“首选参数”对话框的“分类”列表框中选择“新建文档”选项，右侧将显示相应的设置选项，如设置默认文档的类型和编码等，如图2-14所示。

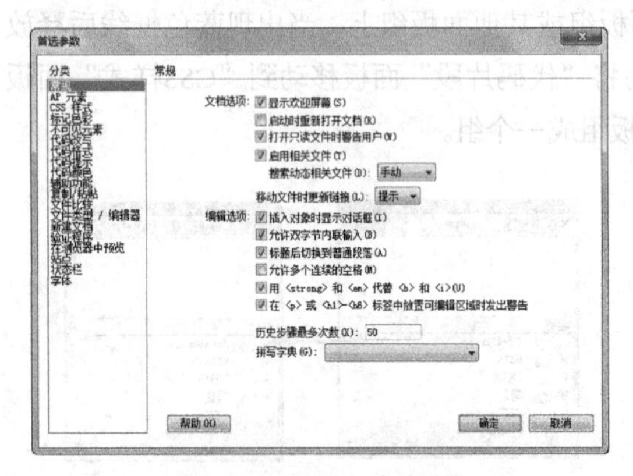

图2-13　“常规”参数设置

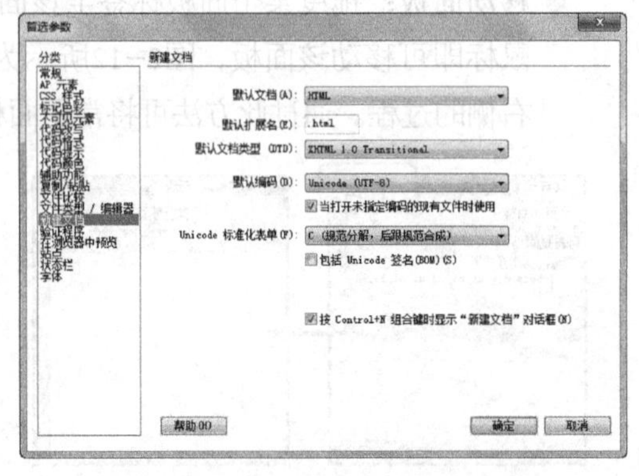

图2-14　“新建文档”参数设置

（三）命名规则

网站内容的分类决定了站点中创建文件夹和文件的个数，通常，网站中每个分支的所有文件统一存放在单独的文件夹中，根据网站的大小，又可进行细分。如果把图书室看作一个站点，每架书柜则相当于文件夹，书柜中的书本则相当于文件。文件夹和文件命名最好遵循以下原则，以便管理和查找。

- **汉语拼音**：根据每个页面的标题或主要内容，提取主要关键字将其拼音作为文件名，如“学校简介”页面文件名为“jianjie.html”。
- **拼音缩写**：根据每个页面的标题或主要内容，提取每个关键字的第一个拼音作为文件名，如“学校简介”页面文件名为“xxjj.html”。

- **英文缩写**：通常适用于专用名词。
- **英文原意**：直接将中文名称进行翻译，这种方法比较准确。

以上4种命名方式也可结合数字和符号组合使用。但要注意，文件名开头不能使用数字和符号等，也最好不要使用中文命名。

三、任务实施

（一）创建站点

下面以新建“果蔬网”本地站点为例，介绍站点的创建方法，其具体操作如下。

STEP 1 选择【站点】/【新建站点】菜单命令，在打开对话框的“站点名称”文本框中输入“gsw”，单击“本地站点文件夹”文本框右侧的“浏览文件夹”按钮，如图2-15所示。

STEP 2 打开“选择根文件夹”对话框，在“选择”下拉列表框中选择G盘中事先创建好的“xiaoguo”文件夹，单击 选择(S) 按钮，如图2-16所示，返回站点设置对象对话框，单击 保存 按钮。

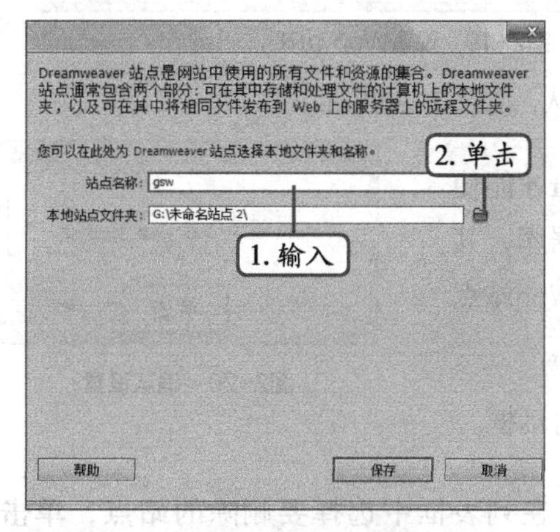

图2-15 设置站点名称

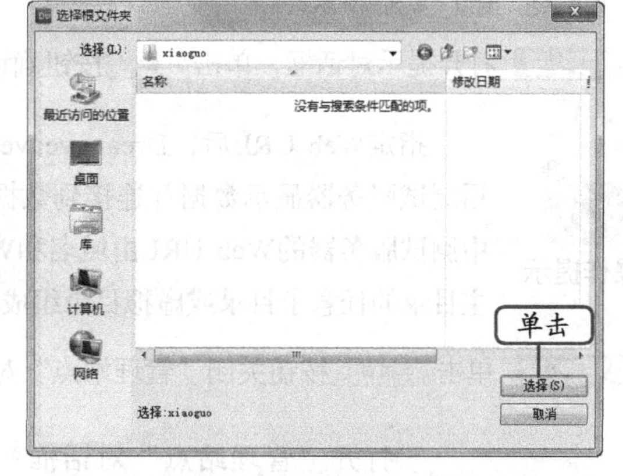

图2-16 设置站点保存位置

STEP 3 稍后在面板组的“文件”面板中即可查看到创建的站点，如图2-17所示。

知识补充

选择【站点】/【管理站点】菜单命令或在“文件”面板中单击“管理站点”超链接，均可打开“管理站点”对话框，单击对话框中的 新建(N)... 按钮也可新建站点。

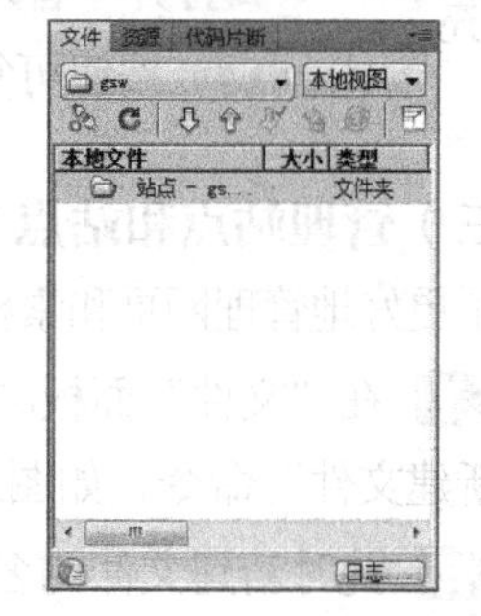

图2-17 创建的站点选项

（二）编辑站点

编辑站点是指对存在的站点重新进行参数设置，下面编辑“果蔬网”站点，输入URL地址，其具体操作如下。

STEP 1 选择【站点】/【管理站点】菜单命令，打开“管理站点”对话框，在其中的列表框中选择“gsw”选项，单击 编辑(E)... 按钮，如图2-18所示。

STEP 2 在打开的对话框左侧单击“高级设置”选项，在展开的列表中选择“本地信息”选项，在“Web URL”文本框中输入“http://localhost/”，然后单击 保存 按钮，如图2-19所示。

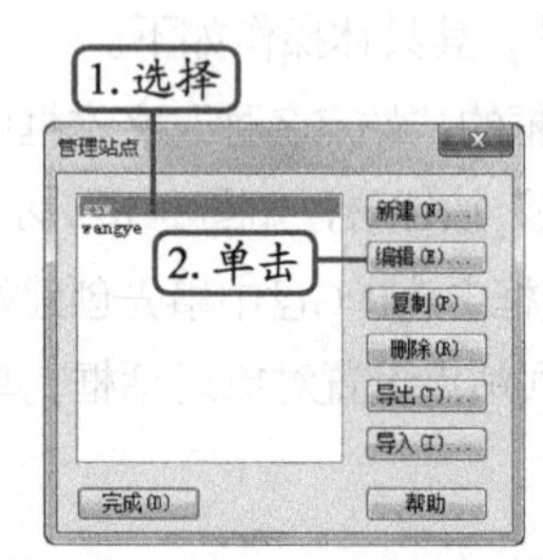

图2-18 编辑“果蔬网”站点

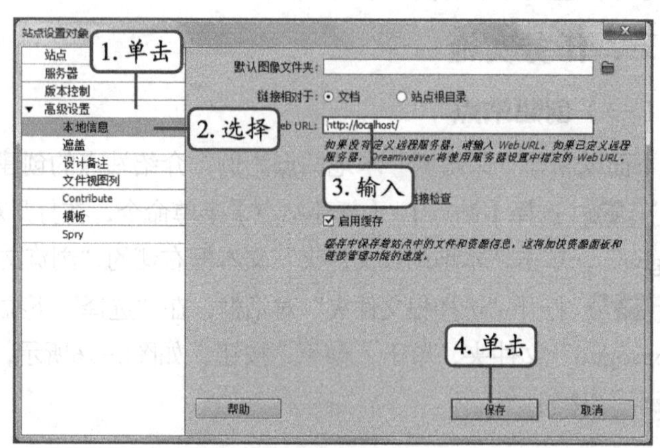

图2-19 设置Web URL

STEP 3 打开提示对话框，单击 确定 按钮确认，如图2-20所示。

操作提示

指定Web URL后，Dreamweaver才能使用测试服务器显示数据并连接到数据库，其中测试服务器的Web URL由域名和Web站点主目录的任意子目录或虚拟目录组成。

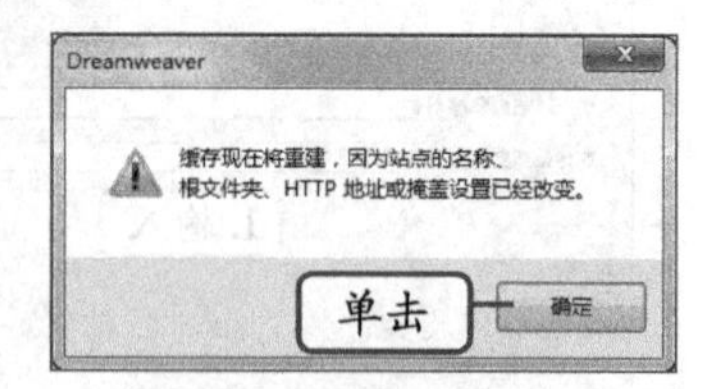

图2-20 确认设置

STEP 4 单击 完成(D) 按钮关闭“管理站点”对话框。

知识补充

①打开“管理站点”对话框，在列表框中选择要删除的站点，单击 删除(R) 按钮，在打开的提示对话框中单击 是(Y) 按钮即可删除站点。

②打开“管理站点”对话框，在列表框中选择需要复制的站点选项，单击 复制(P) 按钮可复制站点，单击 编辑(E)... 按钮可对复制的站点进行编辑。

（三）管理站点和站点文件夹

为了更好地管理网页和素材，下面在果蔬网站点中编辑文件和文件夹，其具体操作如下。

STEP 1 在“文件”面板的“站点-gsw”选项上单击鼠标右键，在弹出的快捷菜单中选择“新建文件”命令，如图2-21所示。

STEP 2 此时新建文件的名称呈可编辑状态，输入“index”（首页）后按【Enter】键确认，如图2-22所示。

STEP 3 继续在“站点-gsw”选项上单击鼠标右键，在弹出的快捷菜单中选择“新建文件夹”命令，如图2-23所示。

STEP 4 将新建的文件夹名称设置为“slgs”（时令果蔬）后按【Enter】键，如图2-24所示。

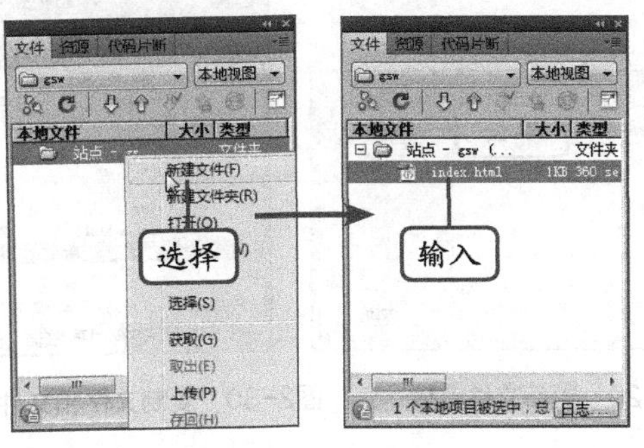

图2-21　新建文件　　图2-22　命名文件

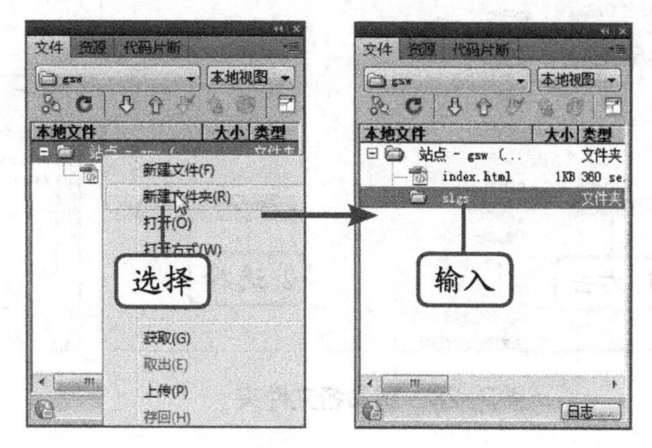

图2-23　新建文件夹　　图2-24　命名文件夹

STEP 5 按相同方法在创建的“slgs”文件夹上利用右键菜单创建2个文件和1个文件夹，其中两个文件的名称依次为“sc.html”（蔬菜）和“sg.html”（水果），文件夹的名称为“img”，用于存放图片，如图2-25所示。

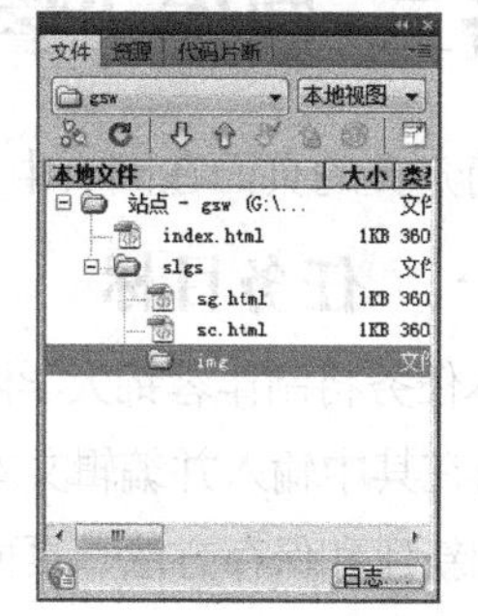

图2-25　创建文件和文件夹

STEP 6 在“slgs”文件夹上单击鼠标右键，在弹出的快捷菜单中选择【编辑】/【拷贝】菜单命令，如图2-26所示。

STEP 7 继续在“slgs”文件夹上单击鼠标右键，在弹出的快捷菜单中选择【编辑】/【粘贴】菜单命令，如图2-27所示。

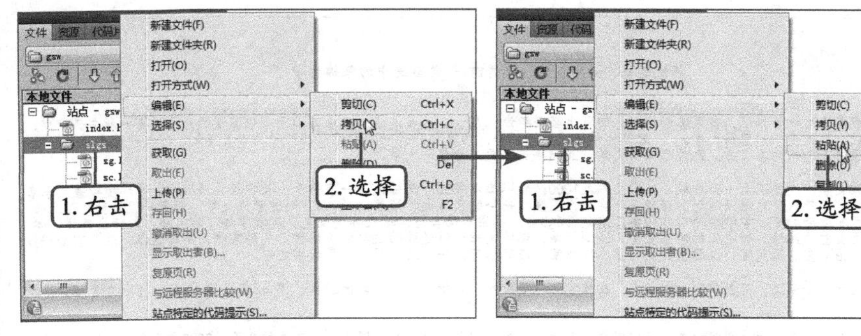

图2-26　复制文件夹　　图2-27　粘贴文件夹

STEP 8 在粘贴得到的文件夹上单击鼠标右键，在弹出的快捷菜单中选择【编辑】/【重命名】菜单命令，如图2-28所示。

STEP 9 输入新的名称“xssh”（享受生活），按【Enter】键打开“更新文件”对话框，单击 更新(U) 按钮，如图2-29所示。

STEP 10 按相同方法复制、重命名并更新文件和文件夹，如图2-30所示。

知识补充

如果文件夹中包含了多余的文件，可在选择该文件选项后按【Delete】键，在打开的提示对话框中单击 是(Y) 按钮进行删除。

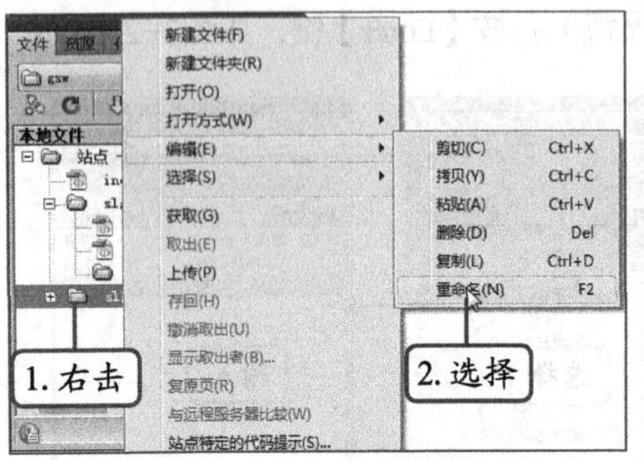

图2-28　重命名文件夹

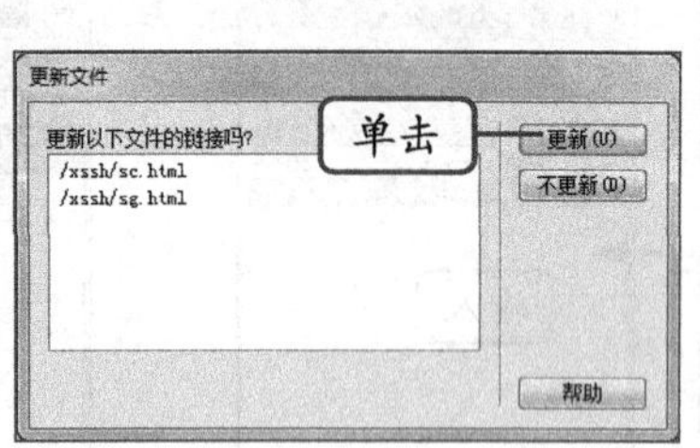

图2-29　更新文件链接

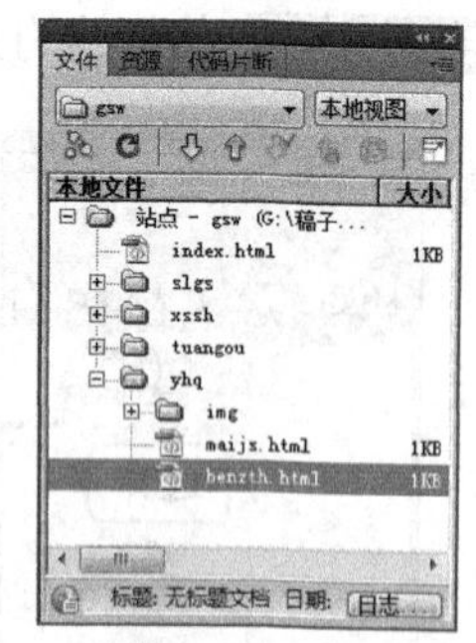

图2-30　复制文件和文件夹

任务二　制作“学校简介”页面

简介类的页面在网页中很常见，通常是由纯文本组成，有时也会添加相关的图片。

一、任务目标

本任务将制作蓉锦大学网站中的“学校简介”页面，制作时先新建网页，然后设置页面属性，再在其中输入并编辑文本，最后添加其他的网页元素。通过本任务的学习，可以掌握网页文件的新建和保存方法、页面属性的设置方法以及在网页中添加网页元素的方法。本任务制作完成后的最终效果如图2-31所示。

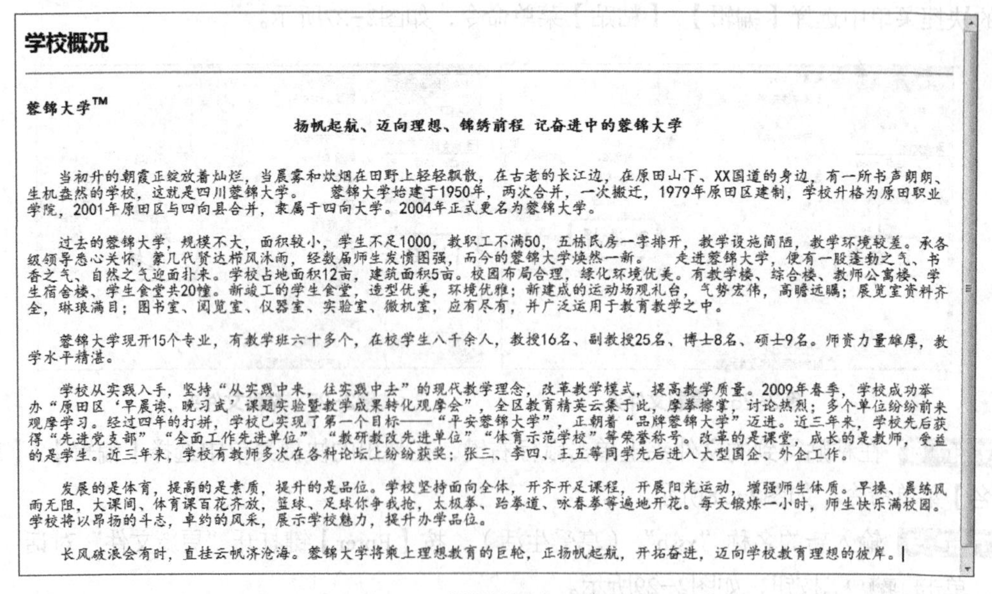

图2-31　“学校简介”页面效果

二、相关知识

网页内容的编辑需要将本网站的目的或宣传内容全部表现清楚，但在筛选或编辑中一定要避免知识性和文字性错误。

- **标题**：标题取名一定要简洁，浅显易懂，通常为居中对齐或左对齐。

● **正文**：正文可进行分段处理，是主要内容的表现场所，通常距页边有一定的距离。

● **图片**：图片需要选择清晰、信息量大、与文字能很好匹配的。

在网页中使用文本时，注意以下几点可以使网页更为专业与合理。

①最大限度地使用最少的文本传达最准确的信息，通过简洁的文本让浏览者不用费力地阅读网页内容。

②网站中各个页面的文本要体现一致性，这样可以让整个网站显得更加统一、紧凑。如返回上一级页面的用词，可以统一为"返回"等。

③网页文本的语气可以影响浏览者的心情，以鼓励、引导为主题的文本比警告、强调为主题的文本更受用户青睐。

三、任务实施

（一）新建与保存网页

站点创建好后就可以新建网页进行编辑制作。下面新建蓉锦大学网站的"xuexjj.html"网页，其具体操作如下。

STEP 1 选择【文件】/【新建】菜单命令，打开"新建文档"对话框。

STEP 2 在其中可选择需要新建文档的类型，这里保持默认设置，单击 创建(R) 按钮，如图2-32所示。

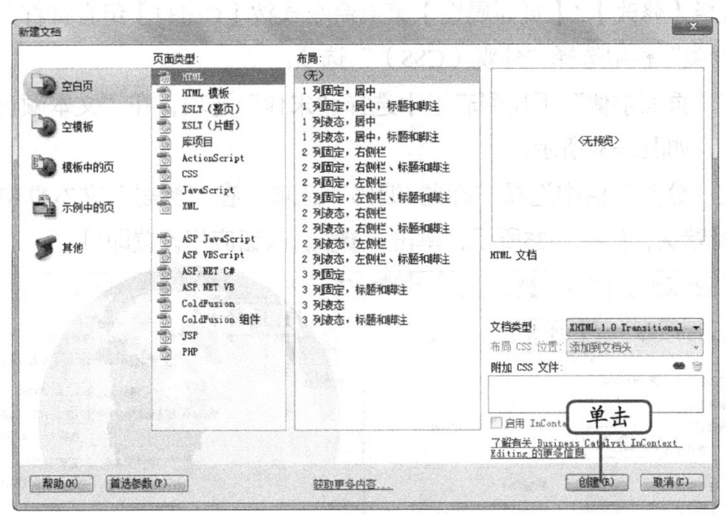

图2-32 新建文档

新建文件还有以下几种方法。

①在"文件"面板上单击鼠标右键，在弹出的快捷菜单中选择"新建文件"命令。

②在"文件"面板上单击 按钮，在弹出的菜单中选择【文件】/【新建文件】菜单命令。

③在欢迎界面的"新建"栏中单击"HTML"超链接。

STEP 3 选择【文件】/【保存】菜单命令，在打开的“另存为”对话框中选择“xuexgk”文件夹作为保存位置，在“文件名”文本框中输入“xuexjj.html”，单击保存(S)按钮，如图2-33所示。

操作提示

选择【文件】/【另存为】菜单命令也可打开“另存为”对话框设置。选择【文件】/【保存全部】菜单命令则可同时保存全部已打开的所有文档。

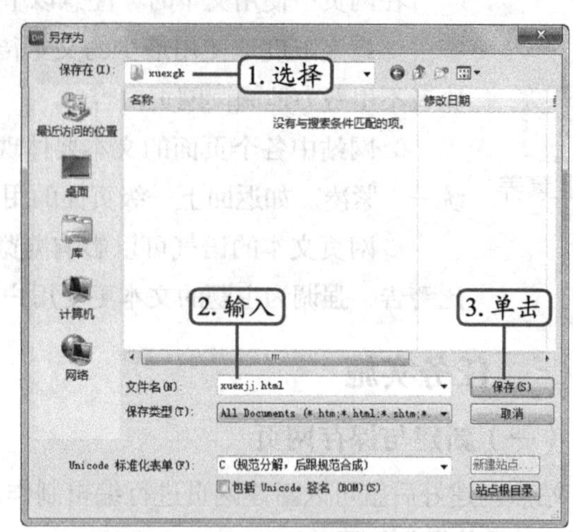

图2-33 保存文档

（二）设置页面属性

下面设置“xuexjj.html”网页的相关属性，其具体操作如下。

STEP 1 选择【修改】/【页面属性】菜单命令或按【Ctrl+J】组合键打开“页面属性”对话框，在“分类”栏中选择“外观（CSS）”选项。

STEP 2 在“页面字体”下拉列表框中选择“宋体”选项，在“文本颜色”文本框中输入“#000000”，如图2-34所示。

STEP 3 在“分类”栏中选择“标题/编码”选项，在“标题”文本框中输入“学校简介”，其他保持默认，如图2-35所示，单击确定按钮应用设置即可。

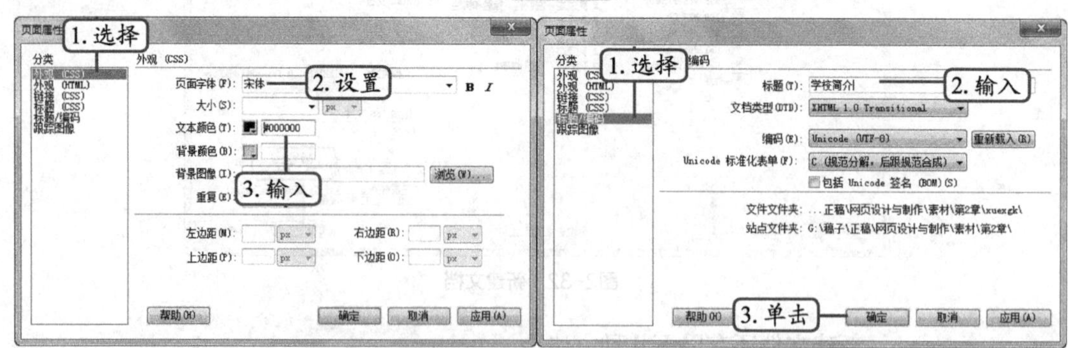

图2-34 设置外观　　图2-35 设置标题

操作提示

在属性面板中单击页面属性...按钮也可以打开“页面属性”对话框进行设置。

（三）输入文本

文本是组成网页最常见的元素之一。下面在“xuexjj.html”网页中添加文本，其具体操作如下。

STEP 1 在网页开始处单击鼠标定位插入点，切换到需要的输入法并输入文本，如图2-36所示。

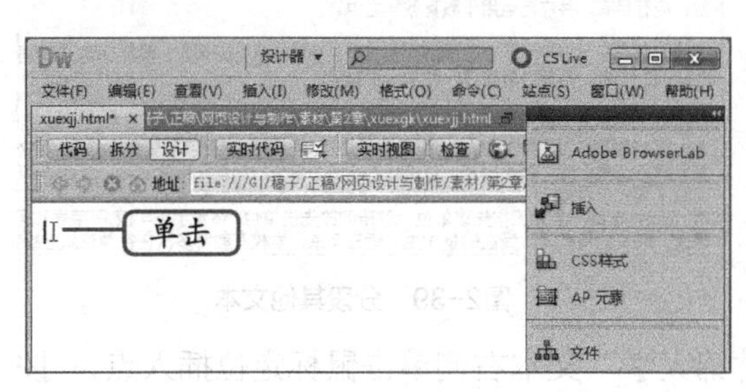

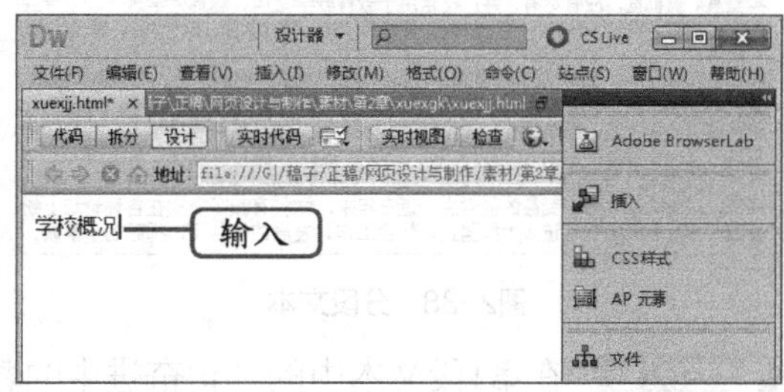

图2-36　直接输入文本

STEP 2 选择【文件】/【导入】菜单命令，在弹出的子菜单中选择需要导入文本所在的软件，这里选择“Word文档”，打开“导入Word文档”对话框。

STEP 3 在其中选择“学校简介.docx”选项（素材参见：光盘\素材文件/项目二/任务二/学校简介.docx），单击 打开(O) 按钮即可将该文档中的所有文本导入到Dreamweaver CS5中，如图2-37所示。

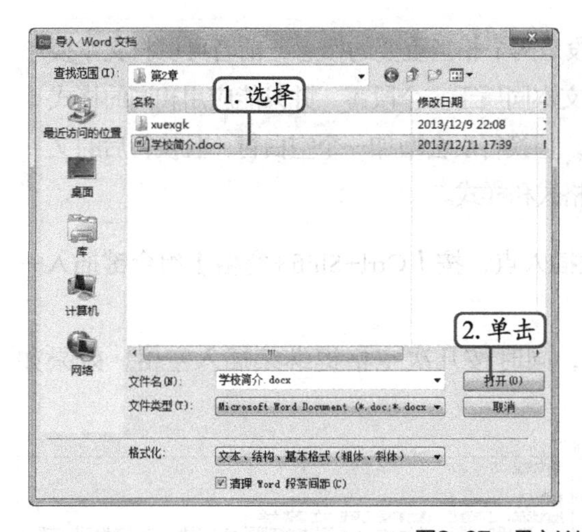

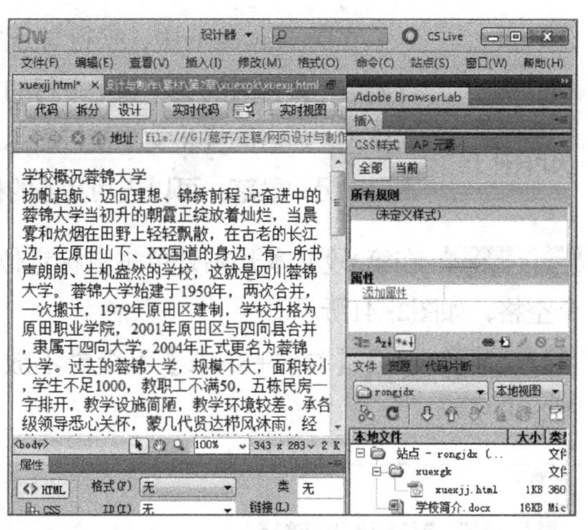

图2-37　导入Word 文档中的文本

操作提示　打开需要导入到网页中的文本文件，按【Ctrl+A】组合键选择其中的所有文本，按【Ctrl+C】组合键执行复制操作，然后在网页中单击定位插入点，按【Ctrl+V】组合键粘贴复制文本，这也是导入网页文本的一种方法。

STEP 4 在“学校概况”文本右侧单击鼠标定位插入点，按【Enter】键分段文本，如图2-38所示。

STEP 5 按相同方法将其他文本分成5段，效果如图2-39所示。

学校概况

蓉锦大学
扬帆起航、迈向理想、锦绣前程 记奋进中的蓉锦大学当初升的朝霞正绽放着灿烂，
在田野上轻轻飘散，在古老的长江边，在原田山下、XX国道的身边，有一所书声朗
的学校，这就是四川蓉锦大学。 蓉锦大学始建于1950年，两次合并，一次搬迁，1
制，学校升格为原田职业学院，2001年原田区与四向县合并，隶属于四向大学。20
为蓉锦大学。过去的蓉锦大学，规模不大，面积较小，学生不足1000，教职工不满
字排开，教学设施简陋，教学环境较差。承各级领导悉心关怀，蒙几代贤达栉风沐
生发愤图强，而今的蓉锦大学焕然一新。 走进蓉锦大学，便有一股蓬勃之气、书香
气迎面扑来。学校占地面积12亩，建筑面积5亩。校园布局合理，绿化环境优美。有
楼、教师公寓楼、学生宿舍楼、学生食堂共20幢。新竣工的学生食堂，造型优美，
成的运动场观礼台，气势宏伟，高瞻远瞩；展览室资料齐全，琳琅满目；图书室、
实验室、微机室，应有尽有，并广泛运用于教育教学之中。蓉锦大学现开15个专业
十多个，在校学生八千余人，教授16名、副教授25名、博士8名、硕士9名。师资力量
平精湛。
学校从实践入手，坚持“从实践中来，往实践中去”的现代教学理念，改革教学模式，
量。2009年春季，学校成功举办“原田区‘早晨读、晚习武’课题实验暨教学成果转化
教育精英云集于此，摩拳擦掌，讨论热烈；多个单位纷纷前来观摩学习。经过四年
实现了第一个目标——“平安蓉锦大学”，正朝着“品牌蓉锦大学”迈进。近三年来，学
得“先进党支部”“全面工作先进单位”“教研教改先进单位”“体育示范学校”等荣誉称
课堂，成长的是教师，受益的是学生。近三年来，学校有教师多次在各种论坛上纷
李四、王五等同学先后进入大型国企、外企工作。发展的是体育，提高的是素质，

图2-38　分段文本

蓉锦大学
扬帆起航、迈向理想、锦绣前程 记奋进中的蓉锦大学当初升的朝霞正绽放着灿烂，
在田野上轻轻飘散，在古老的长江边，在原田山下、XX国道的身边，有一所书声朗
的学校，这就是四川蓉锦大学。 蓉锦大学始建于1950年，两次合并，一次搬迁，1
制，学校升格为原田职业学院，2001年原田区与四向县合并，隶属于四向大学。20
为蓉锦大学。

过去的蓉锦大学，规模不大，面积较小，学生不足1000，教职工不满50，五栋民房
设施简陋，教学环境较差。承各级领导悉心关怀，蒙几代贤达栉风沐雨，经数届师
而今的蓉锦大学焕然一新。 走进蓉锦大学，便有一股蓬勃之气、书香之气、自然之
学校占地面积12亩，建筑面积5亩。校园布局合理，绿化环境优美。有教学楼、综合
楼、学生宿舍楼、学生食堂共20幢。新竣工的学生食堂，造型优美，环境优雅；新建
礼台，气势宏伟，高瞻远瞩；展览室资料齐全，琳琅满目；图书室、阅览室、仪器
室，应有尽有，并广泛运用于教育教学之中。

蓉锦大学现开15个专业，有教学班六十多个，在校学生八千余人，教授16名、副教
8名、硕士9名。师资力量雄厚，教学水平精湛。

学校从实践入手，坚持“从实践中来，往实践中去”的现代教学理念，改革教学模式，
量。2009年春季，学校成功举办“原田区‘早晨读、晚习武’课题实验暨教学成果转化
教育精英云集于此，摩拳擦掌，讨论热烈；多个单位纷纷前来观摩学习。经过四年
实现了第一个目标——“平安蓉锦大学”，正朝着“品牌蓉锦大学”迈进。近三年来，学
得“先进党支部”“全面工作先进单位”“教研教改先进单位”“体育示范学校”等荣誉称
课堂，成长的是教师，受益的是学生。近三年来，学校有教师多次在各种论坛上纷

图2-39　分段其他文本

STEP 6 在第1段文本中的“记奋进中的蓉锦大学”文本右侧单击鼠标定位插入点，按【Shift+Enter】组合键换行文本，如图2-40所示。

学校概况

蓉锦大学
扬帆起航、迈向理想、锦绣前程 记奋进中的蓉锦大学
当初升的朝霞正绽放着灿烂，当晨雾和炊烟在田野上轻轻飘散，在古老的长江边，在原田山下、XX国道的身边，有一所
书声朗朗、生机盎然的学校，这就是四川蓉锦大学。 蓉锦大学始建于1950年，两次合并，一次搬迁，1979年原田区建制
学校升格为原田职业学院，2001年原田区与四向县合并，隶属于四向大学。2004年正式更名为蓉锦大学。

图2-40　换行文本

知识补充

在Dreamweaver中，换行与分段是两个相当重要的概念，前者可以将文本换行显示，换行后的文本与上一行的文本同属于一个段落，并只能应用相同的格式和样式；后者同样将文本换行显示，但换行后会增加一个空白行，且换行后的文本属于另一段落，可以应用其他的格式和样式。

STEP 7 在第3段文本开始处单击鼠标定位插入点，按【Ctrl+Shift+空格】组合键插入一个空格，如图2-41所示。

STEP 8 按住【Ctrl+Shift】组合键不放，同时按几次空格键继续插入空格，效果如图2-42所示。

学校概况

蓉锦大学
扬帆起航、迈向理想、锦绣前程 记奋进中的蓉锦大学
当初升的朝霞正绽放着灿烂，当晨雾和炊烟在田野上轻轻飘散，在古老的长江边，在原田山
下、XX国道的身边，有一所书声朗朗、生机盎然的学校，这就是四川蓉锦大学。 蓉锦大学始
建于1950年，两次合并，一次搬迁，1979年原田区建制，学校升格为原田职业学院，2001年原
田区与四向县合并，隶属于四向大学。2004年正式更名为蓉锦大学。

过去的蓉锦大学，规模不大，面积较小，学生不足1000，教职工不满50，五栋民房一字排开，
教学设施简陋，教学环境较差。承各级领导悉心关怀，蒙几代贤达栉风沐雨，经数届师生发
图强，而今的蓉锦大学焕然一新。 走进蓉锦大学，便有一股蓬勃之气、书香之气、自然之气
迎面扑来。学校占地面积12亩，建筑面积5亩。校园布局合理，绿化环境优美。有教学楼、综
楼、教师公寓楼、学生宿舍楼、学生食堂共20幢。新竣工的学生食堂，造型优美，环境优雅，
建成的运动场观礼台，气势宏伟，高瞻远瞩；展览室资料齐全，琳琅满目；图书室、阅览室、
器室、实验室、微机室，应有尽有，并广泛运用于教育教学之中。

蓉锦大学现开15个专业，有教学班六十多个，在校学生八千余人，教授16名、副教授25名、博
士8名、硕士9名。师资力量雄厚，教学水平精湛。

学校从实践入手，坚持“从实践中来，往实践中去”的现代教学理念，改革教学模式，提高教学
质量。2009年春季，学校成功举办“原田区‘早晨读、晚习武’课题实验暨教学成果转化观摩
会”，全区教育精英云集于此，摩拳擦掌，讨论热烈；多个单位纷纷前来观摩学习。经过四年

图2-41　插入空格

学校概况

蓉锦大学
扬帆起航、迈向理想、锦绣前程 记奋进中的蓉锦大学
　　当初升的朝霞正绽放着灿烂，当晨雾和炊烟在田野上轻轻飘散，在古老的长江边，在原
田山下、XX国道的身边，有一所书声朗朗、生机盎然的学校，这就是四川蓉锦大学。 蓉锦大
学始建于1950年，两次合并，一次搬迁，1979年原田区建制，学校升格为原田职业学院，
2001年原田区与四向县合并，隶属于四向大学。2004年正式更名为蓉锦大学。

过去的蓉锦大学，规模不大，面积较小，学生不足1000，教职工不满50，五栋民房一字排开，
教学设施简陋，教学环境较差。承各级领导悉心关怀，蒙几代贤达栉风沐雨，经数届师生发
图强，而今的蓉锦大学焕然一新。 走进蓉锦大学，便有一股蓬勃之气、书香之气、自然之气
迎面扑来。学校占地面积12亩，建筑面积5亩。校园布局合理，绿化环境优美。有教学楼、综
楼、教师公寓楼、学生宿舍楼、学生食堂共20幢。新竣工的学生食堂，造型优美，环境优雅；
建成的运动场观礼台，气势宏伟，高瞻远瞩；展览室资料齐全，琳琅满目；图书室、阅览室、
器室、实验室、微机室，应有尽有，并广泛运用于教育教学之中。

蓉锦大学现开15个专业，有教学班六十多个，在校学生八千余人，教授16名、副教授25名、博
士8名、硕士9名。师资力量雄厚，教学水平精湛。

学校从实践入手，坚持“从实践中来，往实践中去”的现代教学理念，改革教学模式，提高教学
质量。2009年春季，学校成功举办“原田区‘早晨读、晚习武’课题实验暨教学成果转化观摩
会”，全区教育精英云集于此，摩拳擦掌，讨论热烈；多个单位纷纷前来观摩学习。经过四年

图2-42　插入多个空格

STEP 9 选择输入的2个字符长的空格，按【Ctrl+C】组合键复制，将复制的空格依次粘贴到下面分段和换行的文本开始处即可，如图2-43所示。

操作提示

注意，在Dreamweaver中按空格键只可以输入一个空格，但无法连续输入多个空格，若需要输入连续的多个空格时，应采用上面的方法来实现，或在“代码”窗口下对应的位置输入“ ”代码，表示一个空格。

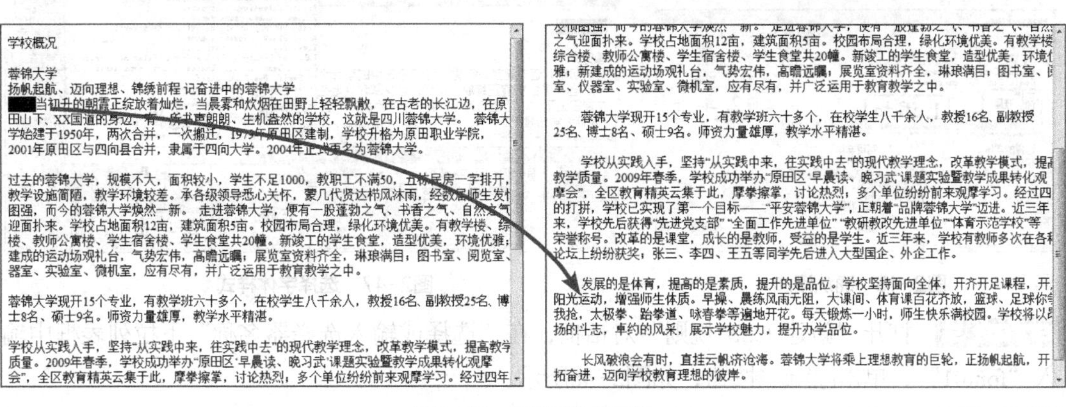

图2-43 复制并粘贴空格

（四）设置文本格式

在Dreamweaver中设置字体格式通常是采用字体设置样式较为丰富的CSS字体格式设置来完成的，下面为“xuexjj.html”网页中的文本设置字体格式，其具体操作如下。

STEP 1 拖曳鼠标选择第1段文本，在属性面板中单击[CSS]按钮，然后在“字体”下拉列表框中选择“编辑字体列表”选项，如图2-44所示。

STEP 2 打开“编辑字体列表”对话框，在“可用字体”列表框中选择“宋体”选项，单击左侧的“添加”按钮[«]，如图2-45所示。

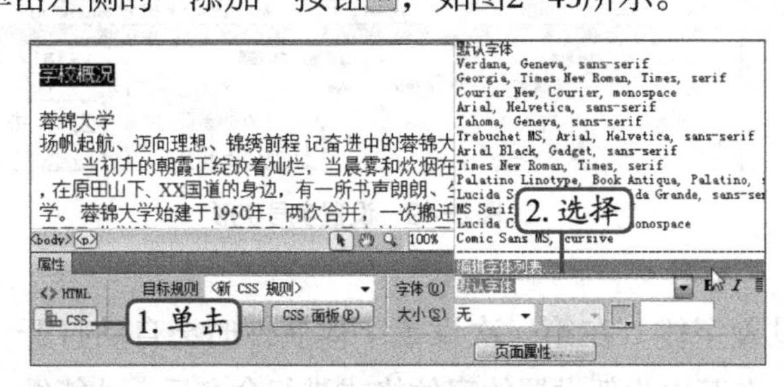

图2-44 添加字体

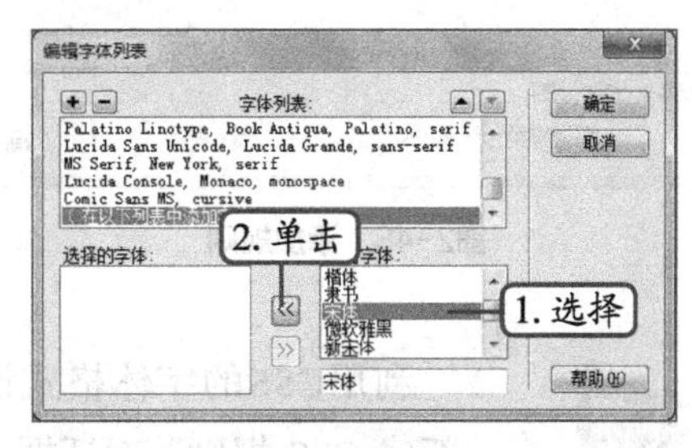

图2-45 选择字体

操作提示

“字体”下拉列表框中的字体是Dreamweaver默认的字体，要想使用计算机中已安装的其他字体，必须按上述方法将其添加到“字体”下拉列表框中，注意，若选择多个字体在“选择的字体”列表框中，单击[+]按钮添加时会将列表中的所有字体添加为一个选项。

STEP 3 单击[+]按钮将“选择的字体”列表框中的字体添加到列表中，然后利用相同的方法添加其他几种常用的字体，如图2-46所示，单击确定按钮即可。

STEP 4 保持第一段文本的选择状态，在“属性”面板的“字体”下拉列表框中选择添加的“微软雅黑”选项，如图2-47所示。

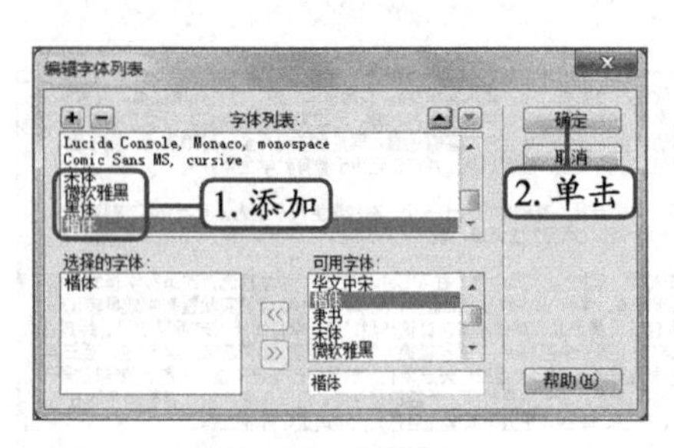

图2-46 确认添加

Dw
设计器
CS Live
文件(F) 编辑(E) 查看(V) 插入(I) 修改(M) 格式(O) 命令(C) 站点(S) 窗口(W) 帮助(H)
1. 选择
实时代码
实时视图
地址：
学校概况
蓉锦大学
扬帆起航、迈向理想、锦绣前程 记奋进中的蓉锦大学
当初升的朝霞正绽放着灿烂，当晨雾和炊烟在
在原田山下、XX国道的身边，有一所书声朗朗、生
蓉锦大学始建于1950年，两次合并，一次搬迁，1
默认字体
Verdana, Geneva, sans-serif
Georgia, Times New Roman, Times, serif
Courier New, Courier, monospace
Arial, Helvetica, sans-serif
Tahoma, Geneva, sans-serif
Trebuchet MS, Arial, Helvetica, sans-serif
Arial Black, Gadget, sans-serif
Times New Roman, Times, serif
Palatino Linotype, Book Antiqua, Palatino, serif
Lucida Sans Unicode, Lucida Grande, sans-serif
MS Serif, New York, serif
Lucida Console, Monaco, monospace
Comic Sans MS, cursive
方正黑体简体
宋体
编辑字体列表...
3. 选择
属性
HTML
CSS
目标规则 <新 CSS 规则>
编辑规则
CSS 面板(P)
字体(O)
大小(S) 无
页面属性...
2. 单击
Adobe Bro...
插入
数据库
AP 元素
CSS样式
标签检查器
服务器行为
绑定
文件
资源

图2-47 选择字体样式

STEP 5 打开“新建 CSS 规则”对话框，在“选择或输入选择器名称”下拉列表框中输入“font01”，单击确定按钮，如图2-48所示。

STEP 6 在属性面板的“大小”下拉列表框中输入“24”，单击“加粗”按钮B，如图2-49所示。

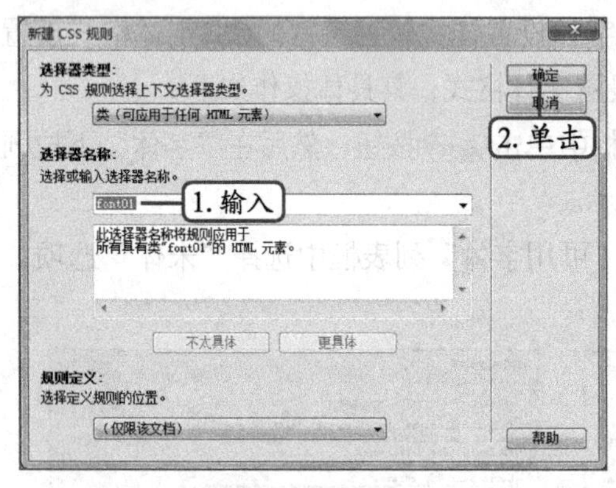

图2-48 添加规则

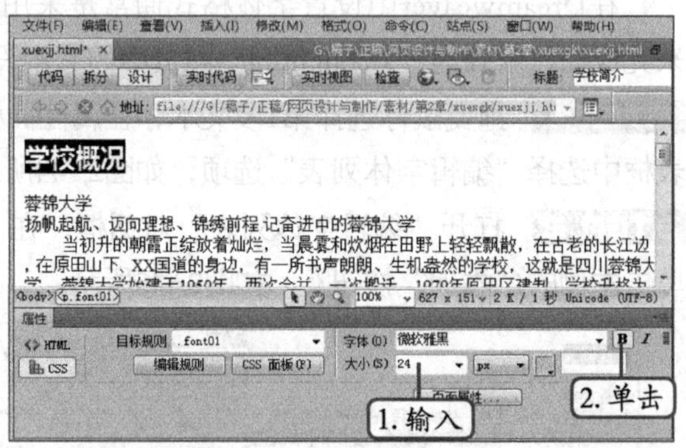

图2-49 设置字号字形

操作提示

利用CSS的字体格式设置字体，在第一次设置字体属性时会自动打开“新建 CSS 规则”对话框，在其中为新设置的字体格式进行命名后，才能继续操作。

STEP 7 选择第2段文本，在“属性”面板中单击CSS按钮，在“大小”下拉列表框中选择“18”选项，如图2-50所示。

STEP 8 打开“新建CSS规则”对话框，将名称设置为“font02”，单击确定按钮，如图2-51所示。

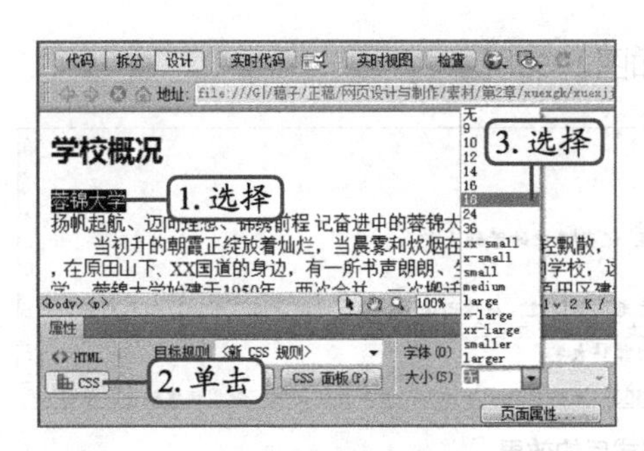

图2-50　选择字号

图2-51　添加规则

STEP 9 在“字体”下拉列表框中选择“楷体”选项，为选择的文章设置字体格式。

STEP 10 选择其他文本（包括换行文本），单击CSS按钮，在“目标规则”下拉列表框中选择创建的“font02”选项，快速为所选文本应用该格式，效果如图2-52所示。

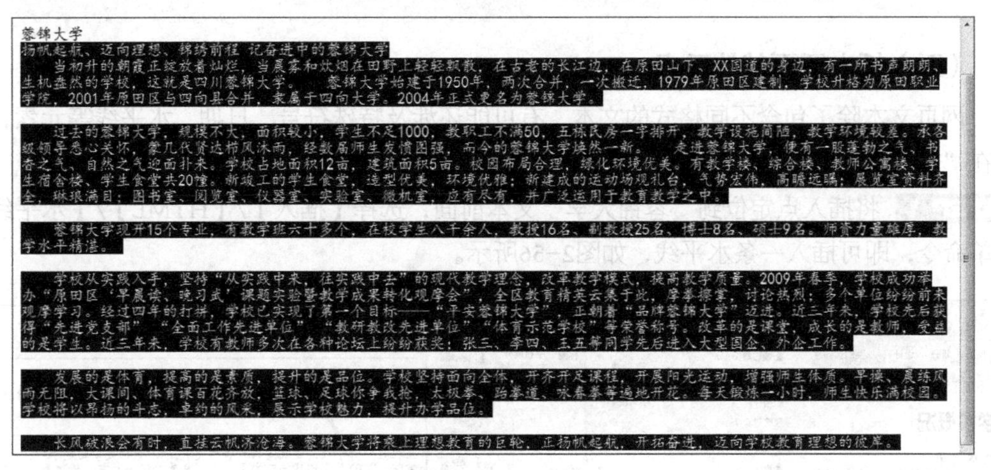

蓉锦大学
扬帆起航、迈向理想、锦绣前程 记奋进中的蓉锦大学
　　当初升的朝霞正绽放着灿烂，当晨雾和炊烟在田野上轻轻飘散，在古老的长江边，在原田山下、XX国道的身边，有一所书声朗朗、生机盎然的学校，这就是四川蓉锦大学。　蓉锦大学始建于1950年，两次合并，一次搬迁，1979年原田区建制，学校升格为原田职业学院，2001年原田区与四向县合并，隶属于四向大学，2004年正式更名为蓉锦大学。

　　过去的蓉锦大学，规模不大，面积较小，学生不足1000，教职工不满50，五栋民房一字排开，教学设施简陋，教学环境较差。承各级领导悉心关怀，蒙几代贤达栉风沐雨，经数届师生发愤图强，而今的蓉锦大学焕然一新。　走进蓉锦大学，便有一股蓬勃之气、书香之气、自然之气迎面扑来。学校占地面积12亩，建筑面积5亩。校园布局合理，绿化环境优美。有教学楼、综合楼、教师公寓楼、学生宿舍楼、学生食堂共20幢。新竣工的学生食堂，造型优美，环境优雅；新建成的运动场观礼台，气势宏伟，高瞻远瞩；展览室资料齐全，琳琅满目；图书室、阅览室、仪器室、实验室、微机室，应有尽有，并广泛运用于教育教学之中。

　　蓉锦大学现开15个专业，有教学班六十多个，在校学生八千余人，教授16名、副教授25名、博士8名、硕士9名。师资力量雄厚，教学水平精湛。

　　学校从实践入手，坚持“从实践中来，往实践中去”的现代教学理念，改革教学模式，提高教学质量。2009年春季，学校成功举办“原田区‘早晨读、晚习武’课题实验暨教学成果转化观摩会”，全区教育精英云集于此，摩拳擦掌，讨论热烈；多个单位纷纷前来观摩学习。经过四年的打拼，学校已实现了第一个目标——“平安蓉锦大学”，正朝着“品牌蓉锦大学”迈进。近三年来，学校先后获得“先进党支部”“全面工作先进单位”“教研教改先进单位”“体育示范学校”等荣誉称号。改革的是课堂，成长的是教师，受益的是学生。近三年来，学校有教师多次在各种论坛上纷纷获奖；张三、李四、王五等同学先后进入大型国企、外企工作。

　　发展的是体育，提高的是素质，提升的是品位。学校坚持面向全体，开齐开足课程，开展阳光运动，增强师生体质。早操、晨练风雨无阻，大课间、体育课百花齐放，篮球、足球你争我抢，太极拳、跆拳道、咏春拳等遍地开花。每天锻炼一小时，师生快乐满校园。学校将以昂扬的斗志，卓约的风采，展示学校魅力，提升办学品位。

　　长风破浪会有时，直挂云帆济沧海。蓉锦大学将乘上理想教育的巨轮，正扬帆起航，开拓奋进，迈向学校教育理想的彼岸。

图2-52　应用规则

STEP 11 将插入点定位到第3行的“蓉锦大学”文本后，按【Enter】键分段。

STEP 12 选择第2段文本，单击HTML按钮，在“格式”下拉列表框中选择“标题1”选项，如图2-53所示。

STEP 13 保持选择状态，在“属性”面板中单击CSS按钮，右侧单击“居中对齐”按钮，打开“新建CSS规则”对话框，将名称设置为“fontbt1”，如图2-54所示。

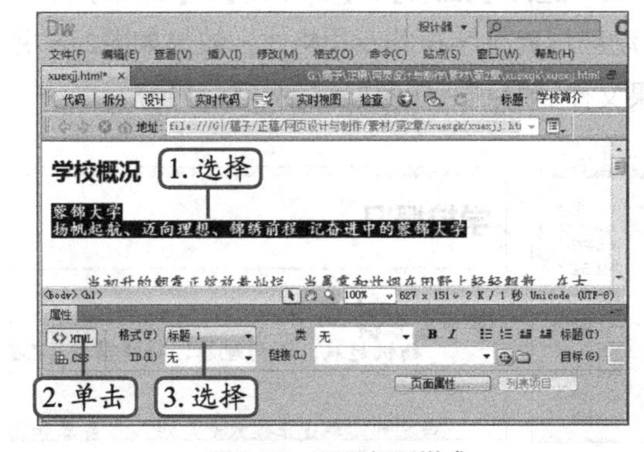

图2-53　设置标题样式

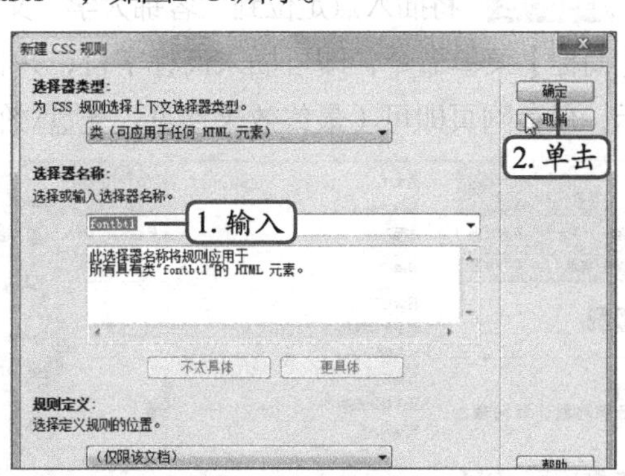

图2-54　新建规则

STEP 14 单击 确定 按钮，设置格式的效果如图2-55所示。

学校概况

蓉锦大学

扬帆起航、迈向理想、锦绣前程 记奋进中的蓉锦大学

当初升的朝霞正绽放着灿烂，当晨雾和炊烟在田野上轻轻飘散，在古老的长江边，在原田山下、XX国道的身边，有一所书声朗朗、生机盎然的学校，这就是四川蓉锦大学。 蓉锦大学始建于1950年，两次合并，一次搬迁，1979年原田区建制，学校升格为原田职业学院，2001年原田区与四向县合并，隶属于四向大学。2004年正式更名为蓉锦大学。

过去的蓉锦大学，规模不大，面积较小，学生不足1000，教职工不满50，五栋民房一字排开，教学设施简陋，教学环境较差。承各

图2-55 设置格式后的效果

Dreamweaver中也可设置文本缩进，方法是选择文本或将插入点定位到该文本中，单击“属性”面板中的 HTML 按钮，单击“内缩区块”按钮可增加缩进距离；单击“删除内缩区块”按钮可减少缩进距离。

（五）插入网页其他元素

网页文本除了包含不同格式的文本，有可能还涉及特殊符号、日期、水平线等元素，下面在“xuexjj.html”网页中练习插入水平线和商标，其具体操作如下。

STEP 1 将插入点定位到“蓉锦大学”文本前面，选择【插入】/【HTML】/【水平线】菜单命令，即可插入一条水平线，如图2-56所示。

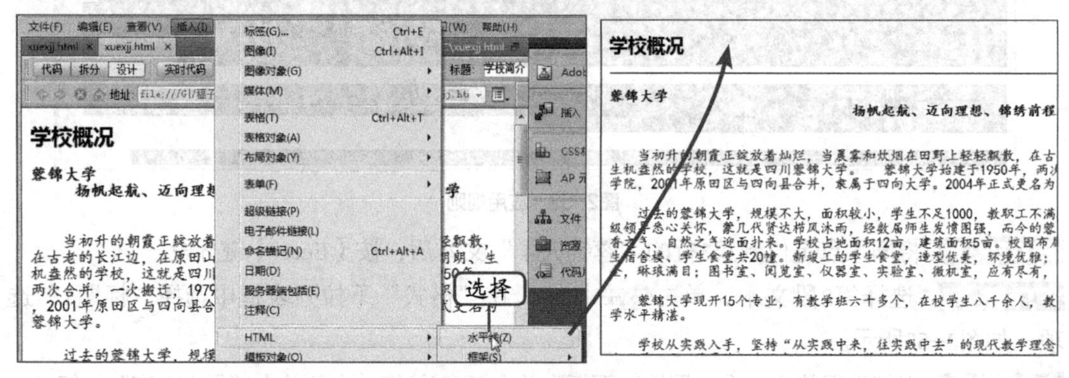

图2-56 插入水平线

STEP 2 将插入点定位到“蓉锦大学”文本后，选择【插入】/【HTML】/【特殊字符】/【商标】菜单命令，即可插入商标字符，并自动应用商标字符的专用格式，效果如图2-57所示，保存网页即可（最终效果参见：光盘\效果文件\项目二\任务二\xuexjj.html）。

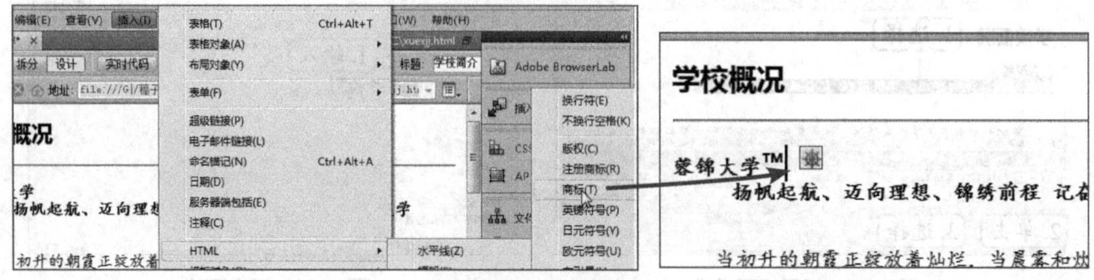

图2-57 插入商标

选择【插入】/【日期】菜单命令，打开“插入日期”对话框，在“星期格式”下拉列表框中选择“星期四”选项，在“日期格式”列表框中选择“1974年3月7日”选项，在“时间格式”下拉列表框中选择“22:18”选项，单击 确定 按钮即可插入当前电脑中的日期、星期和时间，如图2-58所示。

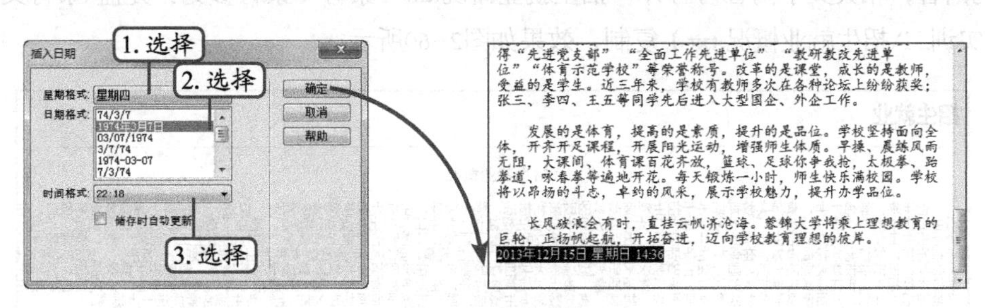

图2-58 插入日期

实训一 创建“蓉锦大学”站点

【实训要求】

蓉锦大学决定推出“蓉锦大学”网站网上服务，便于学员学习和宣传了解以及资料的查询。请你为该学校创建一个站点，作为该学校的官方网站。

【实训思路】

作为学校的网站，在规划站点时需要先确定该网站需要包含的内容方面，然后再细分每个版块中的内容。在Dreamweaver CS5新建站点，然后制订本地文件位置，最后用过“文件”面板规划网站的内容和表现形式。本实训的参考效果如图2-59所示。

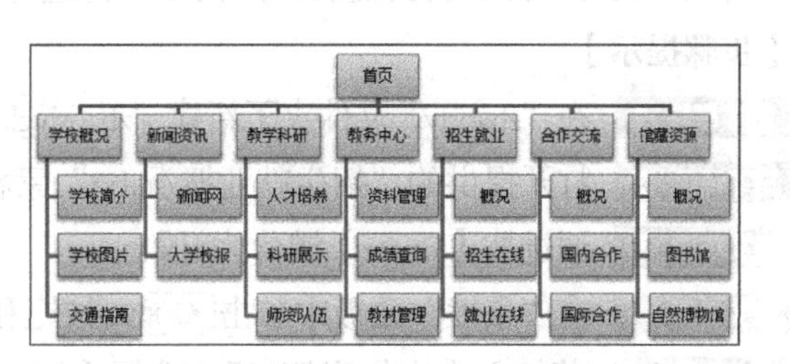

图2-59 “蓉锦大学”站点规划

【步骤提示】

STEP 1 启动Dreamweaver CS5，选择【站点】/【新建站点】菜单命令，打开“新建本地站点”对话框，在其中设置站点名称的保存位置。

STEP 2 在“文件”面板的站点文件上单击鼠标右键，在弹出的快捷菜单中选择“新建文件夹”命令，然后输入“xuexgk”文本。

STEP 3 在“xuexgk”文件夹上单击鼠标右键，在弹出的快捷菜单中选择“新建文件”命令，新建一个网页文件，然后修改名称为“jiaotzl.html”。

STEP 4 利用相同的方法在“xuexgk”文件夹下方新建一个文件名为“img”的文件。

STEP 5 通过复制和粘贴的方法为网站创建其他文件夹并修改文件名称，完成制作。

实训二 编辑“招生就业概况”网页

【实训要求】

为蓉锦大学的招生就业部分制作一个“招生就业概况”网页，用于介绍学校在招生就业方面的内容，相关文字内容可打开“招生就业概况.txt”素材（素材参见：光盘\素材文件\项目二\实训二\招生就业概况.txt）复制，效果如图2-60所示。

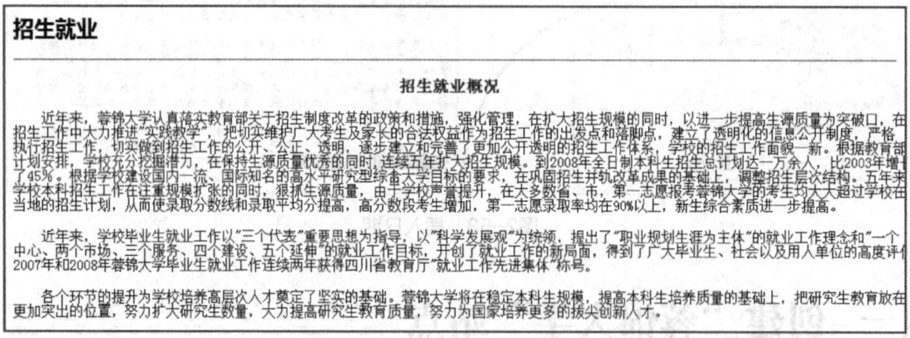

招生就业

招生就业概况

近年来，蓉锦大学认真落实教育部关于招生制度改革的政策和措施，强化管理，在扩大招生规模的同时，以进一步提高生源质量为突破口，在
招生工作中大力推进"实践教学"，把切实维护广大考生及家长的合法权益作为招生工作的出发点和落脚点，建立了透明化的信息公开制度，严格
执行招生工作，切实做到招生工作的公开、公正、透明，逐步建立和完善了更加公开透明的招生工作体系，学校的招生工作面貌一新。根据教育部
计划安排，学校充分挖掘潜力，在保持生源质量优秀的同时，连续五年扩大招生规模。到2008年全日制本科生招生总计划达一万余人，比2003年增
了45%。根据学校建设国内一流、国际知名的高水平研究型综合大学目标的要求，在巩固招生并轨改革成果的基础上，调整招生层次结构。五年来
学校本科招生工作在注重规模扩张的同时，狠抓生源质量，由于学校声誉提升，在大多数省、市，第一志愿报考蓉锦大学的考生均大大超过学校在
当地的招生计划，从而使录取分数线和录取平均分提高，高分数段考生增加，第一志愿录取率均在90%以上，新生综合素质进一步提高。

近年来，学校毕业生就业工作以"三个代表"重要思想为指导，以"科学发展观"为统领，提出了"职业规划生涯为主体"的就业工作理念和"一个
中心、两个市场、三个服务、四个建设、五个延伸"的就业工作目标，开创了就业工作的新局面，得到了广大毕业生、社会以及用人单位的高度评
2007年和2008年蓉锦大学毕业生就业工作连续两年获得四川省教育厅"就业工作先进集体"称号。

各个环节的提升为学校培养高层次人才奠定了坚实的基础。蓉锦大学将在稳定本科生规模，提高本科生培养质量的基础上，把研究生教育放在
更加突出的位置，努力扩大研究生数量，大力提高研究生教育质量，努力为国家培养更多的拔尖创新人才。

图2-60 招生就业概况网页效果

【实训思路】

本实训可综合练习在网页中添加文本等网页元素的方法，并掌握设置操作，可先打开提供的素材文件，然后将其复制到网页中，再进行设置即可。

【步骤提示】

STEP 1 在“zhaosjy”文件夹下新建“zhaosjygk.html”网页。在其中输入“招生就业”文本。

STEP 2 打开提供的“招生就业概况.txt”素材，将其中的文本复制粘贴到网页中。

STEP 3 通过按【Enter】键分为4段。

STEP 4 在“属性”面板中单击 <> HTML 按钮和 CSS 按钮设置字符格式。

STEP 5 将插入点定位到第2行，选择【插入】/【HTML】/【水平线】菜单命令，插入一条水平线，完成本实训制作（最终效果参见：光盘\效果文件\项目二\实训二\zhaosjygk.html）。

常见疑难解析

问：插入了水平线后，属性面板中并没有更改水平线颜色的设置参数，有没有什么方法可以实现水平线颜色的更改呢？

答：要想更改水平线颜色，可利用代码视图实现：选择水平线，切换到拆分视图或代码视图，在代码“hr”后按空格键，此时将弹出一个列表框，双击其中的“color”选项，在弹出的颜色选择器中选择需要的颜色即可。需要注意的是，无论选择了哪种颜色，Dreamweaver设计视图中的水平线颜色是不会发生变化的，只有保存网页后按【F12】键预览才能看到更改的颜色效果。

问：如果需要插入类似“①、②、③…”的特殊符号时，不论是利用键盘输入还是Dreamweaver提供的特殊符号都无法实现，这时该怎么办呢？

答：Dreamweaver中提供的特殊符号是有限的，如果需要输入的特殊符号不在Dreamweaver提供的范围内，可利用中文输入法提供的特殊符号来解决问题。目前任意一款流行的中文输入法都拥有大量的特殊符号。以搜狗拼音输入法为例，只需单击该输入法状态条上的⌨按钮，在弹出的快捷菜单中选择“特殊符号”命令即可打开特殊符号界面，在其中选择需要插入的特殊符号所在的类型后，即可单击对应的特殊符号按钮进行插入。

拓展知识

1. 创建并设置列表

列表是指具有并列关系或先后顺序的若干段落。当网页中涉及列表的制作时，一般都会为其添加项目符号或编号，使其显得更为专业和美观。具体操作如下。

STEP 1 选择需要设置项目符号或编号的段落，单击属性面板中的 HTML 按钮，然后单击“项目列表”按钮。

STEP 2 在需要分段的位置定位插入点，按【Enter】键分段将自动添加项目符号。

STEP 3 在属性面板中单击 列表项目... 按钮，均可在打开的“列表属性”对话框中进行设置，图2-61所示即“列表属性”对话框中各参数的作用。

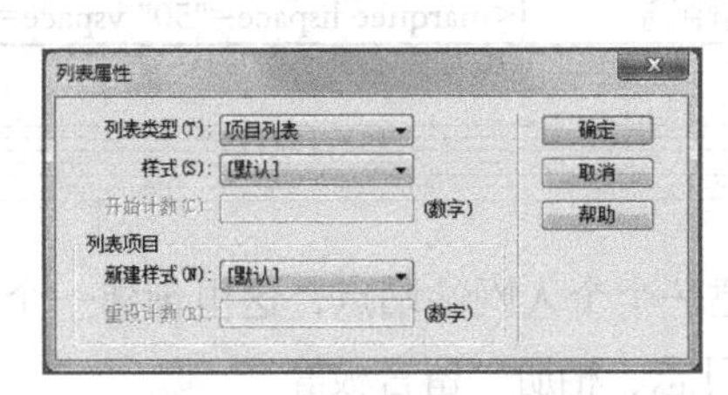

图2-61 “列表属性”对话框

- **“列表类型”下拉列表框：**选择类型为项目列表还是编号。
- **“开始计数”文本框：**设置编号的起始数字。
- **“样式”下拉列表框：**更改项目符号或编号的外观样式。

若单击“属性”面板中的“编号”按钮，即可为段落自动添加编号。另外，要想删除项目符号或编号，只需选择对应的段落后，单击“属性”面板中的“项目列表”按钮或“编号”按钮即可。

2. 添加滚动字幕

滚动字幕是一种动态的文本效果，可以使网页增色不少，其具体操作如下。

STEP 1 在网页中输入需要滚动的字幕内容，单击界面上方的 拆分 按钮，在左侧的代码视图中利用【Enter】键在输入的字幕内容前输入“<marquee behavior="alternate" scrollamount="10">”，在滚动文字内容下方输入“</marquee>”。

STEP 2 按【Ctrl+S】组合键保存网页后，按【F12】键预览效果即可，如图2-62所示。

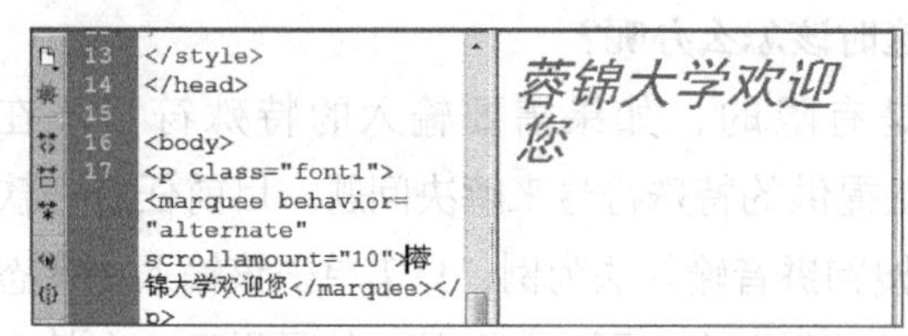

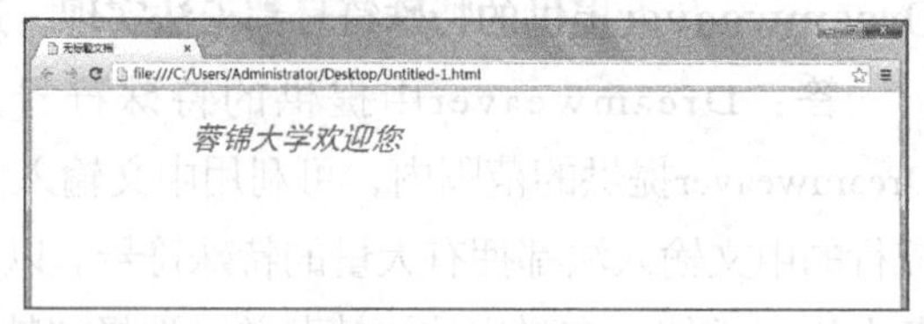

图2-62 滚动字幕效果

使用<marquee>代码来制作滚动字幕时可结合表2-1的属性进行设置，使制作出的滚动字幕更加生动。

表2-1 <marquee>代码的作用与对应的代码内容

作用	代码
从右向左滚动	<marquee direction="left">
从左向右滚动	<marquee direction="right">
从上向下滚动	<marquee direction="down">
从下向上滚动	<marquee direction="up">
在规定范围内循环滚动 5 次	<marquee loop="5" width="200" behavior="scroll">
在规定范围内滚动 5 次后停止	<marquee loop="5" width="80%" behavior="slide">
在规定范围内来回滚动 5 次	<marquee loop="5" width="80%" behavior="alternate">
在滚动过程中适当暂停	<marquee scrolldelay="50" scrollamount="20"
在滚动过程中设置文本背景颜色	<marquee height="40" width="80%" bgcolor="#FF0">
设置滚动时与网页上方和左侧的距离	<marquee hspace="50" vspace="50">

课后练习

（1）根据自己喜好创建一个个人网站站点，这里创建一个名为“沐念桥”的个人空间网站站点，主要包括主页、日志、相册、留言板等。

（2）在网页中制作一篇日志页面，练习网页中文本的相关操作，效果如图2-63所示（最终效果参见：光盘\效果文件\项目二\课后练习\riz.html）。

多想拥抱天空

——记回不去的时光

在这个没有高山森林，没有大江河流的平原上，我就被困住在这所谓的学校里。偶尔，当我抬头看天的时候，一排排大雁划过我头顶的时候，忽然觉得，天空真的好大。大到我以为它的怀抱是温暖的。

站在时间的河流边上，回头看来时的路，二十多个的年头里，却也物是人非了。如果时间可以倒流，东去的江水也可以西归，那是不是很多事就不一样了呢？ 在记忆里，我还记得有人对我说，会陪着我去看那呼伦贝尔大草原，望眼欲穿，草长莺飞；陪我去看那大大的蒙古包，就像一个个可爱的冰激淋，沁到心低；还要品尝他们热情的酥油茶；看夕阳慢慢的落下，牛羊结队而归的美景。那时的我似乎就感受到了地老天荒。可是，现在这人却走丢了，小四曾经说“一个人的心只有这么大，你能给的也只有这么大，一些人要进来，那么有些人就必须请出去”。

在这个落叶纷飞的季节里，似乎时间走的更加寂寞了，我拾起一枚落叶，却冷落了其他，叶子再漂亮，还是不是树的种子，即使我小心翼翼的将它放在书中，到最后还是只剩下叶骨。

某天，在空旷的操场上，无意间看到蓝天和白云，竟然离自己那么远了。于是，我在心里告诉自己，如果有一天，当我有能力一个人行走的时候，我一定会去遥远的天边，到离天空最近的地方，尽情拥抱它。

图2-63 制作日志页面

PART 3

项目三 编辑网页元素

情景导入

阿秀：小白，学习了网页编辑的基本操作后，你已经能够创建简单的网页，下面就可以对网页中添加的网页元素进行编辑。

小白：什么是网页元素?

阿秀：就是组成网页的对象，如网页中的图片、链接、文字、音乐、视频、Flash动画等。

小白：那现在就学习吧。

学习目标

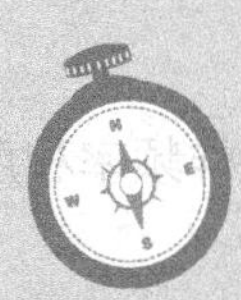

- 掌握网页中图片的设置方法
- 掌握超链接的相关操作
- 掌握多媒体文件的添加方法

技能目标

- 掌握“蓉锦大学”首页页面的编辑方法
- 能够完成基本的网页页面编辑操作

任务一　制作“蓉锦大学”首页页面

首页是访问者最开始浏览网站的页面，通常情况下，首页主要展示一些重要图片、文字、热点信息，不会有过多的内容。

一、任务目标

本任务将制作“蓉锦大学”首页页面并对其进行编辑，在制作时先在需要的地方插入相关素材图片，并进行编辑，然后在网页中插入提供的动画文件和背景音乐。通过本任务可掌握在Dreamweaver CS5中添加图片和多媒体文件的相关操作。本任务完成后效果如图3-1所示。

图3-1　“蓉锦大学”首页页面

二、相关知识

本任务制作涉及多媒体元素的添加，网页中多媒体元素包括音频、视频、Flash动画、Java小程序等，下面介绍目前网络上可以播放的音频和视频文件格式。

（一）音频文件格式

目前网络中可以播放的音频文件格式主要有以下几种。

- WAV：用于保存Wondows平台的音频信息支援，支持多种音频位数、采样频率和声道，是目前电脑中使用较多的音频文件格式。
- MP3：MP3就是指MPEG标准中的音频部分，MPEG音频文件的压缩是一种有损压缩，原理是丢失音频中的12kHz～16kHz之间高音频部分的质量来压缩文件大小。
- MIDI格式：是数字音乐接口的英文缩写，MIDI传送的是音符、控制参数等指令，本身不包含波形数据，文件较小，是最适合作为网页背景音乐的文件格式。

（二）　视频文件格式

目前网络中可以播放的视频文件格式主要有以下几种。

- RM：该格式可根据不同的网络传输速率制定不同的压缩比率，从而实现低速率在网络上进行影像数据实时传送和播放。用户使用RealPlayer播放器可以在不下载音视频内容的情况下在线播放。

- AVI：音视频交错格式的英文缩写。优点是图像质量好，可跨平台使用，缺点是文件过大，压缩标准不统一。
- MPEG：VCD、DVD光盘上的视频格式，画质较好，目前有5种压缩标准，分别是MPEG-1、MPEG-2、MPEG-4、MPEG-7、MPEG-21。
- WMV：是Microsoft推出的一种流媒体格式，在同等视频质量下，WMV格式的体积非常小，因此很适合在网上播放和传输。
- SWF：Flash动画设计软件的专用格式，被广泛用于网页设计和动画制作领域。该格式普及程度高，99%的网络使用者都可读取该文件，前提是浏览器必须安装Adobe Flash Player插件。

三、任务实施

（一）插入与编辑图像

下面在“main.html”网页中插入“xw.jpg”图像，其具体操作如下。

STEP 1 打开“main.html”网页（素材参见：光盘\素材文件\项目三\任务一\main.html），在需要插入图像位置定义文本插入点，选择【插入】/【图像】菜单命令。

STEP 2 打开“选择图像源文件”对话框，在其中选择提供的素材图片“xx.jpg”（素材参见：光盘\素材文件\项目三\任务一\renwuyi\xx.JPG），单击确定按钮，如图3-2所示。

STEP 3 打开“图像标签辅助功能属性”对话框，在“替换文本”下拉列表框中输入文本，如果图片无法正常显示，将显示该下拉列表中输入的文本内容，这里不输入文章，直接单击确定按钮，如图3-3所示。

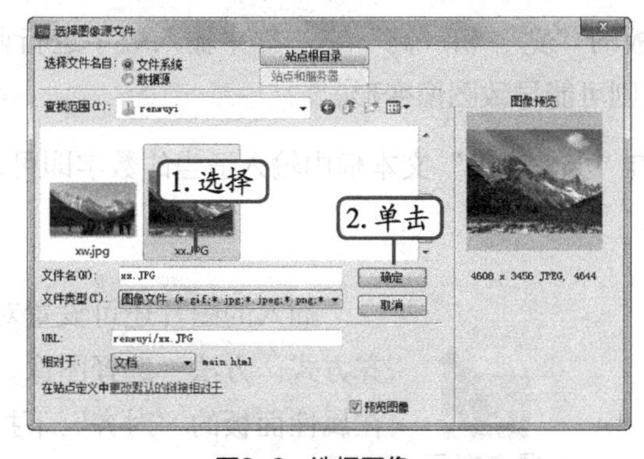

图3-2 选择图像

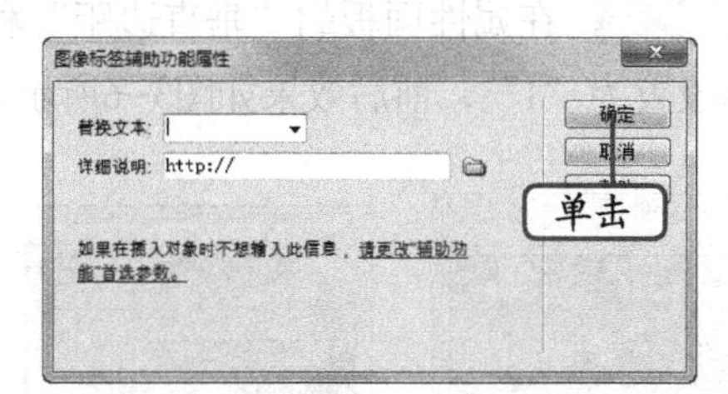

图3-3 设置图像替换文本

操作提示

若用户插入网页中的图片没有位于站点根目录下，将会打开“Dreamweaver”提示对话框，询问是否将图片复制到站点中，以便后期发布可以找到图片，直接单击是(Y)按钮即可。

STEP 4 此时选择的图片将插入到插入点所在的位置，效果如图3-4所示。

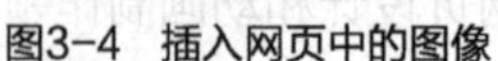

图3-4 插入网页中的图像

知识补充

插入图像后，在图像上单击鼠标右键，在弹出的快捷菜单中选择“源文件”命令，可快速打开该图像保存位置对应的对话框，在其中可选择其他图片快速替换插入的图片。

STEP 5 通过观察，发现插入的图片大小不能满足需要，因此选择图片，将鼠标移动到右下角，当变为双向箭头时按住【Shift】键拖曳鼠标调整图像尺寸，如图3-5所示。

图3-5 调整图像尺寸

操作提示

相比于拖曳控制点直观地调整图像尺寸而言，若想精确控制图像大小，可在选择图像后，在属性面板的“宽”和“高”文本框中输入数字进行调整。但若未按比例输入数字，则可能导致图像变形。

STEP 6 在属性面板的“垂直边距”和“水平边距”文本框中输入适当的数字即可，这里都设置为“1”，前后效果如图3-6所示。

图3-6 设置图片边距

操作提示

插入的图片还可设置对齐方式。方法：选择图像，在属性面板的“对齐”下拉列表中选择需要的选项即可。

（二）优化图像

当图像的效果在网页中呈现出来的感觉比预期差时，可利用Dreamweaver提供的美化和优化功能对图形做进一步处理，其具体操作如下。

STEP 1 选择插入的图片，在属性面板中单击“亮度和对比度”按钮，在打开的提示对话框中单击确定(O)按钮，如图3-7所示。

STEP 2 打开“亮度/对比度”对话框，在“亮度”和“对比度”文本框中分别输入“37”和“31”，单击确定按钮即可，如图3-8所示。

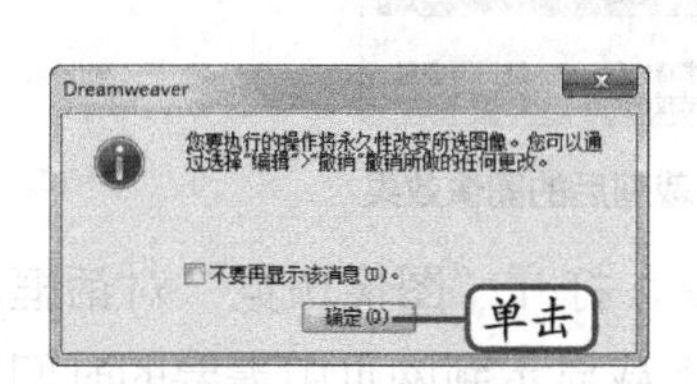

图3-7 确认设置

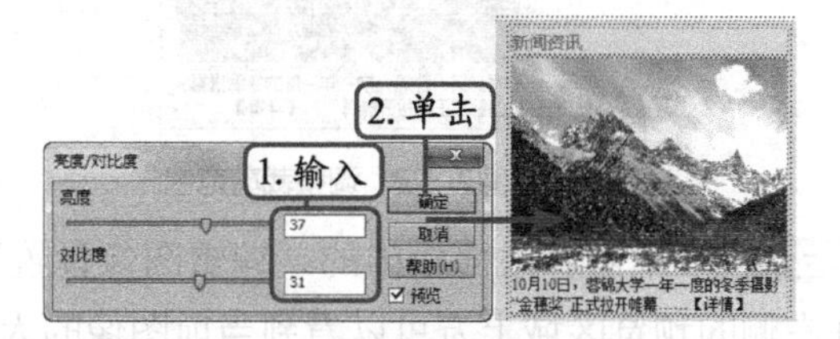

图3-8 调整亮度和对比度

操作提示

在“亮度/对比度”对话框中单击选中“预览”复选框后，更改亮度和对比度的同时会同步显示当前图像的效果，这样可以更加直观地对图像进行调整。另外，拖曳对话框中的滑块也可调整亮度和对比度。

STEP 3 在属性面板中单击“锐化”按钮，在打开的提示对话框中单击确定(O)按钮，如图3-9所示。

STEP 4 打开“锐化”对话框，在“锐化”文本框中输入“2”，单击确定按钮即可，如图3-10所示。

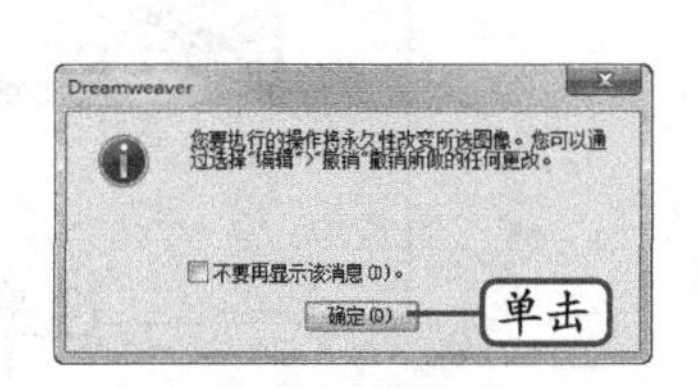

图3-9 确认设置

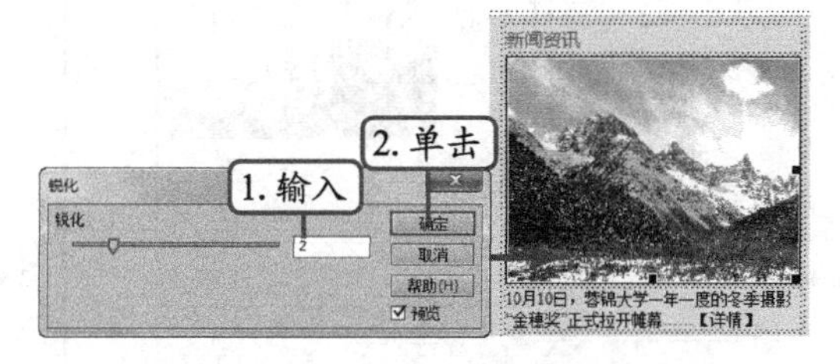

图3-10 调整锐化程度

操作提示

调整图像锐化程度时，只允许输入“0～10”的数字。需要注意的是，锐化程度越高，并不代表图像越清晰，反而只会让图像呈现出更为明显的颗粒感，从而降低了图像的品质。

STEP 5 在属性面板的“边框”文本框中输入“2”，效果如图3-11所示。

STEP 6 单击属性面板中的“裁剪”按钮，在打开的提示对话框中单击确定(O)按钮。

STEP 7 此时图像上将出现裁剪区域，拖曳该区域四周的控制点调整裁剪后保留的图像范围，如图3-12所示。

STEP 8 调整好裁剪范围后按【Enter】键确认裁剪即可，

图3-11 设置边框后的效果

效果如图3-13所示。

图3-12 调整裁剪范围

图3-13 裁剪后的图像效果

STEP 9 单击属性面板中的"编辑图像设置"按钮，打开"图像预览"对话框，此时在右侧的预览区域上方可以看到当前图像的大小以及下载显示到网页中需要的时间，如图3-14所示。

STEP 10 在左侧的"品质"文本框中输入"86"，此时可以看到图像自身品质有少许降低，但不影响显示的内容，同时图像的大小和下载速度都有了明显提升。单击 确定 按钮确认设置即可，如图3-15所示。

图3-14 查看图像大小和下载速度

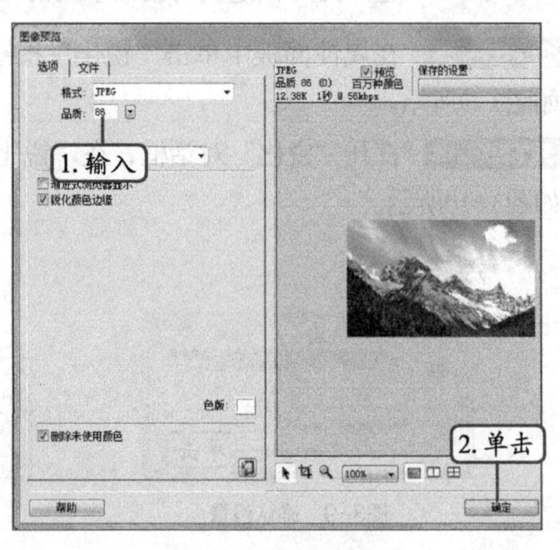

图3-15 调整图像品质

（三）设置鼠标经过图像

鼠标经过图像是指在浏览网页时，将鼠标指针移动到图像上，会立刻显示出另一种效果，当鼠标指针移出后，图像又恢复为原始图像。其具体操作如下。

STEP 1 将插入点定位到网页左下角单元格中，选择【插入】/【图像对象】/【鼠标经过对象】菜单命令。

STEP 2 打开"插入鼠标经过图像"对话框，单击"原始图像"文本框右侧的 浏览... 按钮，如图3-16所示。

STEP 3 打开"原始图像："对话框，选择素材中提供的"bz.png"图像（素材参见：光盘\素材文件\项目三\任务一\renwuyi\bz.png），单击 确定 按钮，如图3-17所示。

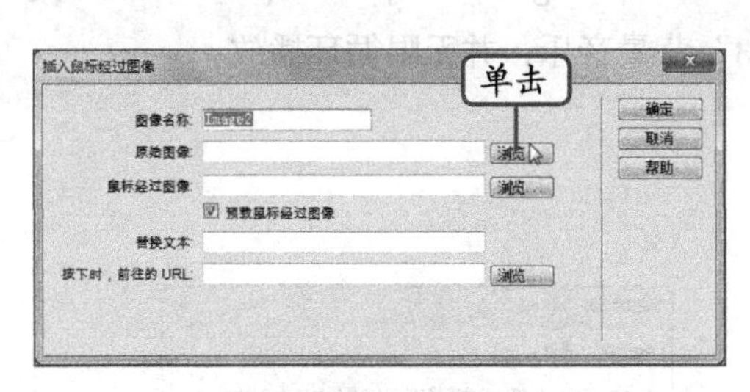

图3-16 浏览图像

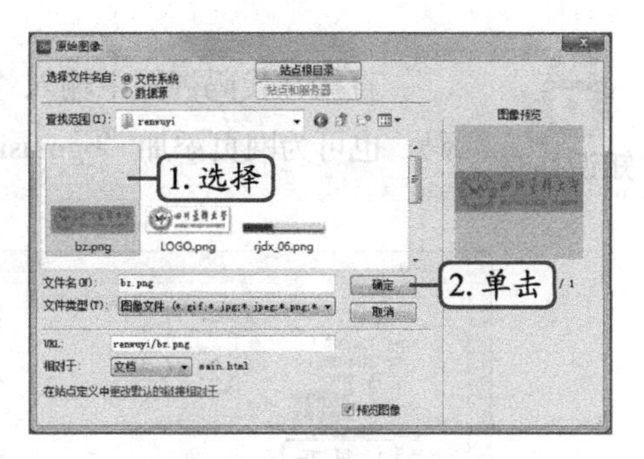

图3-17 选择原始图像

STEP 4 返回“插入鼠标经过图像”对话框，按相同方法将“鼠标经过图像”设置为“LOGO.png”图像（素材参见：光盘\素材文件\项目三\任务一\renwuyi\LOGO.png），单击 确定 按钮，如图3-18所示。

STEP 5 按【Ctrl+S】组合键保存网页，按【F12】键预览网页效果，此时将鼠标指针移至网页下方的图像上，该图像将自动更改为“LOGO.png”图像的效果，如图3-19所示。

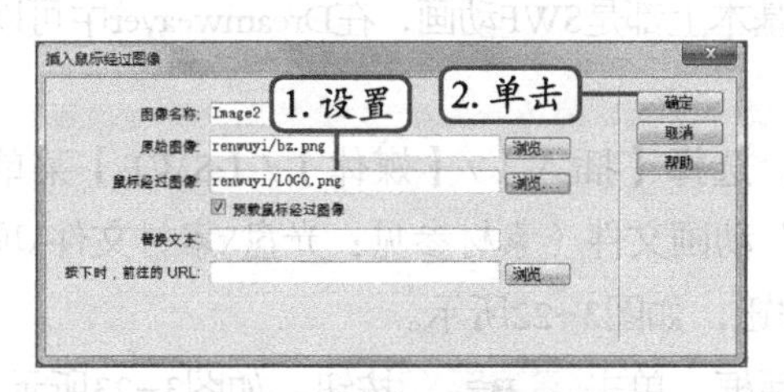

图3-18 设置鼠标经过图像

图3-19 鼠标经过图像的效果

设置鼠标经过图像时，一定要注意两点：原始图像和鼠标经过图像的尺寸应保持一致；原始图像和鼠标经过图像的内容要有一定的关联。一般可通过更改颜色和字体等方式设置鼠标经过的前后图像效果。

（四）添加背景音乐

通过添加背景音乐的方式在网页中添加音乐，可在打开页面时自动播放音乐，同时不会占用页面空间，其具体操作如下。

STEP 1 选择【插入】/【标签】菜单命令，打开“标签选择器”对话框。

STEP 2 在左侧列表框中双击展开“HTML标签”文件夹，在其下的内容中双击“页面元素”选项，在展开的目录中选择“浏览器特定”选项，然后双击右侧列表框中的“bgsound”选项，如图3-20所示。

STEP 3 打开“标签编辑器 - bgsound”对话框，单击“源”文本框右侧的 浏览... 按钮，在打开的对话框中选择“bgmusic.mp3”（素材参见：光盘\素材文件\项目三\任务一\renwuyi\bgmusic.mp3）作为背景音乐文件，在“循环”下拉列表中选择“无限（-1）”选项，如图3-21所示，单击 确定 按钮并关闭对话框，返回“标签选择器”对话框，单击 关闭(C) 按钮。

直接在代码视图中输入“<bgsoundsrc="bgmusic.mp3" loop="-1" />”代码，也可为网页添加“bgmusic.mp3”背景音乐，并无限循环播放。

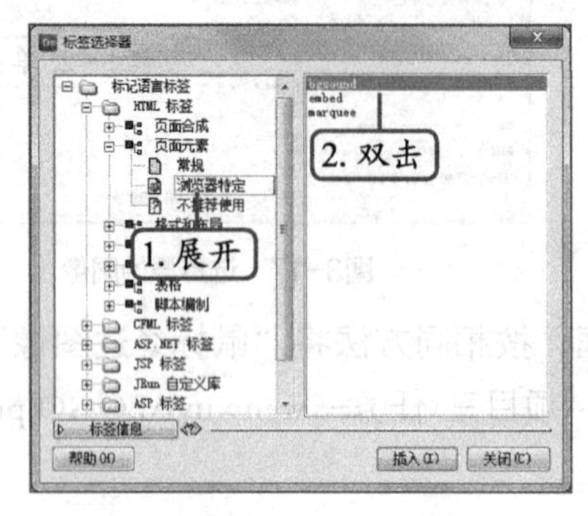

图3-20 选择标签

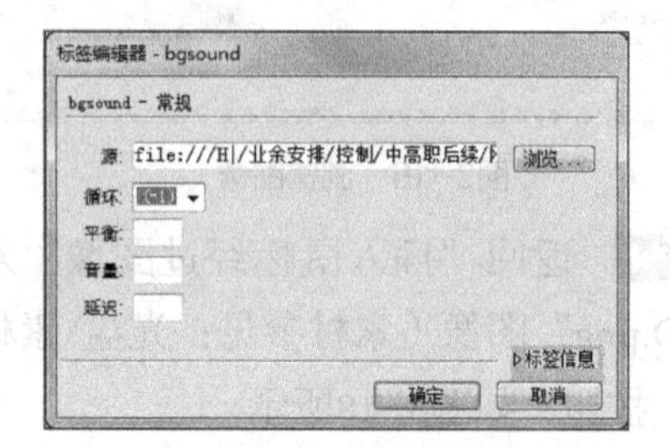

图3-21 设置背景音乐

（五）插入SWF动画

网页上常见的动态闪烁的文字和图片等对象基本上都是SWF动画，在Dreamweaver中可以很方便地插入该对象，其具体操作如下。

STEP 1 将插入点定位在第一个单元格中，选择【插入】/【媒体】/【SWF】菜单命令，打开“选择 SWF”对话框，选择“byc.swf”动画文件（素材参见：光盘\素材文件\项目三\任务一\renwuyi\byc.swf），单击 确定 按钮，如图3-22所示。

STEP 2 打开“对象标签辅助功能属性”对话框，单击 确定 按钮，如图3-23所示。

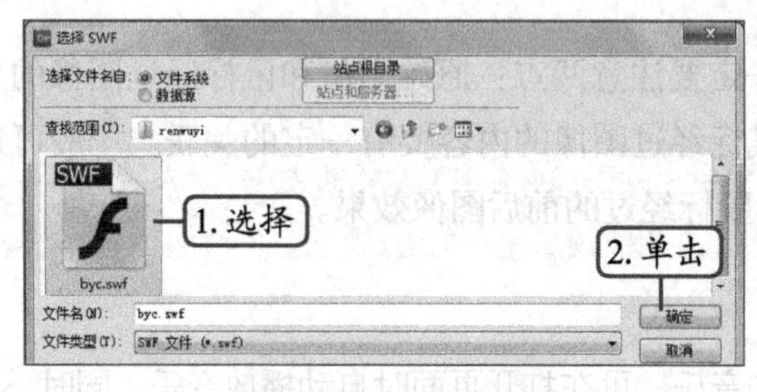

图3-22 选择SWF动画

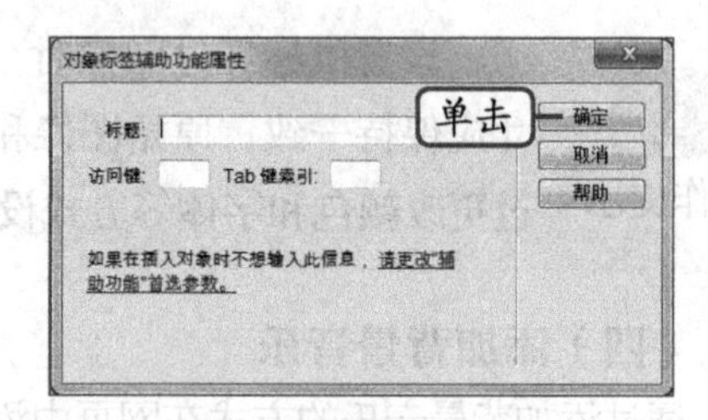

图3-23 设置对象标题

STEP 3 插入SWF动画后，在属性面板中单击选中“循环”复选框和“自动播放”复选框，如图3-24所示。

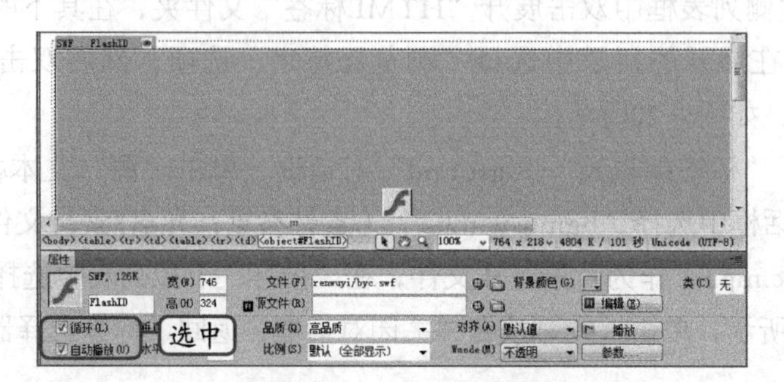

图3-24 设置SWF动画

STEP 4 保存并预览网页，此时将显示出插入的SWF动画效果，如图3-25所示。

图3-25 预览SWF动画

STEP 5 使用前面讲解的方法在网页中插入其他图片，完成后保存网页即可（最终效果参见：光盘\效果文件\项目三\任务一\main.html）。

任务二 为“果蔬网”网页创建超链接

本任务主要是为果蔬网相关页面添加超链接，使浏览者通过主页就能打开其他页面，下面具体讲解。

一、任务目标

本任务将为“果蔬网”网页添加超链接，制作时先创建文本超链接，再创建图像超链接，然后创建热点链接，最后创建锚点链接、邮件链接、脚本链接等。通过本任务的学习，可以掌握网页设计过程中各种超链接的创建方法。本任务完成后的最终效果如图3-26所示。

图3-26 “果蔬网”网页

二、相关知识

超链接可以将网站中的每个网页关联起来，是制作网站必不可少的元素。为了更好地认识和使用超链接，下面介绍其组成和种类。

（一）超链接的组成

超链接主要由源端点和目标端点两部分组成，有超链接的一端称为超链接的源端点（当鼠标指针停留在上面时会变为形状，见图3-27），单击超链接源端点后跳转到的页面所在的地址称为目标端点，即“URL”。

图3-27 鼠标指针移至超链接上的形状

“URL”是英文“Uniform Resource Locator”的缩写，表示“统一资源定位符”，它定义了一种统一的网络资源的寻找方法，所有网络上的资源，如网页、音频、视屏、Flash、压缩文件等，均可通过这种方法来访问。

“URL”的基本格式：“访问方案：//服务器：端口/路径/文件#锚记”，例如“http://baike.baidu.com:80/view/10021486.htm#2”，下面分别介绍各个组成部分。

- 访问方案：用于访问资源的URL方案，这是在客户端程序和服务器之间进行通信的协议。访问方案有多种，如引用Web服务器的方案是超文本协议（HTTP），除此以外，还有文件传输协议（FTP）和邮件传输协议（SMTP）等。
- 服务器：提供资源的主机地址，可以是IP或域名，如上例中的“baike.baidu.com”。
- 端口：服务器提供该资源服务的端口，一般使用默认端口，HTTP服务的默认端口是“80”，通常可以省略。当服务器提供该资源服务的端口不是默认端口时，一定要加上端口才能访问。
- 路径：资源在服务器上的位置，如上例中的“view”说明地址访问的资源在该服务器根目录的“view”文件夹中。
- 文件：就是具体访问的资源名称，如上例中访问的是网页文件“10021486.htm”。
- 锚记：HTML文档中的命名锚记，主要用于对网页的不同位置进行标记，是可选内容，当网页打开时，窗口将直接呈现锚记所在位置的内容。

（二） 超链接的种类

超链接的种类主要有以下几种。

- 相对链接：这是最常见的一种超链接，它只能链接网站内部的页面或资源，也称内部链接，如“ok.html”链接表示页面“ok.html”和链接所在的页面处于同一个文件夹中；又如“pic/banner.jpg”，表明图片“banner.jpg”在创建链接的页面所处文件夹的“pic”文件夹中。一般来讲，网页的导航区域基本上都是相对链接。
- 绝对链接：与相对链接对应的是绝对链接，绝对链接是一种严格的寻址标准，包含了通信方案、服务器地址、服务端口等，如“http://baike.baidu.com/img/banner.jpg”，通过它就可以访问“http://baike.baidu.com”网站内部“img”文件夹中的图片“banner.jpg”，因此绝对链接也称为外部链接。网页中涉及的“友情链接”和“合作伙伴”等区域基本上就是绝对链接。
- 文件链接：当浏览器访问的资源是不可识别的文件格式时，浏览器就会弹出下载窗口提供该文件的下载服务，这就是文件链接的原理。运用这一原理，网页设计人员可以在页面中创建文件链接，链接到将要提供给访问者下载的文件，访问者单击该链接就可以实现文件的下载。
- 空链接：空链接并不具有跳转页面的功能，而是提供调用脚本的按钮。在页面中为了实现一些自定义的功能或效果，常常在网页中添加脚本，如JavaScript和VBScript，而其中许多功能是与访问者互动的，比较常见的是“设为首页”和“收藏本站”等，它们都需要通过空链接来实现，空链接的地址统一用“#”表示。
- 电子邮件链接：电子邮件链接提供浏览者快速创建电子邮件的功能，单击此类链接后即可进入电子邮件的创建向导，其最大特点是预先设置好了收件人的邮件地址。
- 锚点链接：用于跳转到指定的页面位置。适用于当网页内容超出窗口高度，需使用滚动条辅助浏览的情况。使用命名锚记有两个基本过程，即插入命名锚记和链接命名锚记。

代码区中<a>标签代表超链接，通常语法为<a herf="#">，其中#表示超链接的地址。

三、任务实施

（一）插入文本超链接

文本超链接是网页中使用最多的超链接，下面在“gswtg.html”网页中创建文本超链接，其具体操作如下。

STEP 1 打开“gswtg.html”网页（素材参见：光盘\素材文件\项目三\任务二\gswtg.html），选择“首页”文本，单击属性面板中的 HTML 按钮，然后单击“链接”文本框右侧的“浏览文件”按钮。

STEP 2 打开“选择文件”对话框，选择“gswsy.html”网页文件（素材参见：光盘\素材文件\项目三\任务二\gswsy.html），单击 确定 按钮，如图3-28所示。

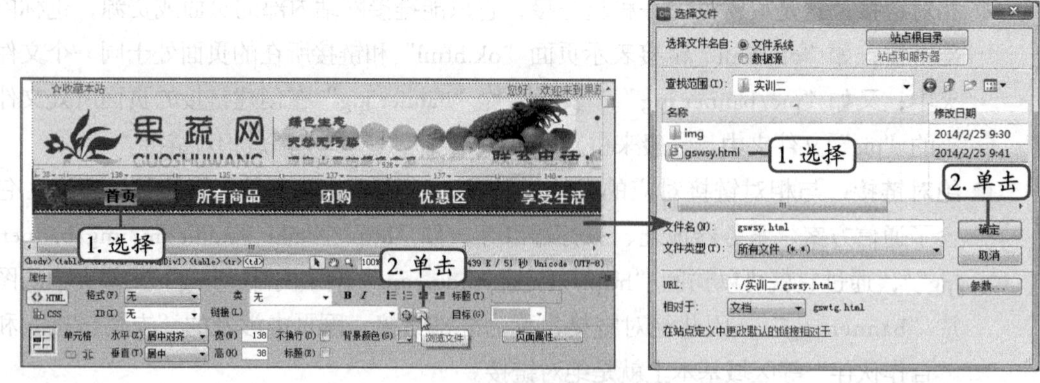

图3-28　指定链接的网页

STEP 3　完成文本超链接的创建，此时“首页”文本的格式将呈现超链接文本独有的格式，即“蓝色+下画线”格式，如图3-29所示。

STEP 4　观察发现，默认超链接的颜色与网页主色调不搭配，因此需要修改超链接的演示，在属性面板单击 页面属性... 按钮，打开“页面属性”对话框。

STEP 5　在左侧列表中选择“链接（CSS）”选项，在右侧的“链接颜色”文本框中设置颜色为蓝色（#3CF），在“下画线样式”下拉列表中选择“始终无下画线”选项，如图3-30所示。

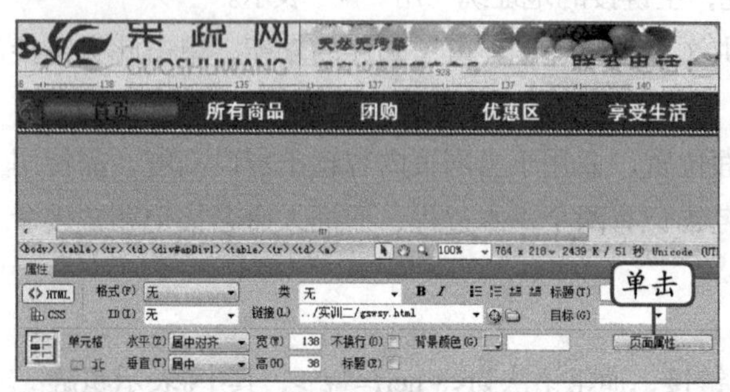

图3-29　完成超链接的创建

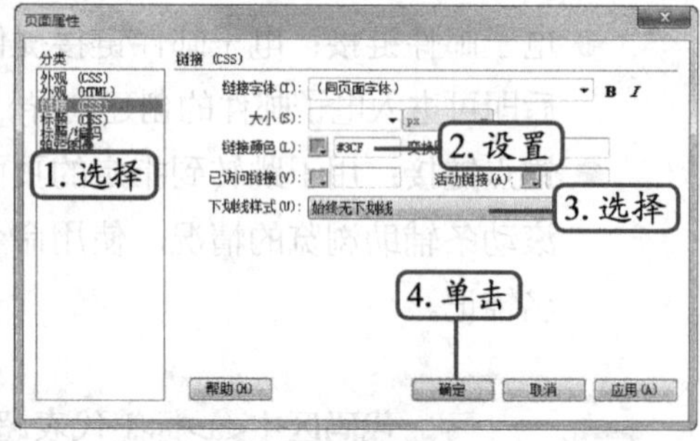

图3-30　修改链接颜色

STEP 6　单击 确定 按钮，返回页面查看效果，使用相同的方法为导航栏其他文本创建文本超链接，效果如图3-31所示。

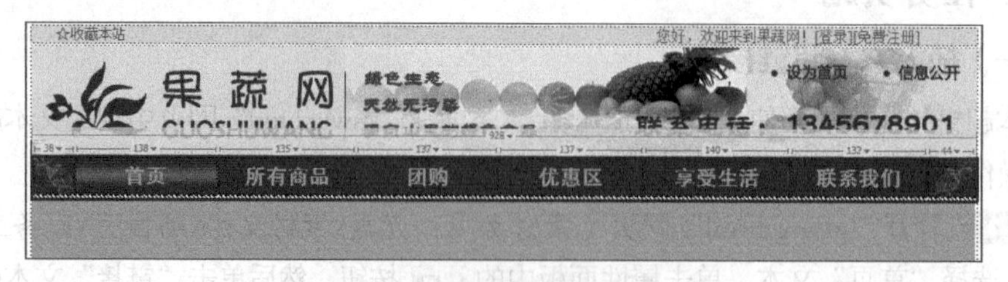

图3-31　修改超链接颜色后的效果

STEP 7　保存网页设置，按【F12】键预览网页，单击创建的“首页”文本超链接。

STEP 8　此时将快速打开“gswsy.html”网页，实现超链接的跳转功能，如图3-32所示。

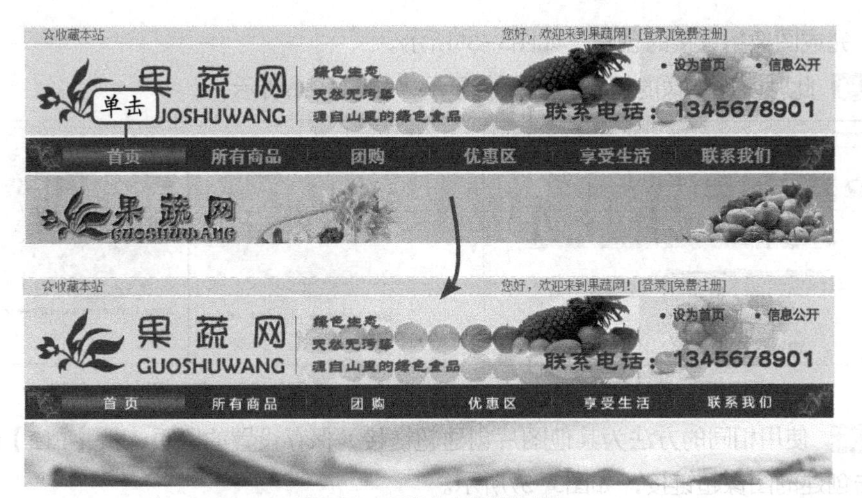

图3-32 预览文本超链接效果

知识补充

创建超链接时，还可在属性面板的“目标”下拉列表中设置链接目标的打开方式，包括“blank”、“new”、“parent”、“self”和“top”5种选项。其中，“blank”表示链接目标会在一个新窗口中打开；“new”表示链接将在新建的同一个窗口中打开；“parent”表示如果是嵌套框架，则在父框架中打开；“self”表示在当前窗口或框架中打开，这是默认方式；“top”表示将链接的文档载入整个浏览器窗口，从而删除所有框架。

（二）创建图像超链接

图像超链接也是一种常用的链接类型，其创建方法与文本超链接类似，其具体操作如下。

STEP 1 选择“今日新品”栏的第一张图片，单击属性面板中“链接”文本框右侧的“浏览文件”按钮，如图3-33所示。

STEP 2 打开“选择文件”对话框，选择“gswspxq.html”网页文件（素材参见：光盘\素材文件\项目三\任务二\gswspxq.html），单击 确定 按钮，如图3-34所示。

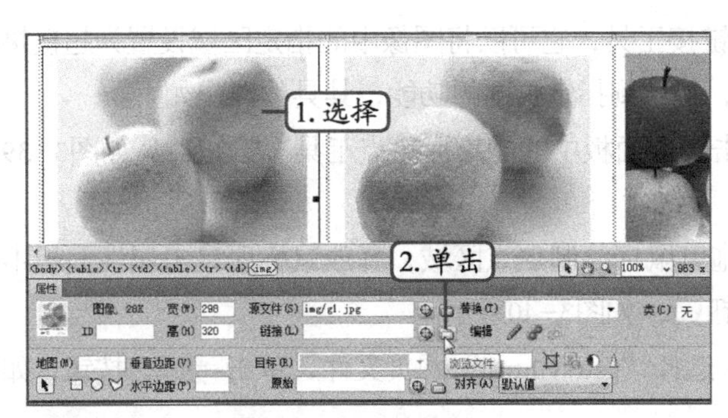

图3-33 选择图像

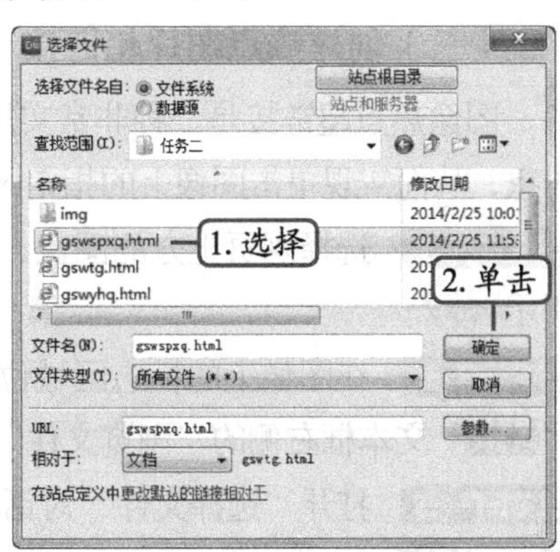

图3-34 指定链接的网页

STEP 3 打开“Dreamweaver”提示对话框，单击 是(Y) 按钮，确认将网页文件复制到站点中，完成图像超链接的创建，如图3-35所示。

STEP 4 此时所选图像的边框将呈蓝色显示，如图3-36所示。

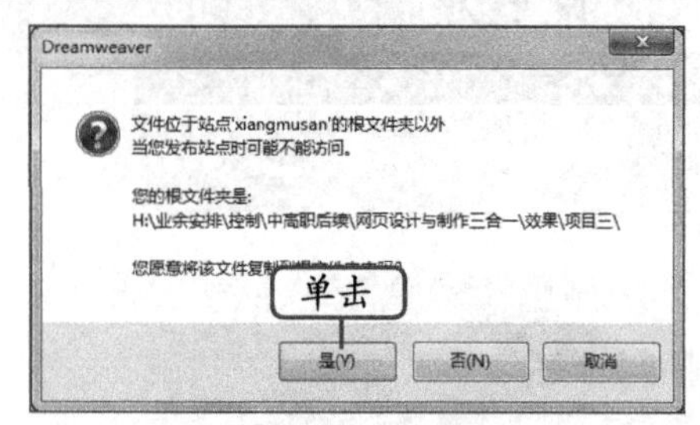

图3-35 确认复制

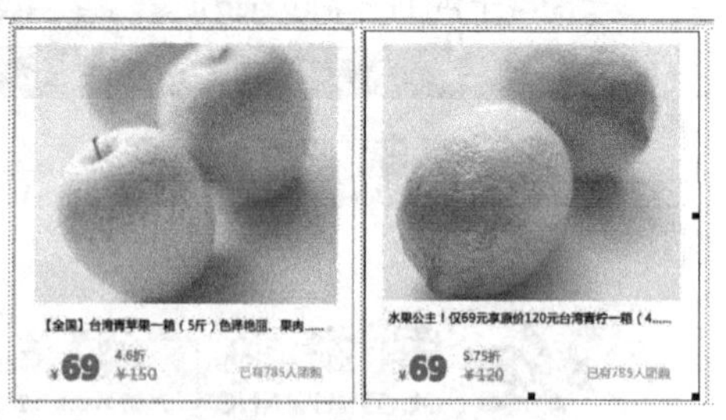

图3-36 完成超链接的创建

STEP 5 使用相同的方法为其他图片创建超链接，保存设置的网页，按【F12】键预览网页，单击创建的图像超链接，如图3-37所示。

STEP 6 此时将快速打开“gswspxq.html”网页进行浏览，如图3-38所示。

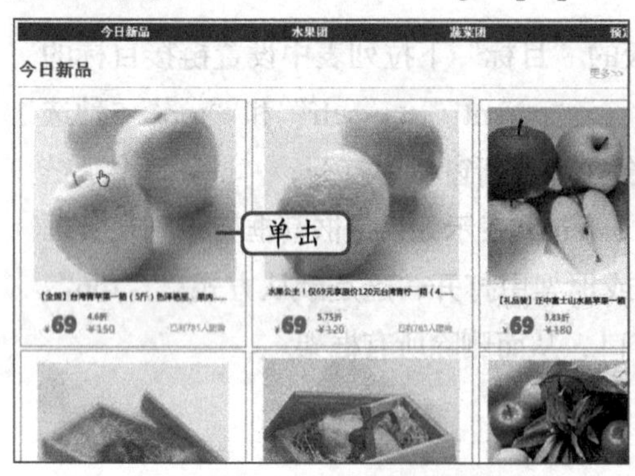

图3-37 单击图像超链接

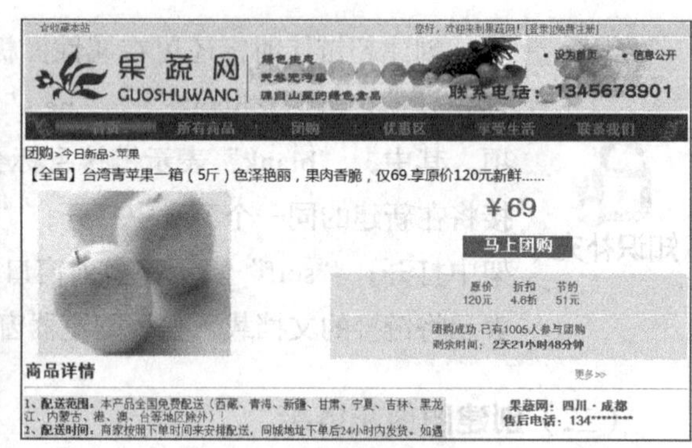

图3-38 打开链接的网页

如果知道链接目标所在的具体路径，可直接在“链接”文本框中输入路径内容，然后按【Enter】键快速实现超链接的创建。

（三）创建热点图片超链接

图像热点超链接是一种非常实用的链接工具，它可以将图像中的指定区域设置为超链接对象，从而实现单击图像上的指定区域，跳转到指定页面的功能，其具体操作如下。

STEP 1 选择网页上方的图像，单击属性面板中的“矩形热点工具”按钮，如图3-39所示。

STEP 2 在图像上的标志区域位置拖曳鼠标绘制热点区域，释放鼠标后单击属性面板中“链接”文本框右侧的“浏览文件”按钮，如图3-40所示。

STEP 3 打开“选择文件”对话框，选择“gswsy.html”网页文件，单击 确定 按钮，如图3-41所示。

STEP 4 返回网页，然后保存网页设置，如图3-42所示。

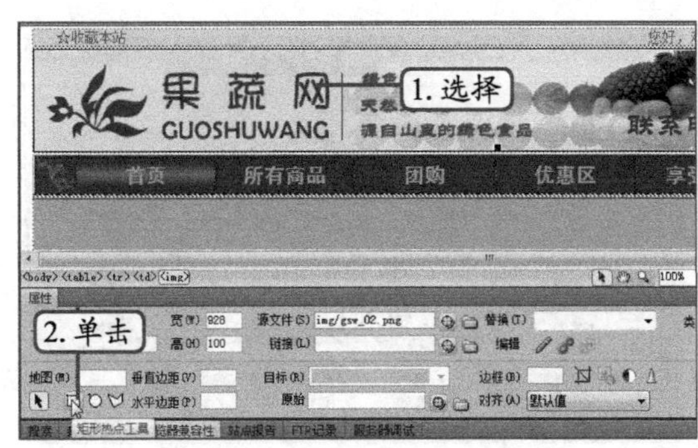

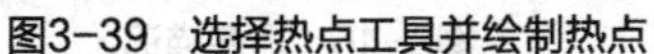

图3-39 选择热点工具并绘制热点

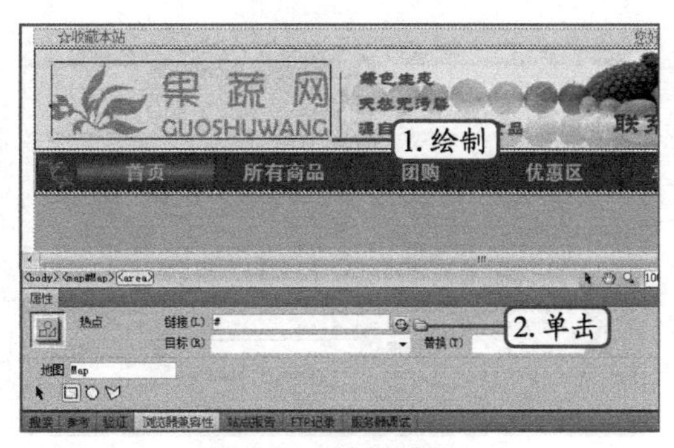

图3-40 创建超链接

图3-41 选择网页文件

图3-42 返回页面

STEP 5 按【F12】键预览网页，在打开的网页中单击标志区域，如图3-43所示。

STEP 6 此时将打开链接的“gswsy.html”网页，如图3-44所示。

图3-43 单击热点区域

图3-44 跳转至指定的页面

（四）创建锚点超链接

利用锚点超链接可以实现在同一网页中快速定位的效果，这在网页内容较多的情况下非常有用。创建锚点超链接需要插入并命名锚记，然后用对锚记进行链接，其具体操作如下。

STEP 1 在“今日新品”文本左侧单击鼠标定位插入点，在“插入”面板中选择“常用”插入栏，并选择“命名锚记”选项，如图3-45所示。

STEP 2 打开“命名锚记”对话框，在“锚记名称”文本框中输入“jinrixp”，单击 确定 按钮，效果如图3-46所示。

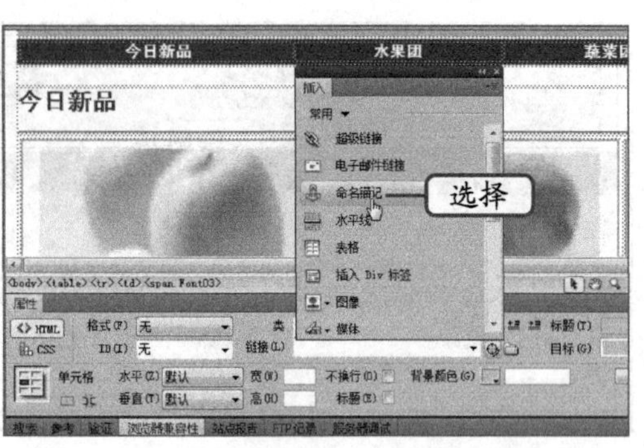

图3-45　定位锚点位置

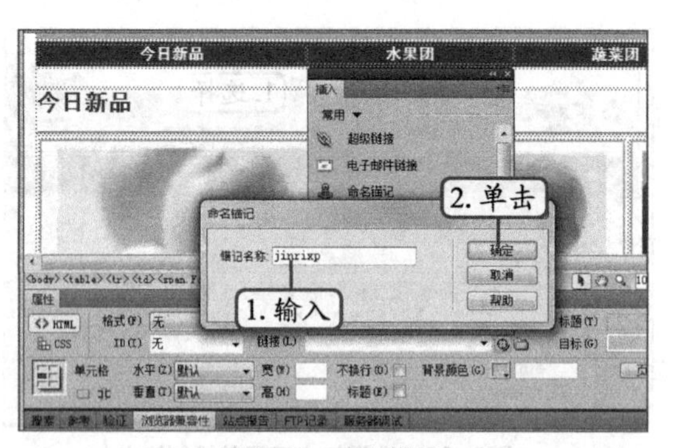

图3-46　命名锚记

操作提示

命名锚记时，需要注意锚记名称不能是大写英文字母或中文，且不能以数字开头。

STEP 3 利用相同的方法，分别为"水果团"、"蔬菜团"、"预定团"文本命名锚记，效果如图3-47所示。

STEP 4 选择网页上方的"今日新品"文本，在属性面板的"链接"文本框中输入"#jinrixp"，如图3-48所示。

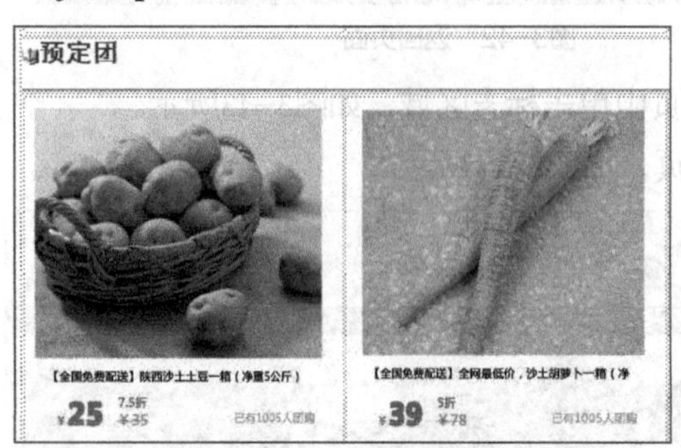

图3-47　命名其他锚记

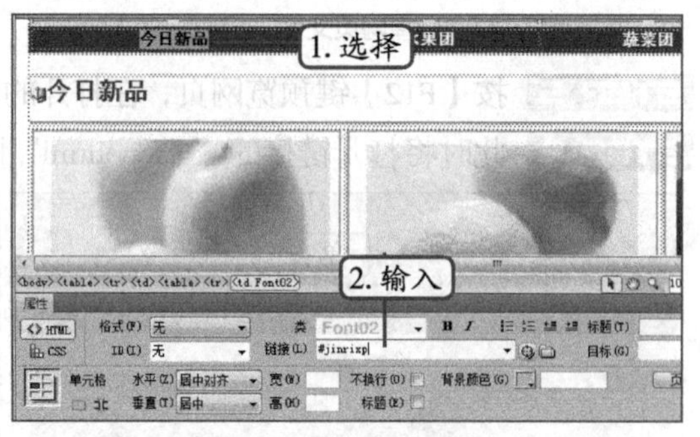

图3-48　输入锚点链接

STEP 5 按【Enter】键确认创建锚点链接，此时该文本也将应用文本超链接的格式，如图3-49所示。

STEP 6 按相同方法继续为"水果团"、"蔬菜团"、"预定团"文本创建对应名称的锚点链接，如图3-50所示。

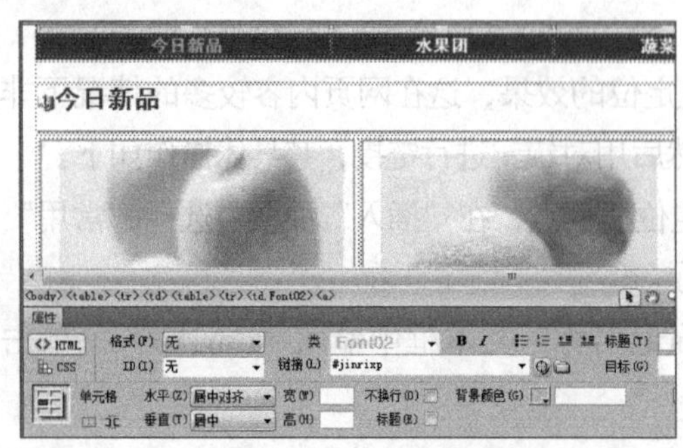

图3-49　创建锚点链接

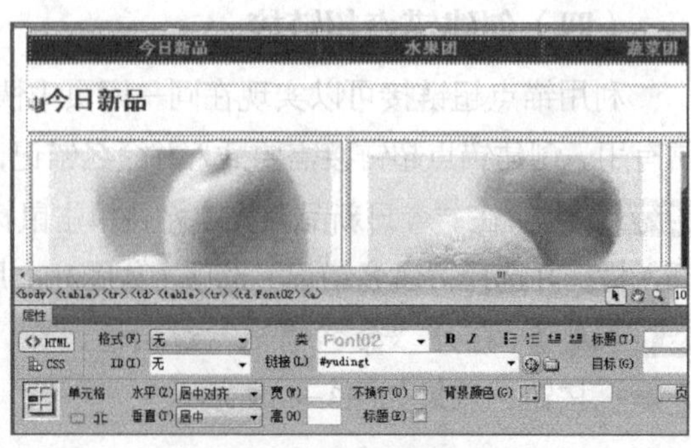

图3-50　创建其他锚点链接

STEP 7 在网页最上方单击定位插入点，然后创建一个名为“fhdb”的锚记，在“链接”文本框中输入“#fhdb”文本。

STEP 8 在网页最下方选择“返回顶部↑”文本，然后在“链接”文本框中输入“#fhdb”文本，如图3-51所示。

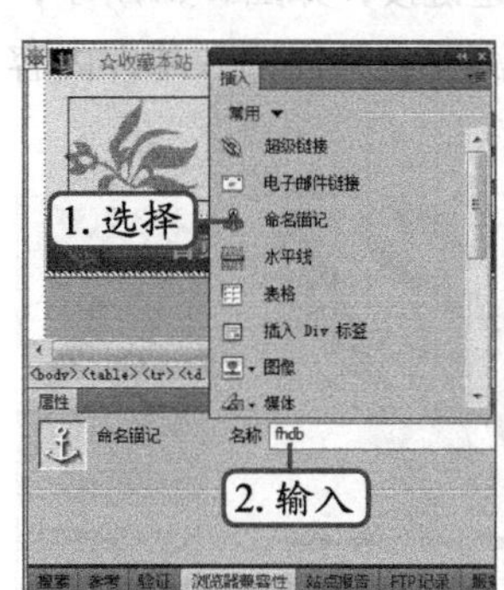

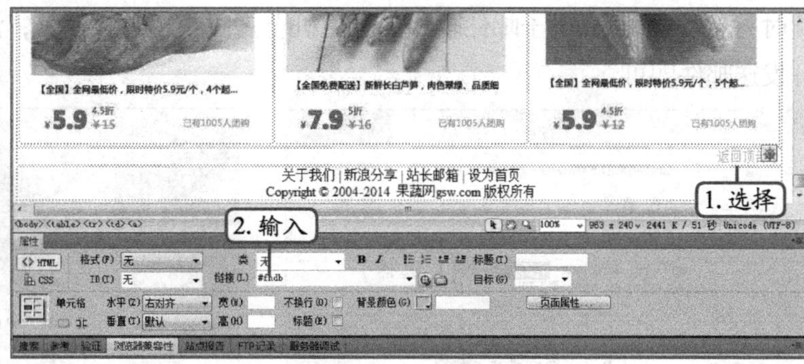

图3-51　创建“返回顶部”锚点链接

STEP 9 保存并预览网页，单击“预定团”超链接，如图3-52所示。

STEP 10 此时网页将快速定位到“预定团”锚点所在的位置，如图3-53所示。

图3-52　单击“预定团”超链接

图3-53　跳转到锚点位置

STEP 11 单击“返回顶部↑”超链接，如图3-54所示。

STEP 12 此时网页将快速定位到网页顶部锚点所在位置，效果如图3-55所示。

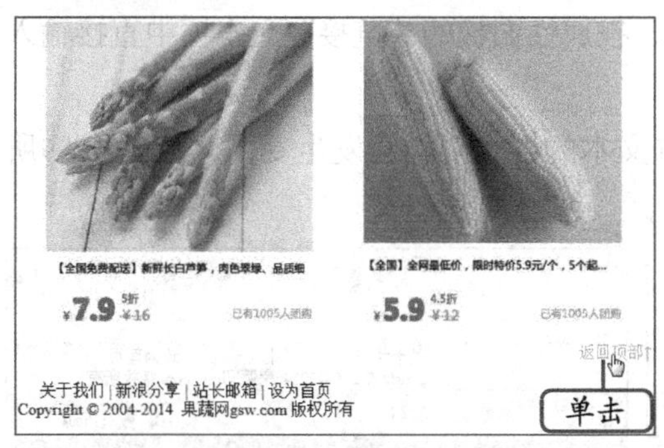

图3-54　单击“返回顶部↑”超链接

图3-55　跳转到锚点位置

（五）创建电子邮件超链接

在网页中创建电子邮件超链接，可以方便网页浏览者利用电子邮件给网站发送相关邮件，其具体操作如下。

STEP 1 选择网页下方“站长邮箱”文本，在属性面板的“链接”文本框中输入“mailto:gsw.vip@sina.com”，如图3-56所示。

STEP 2 按【Enter】键，保存并预览网页，单击“站长邮箱”超链接，如图3-57所示，此时将启动Outlook电子邮件软件（计算机上需安装有此软件），浏览者只需输入邮件内容并发送邮件即可。

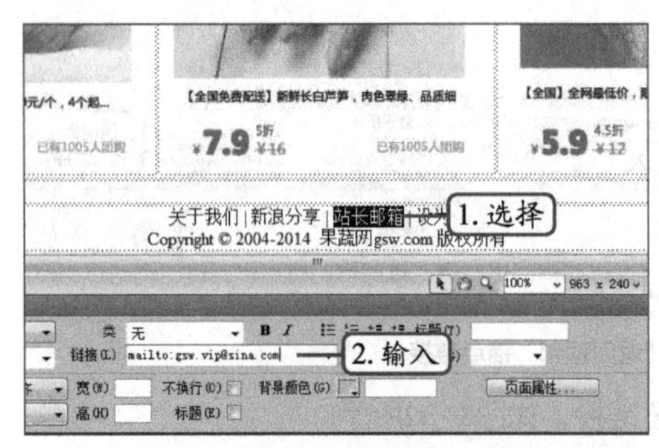

图3-56 选择文章

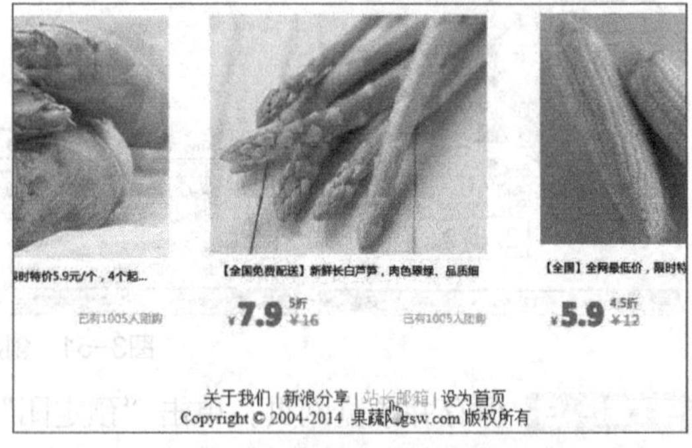

图3-57 创建电子邮件超链接

在“插入”面板的“常用”工具栏中选择“电子邮件链接”选项，此时将打开“电子邮件链接”对话框，在“文本”中输入链接的文本内容，在“电子邮件”文本框中输入邮件地址，单击 确定 按钮即可在当前插入点处为“文本”中的文本创建超链接。需要注意的是，利用对话框创建电子邮件链接时，在“电子邮件”文本框中无需输入“mailto:”，但若直接在“属性”面板的“链接”文本框中输入电子邮件地址时，则必须输入该内容。

（六）创建外部超链接

外部超链接即链接到其他网站的网页中，这类链接需要完整的URL地址，因此需要通过输入的方式来创建，其具体操作如下。

STEP 1 选择网页下方的“新浪分享”文本，在属性面板的“链接”文本框中直接输入“http://www.sina.com.cn/”，如图3-58所示。

STEP 2 完成外部超链接的创建，此时所选文本的格式同样会发生变化，如图3-59所示，保存设置的网页。

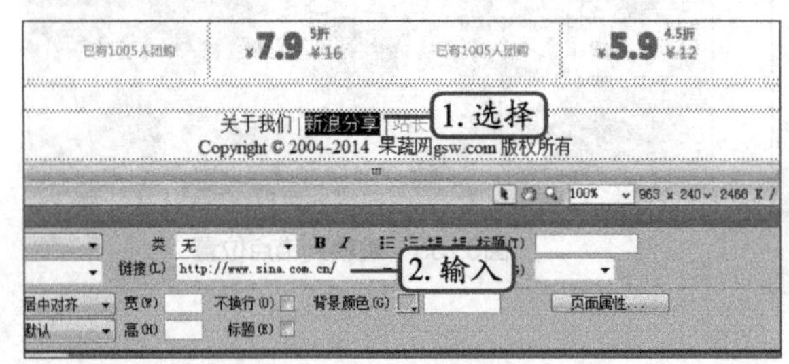

图3-58 选择文本并输入地址

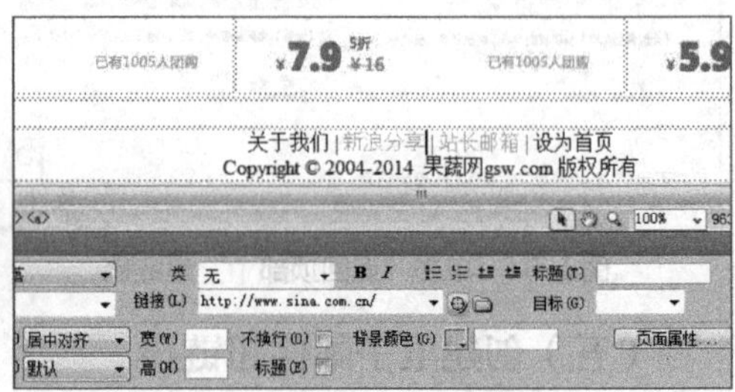

图3-59 完成创建

STEP 3 按【F12】键预览网页，单击创建的外部超链接，如图3-60所示。

STEP 4 此时将访问“新浪首页”网页，如图3-61所示。

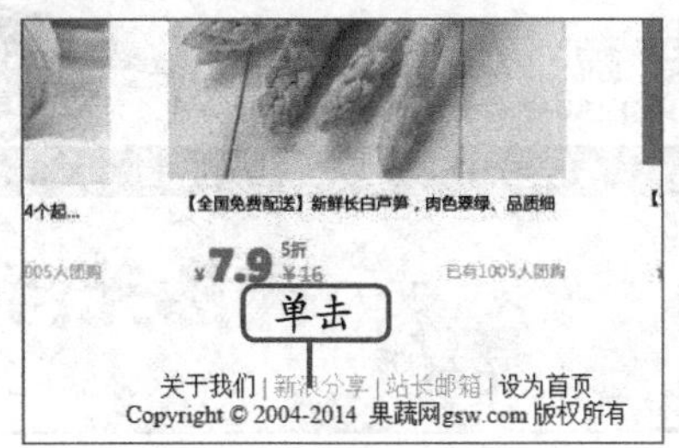

图3-60 单击外部超链接

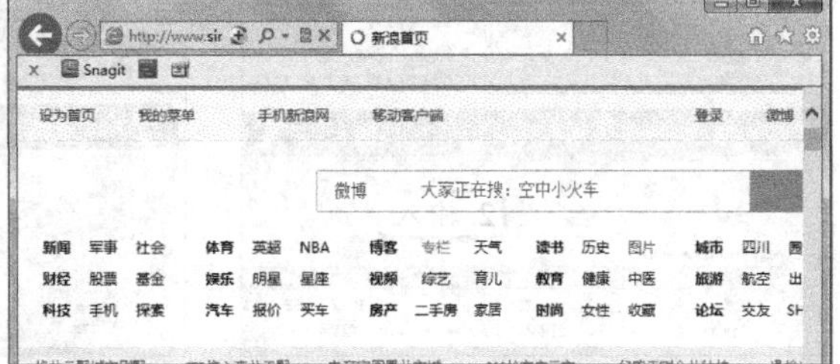

图3-61 访问对应的网页

创建外部超链接时，若输错一个字符，便无法完成超链接的创建。在操作时可先访问需要链接的网页，在地址栏中复制其地址，并粘贴到Dreamweaver属性面板的“链接”文本框中，即可有效地完成外部超链接的创建。

（七）创建空链接

空链接不产生任何跳转的效果，一般为了统一网页外观，会为当前页面对应的文本或图像添加空链接，其具体操作如下。

STEP 1 选择网页上方的“团购”文本，在“属性”面板的“链接”文本框中输入“#”，如图3-62所示。

STEP 2 按【Enter】键创建空链接。保存网页设置并预览网页，单击“团购”超链接，可发现页面并没有发生任何改变，如图3-63所示。

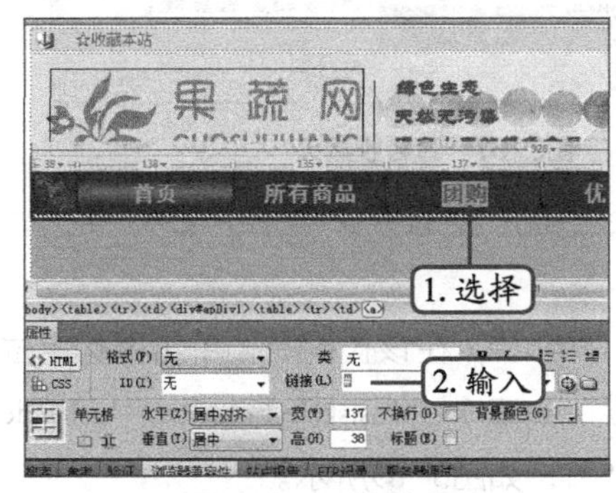

图3-62 添加空连接

图3-63 单击空连接

（八）创建脚本链接

脚本链接的设置较为复杂，但其可以实现许多功能，让网页产生更强的互动效果，其具体操作如下。

STEP 1 选择网页上方的“☆收藏本站”文本，在属性面板的“链接”文本框中输入“javascript:window.external.addFavorite('http://www.gsw.net','果蔬网')”，如图3-64所示。

STEP 2 按【Enter】键创建脚本链接。保存网页设置并预览网页，单击“☆收藏本站”

超链接，如图3-65所示。

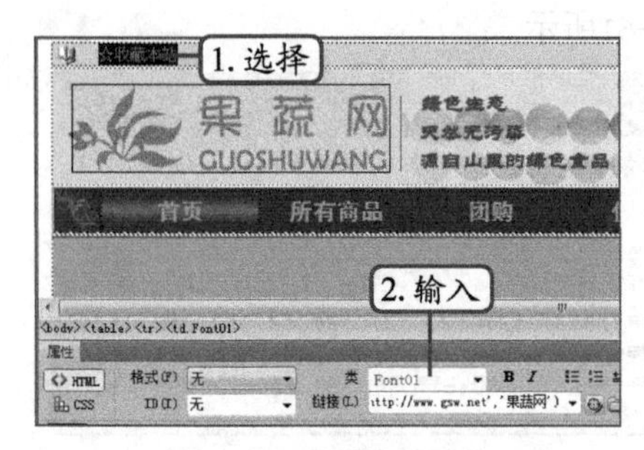

图3-64 设置脚本链接

图3-65 单击脚本链接

"收藏本站"脚本代码的内容为"javascript:window.external.addFavorite('http://www.gsw.net','果蔬网')"，其前半部分的内容是固定的，后半部分小括号中的前一个对象是需收藏网页的地址，后一个对象是该网页在收藏夹中显示的名称。

STEP 3 打开"添加到收藏夹"对话框，默认设置，直接单击 添加(A) 按钮，如图3-66所示。

STEP 4 此后在IE浏览器的菜单栏上选择"收藏夹"菜单项，在弹出的下拉列表中即可看到收藏的"果蔬网"网页，如图3-67所示。

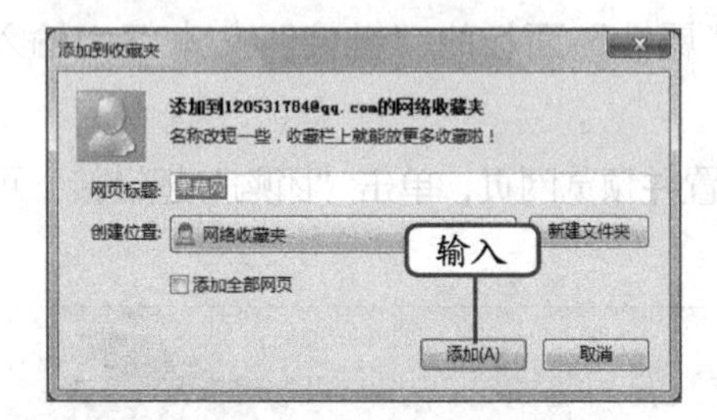

图3-66 添加到收藏夹

图3-67 查看收藏夹

STEP 5 选择网页下方的"设为首页"文本，在属性栏的"链接"文本框中输入"#"，然后单击工具栏上的 代码 按钮，如图3-68所示。

STEP 6 找到"设为首页"文本左侧的空链接代码""#""，在该代码右侧单击鼠标定位插入点，然后输入空格，输入"设为首页"的脚本代码"onClick="this.style.behavior='url(#default#homepage)';this.setHomePage('http://www.gsw.net/')""，如图3-69所示。

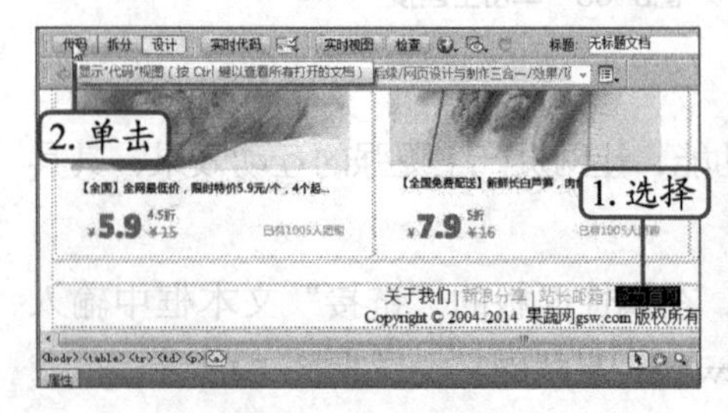

图3-68 创建空连接

图3-69 输入代码

STEP 7 保存网页设置并预览网页，单击“设为首页”超链接，如图3-70所示。

STEP 8 打开“添加或更改主页”对话框，单击选中“将此网页用作唯一主页”单选项，单击 是(Y) 按钮，如图3-71所示。

图3-70 单击脚本链接

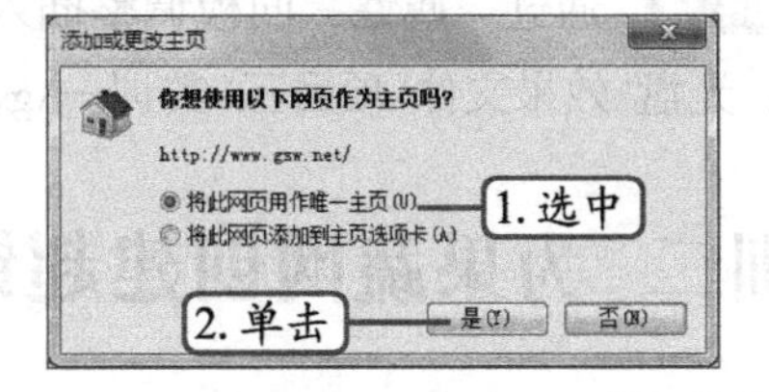

图3-71 设置为首页

STEP 9 此时该网页将被设置为主页，在“Internet选项”对话框的“常规”选项卡的“主页”栏中即可查看，保存网页完成本任务的制作（最终效果参见：光盘\效果文件\项目三\任务二\gswtg.html）。

实训一 制作果蔬网首页

【实训要求】

本实训要求根据提供的素材文件来制作果蔬网首页静态页面，要求符合网站的整体风格。

【实训思路】

根据实训要求，在制作时可先向网页添加并编辑图片，然后插入SWF动画即可。本实训的参考效果如图3-72所示。

图3-72 “果蔬网首页”页面

【步骤提示】

STEP 1 打开提供的“gswsy.html”网页（素材参见：光盘\素材文件\项目三\实训一\gswsy.html、img），在相应的位置单击定位插入点，然后选择【插入】/【图像】菜单命令，在打开的对话框中选择需要插入网页中的图片即可。

STEP 2 选择插入网页的图片，然后在“属性”面板中设置图片的尺寸和参数。

STEP 3 在表格中点击定位插入点，选择【插入】/【媒体】/【SWF】菜单命令，在打开的对话框中选择需要插入网页中的动画即可。

STEP 4 通过“属性”面板调整插入的SWF动画尺寸，完成后保存网页即可（最终效果参见：光盘\效果文件\项目三\实训一\gswsy.html）。

实训二 为果蔬网创建超链接

【实训要求】

通过超链接将各个网页链接起来的方法实现了网页间页面的互动，本实训要求在上一实训制作的果蔬网首页页面的基础上为其添加相应的超链接，完成效果如图3-73所示。

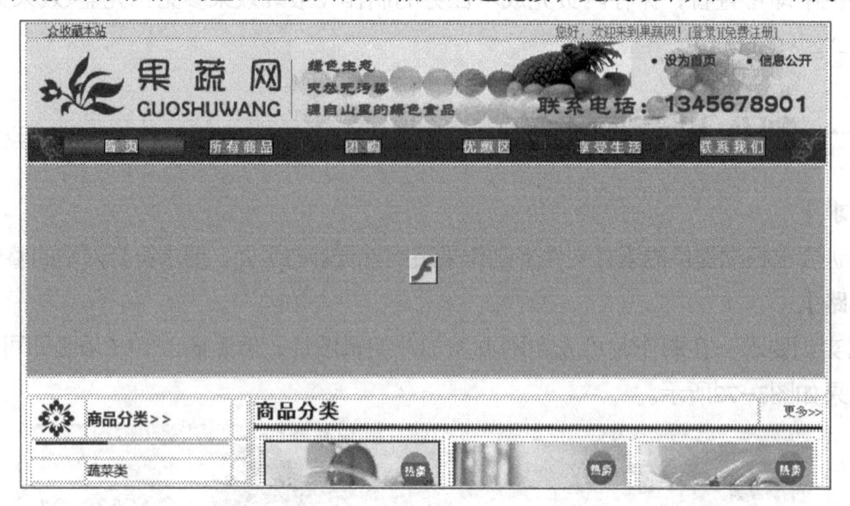

图3-73 “果蔬网首页”效果

【实训思路】

根据实训要求，先为网页创建文本链接，然后为导航栏的图片创建热点链接，再为页面的商品图片创建图片链接，最后创建脚本链接。

【步骤提示】

STEP 1 打开上一实训制作的页面，选择文本创建文本超链接。

STEP 2 选择导航栏图片，在属性面板中选择热点工具绘制热点，并创建热点链接。

STEP 3 选择图片，然后设置图片超链接，最后选择“☆收藏本站”文本创建脚本链接，完成后保存文件即可（最终效果参见：光盘\效果文件\项目三\实训二\gswsy.html）。

常见疑难解析

问：在为文本或图像创建超链接时，“链接”文本框右侧的◎按钮有什么作用呢？

答：此按钮为“指向文件”按钮，结合“文件”面板使用，会使超链接的创建操作非常直观和简单。首先在Dreamweaver工作界面中显示“文件”面板，并将其拖离出浮动工具栏，然后选择需要创建超链接的对象，在“指向文件”按钮上按住鼠标左键不放，拖曳到“文件”面板中需要链接到的对象上即可轻松实现超链接的创建。

问：在为图像绘制热点区域时，一些圆形或特殊形状的区域如果利用矩形热点工具绘制，不容易得到精确的热点区域，有什么办法可以解决吗？

答：Dreamweaver不仅提供了矩形热点工具，同时还提供了圆形热点工具和多边形热点工具。圆形热点工具用于绘制椭圆和正圆形区域，多边形热点工具则适合绘制不规则区域。使用多边形热点工具时，单击鼠标确定第一个顶点，移动鼠标后单击则可确定一条边，继续单击下一个位置便能绘制出其他边，最终形成一个不规则形状区域。

问：有时绘制了热点区域后，发现该区域的位置不对，或区域覆盖面有错误，能不能对其进行调整呢？

答：可以。选择图像后，在属性面板中将出现指针热点工具，单击该工具对应的按钮，然后选择需要调整的热点区域，在其上按住鼠标左键并拖曳鼠标可调整热点区域的位置，拖曳区域边框上的控制点则可调整热点区域的形状。

问：利用热点工具为图像添加热点区域时，属性面板中的“地图”文本框有什么作用呢？

答：设置了热点区域的图像就可以视为地图，此时利用“地图”文本框就可以为该图像命名，以便在进行代码编辑时可以更容易地进行代码的书写。

拓展知识

1. 添加多媒体插件

有时网页中添加了背景音乐，当用户需要暂停背景音乐时可通过在网页中添加多媒体插件来实现这一功能。方法是将插入点定位到需要添加控件的位置，选择【插入】/【媒体】/【插件】菜单命令，在打开的对话看中双击背景音乐或视频，将其插入网页中，然后选择插入后创建的图标，在属性面板中设置插件的尺寸等参数，最后预览即可。

2. 创建文件链接

文件超链接可以实现网页资源的下载功能，创建方法是选择需要链接的文本，在属性面板中单击“链接”文本框右侧的“浏览文件”按钮，在打开的对话框中选择对应的文件选项确认设置即可。

3. 链接检查

网站中网页的数量一般都较多，超链接的数量也就会非常多，在创建超链接时难免就会出现创建错误的情况。为了有效地解决这一问题，网站制作行业的专业人员一般都会使用Dreamweaver中提供的“链接检查器”功能对所有网页的超链接情况进行检查，以便及时排除错误的链接或断掉的链接。其方法：选择【窗口】/【结果】/【链接检查器】菜单命令，在打开的“链接检查器”面板上的下拉列表框中选择需要检查的对象后，单击左侧的“检查链接”按钮▷，在弹出的下拉菜单中选择检查范围即可开始检查超链接情况。若检查出错误链接，直接在其上进行修改即可。

课后练习

根据前面所学知识和理解，制作“蓉锦大学”主页网页，具体要求如下。

- 打开提供的素材网页“rjdxsy.html”（素材参见：光盘\素材文件\项目三\课后练习\rjdxsy.html、img）。
- 在其中插入相关的图片，然后选择图片，创建一个空链接。
- 选择导航栏的文本，创建相关的链接，没有提供网页页面的可先创建一个空链接。
- 为网页右上角的文本创建对应的脚本链接。
- 将任务一中制作的网页复制到网页中对应的位置，然后创建相关的脚本链接等，效果如图3-74所示。

图3-74　制作蓉锦大学首页网页

PART 4

项目四 布局网页页面

情景导入

阿秀：小白，前面已经讲了网页制作的基本方法，但你制作出来的网页页面显得非常凌乱，这样不利于网页管理。

小白：那有什么解决方法呢?

阿秀：在制作网页前，先对页面进行布局，然后再制作其他细节部分。在Dreamweaver中可以使用表格或者框架进行布局设置。

小白：这样啊！你教教我吧。

学习目标

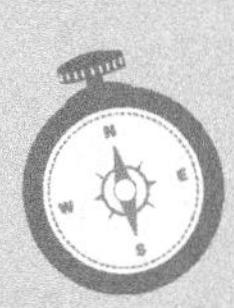

- 掌握在网页中插入和编辑表格的方法
- 掌握框架与框架集在网页中的应用方法

技能目标

- 掌握“果蔬网优惠区”页面的布局方法
- 掌握“蓉锦大学首页”页面的布局方法
- 能够使用表格或框架完成页面布局

任务一 制作“果蔬网优惠区”页面

表格在工作中多用来统计数据，但在网页制作过程中，表格通常用来对页面进行布局，使用它不仅可以精确定位网页在浏览器中的显示位置，还可以控制页面元素在网页中的精确位置，简化页面布局设计过程。

一、 任务目标

本任务将使用表格来布局“果蔬网优惠区”网页页面，在制作时先创建基本表格，然后再根据内容需要调整表格结构，设置表格和单元格属性，最后向表格中添加内容完成制作。通过本任务可掌握在Dreamweaver CS5中使用表格布局的相关操作。本任务制作完成后的效果如图4-1所示。

图4-1 “果蔬网优惠区”页面

二、相关知识

本任务制作过程中涉及表格和单元格属性的更改，这些设置可通过“表格”或“单元格”属性面板来完成，下面简单介绍。

（一）认识“表格”属性面板

设置表格属性时，首先需要选择整个表格，然后在属性面板中利用各种参数进行设置，如图4-2所示。属性面板部分参数的作用介绍如下。

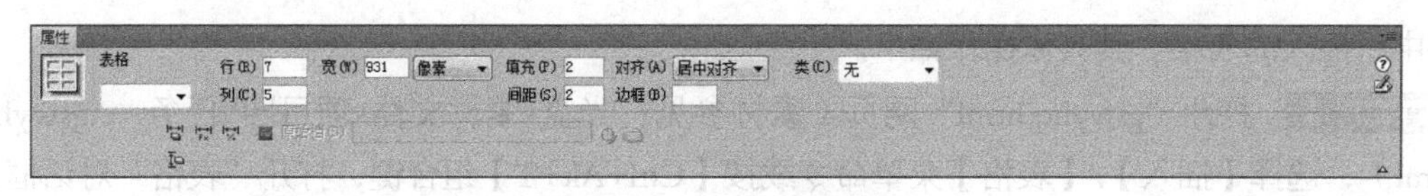

图4-2 “表格”属性面板

- **“行”和“列”文本框**：设置表格的行数和列数。
- **“宽”文本框**：设置表格的宽度，在其后的下拉列表框中可选择宽度单位，包括像素和百分比两种。
- **“填充”文本框**：设置单元格边界和单元格内容之间的距离（以像素为单位）。
- **“间距”文本框**：设置相邻单元格之间的距离。
- **“对齐”下拉列表框**：设置表格与同一段中其他网页元素之间的对齐方式。
- **“边框”文本框**：设置边框的粗细。

（二）认识“单元格”属性面板

设置单元格属性时，可先选择单元格或将插入点定位到该单元格中（也可利用【Ctrl】键同时选择多个单元格），然后在属性面板中利用各参数进行设置即可，如图4-3所示。该面板部分参数的作用介绍如下。

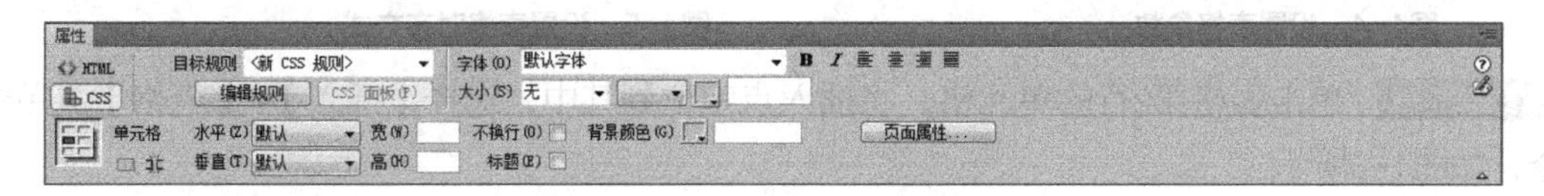

图4-3 “单元格”属性面板

- **“水平”下拉列表框**：设置单元格中内容水平方向上的对齐方式。
- **“垂直”下拉列表框**：设置单元格中内容垂直方向上的对齐方式。
- **“宽”文本框**：设置单元格的宽度，与设置表格宽度的方法相同。
- **“高”文本框**：设置单元格的高度。
- **“不换行”复选框**：单击选中该复选框可防止换行，以使单元格中的所有文本都在同一行中。
- **“标题”复选框**：单击选中该复选框可将所选的单元格的格式设置为表格标题单元格。默认情况下，这种表格标题单元格的内容为粗体并且居中显示。
- **“背景颜色”文本框**：设置单元格的背景颜色。

设置表格中的字符格式可在“单元格”属性面板的“CSS”选项卡中进行设置，设置方法与设置网页中的文本格式相同。

三、任务实施

（一）创建表格

创建表格是指在网页中插入普通表格和嵌套表格，其中嵌套表格是指在表格的某个单元格中所插入的表格。其具体操作如下。

STEP 1 打开“gswyhq.html”网页（素材参见：光盘\素材文件\项目四\任务一\gswyhq.html），选择【插入】/【表格】菜单命令或按【Ctrl+Alt+T】组合键，打开“表格”对话框。

STEP 2 将表格行数和列数分别设置为“5”和“1”，将表格宽度设置为“931像素”，将单元格边距和单元格间距均设置为“2”，单击 确定 按钮，如图4-4所示。

STEP 3 保持插入表格的选择状态，在属性面板的“对齐”下拉列表框中选择“居中对齐”选项，如图4-5所示。

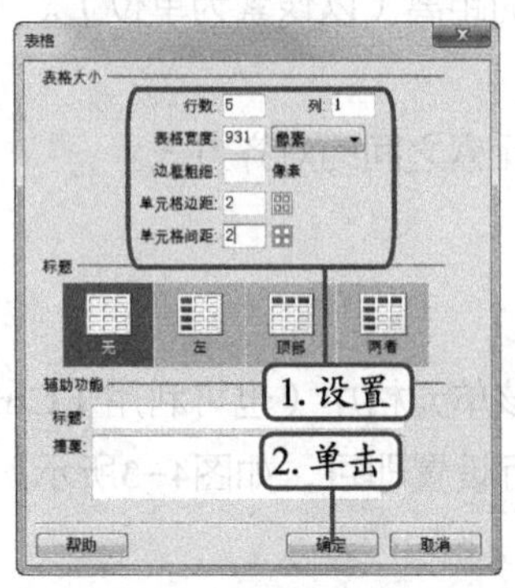

图4-4 设置表格参数

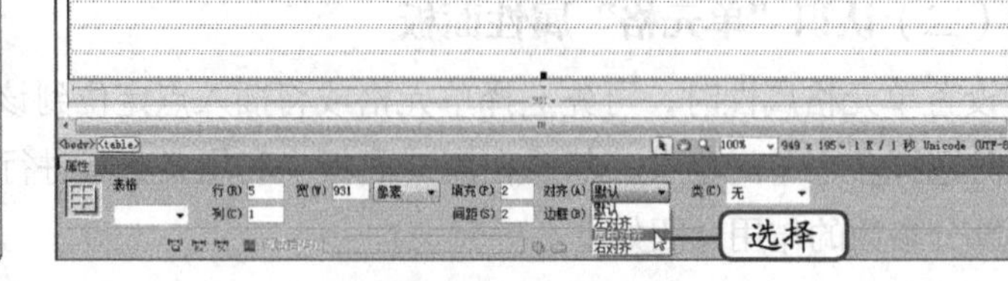

图4-5 设置表格对齐方式

STEP 4 单击表格第2行的单元格，将插入点定位到其中，选择【插入】/【表格】菜单命令，如图4-6所示。

STEP 5 打开“表格”对话框，将表格行数和列数分别设置为“2”和“4”，将表格宽度设置为“100 百分比”，将单元格边距和单元格间距均设置为“5”，单击 确定 按钮，如图4-7所示。

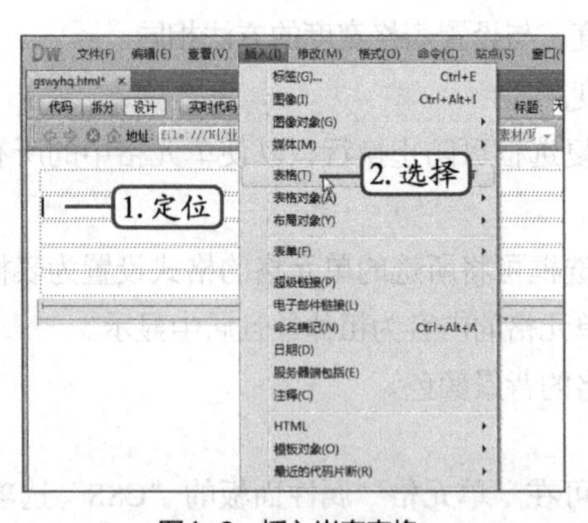

图4-6 插入嵌套表格

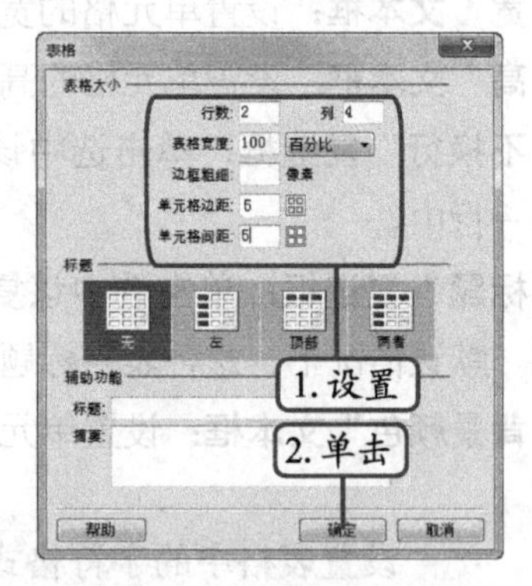

图4-7 设置表格参数

STEP 6 此时在5×1的表格中便嵌套了一个2×4的表格，使用相同的方法在5×1表格的第4行嵌套一个2×4的表格，效果如图4-8所示。

STEP 7 在2×4表格的第一行第一列嵌套一个4×2的表格，单元格边距和单元格间距均设置为“2”，效果如图4-9所示。

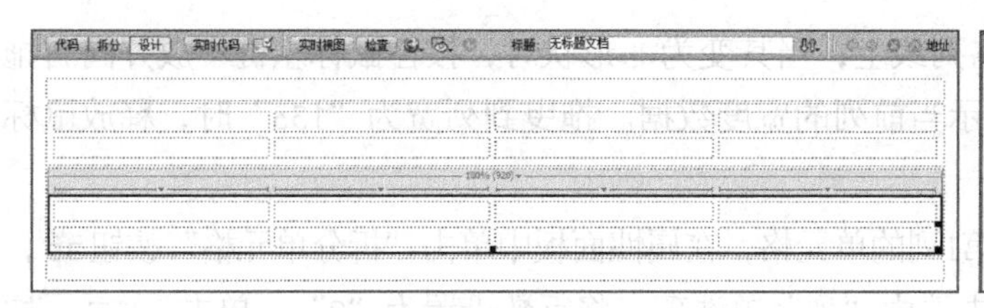
图4-8　嵌入2×4表格

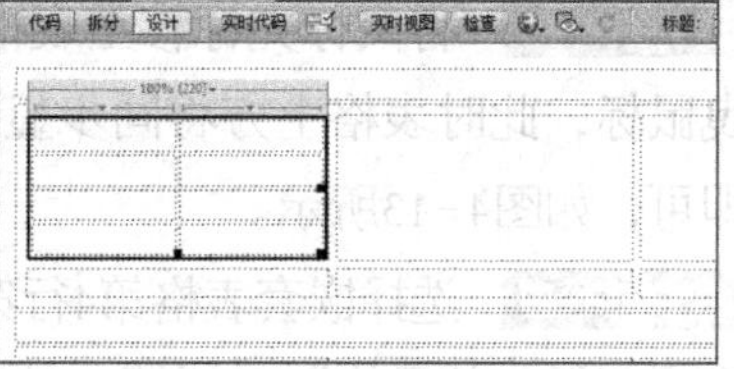
图4-9　嵌入4×2表格

（二）调整表格结构

创建的表格可能还不能满足用户需要，这时可对表格的结构进行调整，如合并与拆分表格、调整行高和列宽、插入与删除行和列等，其具体操作如下。

STEP 1 将插入点定位在第一行单元格中，单击鼠标右键，在弹出的快捷菜单中选择【表格】/【插入行或列】菜单命令，打开“插入行或列”对话框。

STEP 2 在“插入”栏中单击选中“行”单选项，在下方的数值框中输入1，在“位置”栏中单击选中“所选之下”单选项，最后单击 确定 按钮即可，如图4-10所示。

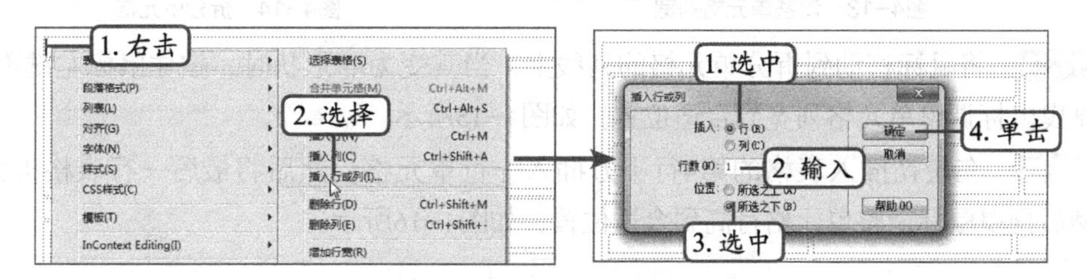

图4-10　利用快捷菜单插入行或列

知识补充

①选择需删除的行或列，在其上单击鼠标右键，在弹出的快捷菜单中选择【表格】/【删除行】命令可删除行，在弹出的快捷菜单中选择【表格】/【删除列】命令则可删除列。

②若想删除整个表格，可按照前面介绍的方法选择整个表格，然后按【Delete】键删除。

STEP 3 拖曳鼠标选择嵌套的4×2表格的第一行的两个单元格，在属性面板中单击“合并单元格”按钮，如图4-11所示。

STEP 4 选择嵌套4×2表格的第2行的两个单元格，在其上单击鼠标右键，在弹出的快捷菜单中选择【表格】/【合并单元格】菜单命令，如图4-12所示。

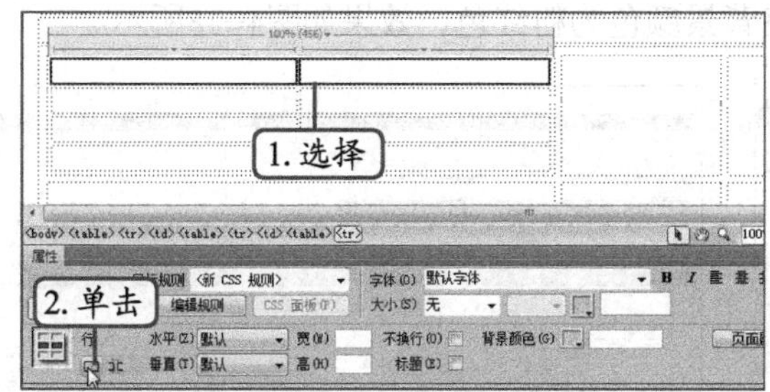

图4-11　通过按钮合并单元格

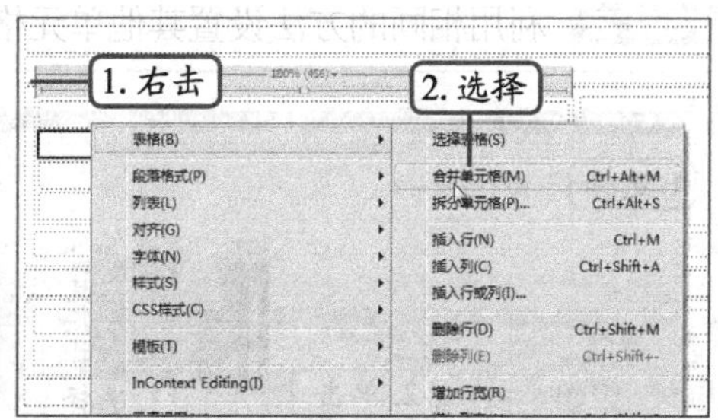

图4-12　通过菜单合并单元格

STEP 5 将鼠标光标移至表格列线上，当其变为⟺形状时，按住鼠标左键不放并向右拖曳鼠标，此时表格上方将同步显示当前列的宽度数据。拖曳到列宽为“135”时，释放鼠标即可，如图4-13所示。

STEP 6 选择嵌套表格第4行第1列的单元格，在属性面板中单击“拆分单元格”按钮，打开“拆分单元格”对话框，单击选中“列”单选项，将行数设置为“2”，单击 确定 按钮，如图4-14所示。

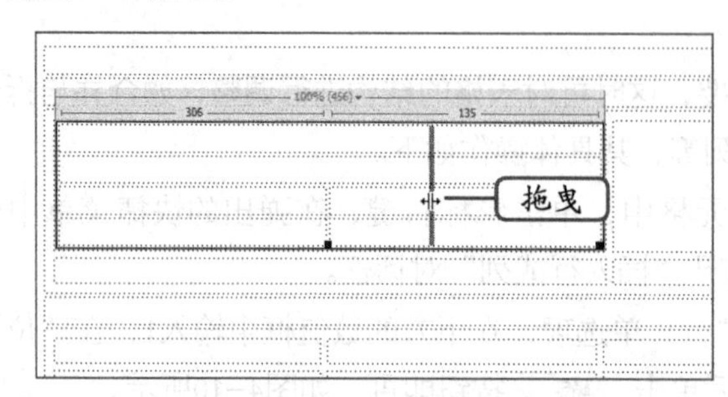

图4-13 调整单元格列宽

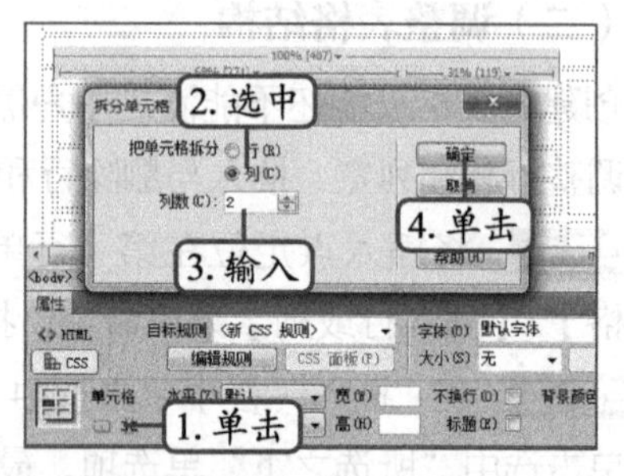

图4-14 拆分单元格

STEP 7 将鼠标移动到拆分单元格的列线上，当其变为⟺形状时，按住鼠标左键不放并向右拖曳鼠标调整单元格列宽到合适位置，如图4-15所示。

STEP 8 在最初插入表格的第4行下方插入一行单元格，然后将最后一行表格拆分为5列，然后拖曳鼠标调整单元格行高到合适位置，如图4-16所示。

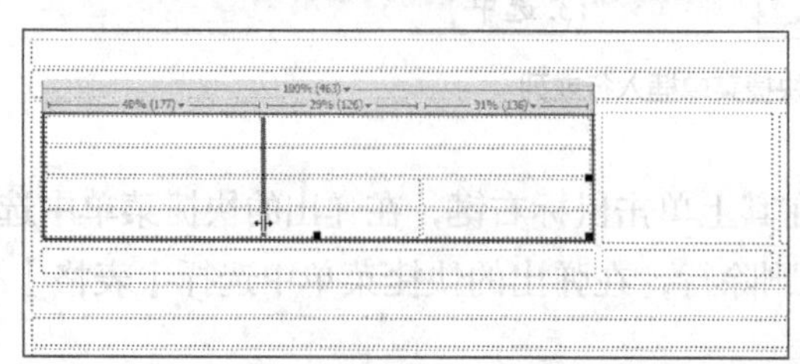

图4-15 调整单元格列宽

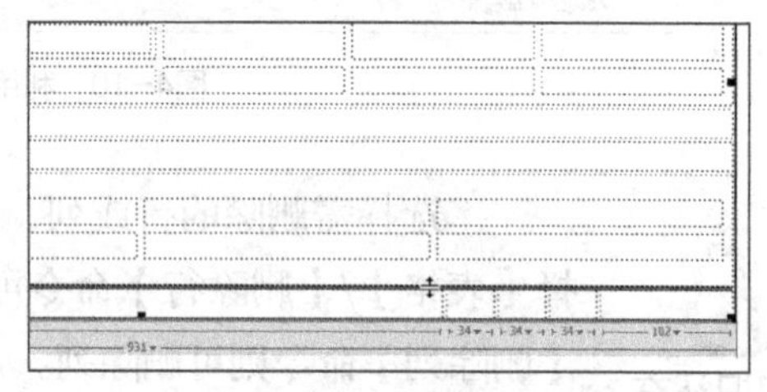

图4-16 调整其他单元格

（三）设置单元格属性

通过设置属性，可以更改表格或单元格的边框粗细、背景颜色、对齐方式等效果，下面介绍如何设置表格和单元格属性，其具体操作如下。

STEP 1 选择第2行单元格，在“单元格”属性面板中单击“背景颜色”色块，在其中选择粉红色（#FF3366），如图4-17所示。

STEP 2 利用相同的方法设置其他单元格背景颜色为粉红色，效果如图4-18所示。

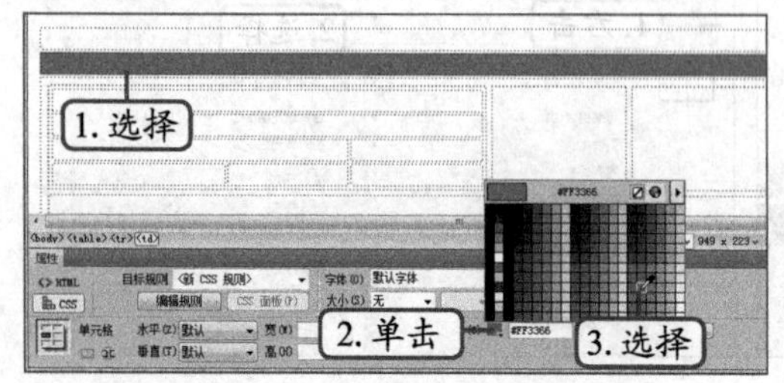

图4-17 设置单元格背景颜色

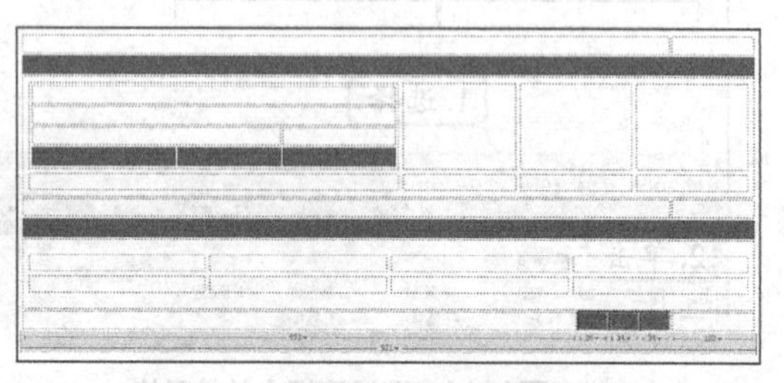

图4-18 设置其他单元格背景颜色

STEP 3 按住【Ctrl】键的同时单击选择最外面表格的第1行第1列单元格和第4行第1列的单元格，在“单元格”属性面板的“水平”下拉列表框中选择“左对齐”选项，“垂直”下拉列表框中选择“底部”选项，如图4-19所示。

STEP 4 利用相同的方法设置第1行第2列单元格和第4行第2列的单元格的水平对齐方式为右对齐，垂直对齐方式为底部，然后设置最后一行中间3个单元格的水平垂直对齐方式为居中对齐，左右两个单元格的水平对齐方式分别为右对齐和左对齐。效果如图4-20所示。

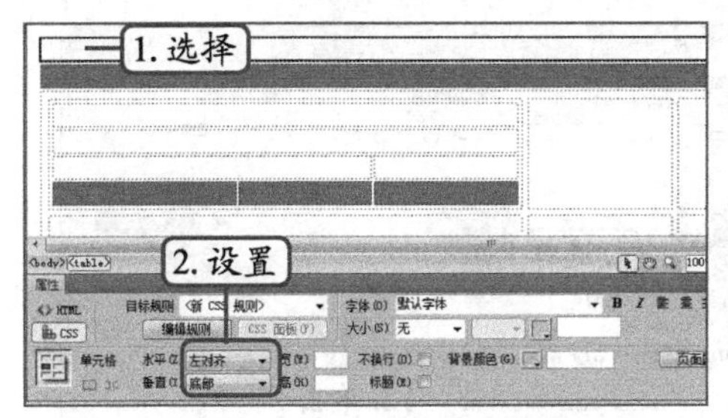

图4-19 设置单元格对齐方式

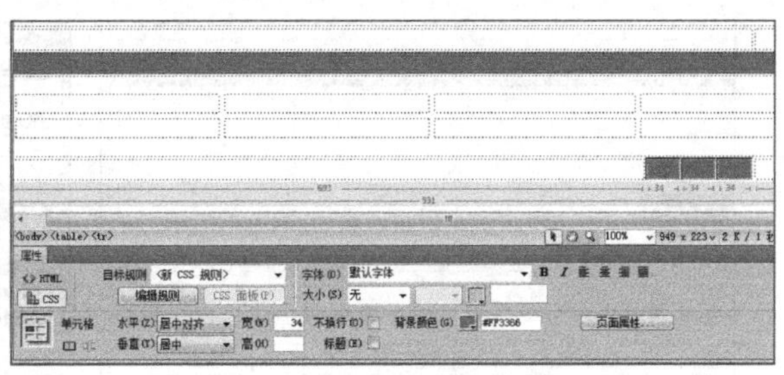

图4-20 设置其他单元格对齐方式

（四）在表格中添加内容

完成表格的插入与结构调整后，便可在表格的各个单元格中插入或输入需要的内容，其具体操作如下。

STEP 1 在表格第1行单击鼠标定位插入点，然后输入“热拍推荐”文本，如图4-21所示。

STEP 2 选择输入的文本，设置字体格式为“方正黑体简体、24号、加粗、墨绿（#030）”，建立“font01”格式，如图4-22所示。

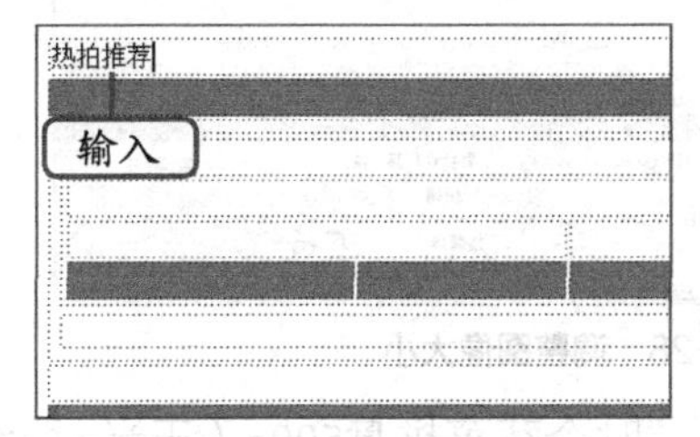

图4-21 输入文本

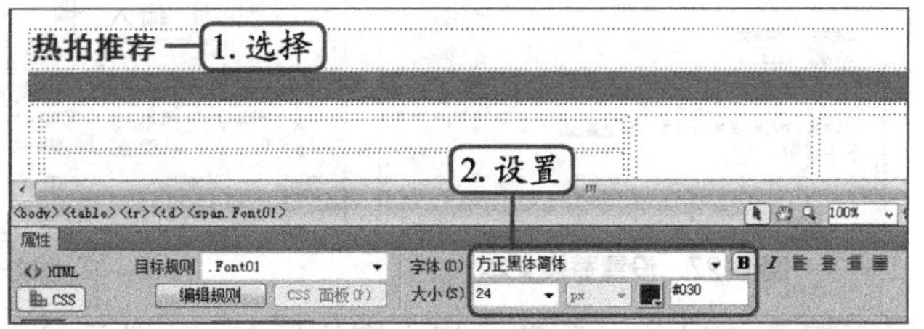

图4-22 设置文本格式

STEP 3 选择设置格式后的文本，按【Ctrl+C】组合键复制，在第4行单元格中定位插入点，按【Ctrl+V】组合键粘贴，然后更改文本为“一口价”，效果如图4-23所示。

STEP 4 选择第2行单元格，建立“hr01”格式，设置字号为“2”，然后调整表格行高，最后选择该单元格，将其复制到第5行的单元格中，效果如图4-24所示。

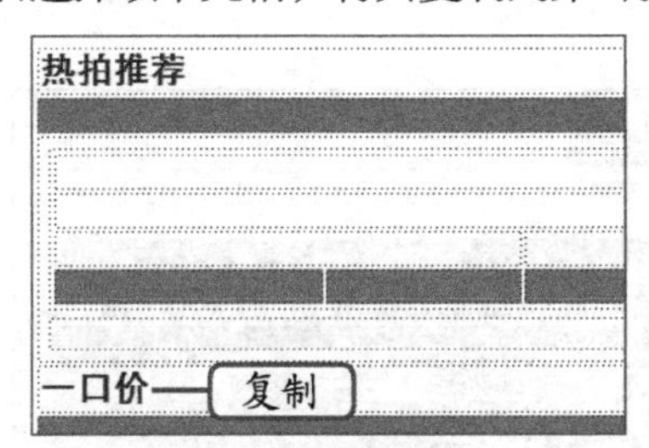

图4-23 复制并更改文本

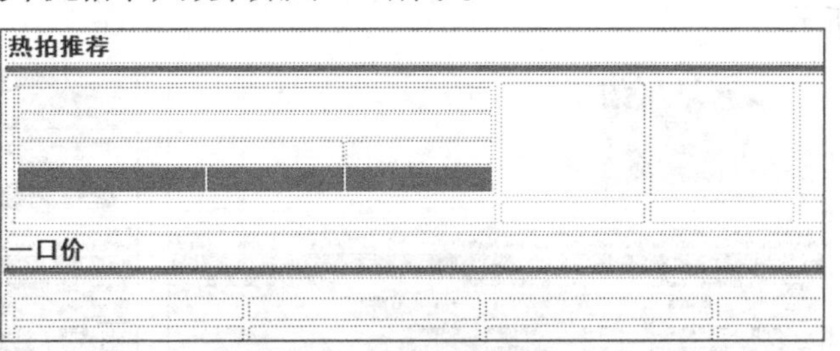

图4-24 更改单元格行高

STEP 5 在第1行第2列单元格中输入“更多>>”文本，并在文本后插入不换行空格。

STEP 6 建立“Font01a”格式，设置字体格式为“方正黑体简体、14号、加粗、蓝色（#00F）”，然后将该文本复制到第4行第2列单元格中，如图4-25所示。

STEP 7 在2个嵌套表格第一行单元格中单击鼠标定位插入点，选择【插入】/【图像】菜单命令，打开“选择图像源文件”对话框，选择“1.jpg”图像文件（素材参见：光盘\素材文件\项目四\任务一\renwuyi\1.jpg），单击 确定 按钮。如图4-26所示。

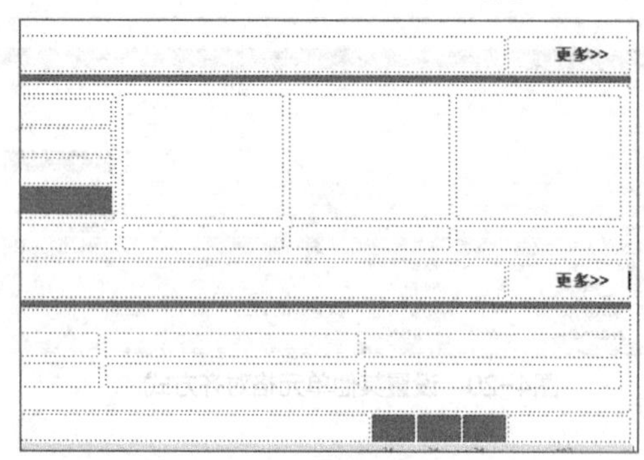

图4-25 复制文本

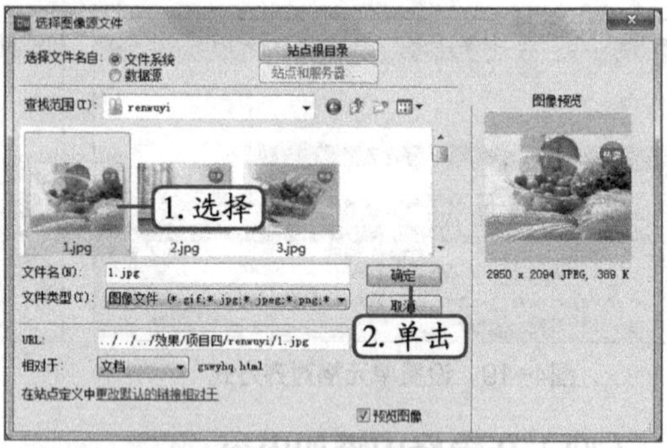

图4-26 选择图像源文件

STEP 8 打开“图像标签辅助功能属性”对话框，默认设置，直接单击 确定 按钮，如图4-27所示。

STEP 9 此时将在单元格中插入选择的图像，保持图像选择状态，在“属性”面板的“宽”和“高”文本框中分别输入“230”和“163”，如图4-28所示。

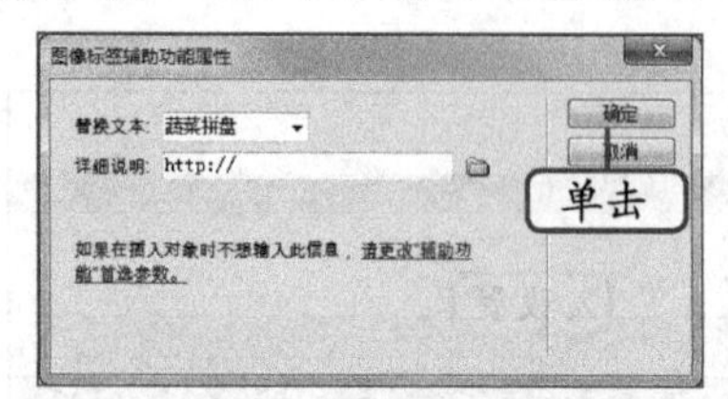

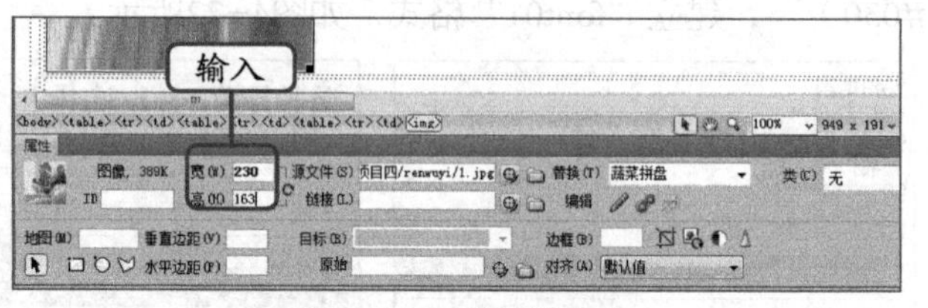

图4-27 设置替换文本

图4-28 调整图像大小

STEP 10 在下面一行单元格中定位插入点，然后输入“时令蔬菜拼盘500g（玉米+西红柿）”文本，新建“Font02”格式，设置字符格式为“微软雅黑、14号、灰色（#333）”，效果如图4-29所示。

STEP 11 继续在下一行输入“￥9.90”文本，然后建立“Font02a”格式，设置字符格式为“20号、红色（#F00）”，最后在文字后面插入素材中的“zj.jpg”图像，效果如图4-30所示。

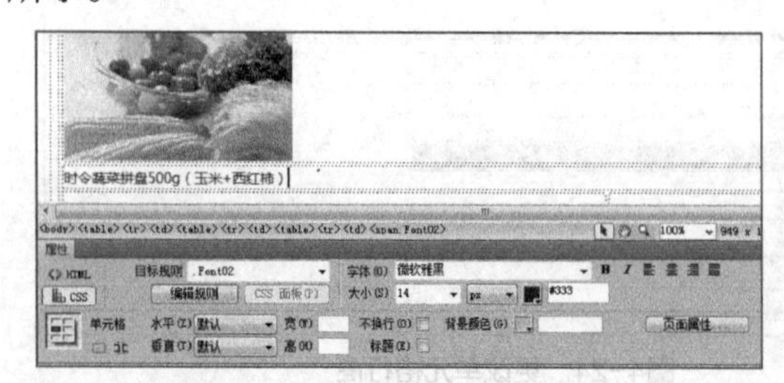

图4-29 输入并建立Font2格式

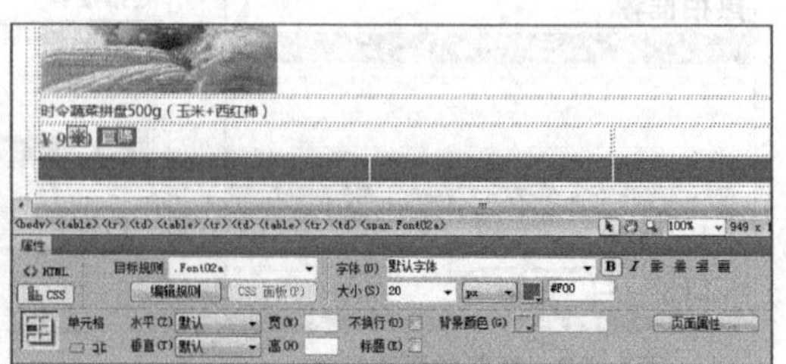

图4-30 输入并建立Font2a格式

STEP 12 在该行第2个单元格中定位插入点，然后输入“已有2055人评价”文本，新建“Font02b”格式，设置字符格式为“微软雅黑、12号、蓝色（#06F）”，单元格文本对齐方式为“右对齐”，效果如图4-31所示。

STEP 13 继续在下一行输入“立即购买”文本，然后建立“Font02c”格式，设置字符格式为“方正黑体简体、16号、白色（#FFF）、加粗”，并在其后的单元格中输入“+关注”和“加入购物车”文本，并应用“Font02c”格式，效果如图4-32所示。

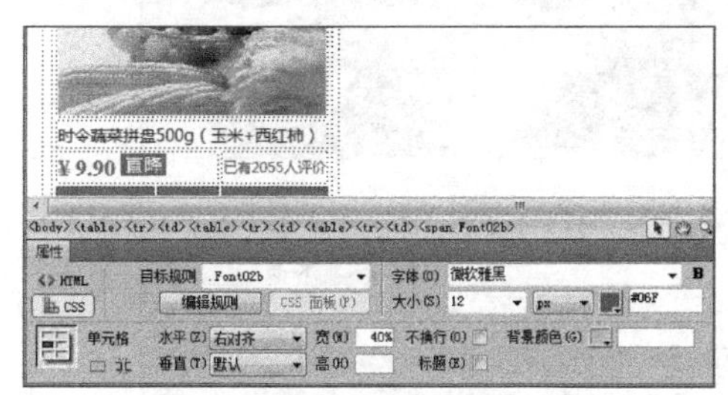

图4-31 输入并建立Font2b格式

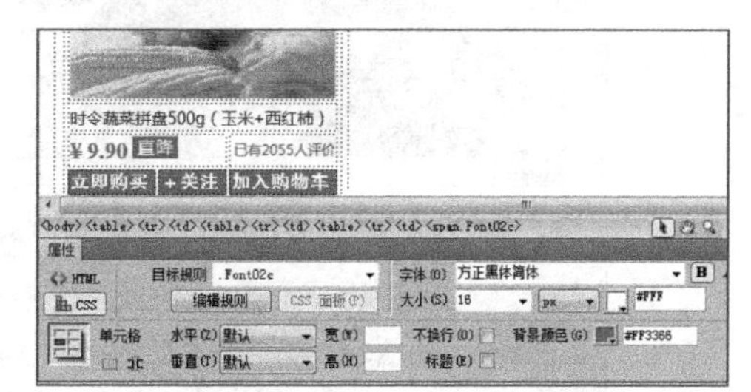

图4-32 输入并建立Font2c格式

STEP 14 选择第2个嵌入的表格，然后按【Ctrl+C】组合键复制，在第1个嵌套表格的其他单元格中单击定位插入点，按【Ctrl+V】组合键粘贴，效果如图4-33所示。

STEP 15 选择第2个单元格中的图片，在“属性”栏的“源文件”文本框后单击“浏览”按钮，打开打开“选择图像源文件”对话框，选择“2.jpg”图像文件（素材参见：光盘\素材文件\项目四\任务一\renwuyi\2.jpg），单击确定按钮，如图4-34所示。

图4-33 复制嵌套表格

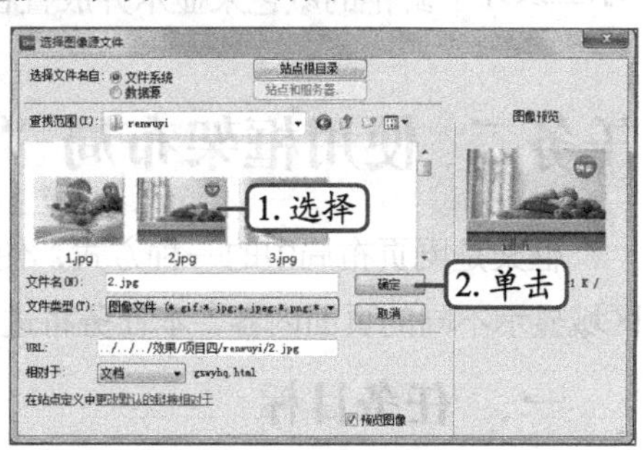

图4-34 选择图像源文件

STEP 16 利用相同的方法更改其他图片的链接路径，效果如图4-35所示。

STEP 17 修改复制表格中的文本内容，如图4-36所示。

图4-35 更改其他图片链接路径

图4-36 更改表格文字

STEP 18 在最后一行表格的第1个单元格和最后1个单元格中分别输入“上一页”和“下

一页”，建立“Font03”格式，字符格式为“微软雅黑、加粗、14号”。

STEP 19 在中间3个单元格中分别输入1、2、3，然后使用“Font03”格式，并更改单元格填充颜色为“灰色（#CCCCCC）”，如图4-37所示，最后保存网页并按【F12】键预览即可。（最终效果参见：光盘\效果文件\项目四\任务一\gswyhq.html）

图4-37　设置最后一行单元格内容

职业素养

购物网站中类似于商品类别页面的网页在设计时通常使用表格来布局，然后将商品基本信息罗列出来，并且将一些优惠活动或重要信息以大字体、鲜艳的颜色来显示并放置在网页中突出的位置。

任务二　使用框架布局“蓉锦大学首页”页面

框架是网页布局中的一种方式，使用框架布局可以将网页文件划分为多个区域，在每个区域显示不同的页面内容，本任务将进行详细介绍。

一、任务目标

本任务将使用框架来布局“蓉锦大学首页”页面，制作时先创建框架集与框架页，然后保存这些框架集与框架页，最后设置框架集与框架页的相关属性。通过本任务的学习，可以掌握使用框架来布局页面的方法。本任务制作完成后的最终效果如图4-38所示。

图4-38　“蓉锦大学首页”页面

二、相关知识

本任务设计网页布局版式设计的相关内容，下面简单介绍网页设计中相关的版式设计的类型和准则，并对框架进行了解。

（一）版式设计基本类型

合理的版面设计可以使网页效果更加漂亮，目前常见的网页版式设计类型主要有骨骼型、满版型、分割型、中轴型、曲线型、倾斜型、对称型、焦点型、三角型、自由型10种，下面分别简单介绍。

- **骨骼型**：骨骼型是一种规范、合理的分割版式的设计方法，通常将网页主要布局设计为3行2列、3行3列或3行4列，如“果蔬网”网站就是采用该方式进行版式设计的。
- **满版型**：满版型是指页面以图像充满整个版面，并配上部分文字。优点是视觉效果直观、给人一种高端大气的感觉，且随着网络宽带的普及，该设计方式在网页中的运用越来越多。项目五中课后练习制作的“七月”个人网页就是采用该方式进行版式设计的。
- **分割型**：分割型是指将整个页面分割为上下或左右两部分，分别安排图像和文字，这样图文结合的网页给人一种协调对比美，并且可以根据需要调整图像和文字的比例。
- **中轴型**：中轴型是指沿着浏览器窗口的中线将图像或文字进行水平或垂直方向的排列，优点是水平排列给人平静、含蓄的感觉，垂直排列给人舒适的感觉。
- **曲线形**：曲线型指图像和文字在页面上进行曲线分割或编排，从而产生节奏感。通常适合比较活泼性质的网页使用。
- **倾斜型**：倾斜型是指将页面主题形象或重要信息倾斜排版，以吸引注意力，通常适合一些网页的活动页面版式设计需要。
- **对称型**：对称分为绝对对称和相对对称，通常采用相对对称的方法来设计网页版式，可避免页面过于呆板。
- **焦点型**：焦点型版式设计是将对比强烈的图片或文字放在页面中心，使页面具有强烈的视觉效果，通常用于一些房地产类网站的设计。
- **三角型**：将网页中各种视觉元素呈三角形排列，可以是正三角，也可以是倒三角，突出网页主题。
- **自由型**：自由型的版式设计页面较为活泼，没有固定的格式，总体给人轻快、随意、不拘于传统布局方式感觉的设计方法。

（二）版式设计准则

进行版式设计时，需要注意版式设计的基本准则，下面总结了一些基本的建议，希望对读者有所帮助。

1. 网页版式

- 保持文件的最小体积，以便快速下载。
- 将重要的信息放在第1个满屏区域。
- 页面长多不要超过3个满屏。
- 设计时要用多个浏览器测试效果。

- 尽量少使用动画效果。

2. 文本

- 对同类型的文本使用相同的设计，重要的元素在视觉上要更加突出。
- 对网页中的文本格式设置时不要将所有文字设置为大写。
- 不要大量使用斜体设置。
- 不要将文字格式同时设置为大写、倾斜、加粗。
- 不要随意插入换行符。
- 尽量少使用<H5>、<H6>标签，不设置标题格式为五级或六级标题格式。

3. 图像

- 对图像中的文字进行平滑处理。
- 尽量将图像文件大小控制在30kB以下。
- 消除透明图像周围的杂色。
- 不要显示链接图像的蓝色边框线。
- 插入图像时对每个图像都设置替代文本，以便于图像无效时显示替代文本。

4. 美观性

- 避免网页中的所有内容都居中对齐。
- 不要使用太多颜色，选择一两种主色调和一种强调色即可。
- 不要使用复杂的图案平铺背景，容易给人凌乱的感觉。
- 设置有底纹的文字颜色时最好不要设置为黑底白字，尤其是对网页中大量的小文字，可以选择一种柔和的颜色来反衬，也可使用底纹色的反色。

5. 主页设计

- 网站的主页要体现站点的标志和主要功能。
- 对导航功能进行层次设计，并提供搜索功能。
- 主页中的文字要精炼或使用一些暗示浏览者浏览其他页面内容的导读。
- 主页中放置的内容应该是网站比较特色的功能板块，以吸引浏览者的点击率。

（三）框架和框架集

下面介绍框架与框架集的相关知识。

1. 认识框架和框架集

框架集与框架其实就是包含与被包含的关系，框架是浏览器窗口中的一个区域，每个框架是一个单独的HTML页面。当一个页面被拆分为多个框架后，系统将自动建立一个框架集，即生成一个新的HTML文件，并在框架集中定义一组框架的布局和属性，包括框架书目、大小、位置、初始显示页面等。框架集只向浏览器提供如何显示一组框架以及框架中的页面显示，框架集本身不会在浏览器中显示。

2. 认识“框架集”和“框架”属性面板

本任务涉及属性面板的相关设置操作，因此需要先认识相关属性面板的参数作用。

选择需设置属性的框架集后，属性面板中出现如图4-39所示的参数。其中部分参数的作用介绍如下。

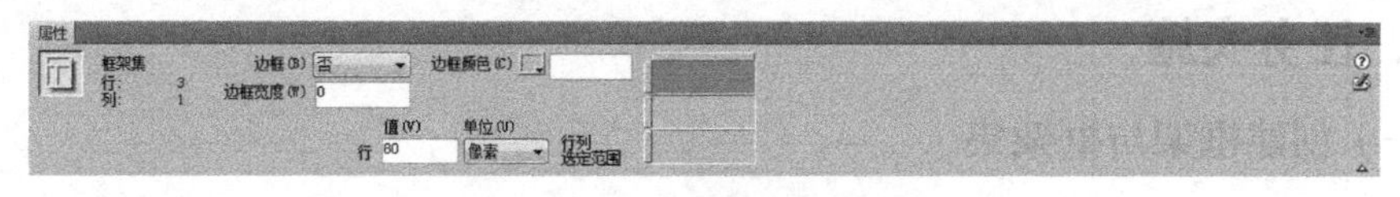

图4-39 “框架集”属性面板

- **“边框”下拉列表框**：设置在浏览器中查看网页时是否在框架周围显示边框效果，其中包括“是”、“否”和“默认值”3种选项，其中“默认值”表示根据浏览器自身设置来确定是否显示边框。
- **“边框颜色”色块**：设置边框的颜色。
- **“边框宽度”文本框**：设置框架集中所有边框的宽度。
- **行列选定范围**：图框中显示为深灰色部分表示当前选择的框架，浅灰色表示没有被选择的框架，若要调整框架的大小，可在该处选择需要调整的框架，然后在“值”文本框中输入数字。
- **“值”文本框**：指定选择框架的大小。
- **“单位”下拉列表框**：设置框架尺寸的单位，可以是像素、百分百或相对。

选择需设置属性的框架，在属性面板将显示框架的属性设置参数，如图4-40所示。其中部分参数的作用介绍如下。

图4-40 “框架”属性面板

- **“框架名称”文本框**：设置当前框架文档的名称，框架名称应该是一个单词，也可以使用下画线链接，但必须以字母开头，不能使用连字符、句点、空格、JS中的保留字。需要注意的是，框架名称是要被超链接和脚本引用的，因此必须符合框架的命名规则。
- **“源文件”文本框**：设置在当前框架中初始显示的网页文件名称和路径。
- **“边框”下拉列表框**：设置是否显示框架的边框，需要注意的是，当该选项设置与框架集设置冲突时，此选项设置才会有作用。
- **“滚动”下拉列表框**：设置框架显示滚动条的方式，包括“是”、“否”、“自动”、“默认”4个选项。其中“是”表示显示滚动条；“否”表示不显示滚动条；“自动”表示根据窗口大小显示滚动条；“默认”表示根据浏览器自身设置显示滚动条。
- **“不能调整大小”复选框**：单击选中该复选框将不能在浏览器中通过拖曳框架边框来改变框架大小。
- **“边框颜色”文本框**：设置框架边框颜色。

- “边界宽度”文本框：设置当前框架中的内容距左右边框的距离。
- “边界高度”文本框：设置当前框架中的内容距上下边框的距离。

三、任务实施

（一）创建框架与框架集

利用Dreamweaver提供的“新建”功能可以很方便地创建框架集，下面以创建“上方固定”框架集为例进行介绍，其具体操作如下。

STEP 1 在Dreamweaver操作界面中选择【文件】/【新建】菜单命令。

STEP 2 打开“新建文档”对话框，在左侧的列表框中选择“示例中的页”选项，在“示例文件夹”列表框中选择“框架页”选项，在“示例页”列表框中选择“上方固定”选项，单击 确定 按钮，如图4-41所示。

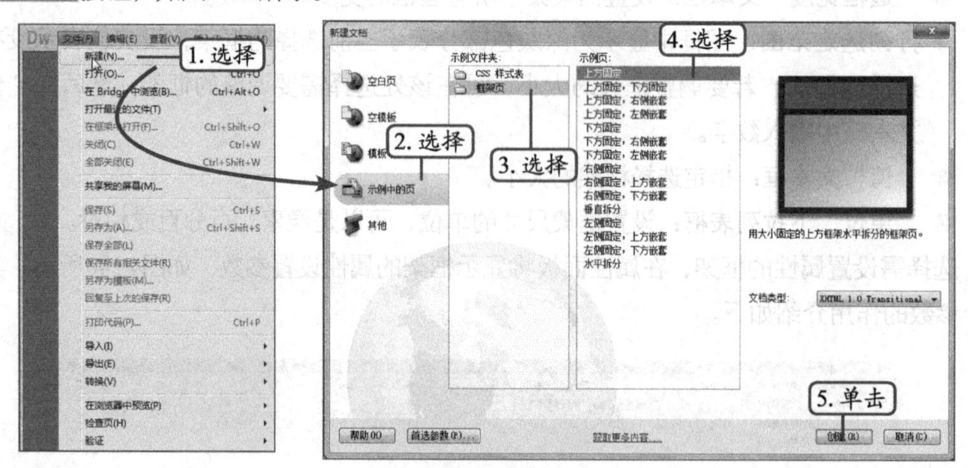

图4-41 选择框架模板

STEP 3 打开设置框架标题的对话框，默认设置，单击 确定 按钮，如图4-42所示。

STEP 4 完成框架集的创建，效果如图4-43所示。

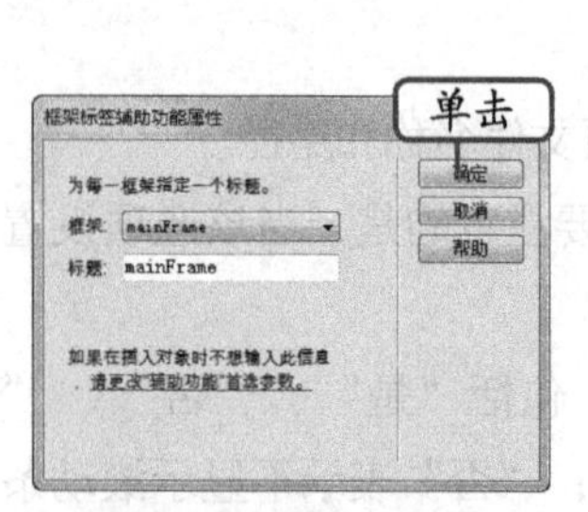

图4-42 设置框架标题

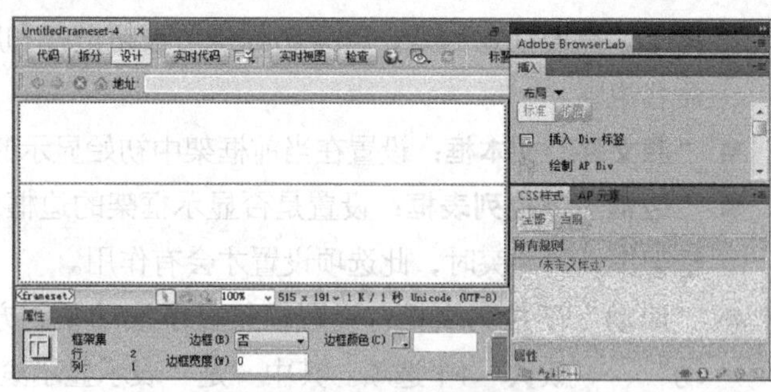

图4-43 创建的框架集效果

操作提示

框架创建好后，若要对框架进行局部分割，可以使用鼠标拖曳要分割的区域的框架集边框线，然后就可以垂直或水平分割框架。

知识补充

若用户已经创建了空白的HTML文档，可通过以下方法创建框架集。

①选择【插入】/【HTML】/【框架】菜单命令，在打开的子菜单中选择相应的框架集样式即可。

②在“插入”面板的“布局”选项组中单击“框架”列表，在显示的列表中选择需要的框架集样式。

③选择【修改】/【框架集】菜单命令，在打开的子菜单中选择相应的框架集样式即可。

（二）保存框架集与框架

保存框架网页和保存普通网页的操作有所不同，可以单独保存某个框架文档，也可以保存整个框架集文档。在保存时，通常先保存框架集网页文档，再保存各个框架网页文档，被保存的当前文档所在的框架或框架集边框将以粗实线显示，其具体操作如下。

STEP 1 选择【窗口】/【框架】菜单命令，打开“框架”面板，在“框架”面板中框架集的边框上单击选择整个框架集，如图4-44所示。

STEP 2 选择【文件】/【保存框架页】菜单命令，打开“另存为”对话框，在“保存在”下拉列表框中设置保存位置，在“文件名”下拉列表框中输入“indexrjdx.html”，单击 保存(S) 按钮即可完成保存框架集的操作，如图4-45所示。

图4-44 选择框架

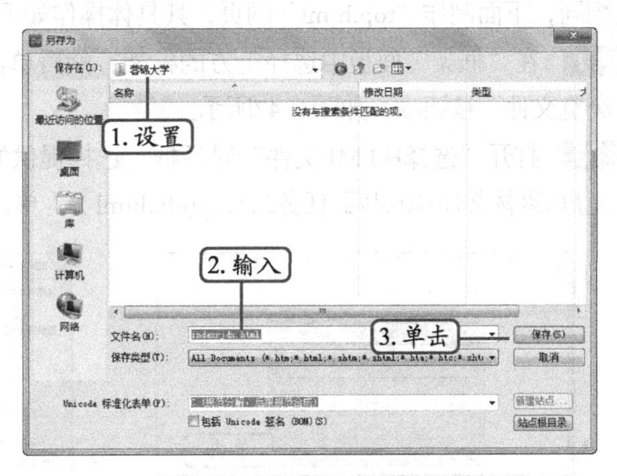

图4-45 设置保存位置和名称

操作提示

打开“文件”菜单后，如果未出现“保存框架页”选项，有可能是没有选择整个框架集。只需在“框架”面板中重新选择整个框架集，再选择【文件】/【保存框架页】菜单命令即可。

STEP 3 将插入点定位到“topFrame”框架中，然后选择【文件】/【保存框架】菜单命令，在打开的“另存为”对话框中设置框架的保存位置和名称后，单击 保存(S) 按钮保存框架，如图4-46所示。

STEP 4 利用相同的方法保存下方的框架，名称为“main.html”。

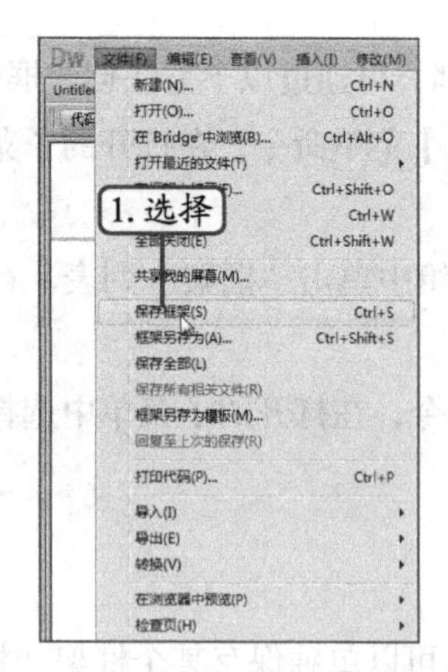

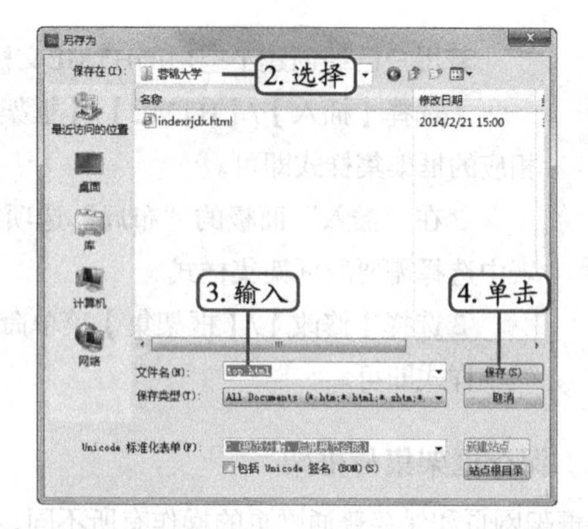

图4-46　保存单个框架网页

选择【文件】/【保存全部】菜单命令可保存框架集及所有框架网页文档。如果框架集中有多个框架文档没有保存，则Dreamweaver会多次打开“另存为”对话框提示保存。

（三）制作框架网页

制作框架网页就是为框架集中的各个框架指定显示的网页文件，制作方法与制作普通网页方法相同，下面制作“top.html”网页，其具体操作如下。

STEP 1 在“框架”面板中选择上方的框架，然后单击属性面板中“源文件”文本框右侧的“浏览文件”按钮，如图4-47所示。

STEP 2 打开“选择HTML文件”对话框，选择提供的“toprjdx.html”网页文件（素材参见：光盘\素材文件\项目四\任务二\toprjdx.html），单击 确定 按钮，如图4-48所示。

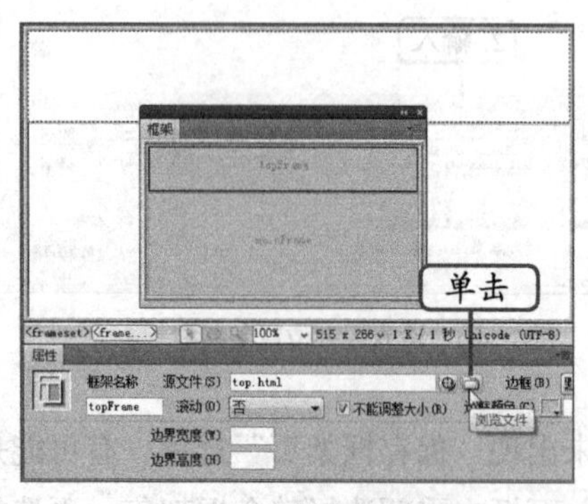

图4-47　选择框架　　图4-48　指定网页文件

STEP 3 打开“Dreamweaver”提示对话框，单击 是(Y) 按钮。如图4-49所示。

STEP 4 所选框架中便插入了指定的网页文件，观察发现框架不能将网页内容全部显示出来，因此将鼠标移动到框架边缘，拖曳鼠标调整框架高度，效果如图4-50所示。

STEP 5 利用相同的方法制订框架下方的源文件为提供的“mainrjdx.html”网页（素材参见：光盘\素材文件\项目四\任务二\mainrjdx.html），效果如图4-51所示。

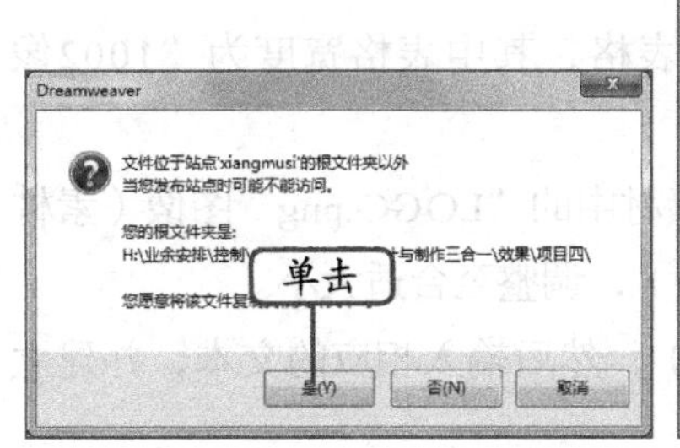

图4-49 确认操作

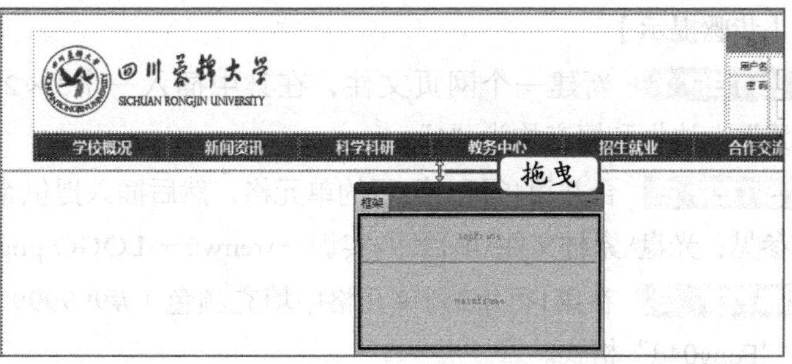

图4-50 调整框架高度

STEP 6 完成后保存文件，并按【F12】键预览效果即可（最终效果参见：光盘\效果文件\项目四\任务二\indexrjdx.html）。

图4-51 制作的框架页效果

实训一 制作“蓉锦大学导航”页面

【实训要求】

本实训要求制作蓉锦大学主页框架集中的顶部框架网页，其中包括学校标志、快速入口、导航条等部分。

【实训思路】

根据实训要求，制作时可先创建表格，然后在表格中插入相关网页元素并进行编辑。参考效果如图4-52所示。

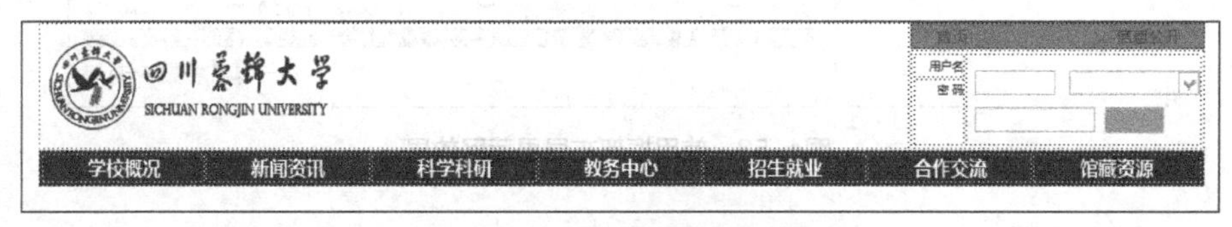

图4-52 “蓉锦大学导航”页面

【步骤提示】

STEP 1 新建一个网页文件，在其中插入一个3×2表格，其中表格宽度为“1002像素”，边框和填充均为“1”。

STEP 2 合并第1行和第2行的单元格，然后插入提供素材中的“LOGO.png”图像（素材参见：光盘\素材文件\项目四\实训一\renwuer\LOGO.png），调整至合适大小。

STEP 3 在第1行第2列单元格中填充颜色（#999999），然后输入相应的文本，并建立“Fong04d”格式。

STEP 4 继续在下一个单元格中嵌入一个两行两列的表格，然后在对应的位置输入文本并插入图片。

STEP 5 合并最后一行单元格，填充颜色为红色，在其中嵌入一个1×7的表格，然后建立字符格式，并调整大小到合适位置，完成后保存文件即可（最终效果参见：光盘\效果文件\项目四\top.html）。

实训二 使用框架布局果蔬网

【实训要求】

本实训要求使用框架来对果蔬网进行布局，制作时可先创建框架和框架集，然后再对框架进行编辑，制作框架页时可使用提供的素材文件（素材参见：光盘\素材文件\项目四\实训二），完成效果如图4-53所示。

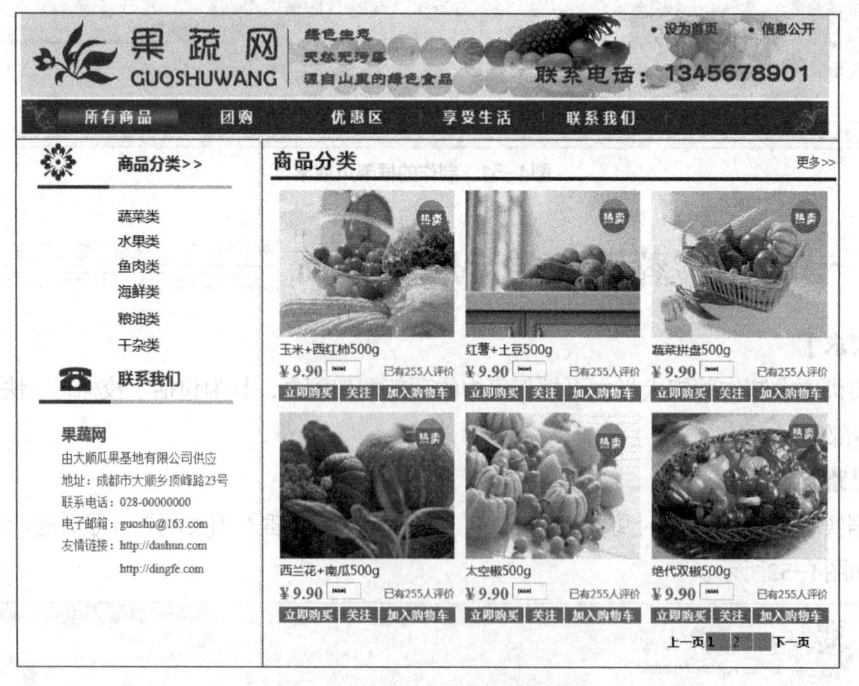

图4-53 使用框架布局果蔬网效果

【实训思路】

根据实训要求，本实训可先创建框架和框架集，然后对创建的框架和框架集进行编辑，最后保存框架即可。

【步骤提示】

STEP 1 新建一个上方固定的框架集网页，然后在“框架”面板中选择下方的框架，将鼠标指针移动到左侧边缘拖曳，拆分下方的框架为左右两个框架。

STEP 2 通过“源文件”文本框链接具体的框架。

STEP 3 选择【文件】/【保存全部】菜单命令保存框架集和框架。完成后按【F12】键预览，完成制作（最终效果参见：光盘\效果文件\项目四\实训二\indexgsw.html）。

常见疑难解析

问：网页内容的宽度一般在800px左右，在800×600px分辨率的显示屏中预览效果是正常的，可是在1024×768px分辨率或更高分辨率的显示屏中浏览时，网页内容都跑到了左边，看起来很不美观，怎样解决这个问题呢？

答：可以利用表格解决这个问题：将网页内容全装在一个表格中，然后将表格设置为居中对齐，这样无论何种分辨率的显示屏，浏览网页时内容都是居中的，看起来就比较美观了。同时，还可为网页设置背景图像，这样可以在表格之外的空白区域显示图像内容，从而使网页更加好看。

问：保存框架时，为什么“文件”菜单中没有“保存框架”选项？

答：在保存框架时，不能选择框架，只能将插入点定位到框架中，才能保存框架，否则只能保存框架页。

拓展知识

1. 选择表格和单元格

选择表格和单元格是调整表格结构的前提，Dreamweaver中主要有以下几种选择表格和单元格的方法。

- **选择整个表格**：将鼠标光标移到表格边框线上，当表格边框的颜色变为红色且鼠标光标变为双向箭头形状时，单击鼠标可选择整个表格。
- **选择单个单元格**：将鼠标光标定位到要选择的单元格上方，单击鼠标即可选择该单元格。
- **选择多个单元格**：按住【Ctrl】键不放的同时，依次单击需要选择的单元格，可同时选择这些不连续的多个单元格。
- **选择整行**：将鼠标光标移到表格一行的左侧，当鼠标光标变为向右箭头且该行边框的颜色变为红色时，单击鼠标即可选择该行。

- **选择整列**：将鼠标光标移到表格某列的上方，当鼠标光标变为向下箭头且该列边框的颜色变为红色时，单击鼠标即可选择该列。

2. 链接框架

设置框架间的超链接的方法：选择需要进行超链接的文本，在属性面板的“链接”文本框中设置文件路径，在其后的“目标”下拉列表框中选择显示框架的名称即可。

课后练习

根据前面所学知识和你的理解，对果蔬网网站的商品分类页面使用表格进行布局，具体要求如下。

- 表格宽度为628像素。
- 页面中包含相关商品的缩略图、快速入口等。
- 整个页面布局整齐大方，配色合理，完成后效果如图4-54所示（最终效果参见：光盘\效果文件\项目四\课后练习\gswspfl.html）。

图4-54 制作果蔬网商品分类页面

PART 5

项目五 使用CSS+DIV统一页面风格

情景导入

小白：阿秀，做网页时每次都需要设置字体格式很麻烦，有没有精简一点的方法呢?

阿秀：这就是接下来要教你的使用CSS样式控制网页格式，这种方法不仅能统一页面风格，还能提高工作效率，也便于后期修改。

小白：CSS真是太神奇了。

阿秀：当然，CSS的使用丰富了页面样式统一的功能，而DIV的使用则丰富了页面效果的设置，现在网页设计中，设计师们通常都是使用CSS+DIV来布局和控制页面，这两项操作是网页设计的重点内容，你要认真学习。

学习目标

- 掌握CSS样式的创建和使用方法
- 掌握DIV的创建和使用方法
- 掌握使用CSS+DIV布局网页页面的方法

技能目标

- 掌握使用CSS样式控制“享受生活”页面的方法
- 掌握使用CSS+DIV制作“蓉锦大学教务处”页面的方法
- 能够使用CSS+DIV完成页面布局

任务一 制作“享受生活”页面

网页设计中一些比较规则或元素较为统一的页面，可使用CSS样式来控制页面风格，减少重复工作量。

一、任务目标

本任务将使用CSS样式来控制“享受生活”页面的格式，在制作时先要创建CSS样式，然后编辑CSS样式，最后将其应用到网页中。通过本任务可掌握CSS样式在网页设计中的相关操作。本任务制作完成后的效果如图5-1所示。

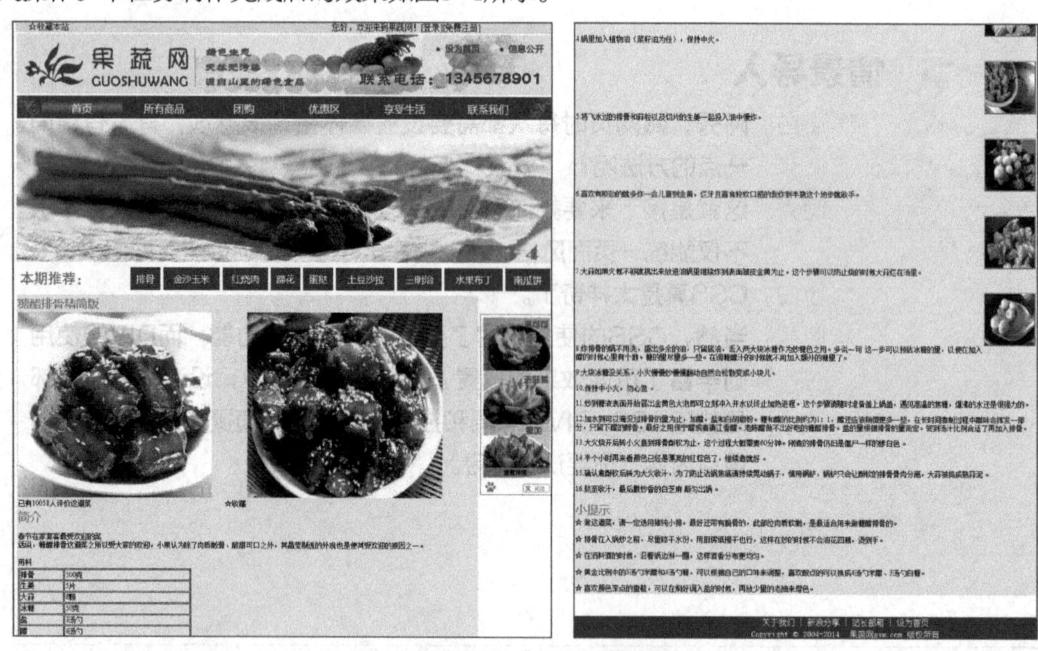

图5-1 果蔬网“享受生活”页面

二、相关知识

本任务制作过程中涉及CSS样式的相关知识，下面对CSS样式进行简单的介绍，这对于网页设计中样式的控制是非常重要的知识点。

（一）认识CSS样式

CSS样式即层叠样式表，是Cascading Style Sheets的缩写，它是一种用来进行网页风格设计的样式表技术。定义了CSS样式后，就可以把它应用到不同的网页元素中，当修改了CSS样式，所有应用了该样式的网页元素也会自动统一修改。

1. CSS功能

CSS样式功能归纳起来主要有以下几点。

- 灵活控制页面文字的字体、字号、颜色、间距、风格、位置等。
- 可随意设置一个文本块的行高和缩进，并能为其添加三维效果的边框。
- 方便定位网页中的任何元素，设置不同的背景颜色和背景图片。

- 精确控制网页中各种元素的位置。
- 可以为网页中的元素设置各种过滤器，从而产生诸如阴影、模糊、透明等效果（通常这些效果只能在图像处理软件中才能实现）。
- 可以与脚本语言结合，使网页中的元素产生各种动态效果。

2. CSS特点

CSS的特点主要包括以下几点。

- **使用文件**：CSS提供了许多文字样式和滤镜特效等，不仅便于网页内容的修改，更加提高了下载速度。
- **集中管理样式信息**：将网页中要展现的内容与样式分离，并进行集中管理，便于在需要更改网页外观样式时，HTML文件本身内容不变。
- **将样式分类使用**：多个HTML文件可以同时使用一个CSS样式文件，一个HTML文件也可同时使用多个CSS样式文件。
- **共享样式设定**：将CSS样式保存为单独的文件，可以使多个网页同时使用，避免每个网页重复设置的麻烦。
- **冲突处理**：当文档中使用两种或两种以上样式时，会发生冲突，如果在同一文档中使用两种样式，浏览器将显示出两种样式中除了冲突外的所有属性；如果两种样式互相冲突，则浏览器会显示样式属性；如果存在直接冲突，那么自定义样式表的属性将覆盖HTML标记中的样式属性。

3. CSS语法规则

CSS样式设置规则由选择器和声明两部分组成。CSS的语法：选择符{属性1：属性1值；属性2：属性2值；…}。其中选择器是表示已设置格式元素的术语，如body、table、tr、ol、p、类名、ID名等，声明则是用于定义样式的属性，通过CSS语法结构可看出，声明由属性和值两部分组成，如图5-2所示的代码中，body为选择器，{}中的内容为声明块。图中代码表示HTML中<body></body>标记内的所有内容外边距为0，内边距为0，字号为12点，字体为宋体，行高为18点，背景颜色为红色。

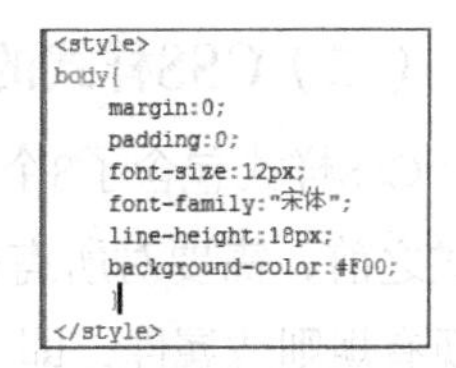

```
<style>
body{
    margin:0;
    padding:0;
    font-size:12px;
    font-family:"宋体";
    line-height:18px;
    background-color:#F00;
}
</style>
```

图5-2 CSS语法

4. CSS类别

在Dreamweaver中，CSS样式有“类CSS样式”、“ID CSS样式”、“标签CSS样式”、“复合内容CSS样式”4种样式。

- **类CSS样式**：这种样式的CSS可以对任何标签进行样式定义，类CSS样式可以同时应用于多个对象，是最为常用的定义方式。
- **ID CSS样式**：这种CSS样式是针对网页中不同ID名称的对象进行样式定义，它不能应用于多个对象，只能应用到具有该ID名称的对象上。
- **标签CSS样式**：这种CSS样式可对标签进行样式定义，网页所有具有该标签的对象都会自动应用样式。
- **复合内容CSS样式**：这种CSS样式主要对超链接的各种状态效果进行样式定义，设置好样式后，将自动应用到网页中所有创建的超链接对象上。

5. "CSS样式"面板的用法

CSS样式的使用离不开"CSS样式"面板，因此在学习CSS样式之前，有必要对"CSS样式"面板的用法有所了解。选择【窗口】/【CSS样式】菜单命令或按【Shift+F11】组合键即可打开"CSS样式"面板，如图5-3所示，其中各参数的作用介绍如下。

- 全部按钮：单击该按钮可显示当前网页中所有创建的CSS样式。
- 当前按钮：单击该按钮可显示当前选择的CSS样式的详细信息。
- "所有规则"栏：显示当前网页中所有创建的CSS样式规则。
- "属性"栏：显示当前选择的CSS样式的规则定义信息。
- "显示类别视图"按钮：单击该按钮可在"属性"栏中分类显示所有的属性。
- "显示列表视图"按钮：单击该按钮可在"属性"栏中按字母顺序显示所有的属性。
- "只显示设置属性"按钮：单击该按钮只显示设定了值的属性。

图5-3 "CSS样式"面板

- "附加样式表"按钮：单击该按钮可链接外部CSS文件。
- "新建CSS规则"按钮：单击该按钮可新建CSS样式。
- "编辑样式"按钮：单击该按钮可编辑选择的CSS样式。
- "禁用CSS样式规则"按钮：单击该按钮可禁用或启用"属性"栏中所选CSS样式的规则。
- "删除CSS规则"按钮：单击该按钮可删除选择的CSS样式规则。

（二）CSS样式的各种属性设置

CSS样式包含了8个类别的属性设置，每个类别又涉及许多参数，因此在创建并设置CSS样式之前，需要对所有CSS样式属性的作用做系统介绍。双击"CSS样式"面板顶部窗格中的现有规则或属性，即可打开"CSS规则定义"对话框。

1. 设置类型属性

在"CSS规则定义"对话框左侧的"分类"列表框中选择"类型"选项，可在界面右侧设置CSS类型属性，如图5-4所示，其中各参数的作用介绍如下。

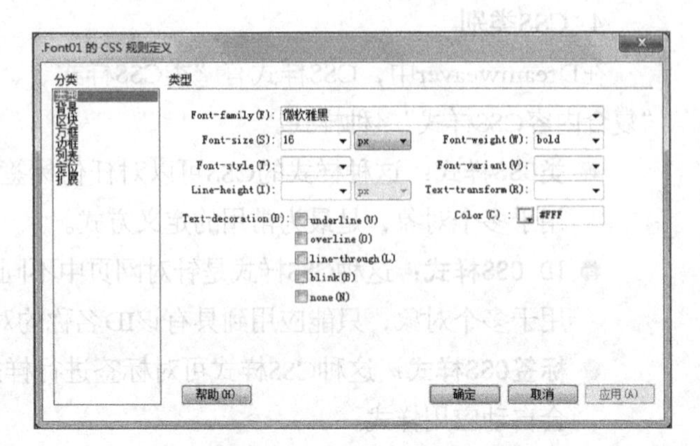

图5-4 设置CSS样式的"类型"规则

- "Font-family"下拉列表框：选择需要的字体外观选项。
- "Font-size"下拉列表框：选择或输入字号来设置文本的字

体大小。

- **“Font-weight”下拉列表框**：选择或输入数值来设置文本的粗细程度。
- **“Font-style”下拉列表框**：设置“normal（正常）”、“italic（斜体）”、“obliquec（偏斜体）”作为字体样式。
- **“Font-variant”下拉列表框**：选择文本的变形方式。
- **“Line-height”下拉列表框**：选择或输入数值来设置文本的行高。
- **“Text-transform”下拉列表框**：选择文本的大小写方式。
- **“Text-decoration”栏**：单击选中相应的复选框可修饰文本效果，如添加下划线、上划线、删除线等。
- **“Color”栏**：单击颜色按钮或在文本框中输入颜色编码设置文本颜色。

2. 设置背景属性

在“CSS规则定义”对话框左侧的“分类”列表框中选择“背景”选项，可在界面右侧设置背景样式，如图5-5所示，其中各参数的作用介绍如下。

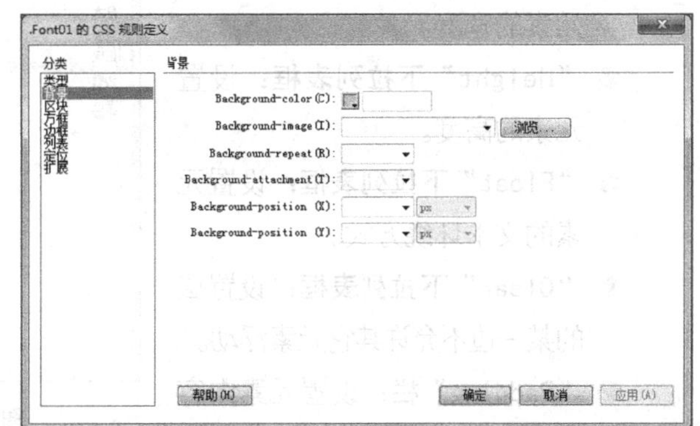

图5-5 设置CSS样式的“背景”规则

- **“Background-color”栏**：单击浏览颜色按钮或在文本框中输入颜色编码设置网页背景颜色。
- **“Background-image”下拉列表框**：单击按钮，可在打开的对话框中选择背景图像。
- **“Background-repeat”下拉列表框**：选择背景图像的重复方式。
- **“Background-attachment”下拉列表框**：选择背景图像是固定在原始位置还是随内容滚动。
- **“Background-position（X）”下拉列表框**：选择背景图像相对于对象的水平位。
- **“Background-position（Y）”下拉列表框**：选择背景图像相对于对象的垂直位。

3. 设置区块属性

在“CSS规则定义”对话框左侧的“分类”列表框中选择“区块”选项，可在界面右侧设置区块样式，如图5-6所示，其中各参数的作用介绍如下。

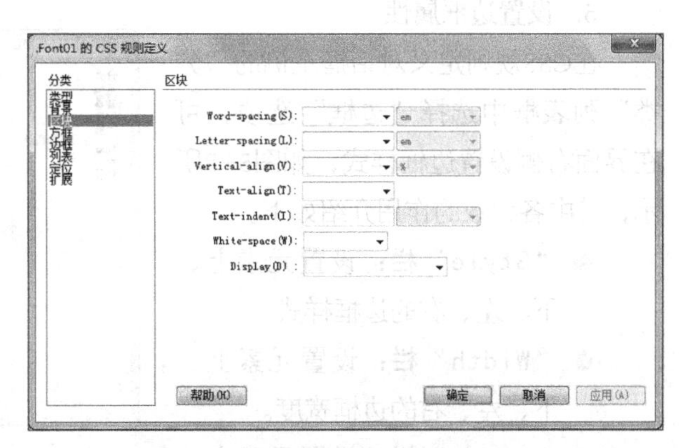

图5-6 设置CSS样式的“区块”规则

- **“Word-spacing”下拉列表框**：选择或直接输入单词之间的间隔距离，在右侧的下拉列表框中可设置数值的单位。
- **“Letter-spacing”下拉列表

框：选择或直接输入字母间的间距，在右侧的下拉列表框中可设置数值的单位。

- “Vertical-align”下拉列表框：选择指定元素相对于父级元素在垂直方向上的对齐方式。
- “Text-align”下拉列表框：选择文本在应用该样式元素中的对齐方式。
- “Text-indent”文本框：通过输入设置首行的缩进距离，在右侧的下拉列表框中可设置数值单位。
- “White-space”下拉列表框：设置处理空格的方式。
- “Display”下拉列表框：指定是否以及如何显示元素。

4. 设置方框属性

在CSS规则定义对话框左侧的“分类”列表框中选择“方框”选项，可在界面右侧设置方框样式，如图5-7所示，其中各参数的作用介绍如下。

- “Width”下拉列表框：设置元素的宽度。
- “Height”下拉列表框：设置元素的高度。
- “Float”下拉列表框：设置元素的文本环绕方式。
- “Clear”下拉列表框：设置层的某一边不允许其它元素浮动。
- “Padding”栏：设置元素内容与元素边框之间的间距。

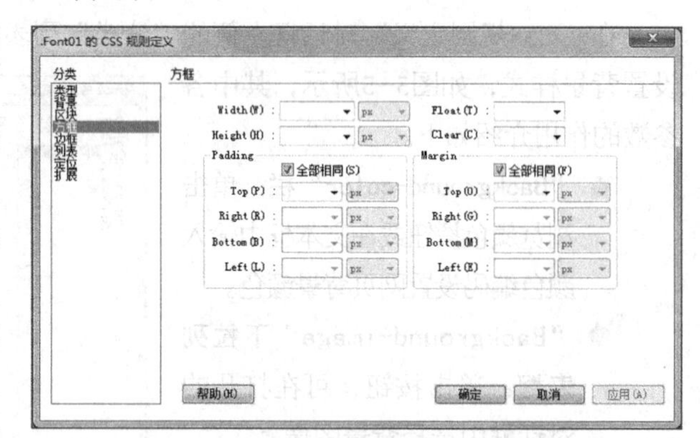

图5-7 设置CSS样式的“方框”规则

- “Margin”栏：设置元素的边框与另一个元素之间的间距。

单击撤销“全部相同”复选框，可分别设置元素上、下、左、右四周的数值。但如果上、下、左、右的数值都相同，则建议单击选中“全部相同”复选框，通过一个方向上的设置，而自动应用其他方向的数值。

5. 设置边框属性

在CSS规则定义对话框左侧的“分类”列表框中选择“边框”选项，可在界面右侧设置边框样式，如图5-8所示，其中各参数的作用介绍如下。

- “Style”栏：设置元素上、下、左、右的边框样式。
- “Width”栏：设置元素上、下、左、右的边框宽度。
- “Color”栏：设置元素上、

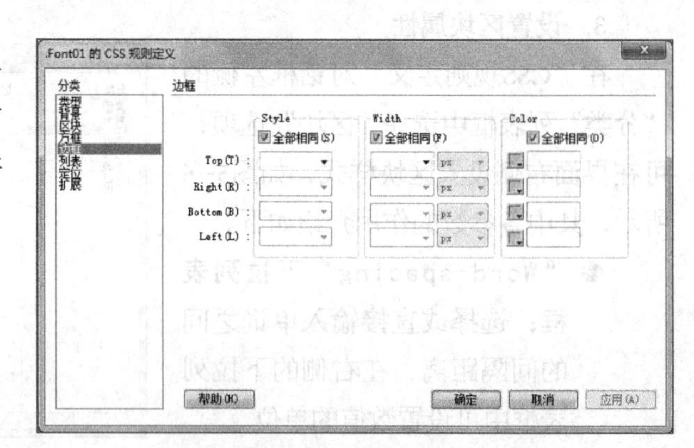

图5-8 设置CSS样式的“边框”规则

下、左、右的边框颜色。

6. 设置列表属性

在“CSS规则定义”对话框左侧的“分类”列表框中选择“列表”选项，可在界面右侧设置列表样式，如图5-9所示，其中各参数的作用介绍如下。

- **“List-style-type”下拉列表框**：选择无序列表框的项目符号类型及有序列表框的编号类型。
- **“List-style-image”下拉列表框**：通过[浏览...]按钮设置作为无序列表框的项目符号的图像。
- **“List-style-Position”下拉列表框**：设置列表框文本是否换行和缩进。其中“inside”选项表示当列表框过长而自动换行时不缩进；“outside”选项表示当列表框过长而自动换行时以缩进方式显示。

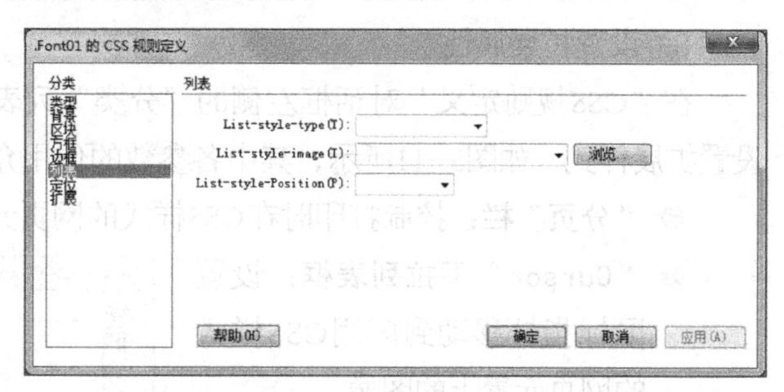

图5-9 设置CSS样式的“列表”规则

7. 设置定位属性

在“CSS规则定义”对话框左侧的“分类”列表框中选择“定位”选项，可在界面右侧设置定位样式，如图5-10所示，其中各参数的作用介绍如下。

- **“Position”下拉列表框**：设置定位方式，其中“absolute”选项可使用定位框中输入的坐标相对于页面左上角来放置层；“relative”选项可使用定位框中输入的坐标相对于对象当前位置来放置层；“static”选项可将层放在它在文本流中的位置。
- **“Visibility”下拉列表框**：设置AP元素的显示方式，其中“inherit”选项表示将继承父AP元素的可见性属性，如果没有父AP元素，默认为可见；“visible”选项将显示AP元素的内容；“hidden”选项将隐藏AP元素的内容。

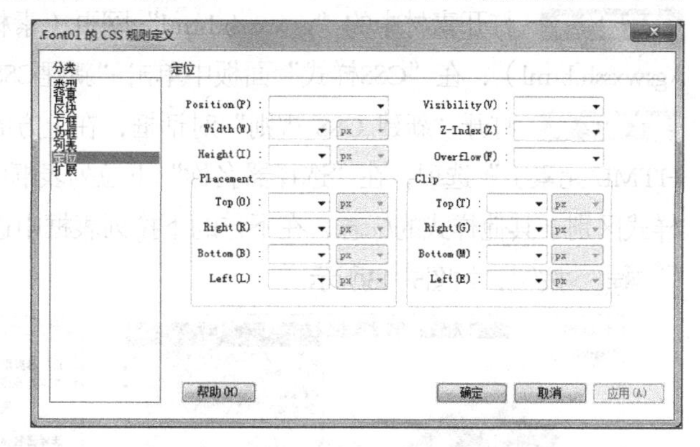

图5-10 设置CSS样式的“定位”规则

- **“Z-Index”下拉列表框**：设置AP元素的堆叠顺序，其中编号较高的AP元素显示在编号较低的AP元素的上面。
- **“Overflow”下拉列表框**：设置当AP元素的内容超出AP元素大小时的处理方式，其中“visible”选项将使AP元素向右下方扩展，使所有内容都可见；“hidden”选项将保持AP元素的大小并剪辑任何超出的内容；“scroll”选项表示不论内容是否超出AP

元素的大小，都在AP元素中添加滚动条；“auto”选项表示当AP元素的内容超出AP元素的边界时显示滚动条。

- “Placement”栏：设置AP元素的位置和大小。
- “Clip”栏：设置AP元素的可见部分。

8. **设置扩展属性**

在“CSS规则定义”对话框左侧的“分类”列表框中选择“扩展”选项，可在界面右侧设置扩展样式，如图5-11所示，其中各参数的作用介绍如下。

- **“分页”栏**：控制打印时在CSS样式的网页元素之前或之后进行分页。
- **“Cursor”下拉列表框**：设置鼠标指针移动到应用CSS样式的网页元素上的图像。
- **“Filter”下拉列表框**：为应用CSS样式的网页元素添加特殊的滤镜效果。

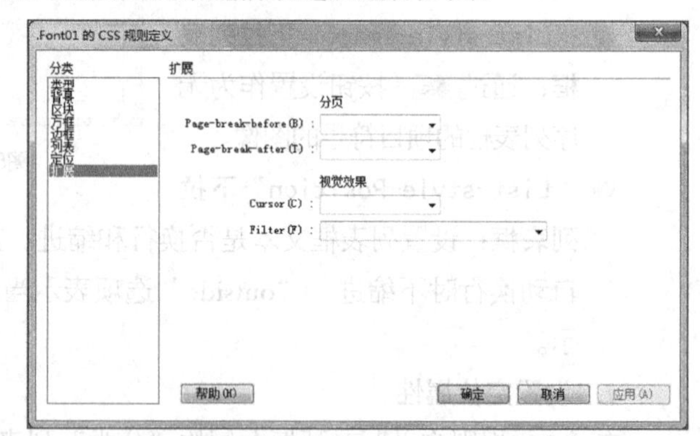

图5-11　设置CSS样式的“扩展”规则

三、任务实施

（一）创建并应用CSS样式

在Dreamweaver中创建CSS样式的方法有很多，最常用的是通过“CSS样式”面板创建，其具体操作如下。

STEP 1 打开素材中的“gswxssh.html”网页（素材参见：光盘\素材文件\项目五\任务一\gswxssh.html），在“CSS样式”面板中单击“新建CSS样式”按钮，如图5-12所示。

STEP 2 打开“新建 CSS 规则”对话框，在上方的下拉列表框中选择“类（可应用于任何HTML 元素）”选项，在“选择器名称”下拉列表框中输入“.title”，一定要输入“.”这是类样式区别于其他样式的标志，在下方的下拉列表框中选择“（新建样式表文件）”选项，单击 确定 按钮，如图5-13所示。

图5-12　新建CSS样式

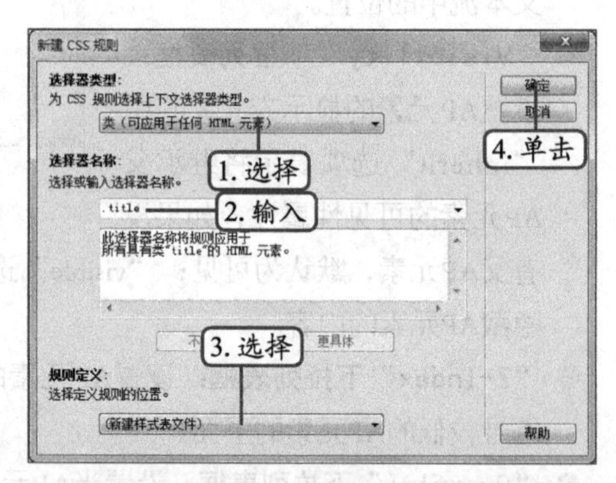

图5-13　设置CSS样式类型、名称和位置

STEP 3 打开“将样式表文件另存为”对话框，在“保存在”下拉列表框中设置文件保存

的位置，在“文件名”下拉列表框中输入“ys01”，单击保存(S)按钮，如图5-14所示。

STEP 4 打开“CSS规则定义”对话框，在“分类”列表框中选择“类型”选项，将字体设置为“方正黑体简体”、字号设置为“24px”、行高设置为“36px”、颜色设置为“#F00”，单击确定按钮，如图5-15所示。

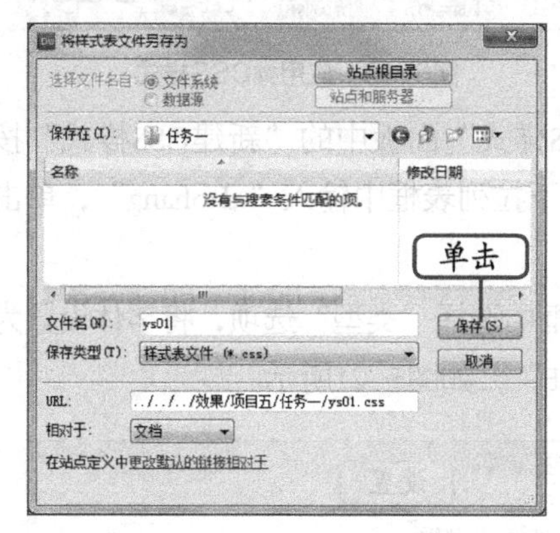

图5-14 保存CSS样式表

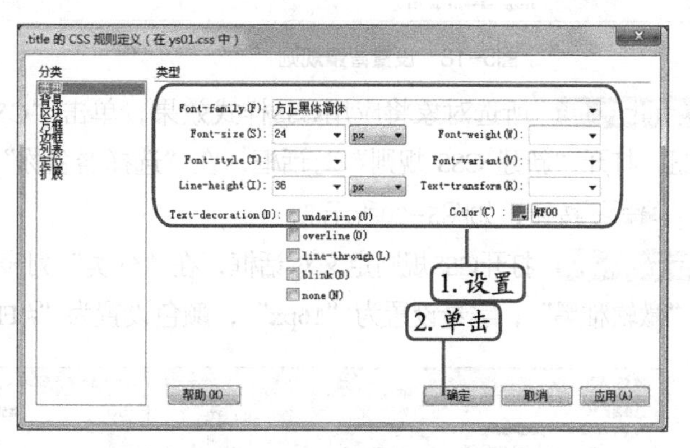

图5-15 设置“类型”规则

在Dreamweaver中创建CSS样式需要注意所创建的CSS样式存放的位置。CSS样式可以放置在当前网页中，也可以作为单独的文件保存在网页外部。保存在当前网页中的CSS样式只能应用在当前网页的元素上；作为独立的样式表保存的CSS样式则可通过链接的方式应用到多个网页中。

STEP 5 选择网页中的“本期推荐”文本，在属性面板的“类”下拉列表框中选择“title”选项，如图5-16所示。

STEP 6 所选对象将应用CSS样式效果，单击“CSS样式”面板中的“新建CSS样式”按钮，打开“新建 CSS 规则”对话框，在“选择或输入选择器名称”下拉列表框中输入“.tb”，单击确定按钮，如图5-17所示。

图5-16 应用类CSS样式

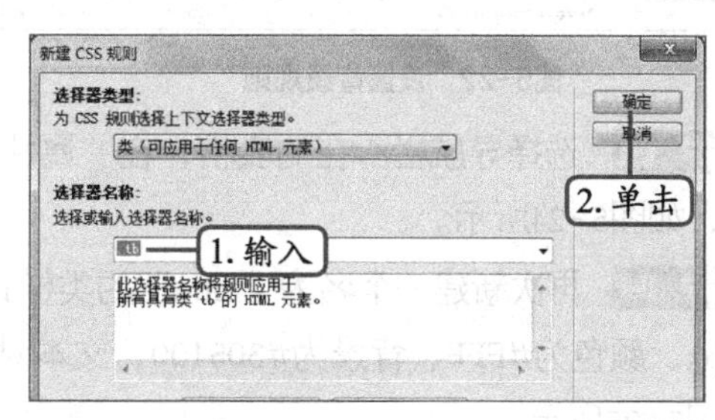

图5-17 新建CSS样式

STEP 7 打开“CSS规则定义”对话框，在“分类”列表框中选择“背景”选项，将背景颜色设置为“#EFEFEF”，单击确定按钮，如图5-18所示。

STEP 8 选择网页中的表格，在属性面板的“类”下拉列表框中选择“tb”选项，如图5-19所示。

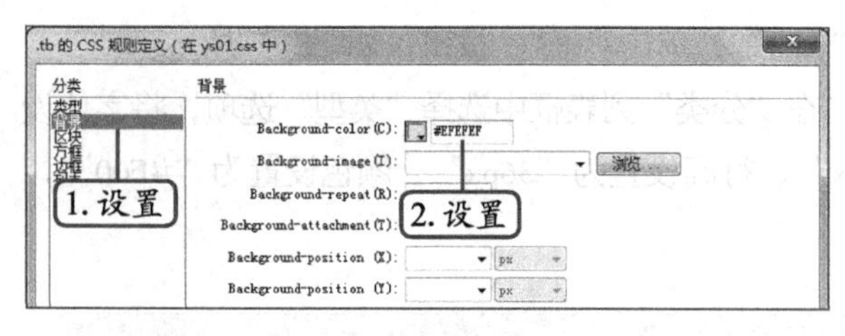

图5-18　设置背景规则

图5-19　应用类CSS样式

STEP 9　所选对象将应用CSS样式效果，单击"CSS样式"面板中的"新建CSS样式"按钮，打开"新建 CSS 规则"对话框，在"选择器名称"下拉列表框中输入".daohang"，单击 确定 按钮，如图5-20所示。

STEP 10　打开CSS规则定义对话框，在"分类"列表框中选择"类型"选项，将字体设置为"微软雅黑"，字号设置为"16px"，颜色设置为"#FFF"，如图5-21所示。

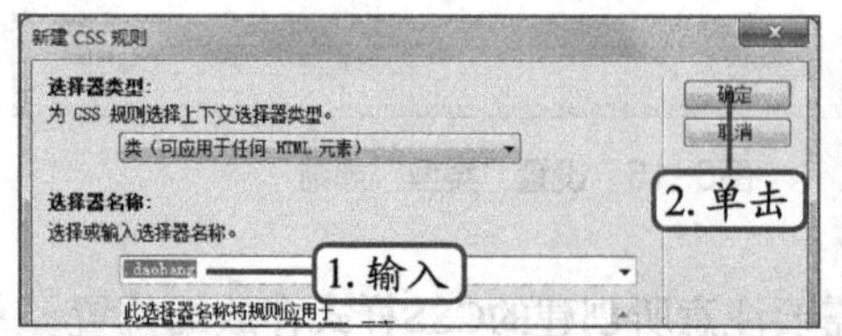

图5-20　设置CSS样式名称

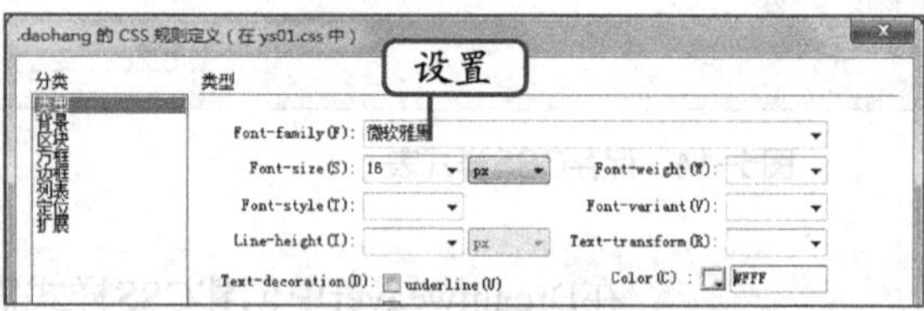

图5-21　设置类型规则

STEP 11　在"分类"列表框中选择"背景"选项，将背景颜色设置为"#305100"，如图5-22所示。

STEP 12　在"分类"列表框中选择"区块"选项，将文本对齐方式设置为"center"，单击 确定 按钮，如图5-23所示。

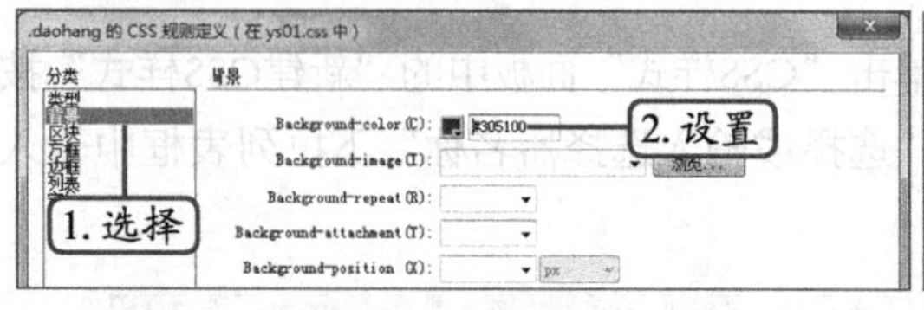

图5-22　设置背景规则

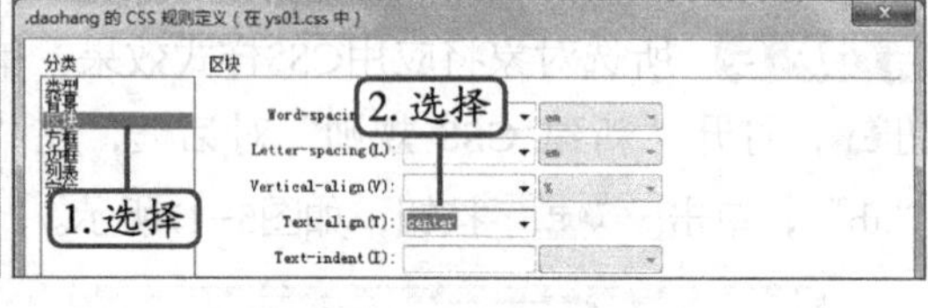

图5-23　设置区块规则

STEP 13　选择导航栏所在的表格，在"属性"面板的"类"下拉列表框中选择"daohang"选项，如图5-24所示。

STEP 14　再次新建一个名为"dibu"的类样式，其中规则为字体为幼圆、字号为12px、行高为30px、颜色为#FFF、背景为#305100、文本对齐为居中对齐，然后将其应用到网页底部，效果如图5-25所示。

图5-24　应用daohang样式

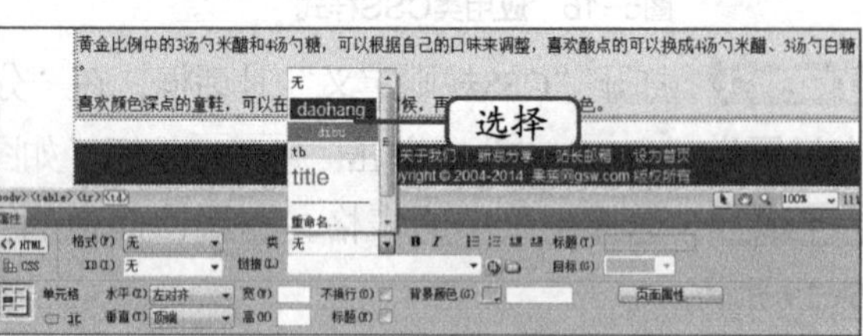

图5-25　应用dibu样式

STEP 15 再次新建一个名为“.bt”的类样式，设置字体为微软雅黑、字号为20px、行高为24px、颜色为粉红色（#F36），单击 确定 按钮，然后在网页中的相应位置应用该样式，效果如图5-26所示。

STEP 16 在CSS面板中单击“新建CSS样式”按钮，打开“新建 CSS 规则”对话框，在上方的下拉列表框中选择“标签（重新定义HTML元素）”选项，在“选择器名称”下拉列表框中输入“body”，在下方的下拉列表框中选择“ys01.css”选项，单击 确定 按钮，如图5-27所示。

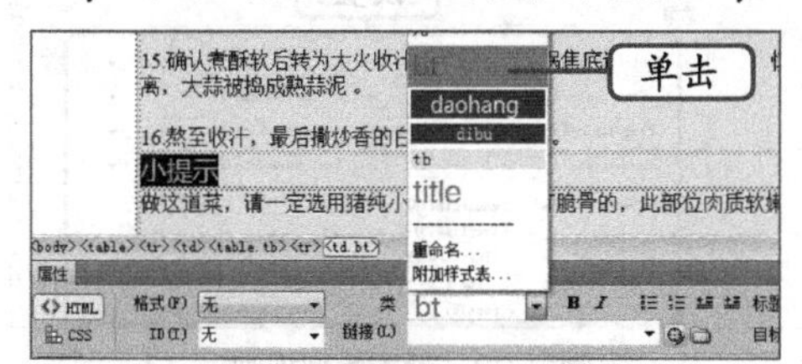

图5-26 创建并应用bt样式

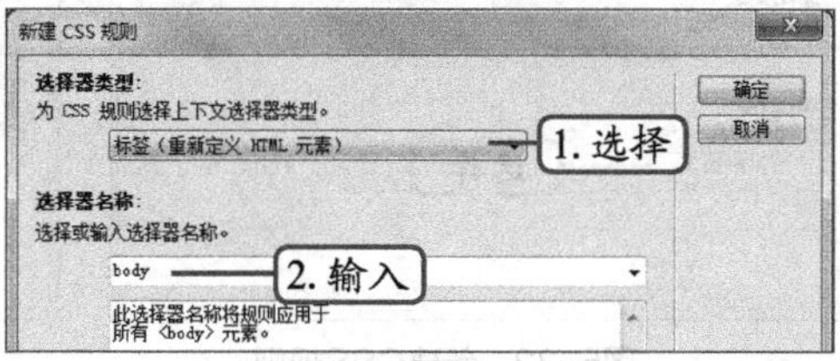

图5-27 新建CSS样式

STEP 17 打开CSS规则定义对话框，在其中设置相关规则，将字号设置为“14px”，文字对齐方式为“justify”，单击 确定 按钮，此时<body>标签对象将应用CSS样式，效果如图5-28所示。

STEP 18 新建一个名为tp的类规则，在“分类”列表框中选择“边框”选项，保持所有“全部相同”复选框处于选中状态，将边框样式设置为“outset”，将边框宽度设置为“2px”，将边框颜色设置为“#FF0075”，如图5-29所示。

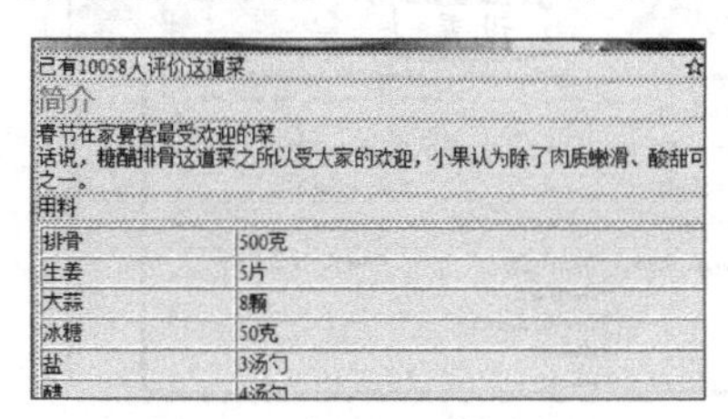

图5-28 应用body样式效果

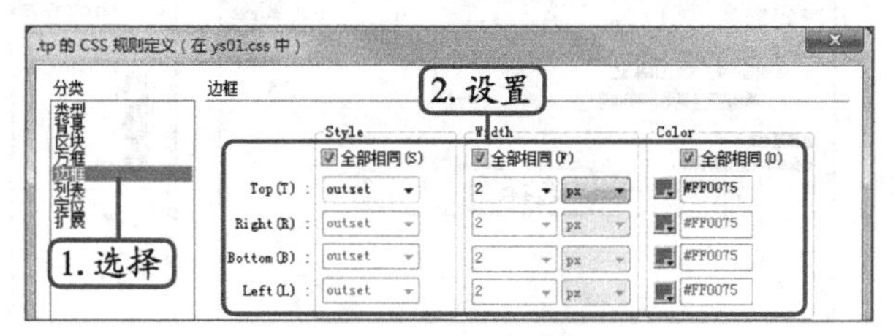

图5-29 设置边框规则

STEP 19 在“分类”列表框中选择“方框”选项，将方框宽度和高度均设置为“85px”，浮动设置为“right”，上边界、右边界、下边界和左边界分别设置为“14px”、“5px”、“15px”和“2px”，单击 确定 按钮，效果如图5-30所示。

STEP 20 在网页中选择步骤中的图片，然后应用该样式即可，效果如图5-31所示。

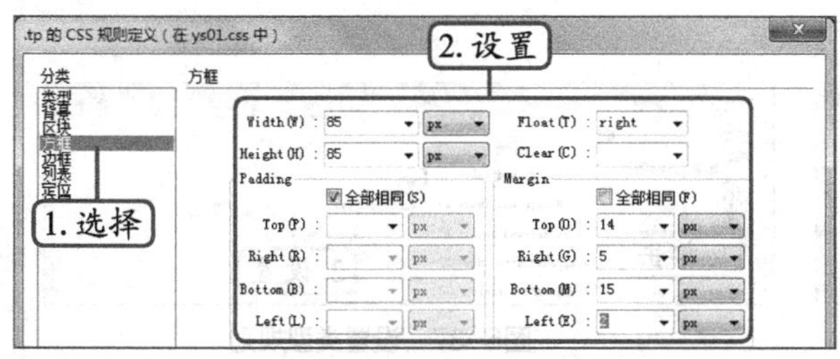

图5-30 设置方框规则

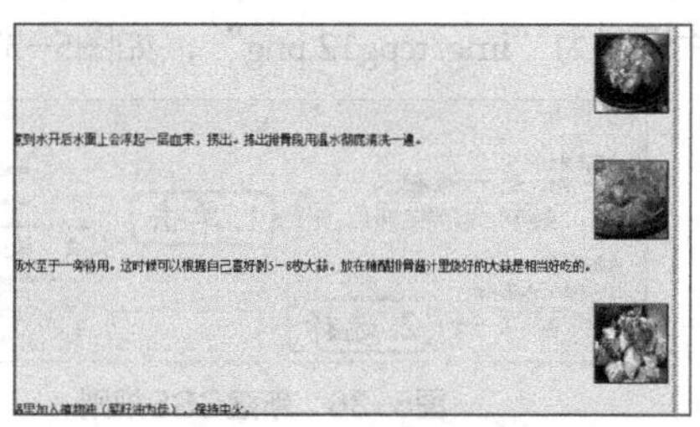

图5-31 应用样式

STEP 21 在“CSS样式”面板中单击“新建CSS样式”按钮，打开“新建 CSS 规则”对话框，在上方的下拉列表框中选择“复合内容（基于选择的内容）”选项，在“选择器名称”下拉列表框中选择“a:Link”选项，在下方的下拉列表框中选择“ys01.css”选项，单击 确定 按钮，如图5-32所示。

STEP 22 打开“CSS规则定义”对话框，在“分类”列表框中选择“类型”选项，将字号设置为“18px”、字体颜色设置为“#FFF”，单击选中“none”复选框，取消超链接的下划线格式，单击 确定 按钮，如图5-33所示。

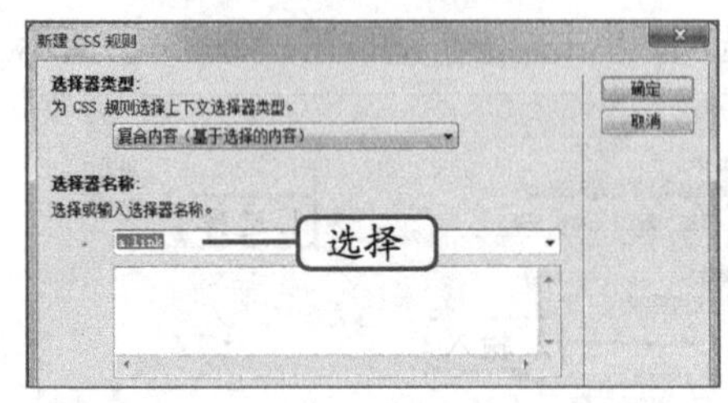

图5-32 新建CSS规则

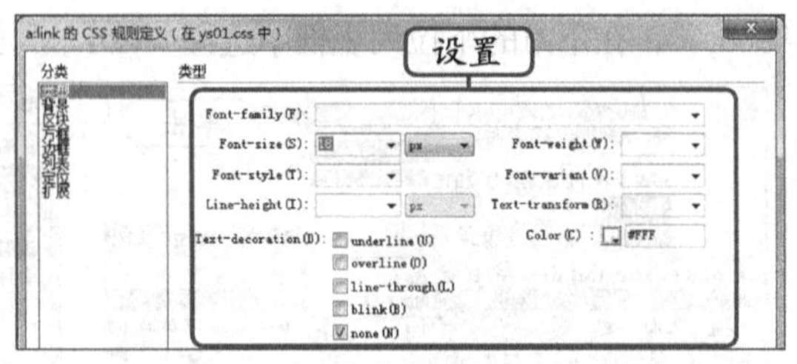

图5-33 设置类型规则

STEP 23 新建CSS样式，打开“新建 CSS 规则”对话框，将类型设置为“复合内容（基于选择的内容）”，在“选择器名称”下拉列表框中选择“a:visited”选项，单击 确定 按钮，如图5-34所示。

STEP 24 打开“CSS规则定义”对话框，在“分类”列表框中选择“类型”选项，将字号设置为“18px”、字体颜色设置为“#FFF”，单击选中“none”复选框，单击 确定 按钮，如图5-35所示。

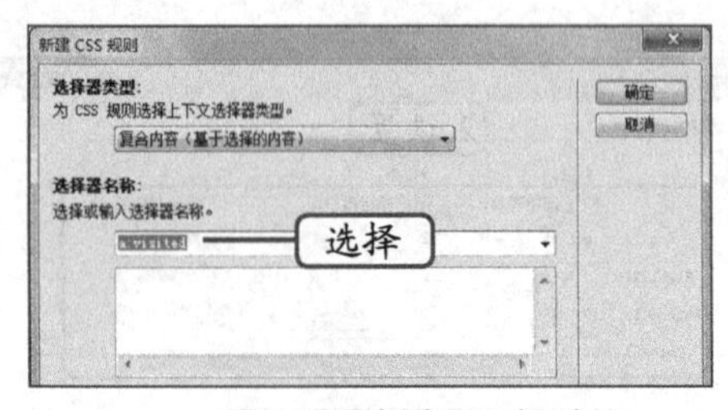

图5-34 新建CSS规则

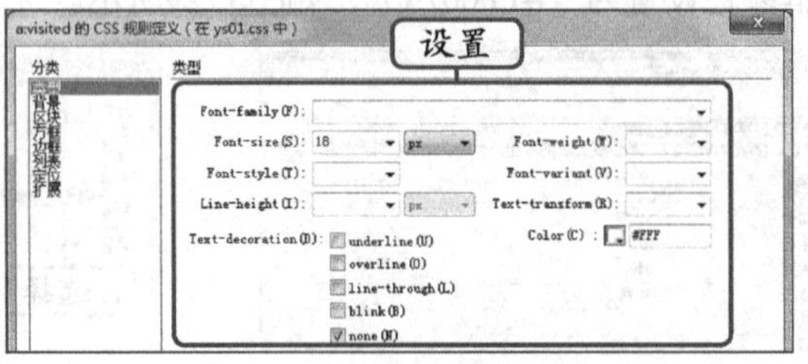

图5-35 设置类型规则

STEP 25 新建CSS样式，打开“新建 CSS 规则”对话框，将类型设置为“复合内容（基于选择的内容）”，在“选择器名称”下拉列表框中选择“a:hover”选项，单击 确定 按钮，如图5-36所示。

STEP 26 打开“CSS规则定义”对话框，在“分类”列表框中选择“背景”选项，将背景图片设置为“img/tcpg12.png”，如图5-37所示。

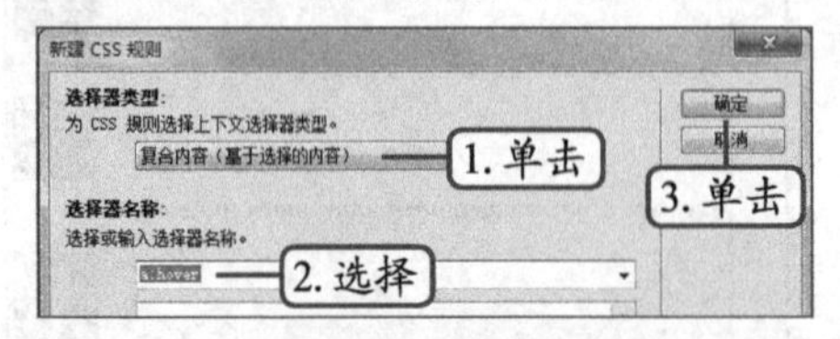

图5-36 新建CSS规则

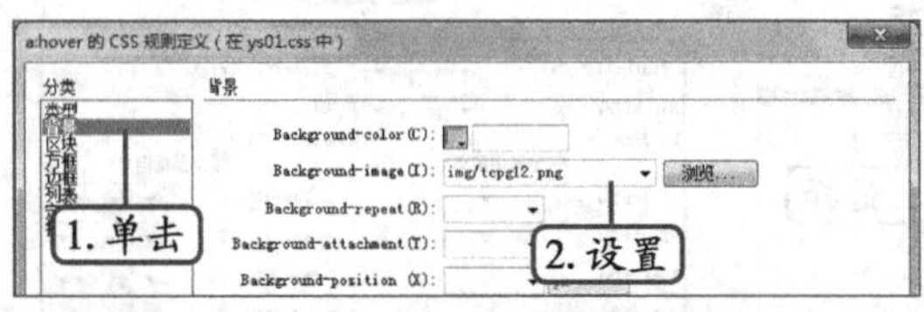

图5-37 设置类型规则

STEP 27 选择“方块”选项，将四周的填充距离全部设置为5px，单击 确定 按钮，设置鼠标移动到超链接上的效果，完成超链接CSS样式的设置，保存网页，如图5-38所示。

STEP 28 按【F12】键预览网页效果，将鼠标指针移至导航栏上时，所指对象将呈高亮显示，如图5-39所示。

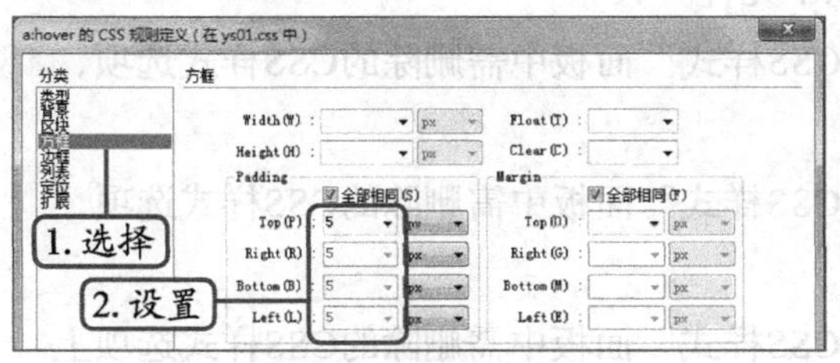

图5-38 保存设置

图5-39 预览效果

（二）编辑CSS样式

若要重新编辑已创建的CSS样式，只需选择CSS样式选项即可进行，其具体操作如下。

STEP 1 在“CSS样式”面板中的“所有规则”列表框中选择“.tb”选项，并在下方的“属性”栏中单击“添加属性”超链接，在打开的下拉列表中选择“font-size”选项。

STEP 2 在右侧下拉列表框中选择“12px”选项，此时页面中使用了该样式的元素将同步进行更改，如图5-40所示。

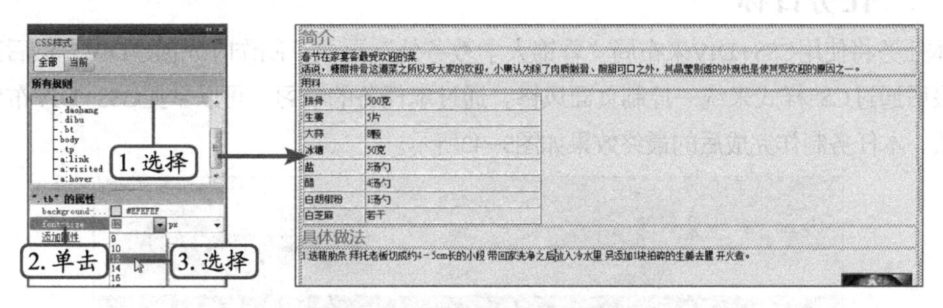

图5-40 直接在面板中修改属性

STEP 3 在“CSS样式”面板中的“所有规则”列表框中选择“a:hover”选项，单击下方的“编辑样式”按钮。

STEP 4 打开CSS规则定义对话框，在“边框”选项卡的“Color”栏中单击颜色块，更改颜色为“黄色#FF0”，如图5-41所示。

STEP 5 单击 确定 按钮，此时使用了该样式的元素将自动应用，保存网页，按【F12】键预览网页效果，如图5-42所示（最终效果参见：光盘\效果文件\项目五\任务一\gswxssh.html）。

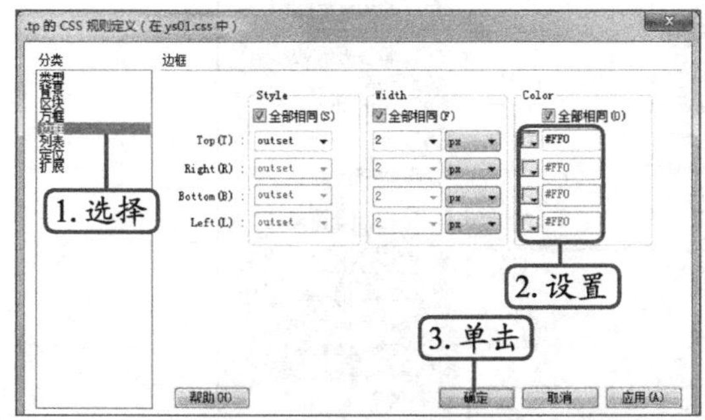

图5-41 更改CSS样式

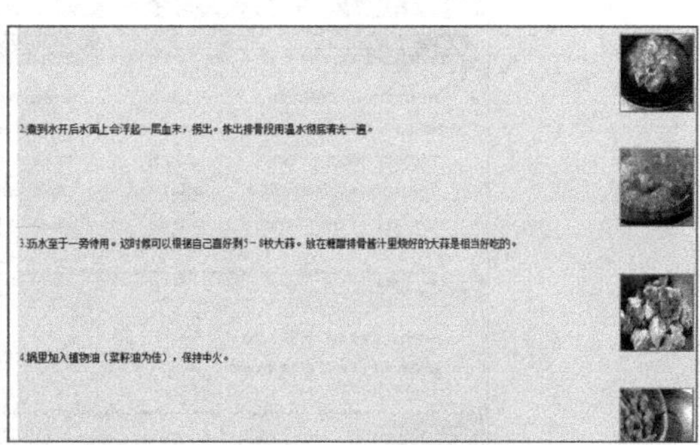

图5-42 预览效果

删除CSS样式的方法主要有以下几种。

①利用🗑按钮删除：选择“CSS样式”面板中需删除的CSS样式选项，单击“删除CSS规则”按钮🗑。

②利用快捷键删除：选择“CSS样式”面板中需删除的CSS样式选项，直接按【Delete】键。

③利用右键菜单删除：在“CSS样式”面板中需删除的CSS样式选项上单击鼠标右键，在弹出的快捷菜单中选择“删除”命令。

任务二　使用CSS+DIV制作蓉锦大学教务处网页

CSS+DIV布局是现在网页设计中常用的布局方式，通过该布局方式可以避免网页结构呆板、样式简单的缺点，下面详细进行讲解。

一、任务目标

本任务将使用CSS+DIV来布局“蓉锦大学教务处”页面，制作时先创建DIV，然后进行编辑，最后通过CSS样式来统一控制页面风格。通过本任务的学习，可以掌握CSS+DIV布局页面的方法。本任务制作完成后的最终效果如图5-43所示。

图5-43　使用CSS+DIV布局蓉锦大学教务处页面效果

二、相关知识

本任务制作涉及DIV布局的相关知识，下面进行简单介绍。

（一）认识CSS+DIV盒子模式

盒子模型是根据CSS规则中涉及的Margin（边界）、Border（边框）、Padding（填充）、Content（内容）来建立的一种网页布局方法，如图5-44所示即为一个标准的盒子模型结构，左侧为代码，右侧为效果图。

```
<div class="div1">
<img src="file:///H|//tcpg1.png" alt="" width="285" height="261" />
</div>
```

```
.div1{
    height:266px;
    width:290px;
    margin-top:10px;
    margin-right:20px;
    margin-bottom:10px;
    margin-left:20px;
    padding-top:5px;
    padding-right:10px;
    padding-bottom:5px;
    border:10px solid #C00;
    background-color:#6CC;
}
```

图5-44　CSS+DIV布局

代码中相关参数介绍如下。

- **Margin**：Margin区域主要控制盒子与其他盒子或对象的距离，上图中最外层的右斜线区域便是Margin区域。
- **Border**：Border区域即盒子的边框，这个区域是可见的，因此可进行样式、粗细和颜色等属性设置，上图中的红色区域便是Border区域。
- **Padding**：Padding区域主要控制内容与盒子边框之间的距离，上图中粉色区域内侧的左斜线区域便是Padding区域。
- **Content**：内容区即添加内容的区域，可添加的内容包括文本和图像及动画等。上图中内部的图片区域即Content区域。
- **background-color**：该参数表示设置背景颜色，图中蓝色区域表示盒子的背景颜色。

知识补充

所谓盒子模式就是将每个HTML元素当作一个可以装东西的盒子，盒子里面的内容到盒子的边框之间的距离为填充（Padding），盒子本身有边框（Border），而盒子边框外与其他盒子之间还有边界（Margin）。每个边框或边距，又可分为上、下、左、右4个属性值，如margin-bottom表示盒子的下边界属性，background-image表示背景图片属性。在设置DIV大小时需要注意，CSS中的宽和高指的是填充以内的内容范围，即一个DIV元素的实际宽度为左边界+左边框+左填充+内容宽度+右填充+右边框+右边界。

（二）盒子模型的优势

盒子模型利用CSS规则和DIV标签实现对网页的布局，因此它具备许多优势。

- **页面加载更快**：CSS+DIV布局的网页由于DIV是一个松散的盒子而使其可以一边加载一边显示出网页内容，而使用表格布局的网页必须将整个表格加载完成后才能显示出网页内容。
- **修改效率更高**：使用CSS+DIV布局时，外观与结构是分离的，当需要进行网页外观修改时，只需要修改CSS规则即可，从而快速实现对应用了该CSS规则的DIV进行统一修改的目的。

- **搜索引擎更容易检索**：使用CSS+DIV布局时，因其外观与结构是分离的，当搜索引擎进行检索时，可以不用考虑结构而只专注内容，因此更易于检索。
- **站点更容易被访问**：使用CSS+DIV布局时，可使站点更容易被各种浏览器和用户访问，如手机和PDA等。

知识补充

采用盒子模式布局需要注意浏览器的兼容问题。对于IE5.5以前版本中对以盒子对象width为元素的内容、填充和边框三者之和，IE6之后的浏览器版本则按照上面讲解的width计算。这也是导致许多使用CSS+DIV布局网站在浏览器中显示得不同的原因。

三、任务实施

（一）插入Div标签

使用CSS+DIV进行网页布局前需要先创建Div分割页面，其具体操作如下。

STEP 1 新建一个空白网页，将其保存为“rjdxjwc.html”，然后选择【插入】/【布局对象】/【Div标签】菜单命令，打开“插入Div标签”对话框，在“ID”下拉列表中输入名称“all”，单击新建 CSS 规则按钮，如图5-45所示。

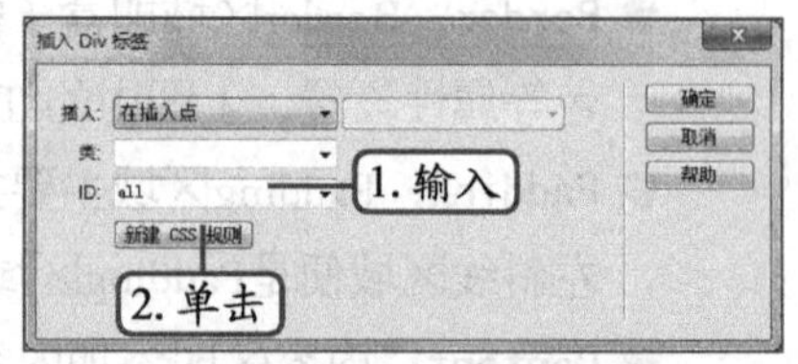

图5-45 输入Div的ID名称

STEP 2 打开“新建 CSS 规则”对话框，直接单击确定按钮，如图5-46所示。

STEP 3 打开“CSS规则定义”对话框，在“分类”列表框中选择“方框”选项，将宽度和高度分别设置为“1002px”和“1230px”，将左右边界设置为“auto”，如图5-47所示。

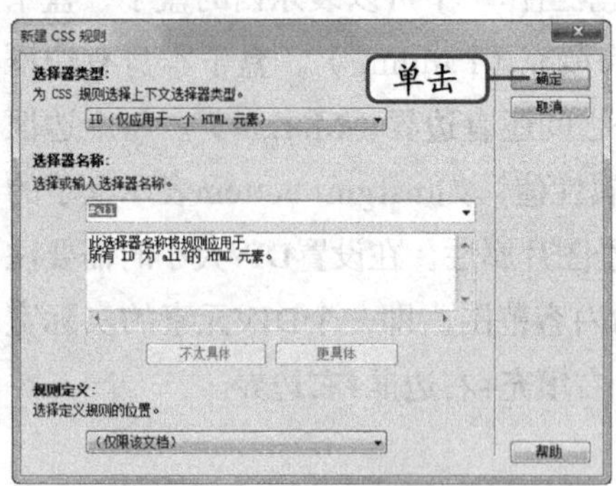

图5-46 新建CSS规则

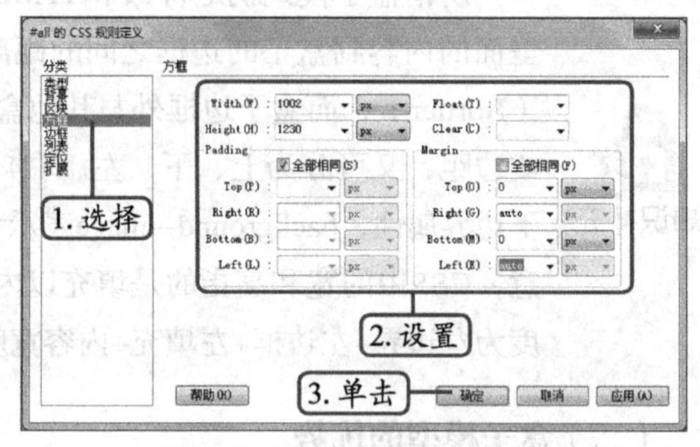

图5-47 设置Div的CSS方框规则

STEP 4 单击确定按钮，返回“插入 Div 标签”对话框，然后单击确定按钮即可在网页中创建Div标签，效果如图5-48所示。

STEP 5 删除该标签中预设的文本内容，在“插入”面板中选择“插入 Div 标签”选项，效果如图5-49所示。

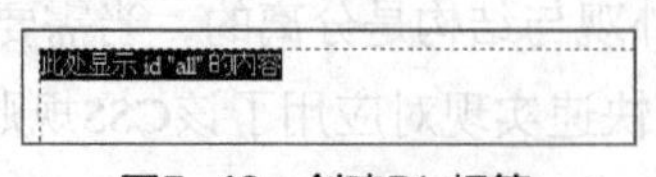

图5-48 创建Div标签

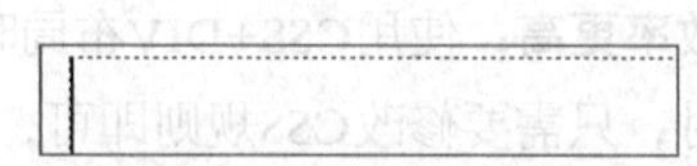

图5-49 插入Div标签效果

STEP 6 打开“插入 Div 标签”对话框，在“ID”下拉列表框中输入“top”，单击 新建 CSS 规则 按钮，效果如图5-50所示。

STEP 7 打开“新建 CSS 规则”对话框，直接单击 确定 按钮，打开“CSS规则定义”对话框，在“分类”列表框中选择“方框”选项，将宽度和高度分别设置为“1002px”和“251px”，将左右边界设置为“auto”，如图5-51所示。

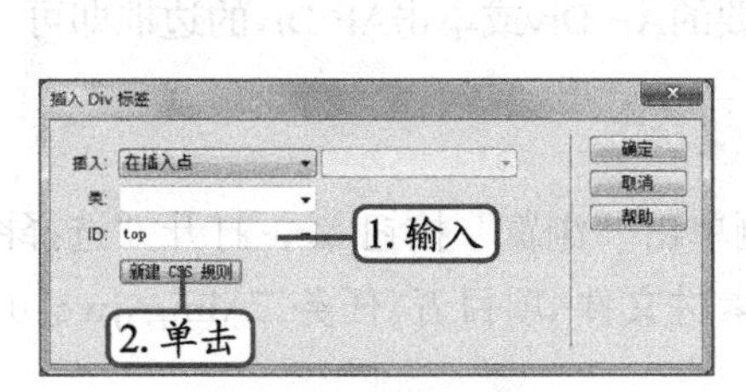

图5-50 插入Div标签

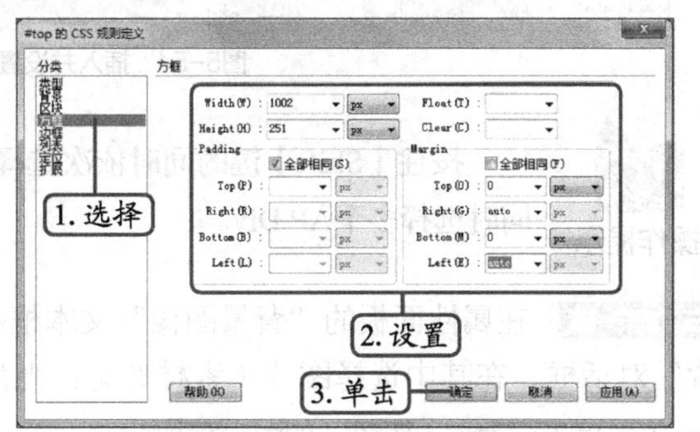

图5-51 设置大小和位置

STEP 8 依次单击 确定 按钮确认。然后使用相同的方法在“all”标签中插入一个名为“maid”Div标签，设置CSS方框规则中“高”为908px，其他与top标签参数相同，如图5-52所示。

STEP 9 选择“定位”选项，在其中按照图5-53所示设置标签距离，“all”标签顶部为270px。

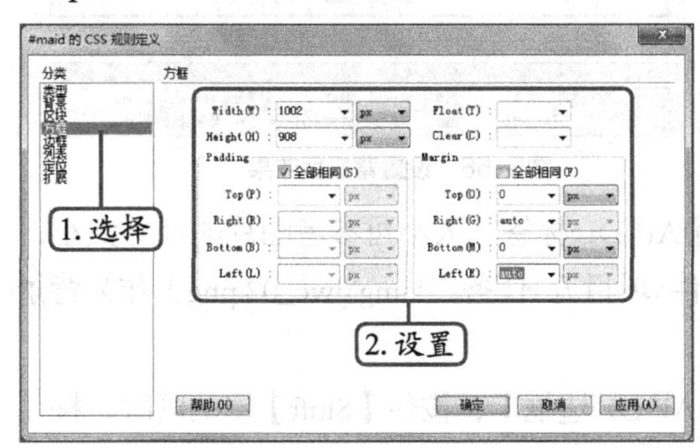

图5-52 设置方框规则

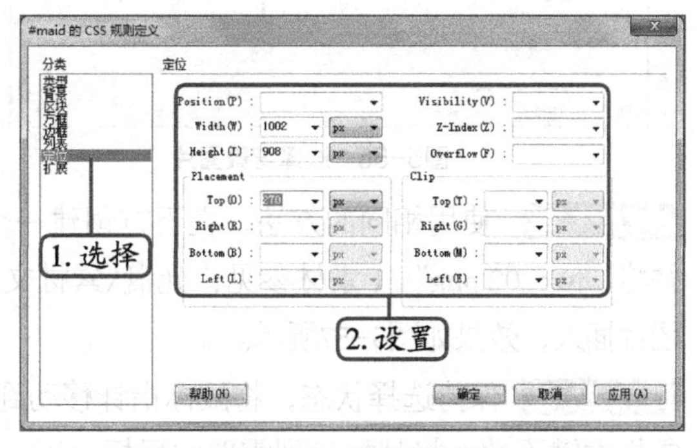

图5-53 设置定位规则

STEP 10 使用相同的方法创建一个名为“bottion”的Div标签，高为60px，定位在距顶部1179px处，完成网页主要结构的布局。

（二）插入AP Div

创建AP Div，可以方便快速地通过属性面板修改常用属性，具体操作如下。

STEP 1 将插入点定位到“top”Div标签中，然后选择【插入】/【布局对象】/【AP Div标签】菜单命令，直接插入一个默认大小的AP Div标签。

STEP 2 单击AP Div的边框，选择该AP Div，然后在属性面板的“宽”和“高”文本框中分别修改当前尺寸为1002px、151px，如图5-54所示。

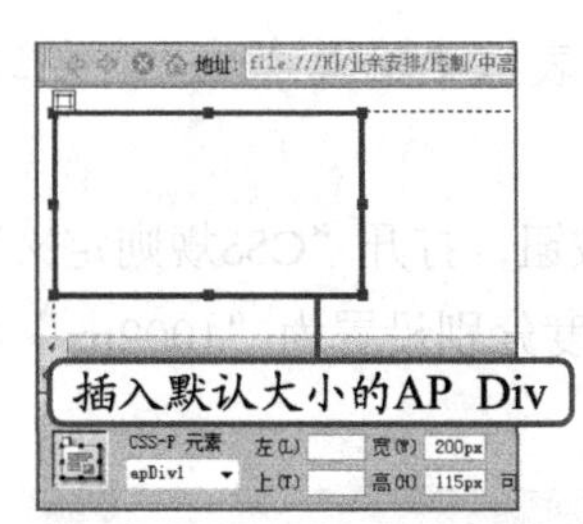

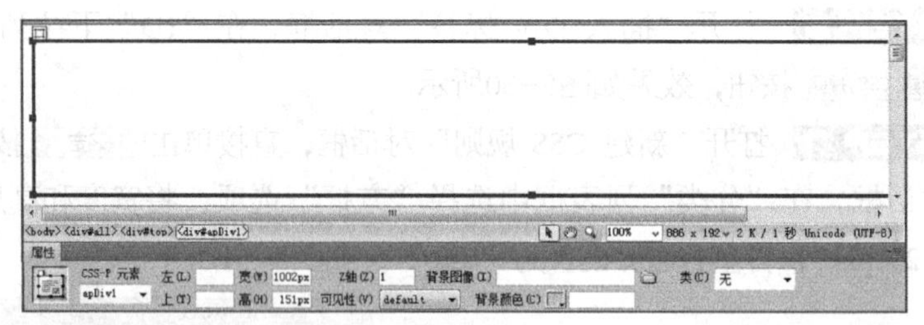

图5-54　插入并设置AP Div尺寸

按住【Shift】键的同时依次选择需要的AP Div或单击AP Div的边框即可同时选择多个AP Div。

STEP 3 在属性面板的“背景图像”文本框右侧单击“浏览”按钮，打开“选择图片”对话框，在其中选择图片（素材参见：光盘\素材文件\项目五\任务二\img\jwc_01.png），单击 确定 按钮，如图5-55所示。

STEP 4 此时选择的图片将在该标签中显示，效果如图5-56所示。

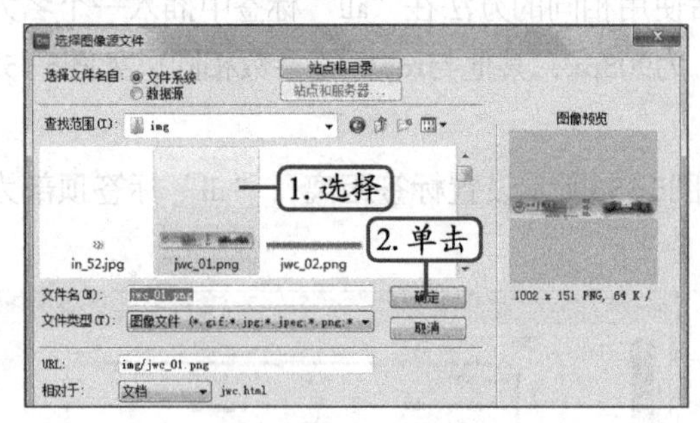

图5-55　选择背景图片

图5-56　设置背景后效果

STEP 5 使用相同的方法，在下方创建一个AP Div标签，大小可参考图片的尺寸大小，并将“jwc_02.png”（素材参见：光盘\素材文件\项目五\任务二\img\jwc_02.png）作为背景图片插入，效果如图5-57所示。

STEP 6 保持选择状态，将鼠标指针移动到AP Div边框上，按住【Shift】键的同时，按住鼠标左键不放，将其拖曳到需要的目标位置，释放鼠标后，所拖曳的AP Div对象便被移动到了鼠标指定的目标位置，效果如图5-58所示。

图5-57　创建AP Div

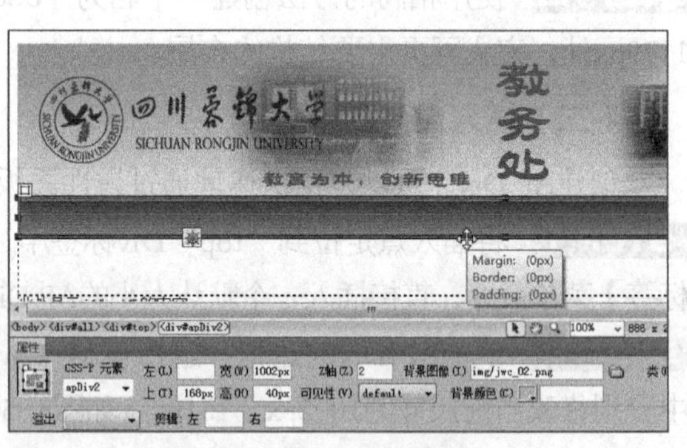

图5-58　调整AP Div位置

STEP 7 使用相同的方法在导航栏下方插入一个宽为1002px，高为60px的AP Div标签，并将其移动到合适位置。

STEP 8 在CSS面板中单击选择该标签对应的样式，单击“编辑”按钮，在打开的对话框中按照图5-59所示设置。

STEP 9 单击 确定 按钮确认设置后，效果如图5-60所示。

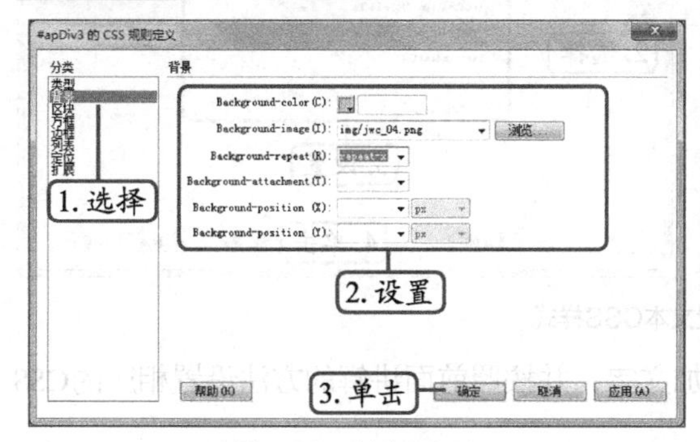

图5-59 创建AP Div

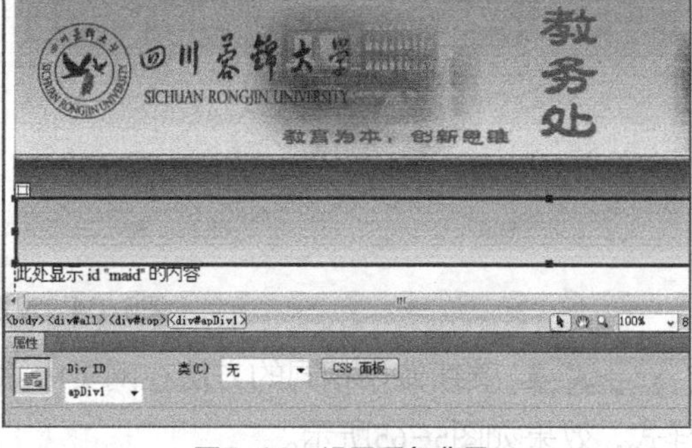

图5-60 设置重复背景

STEP 10 继续使用相同的方法在maid标签中创建AP Div，并添加相应的图片，效果如图5-61所示。

STEP 11 再次插入一个AP Div，然后通过“CSS”面板打开CSS规则定义对话框，选择“边框”选项，然后按照图5-62所示进行设置。

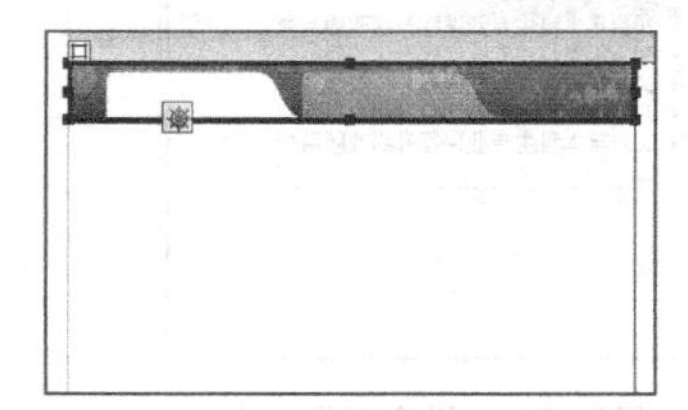

图5-61 创建AP Div

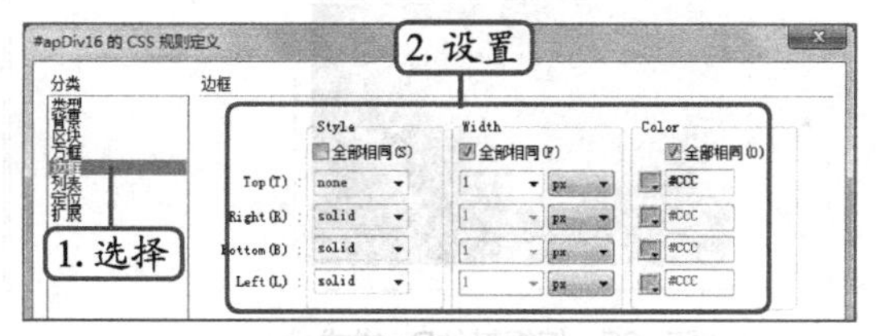

图5-62 设置AP Div边框

STEP 12 确认后再次创建其他的AP Div，并进行定位设置，效果如图5-63所示。

图5-63 创建其他AP Div标签

（三）使用CSS+DIV控制整个页面风格

至此，整个网页基本结构已经完成，下面就添加细节并使用CSS样式来控制整个页面的格式，其具体操作如下。

STEP 1 在搜索栏上单击定位插入点，然后插入一个AP Div标签，设置高度与搜索栏高度相同，在其中输入"今 阴 13–15℃ 空气质量：重度污染 3月5日 周三 农历：二月初五"文本，在属性面板中单击 编辑规则 按钮，在打开的对话框中按照图5–64所示进行设置。

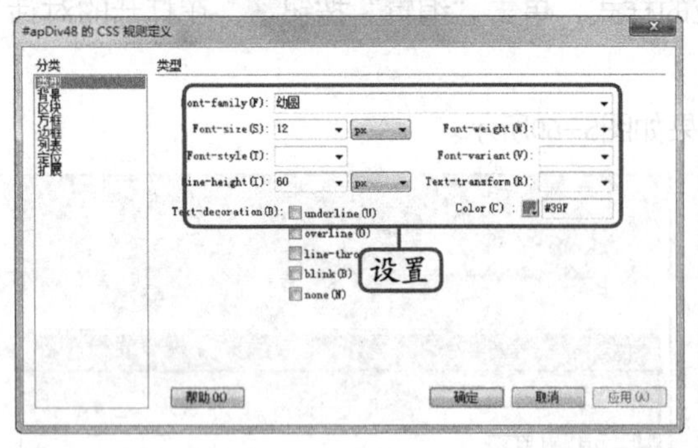

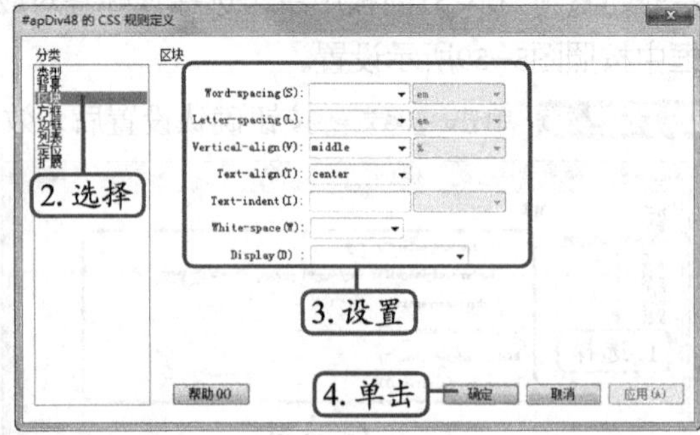

图5–64 设置文本CSS样式

STEP 2 继续使用相同的方法在网页中添加文字，并按照前面讲解的方法设置相应的CSS样式，效果如图5–65所示。

STEP 3 在中间的Div标签中单击定位插入点，然后在属性面板中单击 HTML 按钮，单击"项目列表"按钮，在其中输入相关文本（这里只是为了效果需要，因此使用了重复文字，实际网页设计中，根据客户提供的内容修改即可），如图5–66所示。

图5–65 编辑其他Div样式

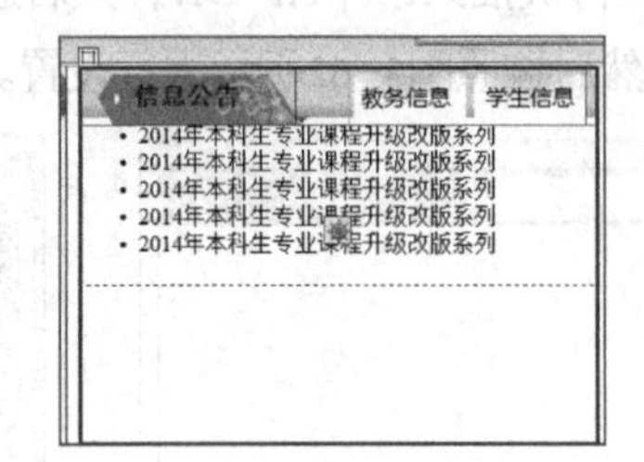

图5–66 创建项目文本

STEP 4 将插入点定位到文本中，然后单击 编辑规则 按钮，在打开的对话框中设置"类型"选项卡，然后选择"区块"选项卡，设置位置，如图5–67所示。

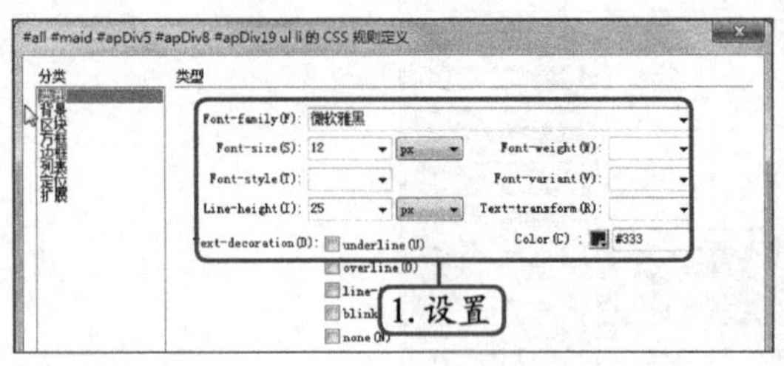

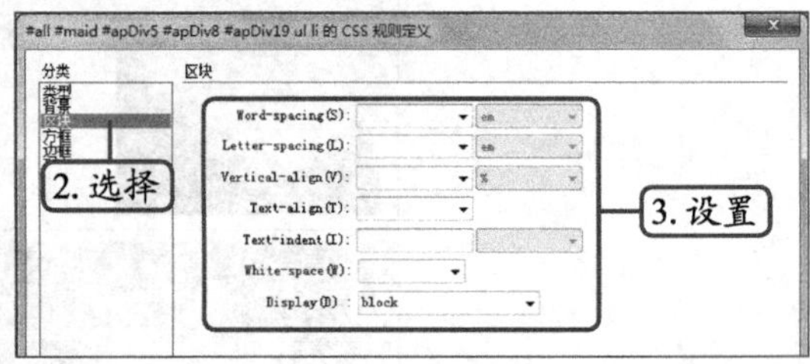

图5–67 设置CSS样式

STEP 5 分别选择"边框"和"列表"选项卡，在其中按照图5–68所示进行相应的参数设置。

STEP 6 选择"定位"选项卡，在其中按照图5–69所示进行相应的参数设置，完成后单击 确定 按钮确认设置，然后在每行文本后输入日期，并选择前面的文本，在"HTML"中设置链接位置，这时设置为空链接，完成后效果如图5-70所示。

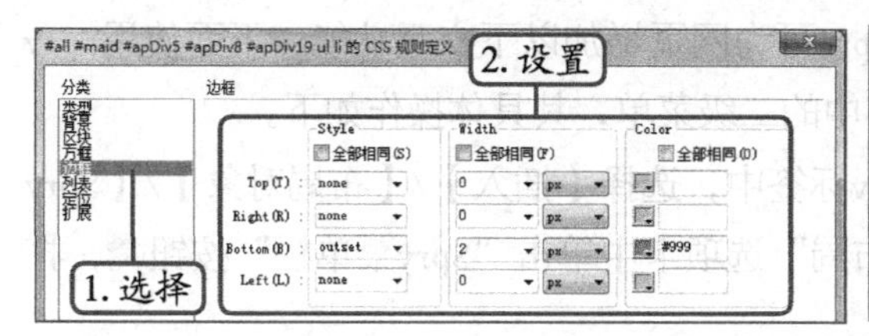

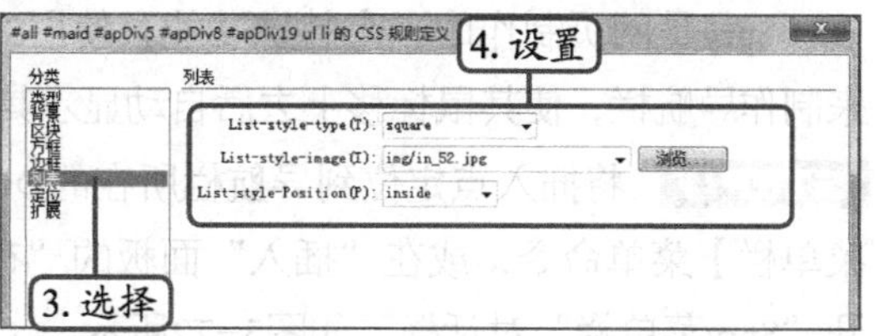

图5-68　设置CSS样式

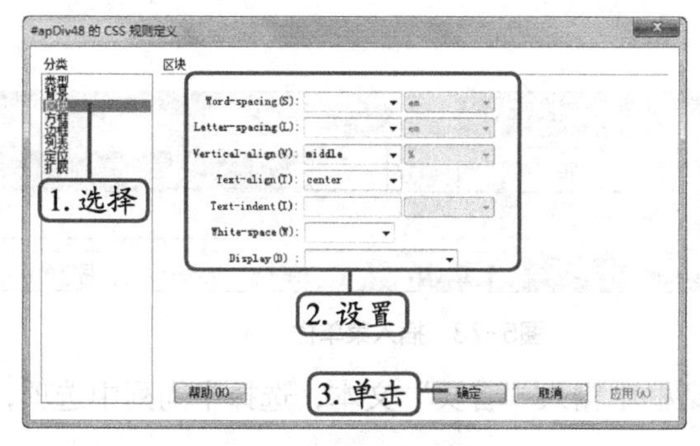

图5-69　设置CSS样式

图5-70　列表效果

操作提示

也可以通过"插入"面板的"布局"选项卡中的"绘制APO Div"选项在网页中绘制盒子，方法是在面板中选择"绘制APO Div"选项后，在页面中需要的位置拖曳鼠标绘制即可。选择绘制的盒子，通过属性面板同样可以调整大小和位置。

STEP 7 使用前面相同的方法为其他Div标签添加页面元素，并设置CSS样式，完成后效果如图5-71所示。

图5-71　制作其他AP Div

（四）使用Spry制作导航栏

Spry是网页制作的一个特殊功能，使用Spry可为网页增加以下交互功能，下面使用Spry来制作导航栏，使其鼠标移上去后自动显示其中的二级菜单，其具体操作如下。

STEP 1 将插入点定位到导航栏所在的Div标签中，选择【插入】/【布局对象】/【Spry菜单栏】菜单命令，或在“插入”面板的“布局”选项卡中单击“Spry菜单栏”按钮，打开“Spry菜单栏”对话框，如图5-72所示。

STEP 2 单击选中“水平”单选项然后单击 确定 按钮，此时在插入点处将插入菜单栏，如图5-73所示。

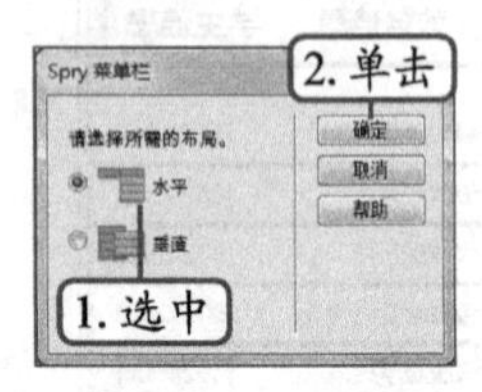

图5-72 选择选项

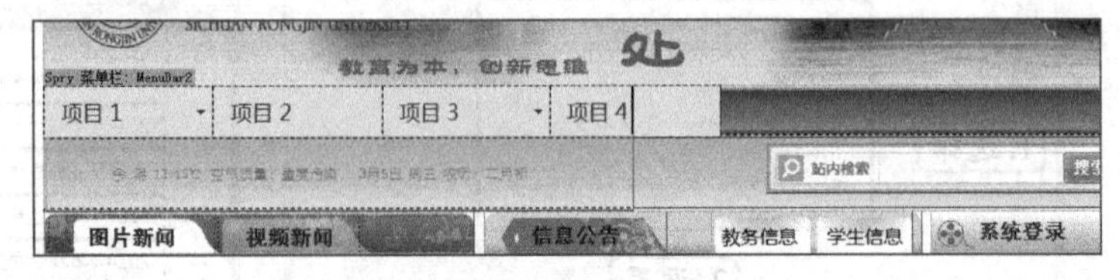

图5-73 插入菜单栏

STEP 3 在属性面板中的“文本”对话框中输入“首页”文本，选择中间列中选项，然后单击+按钮，如图5-74所示。

STEP 4 在左侧选择选项，在“文本”文本框中输入一级菜单名称，然后在中间列表框中选择选项，在“文本”文本框中输入二级菜单名称，效果如图5-75所示。

图5-74 设置一级菜单

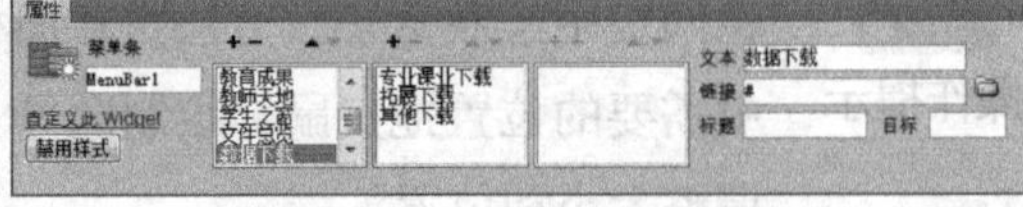

图5-75 设置二级菜单

操作提示

在Dreamweaver中使用Spry的方法来添加菜单项最多可添加到三级菜单，方法是通过属性面板中的+、−、▲、▼按钮来进行编辑，第一组用于编辑一级菜单，依次类推，添加的菜单项会自带默认的效果，若不需要，用户也可在“CSS”面板中选择相应的样式进行修改。通过这种方法添加的菜单项只能是传统样式的菜单项，若需要一些特殊效果的菜单项，则需要用户使用JS程序语言来控制。

STEP 5 此时设计窗口中原来的菜单栏会显示属性面板中设置的菜单项目，在菜单那项的任意一个菜单上单击，选择其中一个AP元素，然后在属性面板中的“宽”文本框中输入“142px”，效果如图5-76所示。

STEP 6 在CSS面板中选择“SpryMenuBarHorizontal.css”选项下的“ul.MenuBarHorizontal ul”样式，单击“编辑”按钮，在打开的对话框中按照图5-77所示设置。

STEP 7 选择“ul.MenuBarHorizontal a”样式，在“CSS”面板中删除背景颜色属性，效果如图5-78所示。

STEP 8 在CSS面板中选择“SpryMenuBarHorizontal.css”选项下的“ul.MenuBarHorizontal ul”样式，在下面的属性栏中更改背景颜色，如图5-79所示。

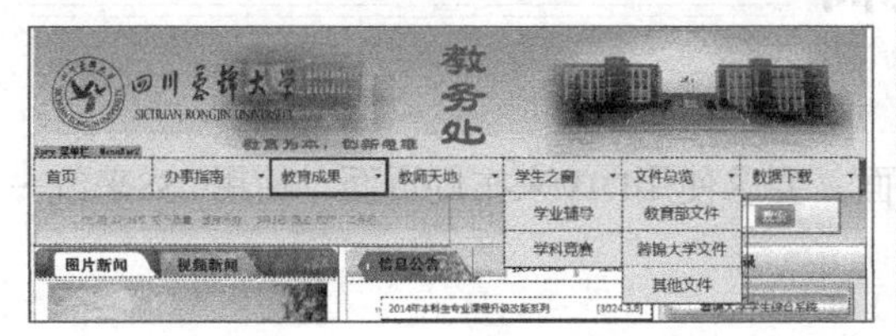

图5-76　设置菜单宽度

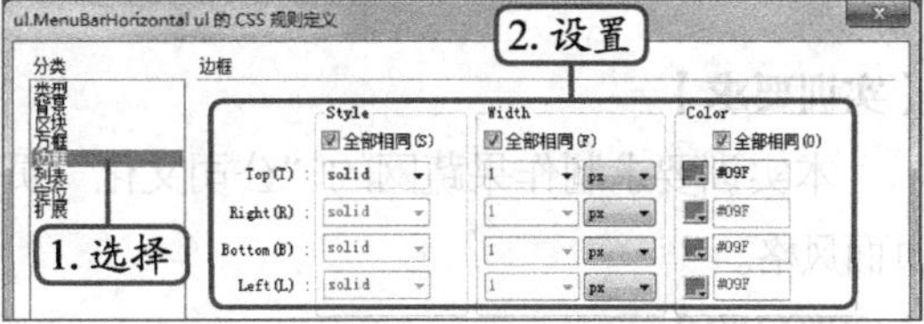

图5-77　修改菜单边框颜色

STEP 9　选择“ul.MenuBarHorizontal a.MenuBarItemSubmenu”样式，按照图5-80所示进行设置。

图5-78　去除菜单项的背景

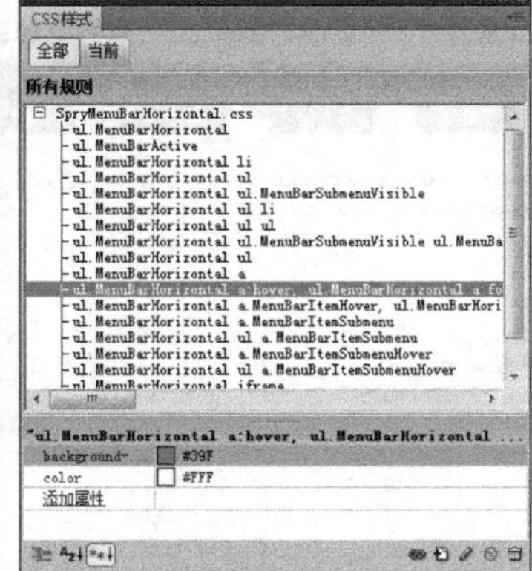

图5-79　修改鼠标移上去菜单显示效果

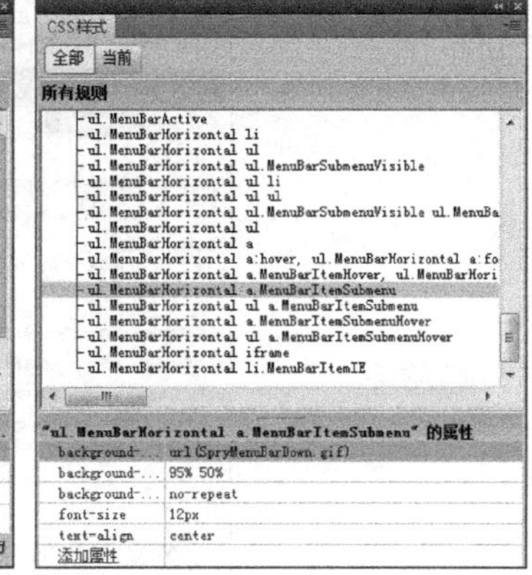

图5-80　修改文本大小和对齐方式

STEP 10　其他保持默认设置不变，保存网页时，系统将自动弹出“复制相关文件”对话框，如图5-81所示，这是Dreamweaver自动生成的脚本文件和CSS文件。

STEP 11　在浏览器中预览效果如图5-82所示（素材参见：光盘\素材文件\项目五\任务二\rjdxjwc.html）。

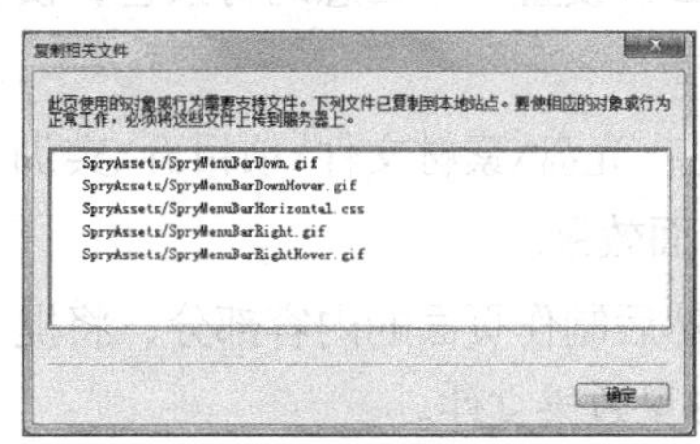

图5-81　“复制相关文件”对话框

图5-82　Spry二级菜单效果

职业素养

在专业的网页设计和制作领域，大多数设计者都偏爱使用盒子模型来布局网页。一般来讲，专业的盒子模型有两种，分别是IE盒子模型和标准W3C盒子模型。其中，标准W3C盒子模型的范围包括margin、border、padding和content，并且content部分不包含其他部分；而IE盒子模型的范围也包括margin、border、padding、content，但与标准W3C盒子模型不同的是，IE盒子模型的content部分包含了border和padding。

实训一 制作“公司文化”页面

【实训要求】

本实训要求制作果蔬网的“公司文化”页面，要求使用DIV来布局页面，使用CSS来统一页面风格。

【实训思路】

根据实训要求，制作时可先使用DIV进行页面布局，然后再向DIV中添加相关内容，并设置CSS样式统一页面风格。参考效果如图5-83所示。

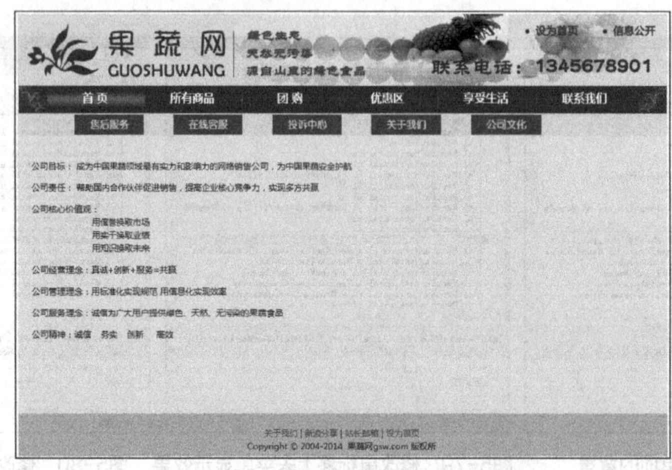

图5-83 果蔬网“公司文化”页面效果

【步骤提示】

STEP 1 新建一个网页文件，在其中先插入一个DIV，将其居中对齐，用于放置页面中所有的DIV容器。

STEP 2 创建其他DIV，并设置相关大小的位置，可先为DIV设置一个任意的背景色，便于查看。

STEP 3 在相关的DIV中插入提供的素材图片（素材参见：光盘\素材文件\项目五\实训一\img\gsw_02.png、gsw_04.png），然后使用IE浏览器测试页面效果。

STEP 4 返回Dreamweaver，继续制作页面的导航栏等，然后制作页面的内容部分，将提供的文字素材复制到DIV中，并设置文本格式，相关设置可参见效果文件。

STEP 5 在页面底部制作网页的底部，添加相关超链接，链接为空，完成后保存文件即可（最终效果参见：光盘\效果文件\项目五\实训一\gswgswh.html）。

实训二 制作“招生就业”页面

【实训要求】

本实训要求利用提供的素材图片（素材参见：光盘\素材文件\项目五\实训二\img\），使用CSS+DIV进行布局，完成效果参见图5-84所示。

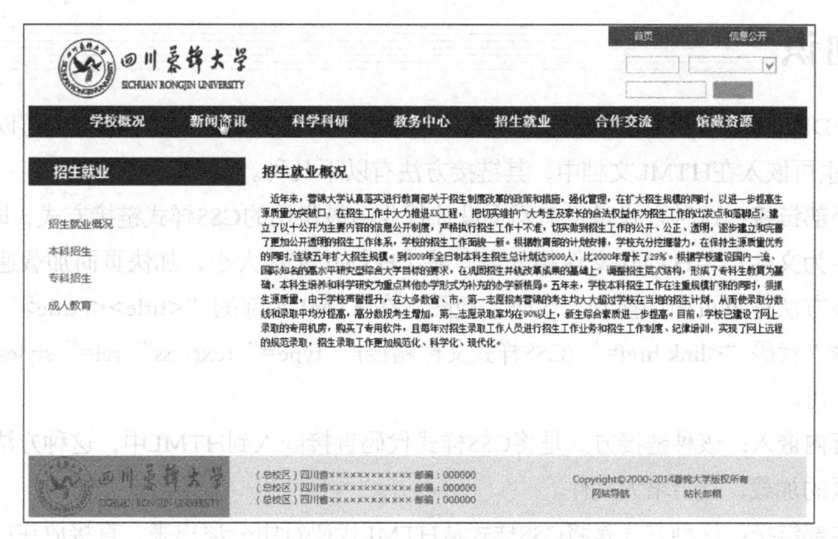

图5-84　蓉锦大学“招生就业”页面效果

【实训思路】

根据实训要求，本实训同样需要先创建DIV，然后再添加内容，并设置CSS样式。

【步骤提示】

STEP 1 新建一个网页文件，然后在其中创建一个DIV，并设置居中对齐，然后在其中创建3个DIV，上面一个用于放置标志栏和导航栏，中间一个用于放置主要内容，下面的一个用于放置版权信息。

STEP 2 页面主要结构布局完成后就可在DIV中插入AP Div来进行其他内容布局，并向其放入相关的内容，并进行设置。

STEP 3 制作完成后保存页面，然后按【F12】键在浏览器中进行测试，完成制作（最终效果参见：光盘\效果文件\项目五\实训二\rjdx_zsjy.html）。

常见疑难解析

问：将新建的CSS样式导出后，怎样为其他网页应用这个文件中的CSS样式呢？

答：可通过链接的方式来使用该CSS样式文件中的内容。首先打开需应用样式的网页，在“CSS样式”面板中单击“附加样式表”按钮，打开“链接外部样式表”对话框，单击其中的浏览...按钮，打开“选择样式表文件”对话框，选择需要使用到的CSS样式文件，依次单击确定按钮即可为网页应用所选CSS样式文件中设置的样式规则。

问：为什么已经设置好的CSS样式中的某些属性并没有显示到应用的对象上？

答：有可能是不小心禁用了某个属性。在“CSS样式”面板中查看该属性左侧是否出现“禁用”按钮，若出现则表示该属性处于禁用状态，此时只需单击该按钮使其消失，便可重新启用该属性参数。

拓展知识

CSS+DIV布局是一种将内容与形式分离开来的布局方式，因此，CSS样式可以独立成一个文件，也可嵌入在HTML文档中，其链接方法有以下几种。

- **外部链接**：这种方式是目前网页设计行业中最常用的CSS样式链接方式，即将CSS保存为文件，与HTML文件相分离，减小HTML文件大小，加快页面加载速度。其链接方法是将页面切换到“代码”视图，在HTML头部的“<title></title>”标签下方输入代码“<link href=”(CSS样式文件路径)” type=” text/css” rel=” stylesheet” >”即可。
- **行内嵌入**：该种链接方式是将CSS样式代码直接嵌入到HTML中，这种方法不利于网页的加载，且会增大文件。
- **内部链接**：这种方式是将CSS样式从HTML代码行中分离出来，直接放在HTML头部的“<title></title>”标签下方，并以<style type=” text/css” ></style>形式体现，本书中的CSS样式均采用该链接方式。

课后练习

根据提供的素材（素材参见：光盘\素材文件\项目五\实训二\课后练习\）对“七月”网站使用CSS+DIV进行布局，相关设置可参见效果文件，完成后效果如图5-85所示（最终效果参见：光盘\效果文件\项目五\课后练习\七月.html）。

图5-85 制作“七月”个人网站

PART 6 项目六 库、模板、表单、行为的应用

情景导入

小白：阿秀，一个网站中有很多的页面，每个页面都单独制作很费时间，有没有一种方法能提高效率，批量制作网页？

阿秀：在Dreamweaver中可以通过库和模板等功能来快速完成相同界面网页的制作。

小白：那你快教我吧。

学习目标

- 掌握模板的创建、应用、编辑操作
- 熟悉模板的删除和更新等管理方法
- 掌握行为的使用方法

技能目标

- 掌握模板的相关操作方法
- 掌握行为的相关使用方法
- 能够快速完成相关页面的制作

任务一 制作“蓉锦大学馆藏资源”页面

一个网站包括多个页面，一些页面的网页元素很特殊，如一些用于介绍具体内容或是列表的页面，这种页面可通过创建库来快速制作，以提高工作效率。

一、任务目标

本任务将使用“库”来制作蓉锦大学馆藏资源页面。制作时先了解库的概念，然后创建库文件，编辑并应用创建的库文件。通过本任务可掌握库在网页制作中的相关操作。本任务制作完成后的效果如图6-1所示。

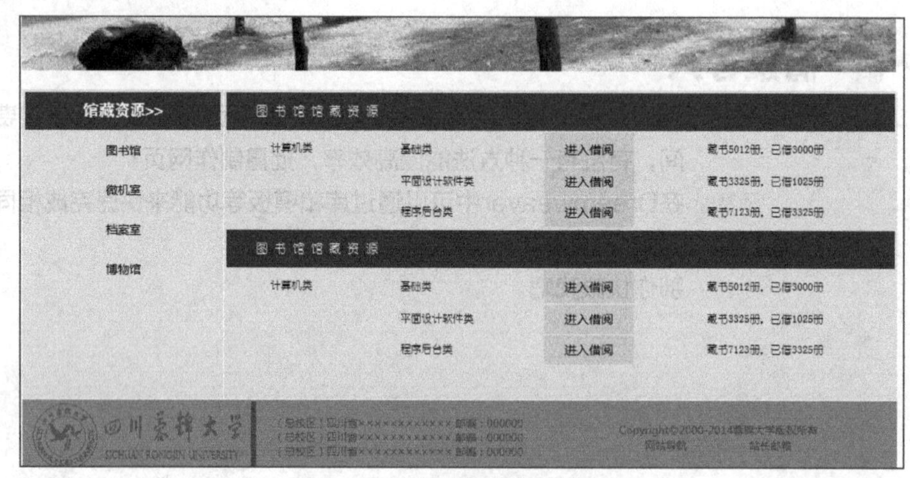

图6-1 “蓉锦大学馆藏资源”页面

二、相关知识

本任务制作过程中涉及库文件的相关知识，下面对库的概念和“资源”面板进行简单的介绍。

（一）了解库的概念

库是一种特殊的Dreamweaver文件，其中包含可放到网页中的一组资源或资源副本，在许多网站中都会使用到库，在站点中的每个页面上或多或少都会有部分内容是重复使用的，如网站页眉、导航区、版权信息等。库主要用于存放页面元素，如图像和文本等，这些元素能够被重复使用或频繁更新，统称为库项目。编辑库的同时，使用了库项目的页面将自动更新。

库项目的文件扩展名为.lbi，所有库项目默认统一存放在本地站点文件夹下的Library文件夹中。使用库也可以实现页面风格的统一，主要是将一些页面中的共同内容定义为库项目，然后放在页面中，这样对库项目进行修改后，通过站点管理，就可以对整个站点中所有放入了该库项目的页面进行更新，实现页面风格的统一更新。

（二）“资源”面板

“资源”面板是库文件的载体。选择【窗口】/【资源】菜单命令即可打开“资源”面板，单击左侧的“库”按钮，此时面板中显示的便是库文件资源的相关内容，如图6-2所示。

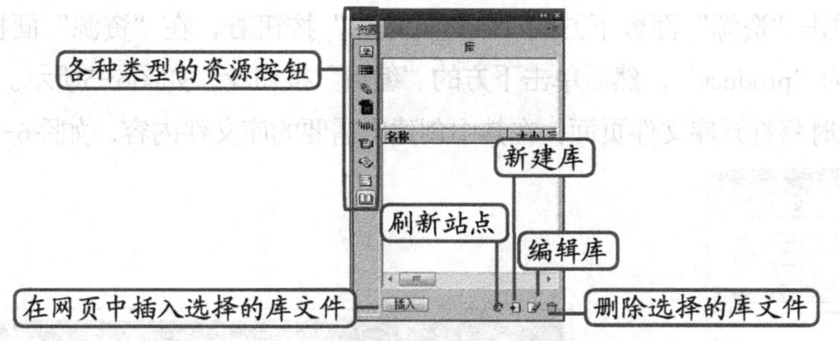

图6-2 “资源”面板

知识补充

除了库文件资源以外，“资源”面板中还包含了站点中的其他资源，如图像、颜色、超链接、视频、模板等，只要单击该面板左侧相应的按钮，在右侧的界面中即可查看、管理和使用对应的资源内容。

三、任务实施

（一）创建库文件

在Dreamweaver中创建库文件有两种方式，一种是直接将已有的对象创建为库文件，另一种是新建库文件，并在其中创建需要的元素。其具体操作如下。

STEP 1 打开素材中的“rjdxgczy.html”网页（素材参见：光盘\素材文件\项目六\任务一\rjdxgczy.html），选择导航栏，然后选择【修改】/【库】/【增加对象到库】菜单命令，在“资源”面板中修改创建的库文件名称为“dhq”，如图6-3所示。

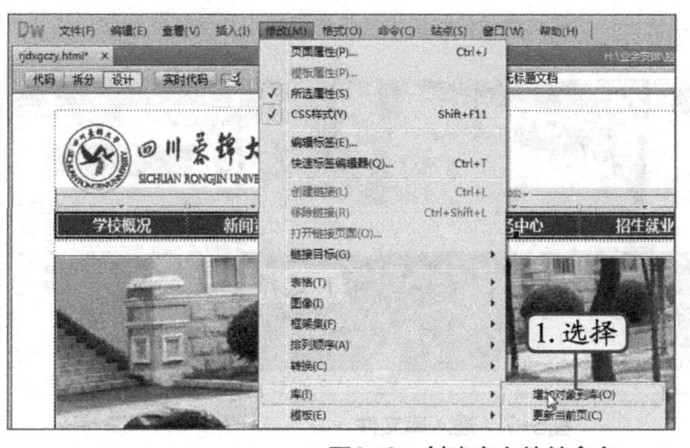

图6-3 创建库文件并命名

STEP 2 使用相同的方法将标志、登录区、banner区创建为相应的库，如图6-4所示。

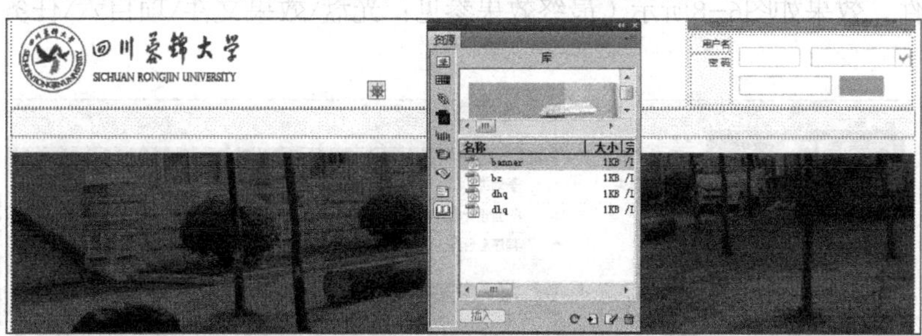

图6-4 创建其他库

STEP 3 单击“资源”面板下方的“新建库项目”按钮，在“资源”面板中将创建的库文件名称更改为“product”，然后单击下方的“编辑”按钮，如图6-5所示。

STEP 4 此时将打开库文件页面，在其中创建出需要的库文件内容，如图6-6所示。

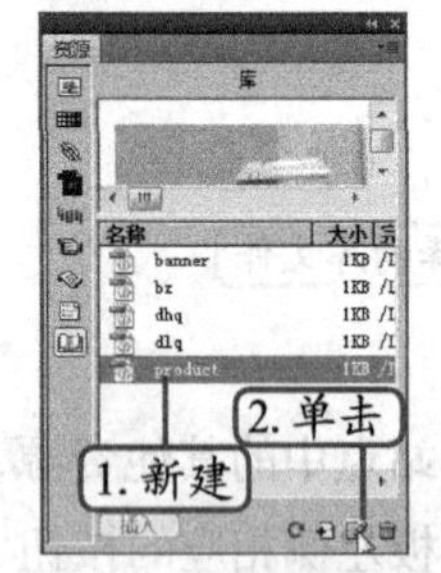

图6-5 创建并命名库名称

图书馆馆藏资源			
计算机类	基础类	进入借阅	藏书5012册，已借3000册
	平面设计软件类	进入借阅	藏书3325册，已借1025册
	程序后台类	进入借阅	藏书7123册，已借3325册

图6-6 编辑库项目

新建并命名库文件后，可直接在“资源”面板中双击库文件对应的选项打开该库文件页面，可对文件内容进行添加和修改。

STEP 5 保存库文件并将其关闭，此时在“资源”面板中将看到创建的库文件效果。

（二）应用库文件

创建好库文件后，便可在任意网页中重复使用该文件内容，其具体操作如下。

STEP 1 在“rjdxgczy.html”网页中将插入点定位到空白单元格中，打开“资源”面板，选择列表框中的“product”选项，单击 插入 按钮，此时网页中将插入选择的库文件内容，且无法对其进行编辑，如图6-7所示。

图6-7 插入库文件

STEP 2 将插入点定位到插入的库文件右侧，再次单击“资源”面板中的 插入 按钮插入相同的库文件，效果如图6-8所示（最终效果参见：光盘\效果文件\项目六\任务一\rjdxgczy.html）。

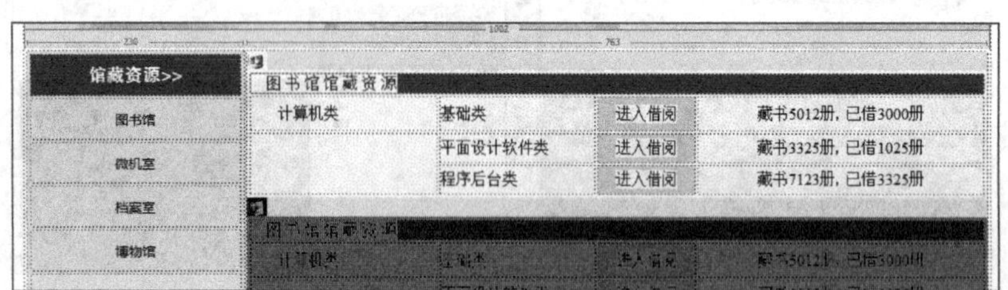

图6-8 插入库文件

知识补充

直接在“资源”面板中选择库文件后，将其拖曳到网页中，此时插入点将出现在鼠标指针对应的位置，确定插入点位置后，释放鼠标即可将库文件添加到相应的区域。

任务二 制作“果蔬网联系我们”页面

模板是一类特殊的网页文档，其编辑方法与普通网页相同，创建模板的目的在于快速利用该模板创建内容相似的网页，从而提高制作效率。通常作为与浏览者交流的网页页面中的内容变化性较大，这类网页的制作通常是将一些固定的元素制作成模板，然后根据模板来快速添加或编辑需要变化的内容即可。

一、任务目标

本任务将使用模板功能来制作“果蔬网联系我们”页面，制作时先创建模板，然后编辑模板，最后应用与管理模板内容。通过本任务的学习，可以掌握使用模板快速完成相似网页的制作方法。本任务制作完成后的最终效果如图6-9所示。

图6-9 “果蔬网联系我们”页面效果

二、相关知识

本任务制作涉及模板的相关知识，下面先了解模板的相关概念。

模板主要用于制作带有固定特征和共同格式的文档，是进行批量制作的高效工具。如客户要求网站与页面具有统一的结构和外观，或希望编写某种带有共同格式和特征的文档用于多个页面，则可以将共同的格式创建为模板，然后再通过模板来制作页面。

使用模板主要有以下几个优点。

- 风格一致、界面比较系统，避免制作相同风格页面的麻烦。
- 若要修改相同的页面元素，可只修改模板，然后更新即可。
- 基于模板新建的网页具有统一的页面风格，若要修改风格，可只修改模板，系统自动更新，提高工作效率。

三、任务实施

（一）创建模板

创建模板主要有创建空白模板和将网页另存为模板两种方法，下面将网页另存为模板，其具体操作如下。

STEP 1 打开“gswlxwm.html”网页文件（素材参见：光盘\素材文件\项目六\任务二\gwslxwm.html），选择【文件】/【另存为模板】菜单命令。

STEP 2 打开“另存模板”对话框，在“站点”下拉列表框中选择“xiangmuliu”选项，在“另存为”文本框中输入“gswlxwm”，单击 保存 按钮，如图6-10所示。

将网页保存为模板时，如果网页中添加了非站点中的图像或其他文件，Dreamweaver将打开提示对话框，询问是否更新链接，单击 是(Y) 按钮即可，如图6-11所示。

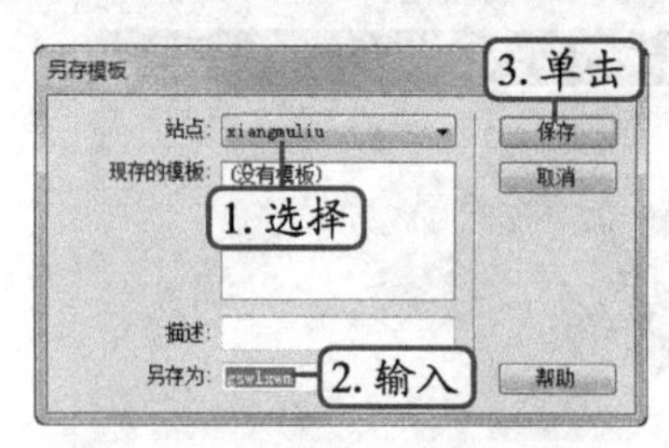

图6-10 设置保存位置和名称

图6-11 更新链接

①选择【文件】/【新建】菜单命令，打开“新建文档”对话框，选择左侧的“空模板”选项，在“模板类型”列表框中选择“HTML模板”选项，在“布局”列表框中选择“<无>”选项。最后单击 创建(R) 按钮即可创建一个空白的模板文件。

②创建了空白模板后，即可在其中编辑需要的内容，完成后可选择【文件】/【保存】菜单命令，此时将打开“另存模板”对话框，在“站点”下拉列表框中选择保存模板的站点，在“另存为”文本框中输入模板的名称，最后单击 保存 按钮即可。

（二）创建可编辑区域

可编辑区域是指模板中允许编辑的位置，在通过该模板创建网页后，可在可编辑区域添加各种网页元素。如果未创建可编辑区域，则不能在通过模板创建的网页中进行内容的编辑，其具体操作如下。

STEP 1 在“gswlxwm.dwt”模板文件中将插入点定位到“联系我们”文本下方的空白单元格中，选择【插入】/【模板对象】/【可编辑区域】菜单命令。

STEP 2 打开“新建可编辑区域”对话框，在“名称”文本框中输入“嵌套表格”，单击 确定 按钮，如图6-12所示。

STEP 3 此时插入点所在的单元格将出现创建的可编辑区域，效果如图6-13所示。

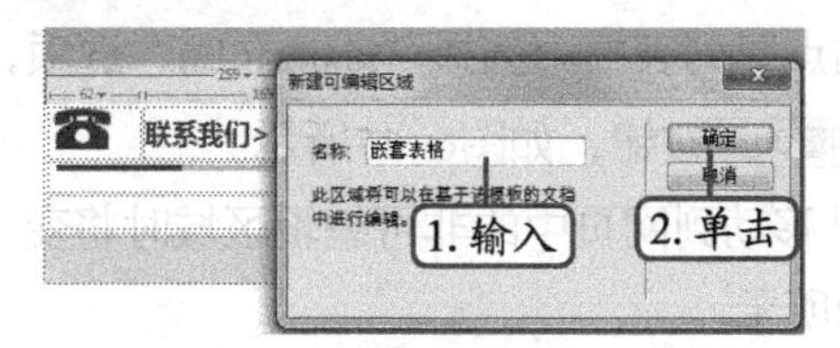

图6-12 设置可编辑区域名称

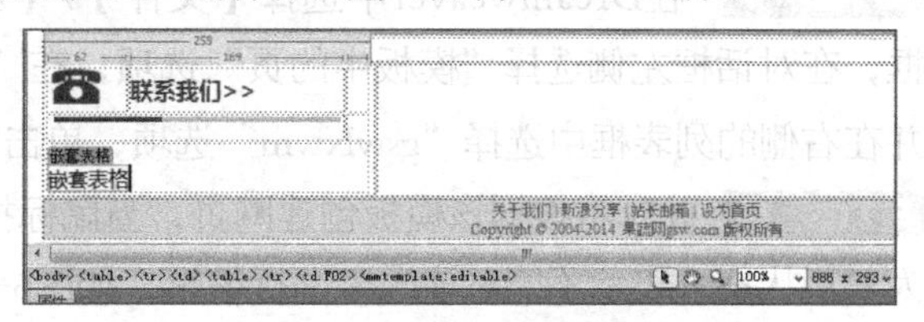

图6-13 创建的可编辑区域

STEP 4 将插入点定位到右侧的空白单元格中，按相同方法再次创建名称为“指示图像”的可编辑区域，然后按【Ctrl+S】组合键保存模板即可，如图6-14所示。

图6-14 创建其他可编辑区域

操作提示

在“插入”面板中选择“常用”工具栏，单击“模板”下拉按钮，在弹出的菜单中选择“可编辑区域”命令也可在模板中创建可编辑区域。

STEP 5 单击“嵌套表格”可编辑区域的蓝色底纹标签并将其选择，在属性面板的“名称”文本框中将内容修改为“导航栏目”，如图6-15所示。

STEP 6 选择“嵌套表格”可编辑区域中的“嵌套表格”文本，直接修改为“导航栏目”即可，如图6-16所示，保存模板后关闭退出文档。

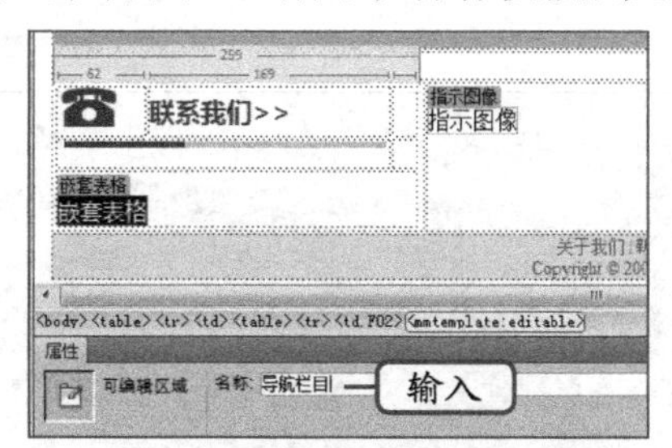

图6-15 修改可编辑区域标签名称

图6-16 修改可编辑区域名称

知识补充

创建的可编辑区域默认会显示蓝色底纹的标签，如果不需要该对象，可将其取消。方法：选择可编辑区域内的标签，选择【修改】/【模板】/【删除模板标记】菜单命令。

（三）应用与管理模板

完成模板的创建和编辑后，即可利用模板创建网页或对已有的网页应用模板。此后只要对模板进行了修改，并对应用了该模板的网页进行更新即可实现同步修改，从而方便网页维护和更新，下面利用“gswlxwm.dwt”模板创建网页并添加内容，其具体操作如下。

STEP 1 在Dreamweaver中选择【文件】/【新建】菜单命令，打开“新建文档”对话框，在对话框左侧选择“模板中的页”选项，在“站点”列表框中选择“xianmuliu”选项，并在右侧的列表框中选择“gswlxwm”选项，单击 创建(R) 按钮，如图6-17所示。

STEP 2 此时将根据该模板创建网页，当鼠标指针移动到网页中的非可编辑区域时将变为禁用状态，表示不能对该内容进行编辑，如图6-18所示。

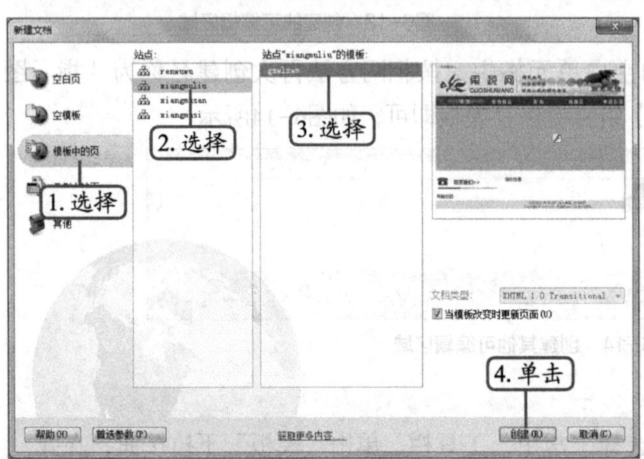

图6-17　选择模板

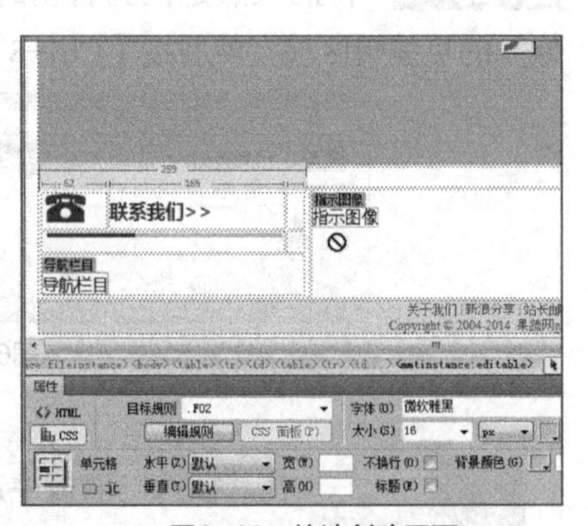

图6-18　快速创建网页

STEP 3 在“导航栏目”可编辑区域中删除原有的“导航栏目”文本，插入5行2列的表格，输入文本并设置格式，效果如图6-19所示。

STEP 4 在“指示图像”可编辑区域中删除原有的“指示图像”文本，插入提供的“gsw.jpg”图像，保存设置即可，效果如图6-20所示（效果参见：光盘\效果文件\项目六\任务二\gwslxwm.html）。

图6-19　嵌套表格

图6-20　插入图像

STEP 5 打开“gswlxwm.dwt”模板，修改版权信息中的内容，并保存模板，如图6-21所示（效果参见：光盘\效果文件\项目六\任务二\gwslxwm.dwt）。

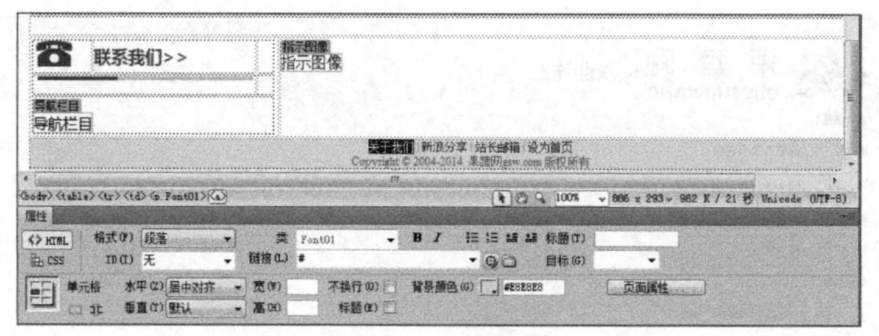

图6-21 修改模板

STEP 6 打开基于“gswlxwm.dwt”模板创建的“gswlxwm.html”网页，选择【修改】/【模板】/【更新页面】菜单命令，打开“更新页面”对话框，在“查看”下拉列表框中选择“整个站点”选项，在右侧的下拉列表框中选择“xiangmuliu”选项，单击选中“模板”复选框，然后依次单击 开始(S) 按钮和 关闭(C) 按钮，如图6-22所示。

STEP 7 此时“gswlxwm.html”网页底部的标签信息将自动更新，效果如图6-23所示。

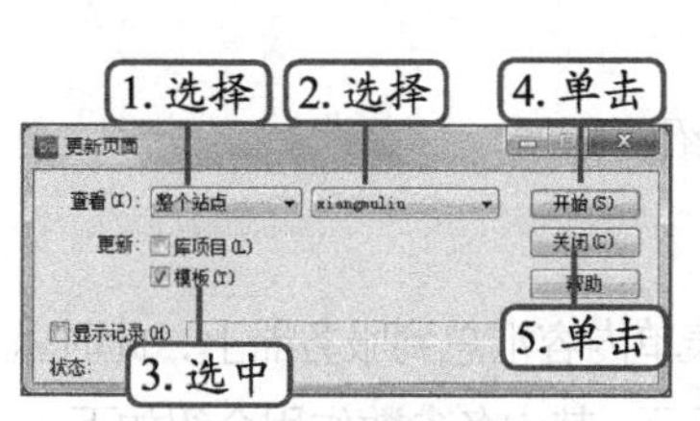

图6-22 设置更新范围

图6-23 更新后的网页

职业素养

在同一网站的不同页面中，往往有许多相同的板块，如网站Logo、Banner和版权区等，这些内容应尽量利用模板来设计。使用模板时一定要注意以下两点。

①模板文件决不允许出现错误内容，包括错误的文字、图像、超链接等，否则将直接影响整个网站的专业性。

②非固定版块不用模板设计，否则非但不能提高效率，修改内容时还会增加无谓的工作量和操作力度。

任务三 制作会员注册页面

注册页面是许多网站都会涉及的页面，用于管理网站用户群等，注册页面通常与后台数据库有相关的数据交互，因此，需要使用表单来完成注册页面与数据库的交流。

一、任务目标

本任务将使用表单功能来制作“会员注册”页面，制作时先创建表单并设置属性，然后插入表单对象并进行验证，最后为该页面添加相关的行为，并将其链接到主页上。通过本任务的学习，可以掌握表单和行为的制作方法。本任务制作完成后的最终效果如图6-24所示。

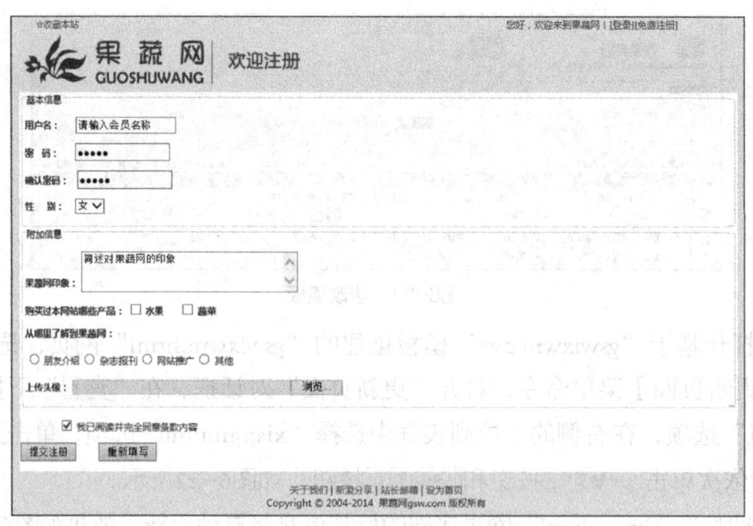

图6-24 “会员注册”页面效果

二、相关知识

本任务制作涉及行为和表单的相关知识，下面进行简单介绍。

（一）认识表单属性面板

利用表单页面收集用户信息，即通过单击“提交”按钮将表单内容汇总到服务器上，此时就需要对表单属性进行设置，插入表单后“属性”面板如图6-25所示，其中各参数作用介绍如下。

图6-25 设置表单属性

- **“表单ID”文本框**：设置表单的ID名，以方便在代码中引用该对象。
- **“动作”文本框**：指定处理表单的动态页或脚本所在的路径，该路径可以是URL地址、HTTP地址、Mailto邮箱地址等。
- **“目标”下拉列表框**：设置表单信息被处理后网页所打开的方式，如在当前窗口中打开或在新窗口中打开等，与设置超链接时的“目标”下拉列表框作用相同。
- **“类”下拉列表框**：为表单应用已有的某种类CSS样式。
- **“方法”下拉列表框**：设置表单数据传递给服务器的方式，一般使用“POST”方式，即将所有信息封装在HTTP请求中，对于传递大量数据而言是一种较为安全的传递方式。除了“POST”方式外，还有一种“GET”方式，这种方式直接将数据追加到请求该页的URL中，但它只能传递有限的数据，且安全性不如“POST”方式。
- **“编码类型”下拉列表框**：指定提交表单数据时所使用的编码类型。默认设置为application/x-www-form-urlencoded，通常与“POST”方式协同使用。如果要创建文件上传表单，则需要在该下拉列表框中选择“multipart/form-data”类型。

（二）行为的基础知识

行为是Dreamweaver中内置的脚本程序，通过行为可极大地增强网页的交互性，下面将系统地对行为的相关基础知识进行讲解。

1. 行为的组成与事件的作用

行为是指在某种事件的触发下，通过特定的过程以达到某种目的或实现某种效果的方式。如浏览网页时单击某超链接（事件），浏览器将在此触发事件下打开一个窗口（目的），这就是一个完整的行为。

Dreamweaver中的行为由动作和事件两部分组成，动作控制什么时候执行行为，事件则控制执行行为的内容。不同的浏览器包含不同事件，其中大部分事件在各个浏览器中都被支持，常用的事件及其作用如表6-1所示。

表 6-1 Dreamweaver 中常用事件的名称及作用

事件名称	事件作用
onLoad	载入网页时触发
onUnload	离开页面时触发
onMouseOver	鼠标指针移到指定元素的范围时触发
onMouseDown	按下鼠标左键且未释放时触发
onMouseUp	释放鼠标左键后触发
onMouseOut	鼠标指针移出指定元素的范围时触发
onMouseMove	在页面上拖曳鼠标时触发
onMouseWheel	滚动鼠标滚轮时触发
onClick	单击指定元素时触发
onDblClick	双击指定元素时触发
onKeyDown	按任意键且未释放前触发
onKeyPress	按任意键且在释放后触发
onKeyUp	释放按下的键位后触发
onFocus	指定元素变为用户交互的焦点时触发
onBlur	指定元素不再作为交互的焦点时触发
onAfterUpdate	页面上绑定的元素完成数据源更新之后触发
onBeforeUpdate	页面上绑定的元素完成数据源更新之前触发
onError	浏览器载入网页内容发生错误时触发
onFinish	在列表框中完成一个循环时触发
onHelp	选择浏览器中的“帮助”菜单命令时触发
onMove	浏览器窗口或框架移动时触发

续表

事件名称	事件作用
onResize	重设浏览器窗口或框架的大小时触发
onScroll	利用滚动条或箭头上下滚动页面时触发
onStart	选择列表框中的内容开始循环时触发
onStop	选择列表框中的内容停止时触发

操作提示

动作是指当用户触发事件后所执行的脚本代码，它一般使用JavaScript或VBScript编写，这些代码可以执行特定的任务，如打开浏览器窗口，显示或隐藏元素，为指定元素添加效果等。

2. 认识“行为”面板

选择【窗口】/【行为】菜单命令或按【Shift+F4】组合键即可打开“行为”面板，如图6-26所示，其中各参数的作用介绍如下。

- **“显示设置事件”按钮**：只显示已设置的事件列表。
- **“显示所有事件”按钮**：显示所有事件列表。
- **“添加行为”按钮**：弹出“行为”下拉菜单，在其中可选择相应的行为，并可在自动打开的对话框中对行为进行详细设置。
- **“删除事件”按钮**：删除“行为”面板列表框中选择的行为。
- **“增加事件值”按钮**：向上移动所选择的动作。
- **“降低事件值”按钮**：向下移动所选择的动作。

图6-26 “行为”面板

三、任务实施

（一）创建表单

创建表单页面前需要创建表单区域，之后才能在该区域中添加各种表单元素，其具体操作如下。

STEP 1 打开“gsw_zc.html”网页文件（素材参见：光盘\素材文件\项目六\任务三\gsw_zc.html），将插入点定位到空白的单元格中，打开“插入”面板，切换到“表单”插入栏，选择下方的“表单”选项，此时插入点处将显示边框为红色虚线的表单区域，效果如图6-27所示。

操作提示

在网页中定位好插入点后，选择【插入】/【表单】/【表单】菜单命令也可插入表单区域。

STEP 2 将插入点定位到表单区域，在“插入”面板中选择“文本字段”选项，打开“输入标签辅助功能属性”对话框，分别在“ID”文本框和“标签”文本框中输入“user”

和“用户名：”，单击 确定 按钮，如图6-28所示。

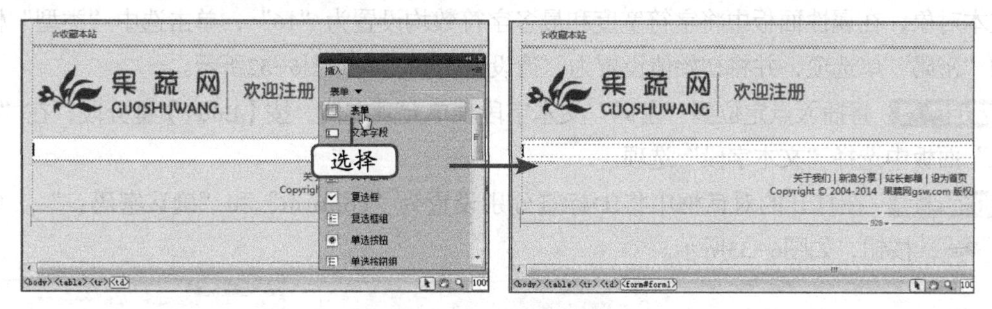

图6-27　插入的表单区域

STEP 3 在插入的文本字段的“用户名：”文本右侧插入若干空格，选择文本字段表单元素，在属性面板中将字符宽度和最多字符数均设置为“16”，并将初始值设置为“请输入会员名称”，按【Enter】键，如图6-29所示。

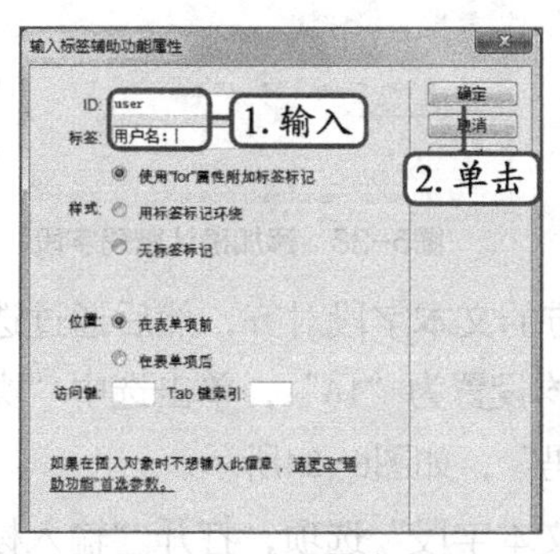

图6-28　添加文本字段

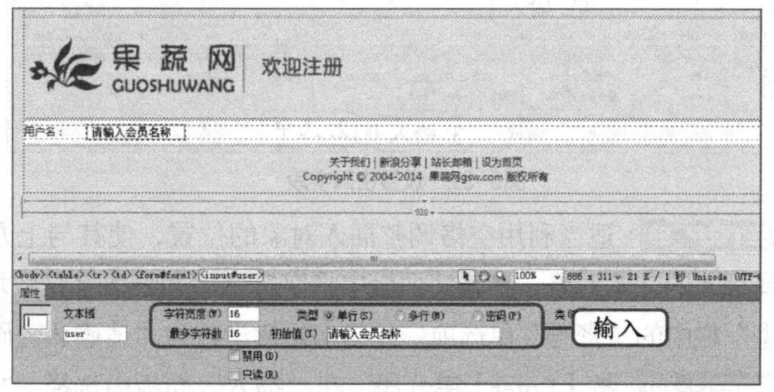

图6-29　设置文本字段

STEP 4 创建名为“.bd”的类CSS样式，设置字号为“12”，字形加粗，并应用到添加的文本字段表单元素中，效果如图6-30所示。

STEP 5 将插入点定位到文本字段表单元素右侧，按【Enter】键，再次选择“插入”面板中的“文本字段”选项，打开“输入标签辅助功能属性”对话框，分别在“ID”文本框和“标签”文本框中输入“password”和“密 码：”，单击 确定 按钮，如图6-31所示。

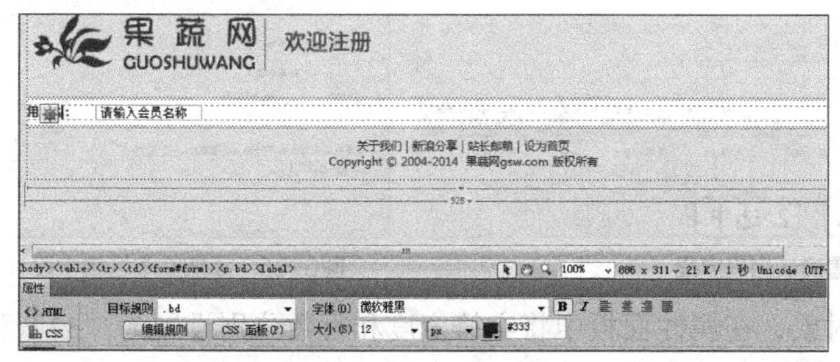

图6-30　设置文本字段格式

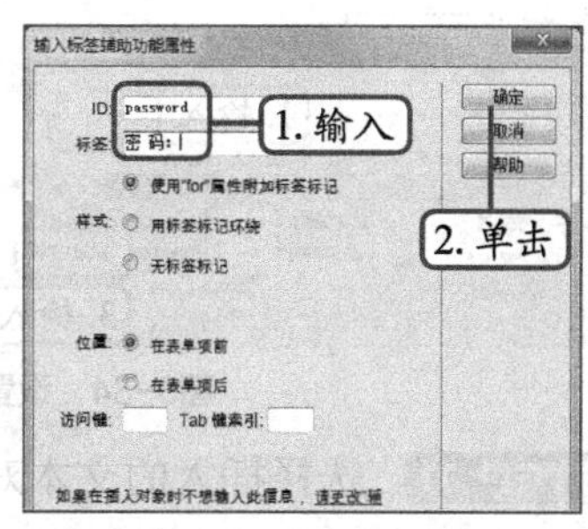

图6-31　添加密码字段

如果需要将标签名称显示在表单元素右侧，则可在“输入标签辅助功能属性”对话框中单击选中“在表单项后”单选项。

STEP 6 适当利用空格调整插入对象的位置，使其与上方的文本字段对齐。选择插入的文本对象，在属性面板中将字符宽度和最多字符数均设置为“16”，单击选中“类型”栏中的“密码”单选项，并将初始值设置为“请设置密码”，如图6-32所示。

STEP 7 将插入点定位到“密码”文本字段表单元素右侧，按【Enter】键分段，在“插入”面板中选择“文本字段”选项。

STEP 8 在打开的对话框中将ID标签分别设置为“confirm”和“确认密码：”，单击 确定 按钮，如图6-33所示。

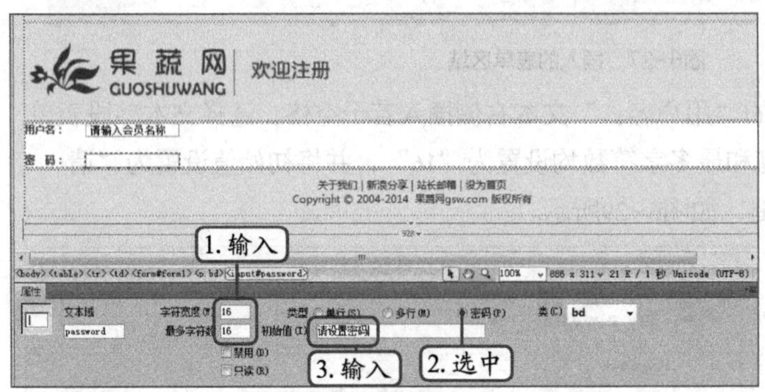

图6-32 设置密码字段

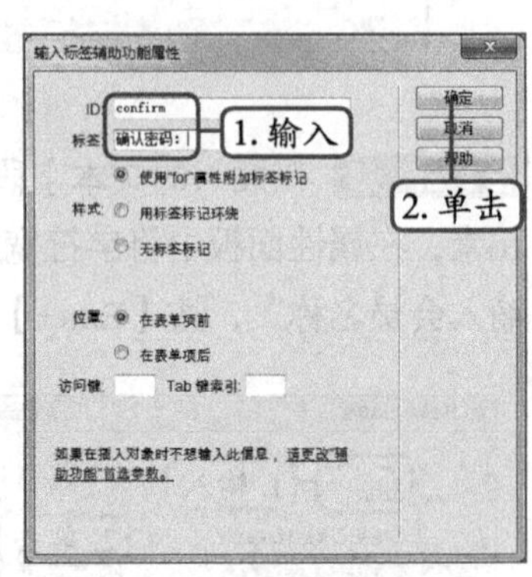

图6-33 添加确认密码字段

STEP 9 适当利用空格调整插入对象的位置，使其与上方的文本字段对齐，然后通过选择插入的文本对象，在属性面板中将字符宽度和最多字符数均设置为“16”，单击选中“类型”栏中的“密码”单选项，并将初始值设置为“请确认密码”，如图6-34所示。

STEP 10 按【Enter】键分段，在“插入”面板中选择“文本字段”选项，打开“输入标签辅助功能属性”对话框，分别在“ID”文本框和“标签”文本框中输入“impression”和“果蔬网印象：”，单击 确定 按钮，效果如图6-35所示。

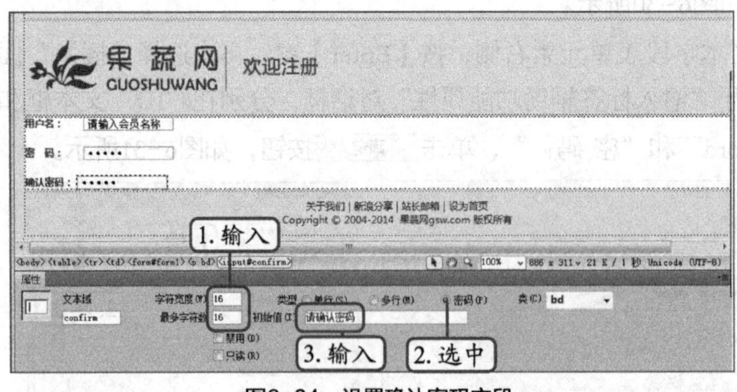

图6-34 设置确认密码字段

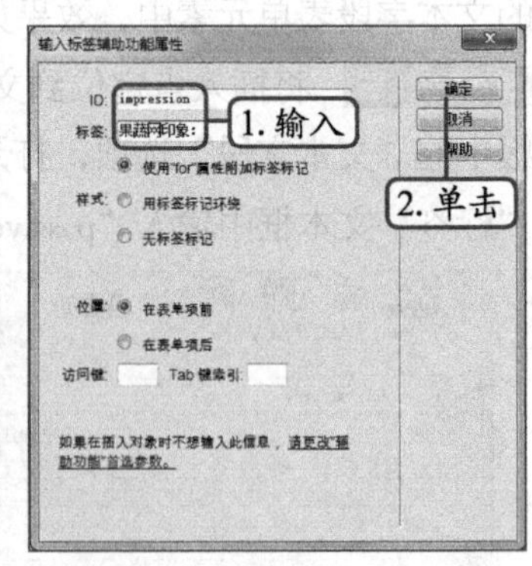

图6-35 添加文本区域字段

STEP 11 选择插入的文本对象，在属性面板中将字符宽度和行数分别设置为“32”和“3”，单击选中“类型”栏中的“多行”单选项，并将初始值设置为“简述对果蔬网的印象”，如图6-36所示。

STEP 12 通过按【Enter】键分段，输入“购买过本网站哪些产品：”文本后，在“插入”面板中选择“复选框”选项。

STEP 13 打开“输入标签辅助功能属性”对话框，分别在“ID”文本框和“标签”文本框中输入“shuiguo”和“水果”，单击 确定 按钮，如图6-37所示。

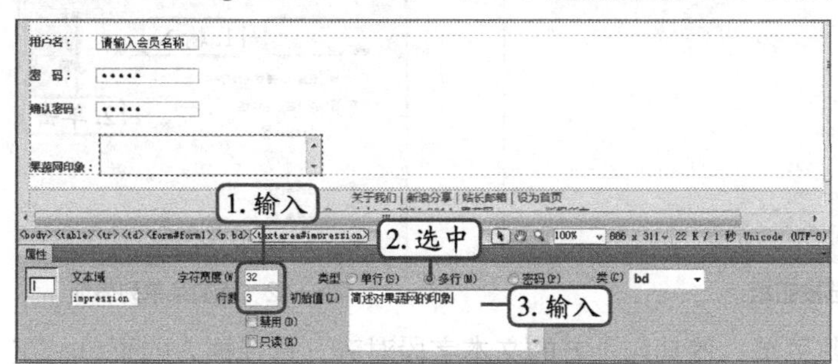

图6-36　设置文本区域字段格式

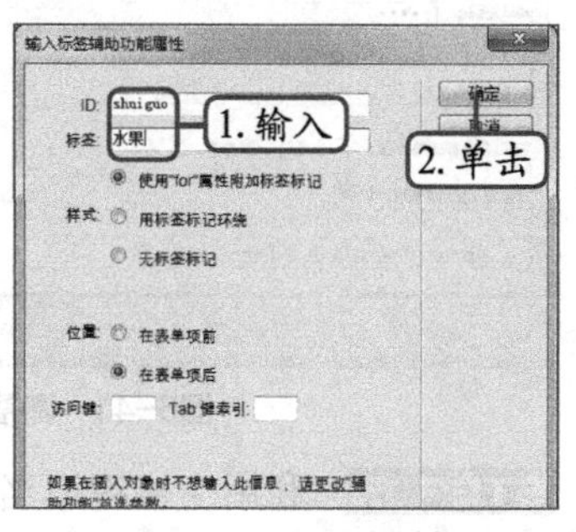

图6-37　添加复选框

STEP 14 在插入的复选框对象右侧插入若干空格，再次使用相同的方法添加一个复选框字段，其中ID为“shucai”，标签为“蔬菜”，效果如图6-38所示。

图6-38　添加其他复选框效果

选择插入的复选框（即方框对象）后，可在属性面板的“选定值”文本框中输入当选定该复选框时，发送给服务器的值；在“初始状态”栏中可设置该复选框默认状态下是选中或未选中。

STEP 15 将插入点定位到复选框表单元素右侧，按【Enter】键分段，输入“从哪里了解到果蔬网：”文本，在“插入”面板中选择“单选按钮组”选项，打开“单选按钮组”对话框，将列表框中“标签”栏下方的选项名称分别更改为“朋友介绍”和“杂志报刊”，如图6-39所示。

STEP 16 单击两次“添加”按钮，在单选按钮组中再添加两个单选按钮，继续在“标签”栏中将新增的选项名称分别更改为“网站推广”和“其他”，单击 确定 按钮，效果如图6-40所示。

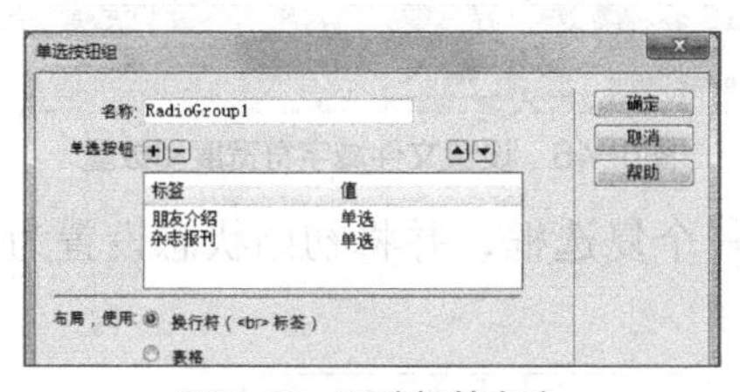

图6-39　更改标签名称

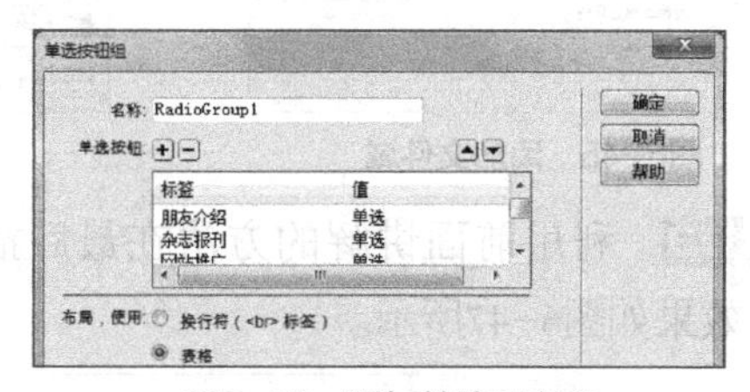

图6-40　添加单选项名称

STEP 17 此时单选按钮组将以表格的方式在各行中显示每一个单选项，通过复制粘贴的方法将其全部放在一行单元格中，然后合并单元格，效果如图6-41所示。

STEP 18 将插入点定位到“确认密码：”文本字段表单元素右侧，按【Enter】键分段，在“插入”面板中选择“选择（列表/菜单）”选项，打开“输入标签辅助功能属性”对话框，分别在“ID”文本框和“标签”文本框中输入“sex”和“性 别：”，单击 确定 按钮，如图6-42所示。

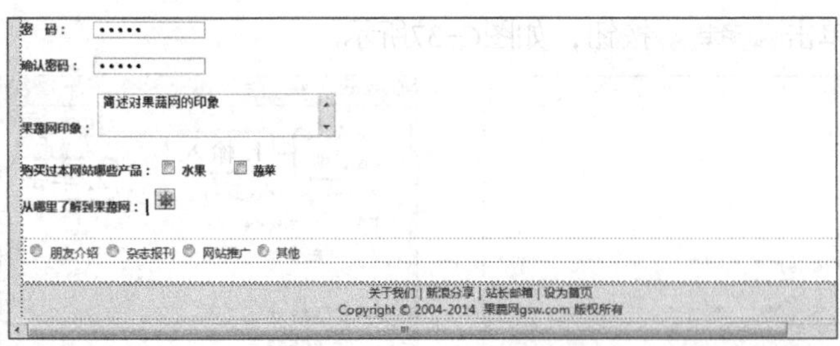

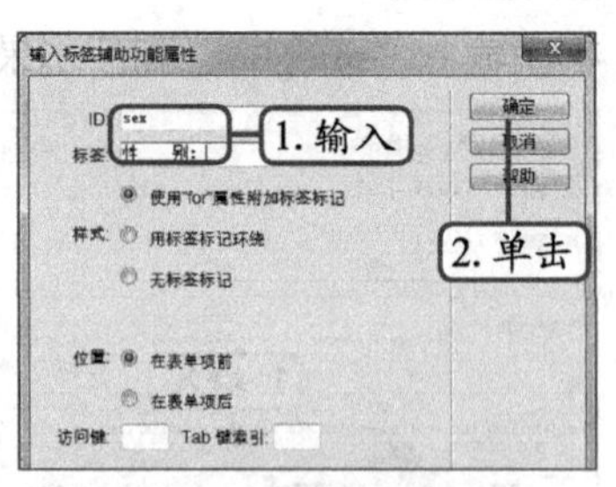

图6-41 调整单选按钮组　　图6-42 添加菜单列表项

STEP 19 利用空格键适当调整菜单，使其与上方的文本字段对齐，选择插入的菜单，在“属性”面板中单击 列表值... 按钮，打开“列表值”对话框，利用“添加”按钮添加两个名称为“男”和“女”的项目标签，单击 确定 按钮，如图6-43所示。

STEP 20 关闭对话框，在“属性”面板的“初始化时选定”列表框中选择“女”选项，表示默认选择“女”选项，效果如图6-44所示。

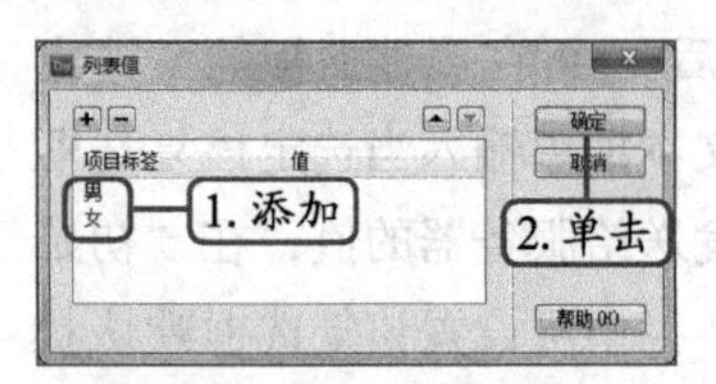

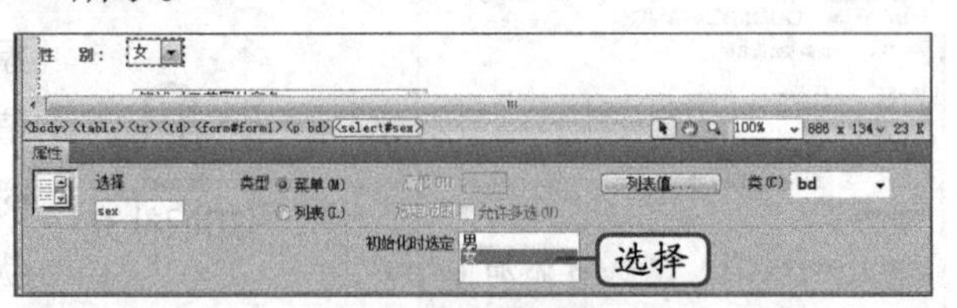

图6-43 设置列表框　　图6-44 设置初始选定制

STEP 21 将插入点定位到最后一行右侧换行，然后在“插入”面板中选择“文件域”选项，打开“输入标签辅助功能属性”对话框，分别在“ID”文本框和“标签”文本框中输入“head”和“上传头像：”，单击 确定 按钮，如图6-45所示。

STEP 22 插入文件域，该对象由标签、文本框和按钮组成，选择文件域，利用“属性”模板设置字符宽度和最多字符数分别为“42”和“40”，效果如图6-46所示。

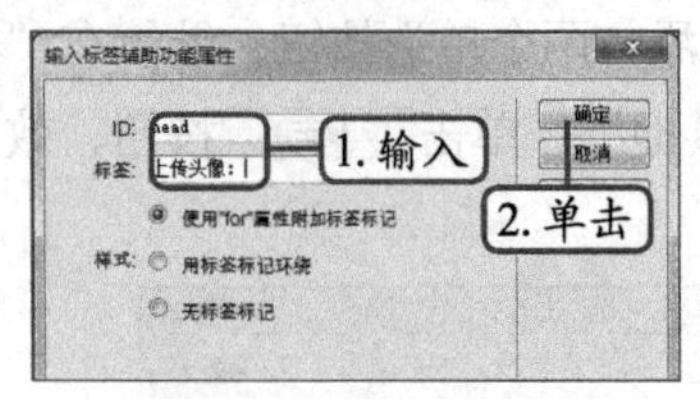

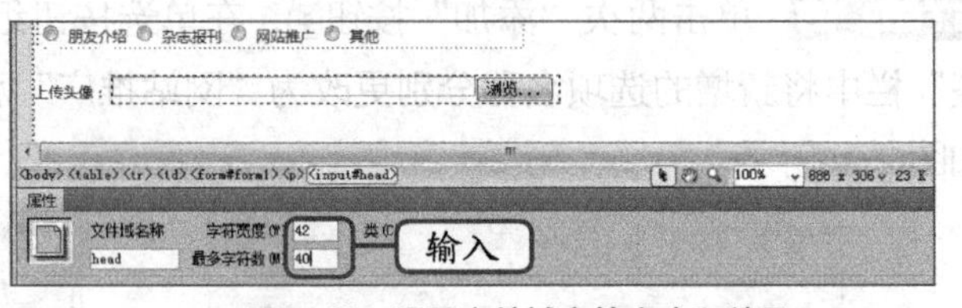

图6-45 添加文件域　　图6-46 设置文件域字符宽度和数量

STEP 23 利用前面讲解的方法在最后插入一个复选框，并将初始状态设置为“已勾选”，效果如图6-47所示。

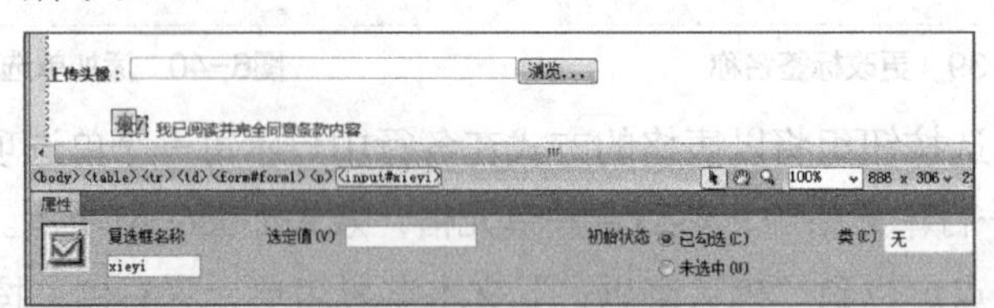

图6-47 插入复选框

STEP 24 将插入点定位到复选框表单元素右侧，按【Enter】键分段，在“插入”面板中选择“按钮”选项，打开“输入标签辅助功能属性”对话框，在“ID”文本框中输入“submit”，单击确定按钮，效果如图6-48所示。

STEP 25 在其“属性”面板的“值”文本框中输入“提交注册”文本，在“动作”栏中单击选中“提交表单”单选项，完成“提交注册”按钮的创建，如图6-49所示。

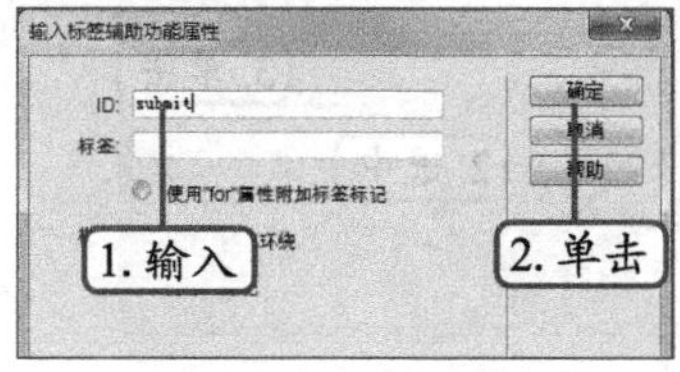

图6-48 添加按钮

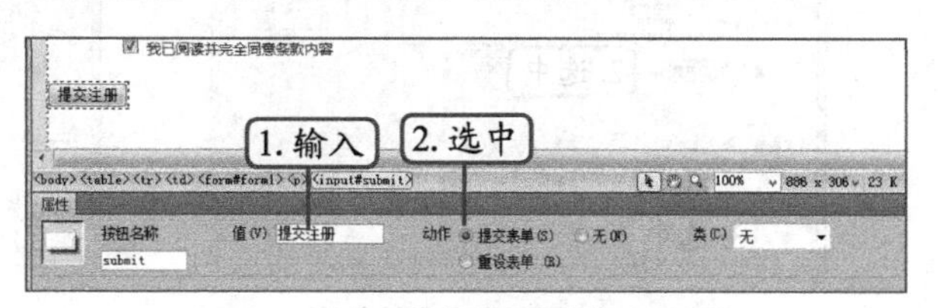

图6-49 设置按钮值

STEP 26 利用相同的方法再次插入一个按钮，其中ID为“reset”，然后在属性面板中更改值为“重新填写”，并通过空格控制按钮间距，效果如图6-50所示。

STEP 27 选择网页中最上方的4种表单对象，在“插入”面板中选择“字段集”选项，打开“字段集”对话框，在“标签”文本框中输入“基本信息”，单击确定按钮，如图6-51所示。

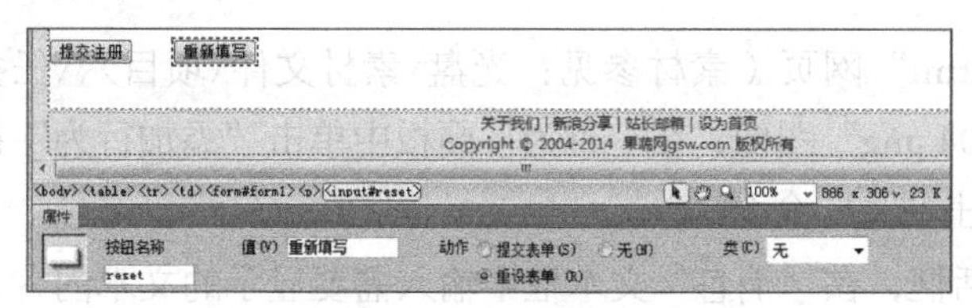

图6-50 添加取消按钮

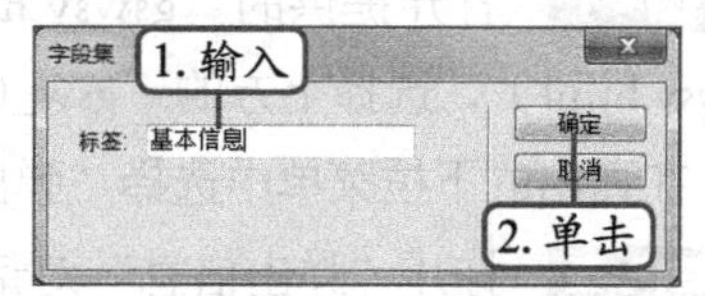

图6-51 添加字段集

STEP 28 继续选择“果蔬网印象”多行文本字段到“上传头像”文件域之间的所有表单元素，在“插入”面板中选择“字段集”选项，打开“字段集”对话框，在“标签”文本框中输入“附加信息”，单击确定按钮，效果如图6-52所示。

STEP 29 完成字段集的添加，按【Ctrl+S】组合键保存网页，效果如图6-53所示。

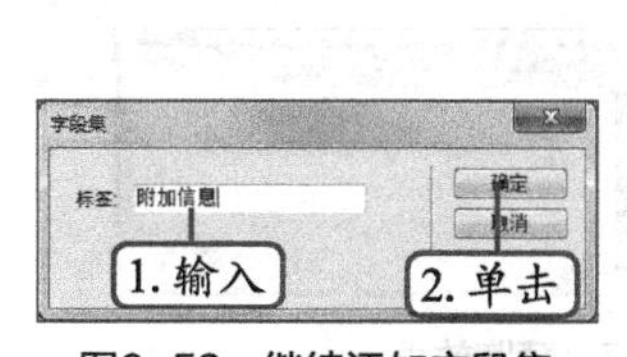

图6-52 继续添加字段集

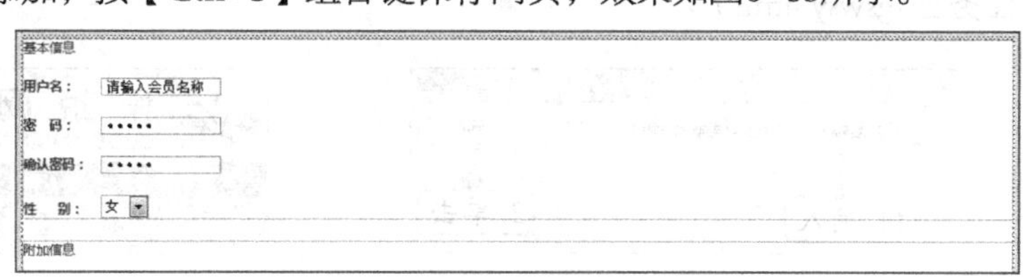

图6-53 添加字段集效果

（二）使用行为检查表单

“检查表单”行为主要用于检查表单对象的内容，以保证用户按要求输入或选择了正确的数据类型，其具体操作如下。

STEP 1 在表单区域中选择“用户名”表单对象，在“行为”面板中单击“添加行为”按钮+.，在弹出的下拉列表框中选择“检查表单”选项，打开“检查表单”对话框。

STEP 2 选择第一个选项，单击选中“必需的”复选框，在“可接受”栏中单击选中“任何东西”单选项，如图6-54所示。

STEP 3 选择第2个选项，单击选中“必需的”复选框，在“可接受”栏中单击选中“数字”单选项，现在密码文本框中只能输入数字型字符串，如图6-55所示。

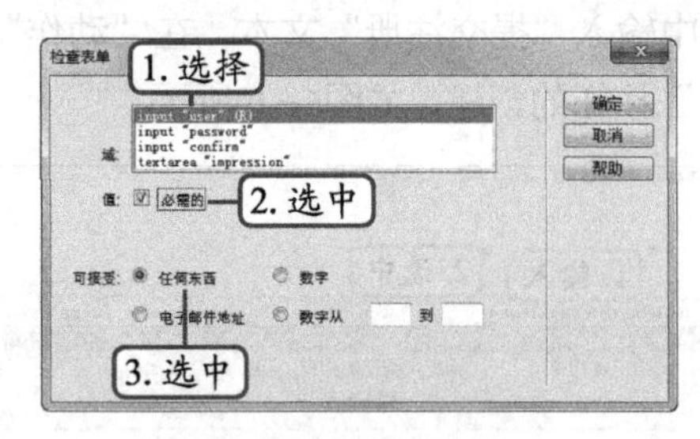

图6-54 设置用户名表单条件

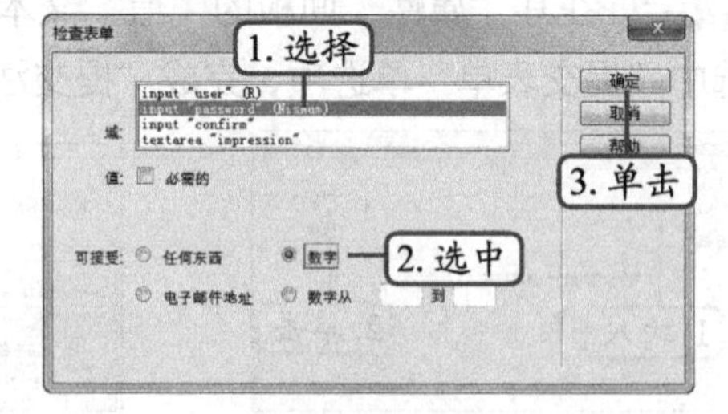

图6-55 设置密码表单条件

STEP 4 单击 确定 按钮即可，用户在注册时在设置了检查表单对象的文本框中只能输入制定的字符类型，否则不能完成表单的提交。

（三）为网页添加弹出信息

“弹出信息”行为可以打开一个消息对话框，常用于为欢迎、警告或错误等信息弹出相应的对话框，其具体操作如下。

STEP 1 打开提供的“gswsy.html”网页（素材参见：光盘\素材文件\项目六\任务三\gswsy.html），选择上方的“gsw_04.png”图像，在“行为”面板中单击“添加行为”按钮 +.，在弹出的下拉菜单中选择“弹出信息”命令。

STEP 2 打开“弹出信息”对话框，在“消息”文本框中输入需要显示的文本内容，完成后单击 确定 按钮，如图6-56所示。

STEP 3 添加的行为将显示在“行为”面板的列表框中，按【Ctrl+S】组合键保存设置，按【F12】键预览网页，单击“gsw_04.png”图像所在的区域即可打开“来自网页的消息”对话框，查看后单击 确定 按钮即可，如图6-57所示（效果参见：光盘\效果文件\项目六\任务三\gswsy.html）。

图6-56 设置信息内容

图6-57 预览效果

操作提示

如果想对整个网页添加行为，可单击“属性”面板上方的“<body>”标签，代表选择整个网页，然后按照添加行为的方法为其添加需要的行为即可。

（四）为网页添加打开浏览器窗口效果

“使用“打开浏览器窗口”行为可在触发事件后打开一个新的浏览器窗口并显示指定的文档，该窗口的宽度、高度、名称等属性均可自主设置，其具体操作如下。

STEP 1 在网页顶部选择“[登录]”文本，在“行为”面板中单击“添加行为”按钮 +.，在弹出的下拉列表中选择“打开浏览器窗口”选项，打开“打开浏览器窗口”对话框，单击“要显示的URL”文本框右侧的 浏览... 按钮。

STEP 2 打开“选择文件”对话框，选择“gsw_dl.html”网页文件（素材参见：光盘\素材文件\项目六\任务三\gsw_d.html），单击 确定 按钮，如图6-58所示。

STEP 3 返回“打开浏览器窗口”对话框，将窗口宽度和窗口高度分别设置为“584”和“227”，单击 确定 按钮即可，如图6-59所示。

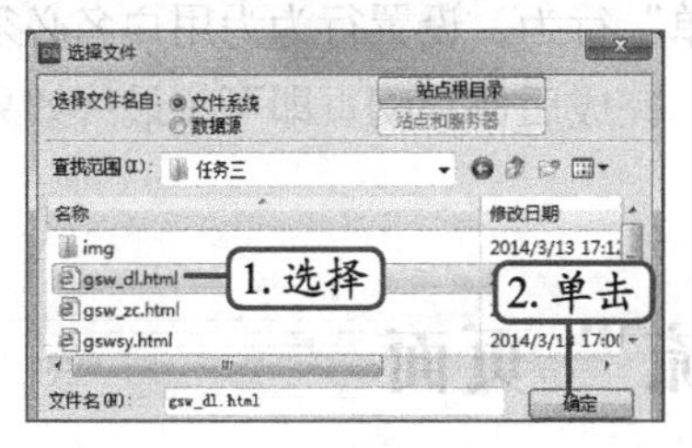

图6-58 选择网页文件

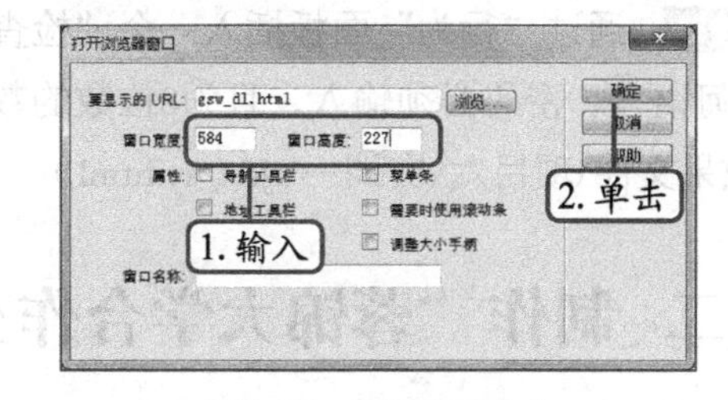

图6-59 设置窗口大小

STEP 4 选择“行为”面板中已添加行为左侧的事件选项，单击出现的下拉按钮，在弹出的下拉列表中选择“onClick”选项。

STEP 5 保存并预览网页，单击标签信息区域后将打开大小为800×600的窗口，并显示“gsw_dl.html”网页中的内容，完成后效果如图6-60所示（效果参见：光盘\效果文件\项目六\任务三\gswsy.html）。

STEP 6 在“gswsy.html”页面选择“[免费注册]”文本，设置链接为“gsw_zc.html”，完成后保存网页，在“gsw_zc.html”页面中为“[登录]”文本添加一个打开浏览器行为，链接网页为gsw_dl.html，完成后保存网站即可（最终效果参见：光盘\效果文件\项目六\任务三\gsw_zc.html）。

图6-60 预览效果

实训一 完善蓉锦大学首页的登录版块

【实训要求】

本实训要求为蓉锦大学首页的登录版块创建表单，使浏览者能够通过首页的登录版块进登录。

【实训思路】

根据实训要求，制作时可先创建表单，然后向表单中添加各种元素，最后使用行为检查表单。参考效果如图6-61所示。

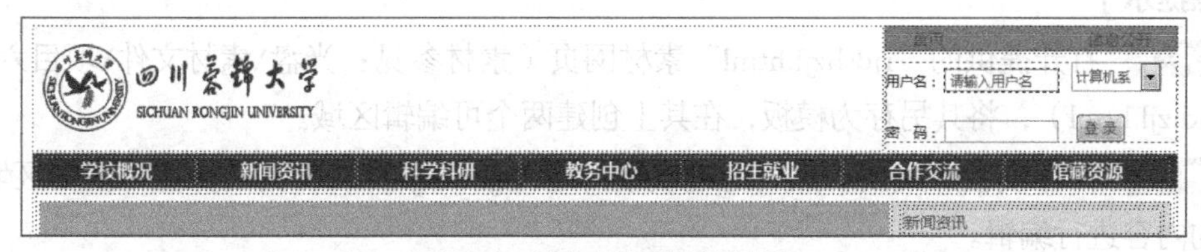

图6-61 蓉锦大学登录版块效果

【步骤提示】

STEP 1 打开提供的“rjdx_sy.html”素材网页（素材参见：光盘\素材文件\项目六\实训一\rjdx_sy.html），将右侧的登录版块的表格删除，然后选择【插入】/【表单】/【表单】菜单命令，插入1个表单。

STEP 2 通过“插入”面板在表单中插入“用户名”和“密码”文本字段表单元素、列表表单元素和按钮表单元素。

STEP 3 通过“行为”面板插入一个“检查表单”行为，设置行为为用户名必须输入，且为任何语言，密码必须输入，且为8位数的数字，完成后保存网页即可（最终效果参见：光盘\效果文件\项目六\实训一\rjdx_sy.html）。

实训二 制作“蓉锦大学合作交流”页面

【实训要求】

本实训要求通过模板来快速制作合作交流页面，制作时可先创建模板，然后再应用模板，完成效果如图6-62所示。

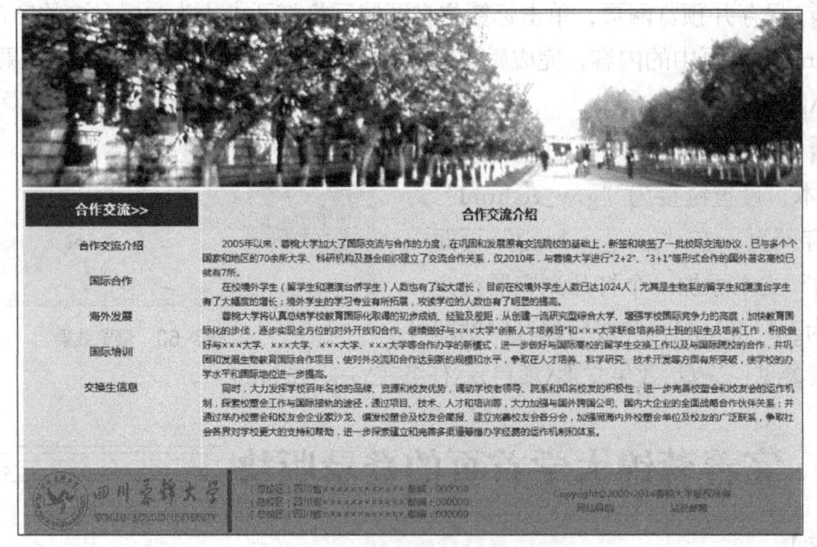

图6-62 通过模板制作网页效果

【实训思路】

根据实训要求，本实训可先创建模板，然后对模板进行编辑，最后通过创建的模板创建网页页面。

【步骤提示】

STEP 1 打开提供的“rjdshzjl.html”素材网页（素材参见：光盘\素材文件\项目六\实训二\rjdxhzjl.html），将其另存为模板，在其上创建两个可编辑区域。

STEP 2 保存模板并关闭，然后通过模板新建“rjdxhzjl.html”页面，在可编辑区域中对具体的内容进行编辑。

STEP 3 完成后保存页面，并按【F12】键预览（最终效果参见：光盘\效果文件\项目六\实训二\rjdxhzjl.html）。

常见疑难解析

问：模板文件默认是保存在站点中的“Templates”文件夹中的，实际操作时能不能将模板文件移动到其他位置存放呢？

答：不能，如果模板文件改变了位置，Dreamweaver将判断为“Templates”文件夹中无该模板文件，从而无法识别。

问：制作模板时，可编辑区域的大小无法提前判断，当创建基于此模板的网页后，如果需添加的内容大大超出了可编辑区域的大小，那是不是需要重新修改模板？

答：不用。在模板中插入的可编辑区域只是一个标记，其区域并没有固定，它可以根据添加的内容自由伸展。

问：对模板进行修改并保存后，Dreamweaver会自动更新站点中所有使用该模板创建的网页，那能不能只更新当前的网页呢？

答：可以。在Dreamweaver中选择【修改】/【模板】/【更新当前页】菜单命令即可。

问：创建表单元素时只能创建一个讲解的这些元素吗？

答：还可以创建其他的表单元素，具体可打开“插入”面板的表单界面进行查看。

拓展知识

1. 编辑库文件

创建的库文件可随时进行修改，只需在“资源”面板中选择需要修改的库文件选项，然后单击下方的“编辑”按钮，或直接双击库文件选项，在打开的库文件页面中进行修改，完成后保存并关闭页面即可。

2. 更新库文件

编辑了库文件后，所有网页中添加的库文件对象可通过更新来自动修改，从而提高网页制作的效率。更新库文件的方法：选择【修改】/【库】/【更新页面】菜单命令，打开“更新页面”对话框，选择“查看”下拉列表框中的“整个站点”选项，并在右侧的下拉列表框中选择库文件所在的站点，单击选中“库项目”复选框，然后单击开始(S)按钮即可。

3. 分离库文件

添加到网页中的库文件不允许被编辑，只有通过对库文件自身的内容进行修改并更新网页的操作才能实现编辑。但如果想对网页中的某个库文件进行单独修改，则可采用分离库文件的方式来实现，方法：选择网页中需分离的库文件，单击属性面板中的从源文件中分离按钮，或在网页中的库文件上单击鼠标右键，在弹出的快捷菜单中选择“从源文件中分离”命令，在打开的提示对话框中单击 确定 按钮即可。

4. 创建重复区域

重复区域可以通过重复特定的项目来控制网页布局效果。在模板中创建重复区域的方法：选择模板中需设置为重复区域的对象，或将插入点定位到要创建重复区域的位置，然后选择【插入】/【模板对象】/【重复区域】菜单命令，打开“新建重复区域”对话框，在“名称”文本框中输入重复区域的名称后，单击 确定 按钮即可。

5. 创建可选区域

可选区域可以通过定义条件来控制该区域的显示或隐藏，创建可选区域的方法：在模板文件中选择需设置为可选区域的对象，然后选择【插入】/【模板对象】/【可选区域】菜单命令，打开“新建可选区域”对话框。在“基本”选项卡的“名称”文本框中输入可选区域的名称，单击选中“默认显示”复选框可使可选区域在默认状态下为显示状态。单击“高级”选项卡，单击选中“使用参数”单选项，并在右侧的下拉列表框中选择已创建的模板参数名称，完成后单击 确定 按钮即可。

6. 创建可编辑的可选区域

可选区域是无法编辑的，要想对可选区域进行编辑，则可以创建可编辑的可选区域对象，其方法：在模板文件中设置模板参数，将插入点定位到需创建可编辑可选区域的位置，选择【插入】/【模板对象】/【可编辑的可选区域】菜单命令，打开“新建可选区域”对话框，按照设置可选区域的方法进行设置，完成后单击 确定 按钮即可。

课后练习

根据前面所学知识和理解，为“七月”个人网站创建注册页面，具体要求如下。

- 新建网页，并设置背景颜色，布局网页基本结构。
- 在页面中创建表单，然后为表单添加各种元素。
- 使用行为检查表单，完成后效果如图6-63所示。

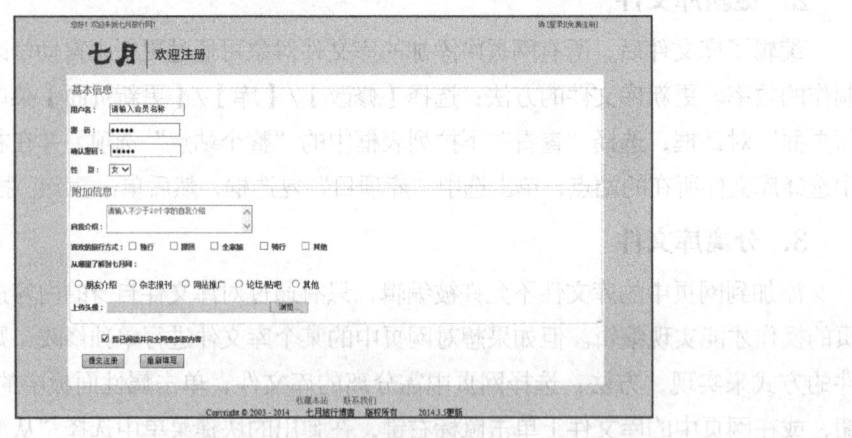

图6-63 个人网站的注册页面

PART 7

项目七 实现动态网页效果

情景导入

小白：阿秀，我现在已经能独立完成网页的制作了，你可以给我安排新的任务了。

阿秀：关于静态网页的制作方法你已经基本掌握了，后面我将带你学习制作动态网页效果，实现网页前台与后台的交互。

小白：动态网页？我现在制作的网页也是能够动的，你看，单击超链接会自动跳转。

阿秀：这只是网页页面的跳转，仍然属于静态页面。动态网页是指能将静态页面上的数据提交到后台数据库，实现网页前台与后台的交互功能。

学习目标

- 了解动态网页的基础知识、开发流程、Web服务器
- 熟悉IIS的安装与配置以及Access数据库的使用
- 掌握动态站点的创建与配置，以及数据源的创建

技能目标

- 掌握记录集的创建和记录的插入等操作
- 能够制作常见的简单动态网页

任务一 配置动态网页数据源

动态网页是指可以动态产生网页信息的一种网页制作技术。ASP是制作动态网页的常用语言之一，是较为简单的开发语言，适合初学者使用，下面进行介绍。

一、任务目标

本任务将完成实现动态网页前的各种配置操作，包括安装与配置IIS服务器、定义站点、创建数据库连接等。本任务制作完成后的效果如图7-1所示。

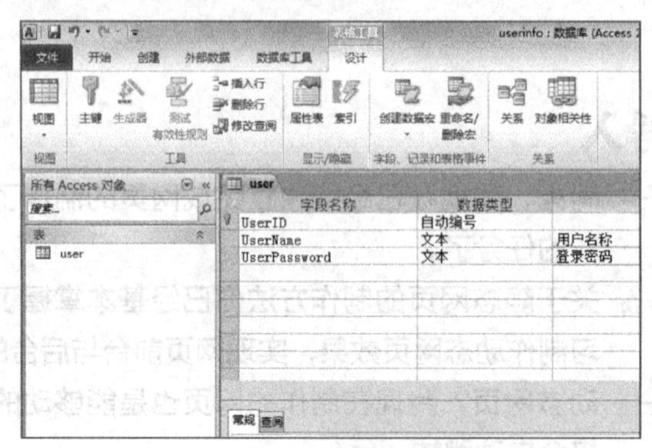

图7-1 数据表效果

二、相关知识

本任务设计动态网页制作前的相关操作，下面对动态网页的基础知识进行简单的介绍。

（一）认识动态网页

本书前面制作的页面扩展名为“.html”的文件均代表静态网页，动态网页的扩展名多以“.asp”、“.jsp”、“.php”等形式出现，这是二者在文件名上的区别。另外，动态网页并不是指网页上会出现各种动态效果，如动画或滚动字幕等，而是指这类网页可以从数据库中提取数据并及时显示在网页中，也可通过页面收集用户在表单中填写的各种信息以便于数据的管理，这些都是静态网页所不具备的强大功能。

总地来说，动态网页具有以下几个方面的特点。

- 动态网页以数据库技术为基础，可以极大地降低网站数据维护的工作量。
- 动态网页可以实现用户注册、用户登录、在线调查、订单管理等各种功能。
- 动态网页并不是独立存在于服务器上的网页，只有当用户请求时服务器才会返回一个完整的网页。

（二）动态网页的开发流程

要创建动态网站，首先应确定使用哪种网页语言，如ASP、ASP.NET、PHP、JSP等，然后确定需要哪种数据库，如Access、MySQL、Oracle、Sybase等，接着确定用哪种网站开发工具来开发动态网页，如Dreamweaver、Frontpage等，然后需要确定服务器，以便先对其进行安装和配置，并利用数据库软件创建数据库及表，最后在网站开发工具中创建站点并开始动态网页的制作。

在制作动态网页的过程中，一般先制作静态页面，然后创建动态内容，即创建数据库、请求变量、服务器变量、表单变量、预存过程等内容。将这些源内容添加到页面中，最后对整个页面进行测试，测试通过即可完成该动态页面的制作；如果未通过，则需进行检查修改，直至通过为止。最后将完成本地测试的整个网站上传到Internet申请的空间中，再次进行测试，测试成功后就可正式运行。

（三）Web服务器

Web服务器的功能是根据浏览器的请求提供文件服务，它是动态网页不可或缺的工具之一。目前常见的Web服务器有IIS、Apache、Tomcat等几种。

- **IIS**：IIS是Microsoft公司开发的功能强大的Web服务器，它可以在Windows NT以上的系统中对ASP动态网页提供有效的支持，虽然不能跨平台的特性限制了其使用范围，但Windows操作系统的普及使它得到了广泛的应用。IIS主要提供FTP、HTTP、SMTP等服务，它使Internet成为了一个正规的应用程序开发环境。
- **Apache**：Aapche是一款非常优秀的Web服务器，是目前世界市场占有量最高的Web服务器，它为网络管理员提供了非常多的管理功能，主要用于UNIX和Linux平台，也可在Windows平台中使用。Apache的特点是简单、快速、性能稳定，并可作为代理服务器来使用。
- **Tomcat**：Tomcat是Apache组织开发的一种JSP引擎，本身具有Web服务器的功能，可以作为独立的Web服务器来使用。但是在作为Web服务器方面，Tomcat处理静态HTML页面时不如Apache迅速，也没有Apache稳定，所以一般将Tomcat与Apache配合使用，让Apache对网站的静态页面请求提供服务，而Tomcat作为专用的JSP引擎，提供JSP解析，以得到更好的性能。

三、任务实施

（一）安装与配置IIS

IIS是最适合初学者使用的服务器，下面介绍如何对Web服务器进行安装和配置，其具体操作如下。

STEP 1 选择【开始】/【控制面板】菜单命令，在打开的“控制面板”窗口中单击“卸载程序”超链接，在打开的窗口中单击“打开或关闭Windows功能”超链接，如图7-2所示。

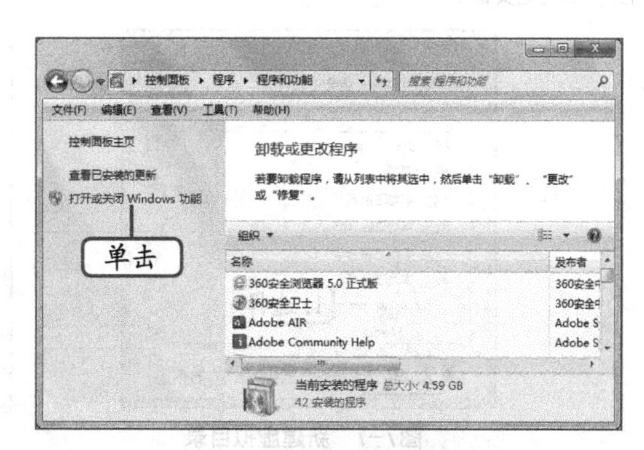

图7-2 打开程序功能窗口

STEP 2 打开“Windows功能”对话框，展开“Internet信息服务”选项，单击选中“Web管理工具”选项下的所有子目录，如图7-3所示。

STEP 3 单击确定按钮即可安装选中的功能。

STEP 4 返回“控制面板”窗口，单击“管理工具”超链接，打开“管理工具”窗口，双击“Internet信息服务（IIS）管理器”选项，如图7-4所示。

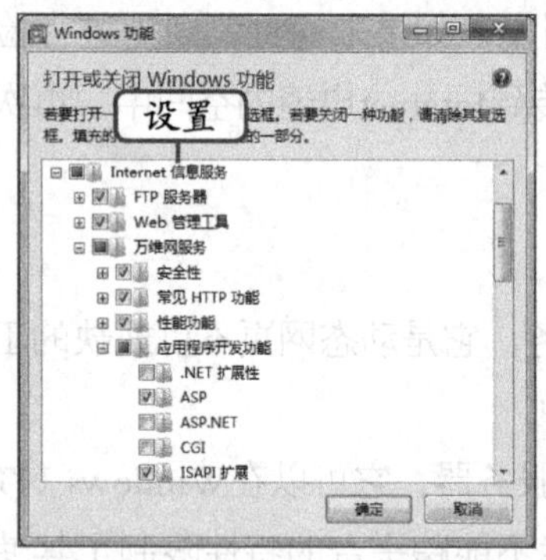

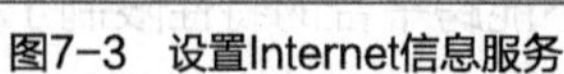
图7-3 设置Internet信息服务

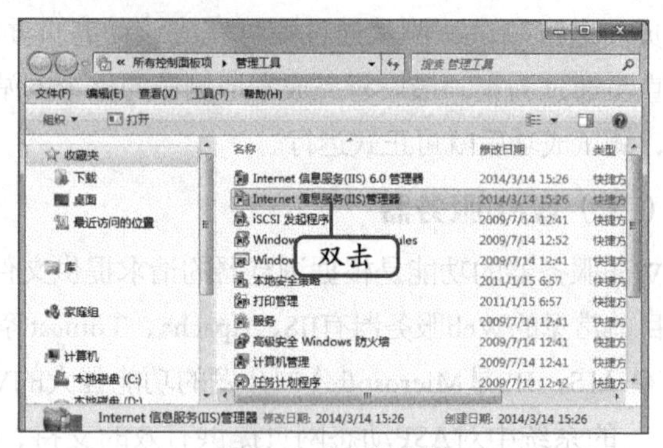

图7-4 打开信息管理器

STEP 5 打开“Internet信息服务（IIS）管理器”窗口，在左侧列表中展开并选择“Default Web Site”选项，在右侧列表中双击“ASP ”选项，如图7-5所示。

STEP 6 在“行为”目录下的“启用父路径”属性的右侧将值设置为“True”，然后单击右侧的“应用”超链接确认，如图7-6所示。

图7-5 设置Default Web Site主页

图7-6 设置父路径

STEP 7 在左侧的“Default Web Site”选项上单击鼠标右键，在弹出的快捷菜单中选择“添加虚拟目录”命令，打开“添加虚拟目录”对话框，在其中设置别名为“gsw”，单击...按钮，打开“浏览文件夹”对话框，在其中选择F盘下的“gsw”文件夹，如图7-7所示。

STEP 8 单击确定按钮确认设置，返回“添加虚拟目录”对话框，按图7-8所示设置，单击确定按钮。

图7-7 新建虚拟目录

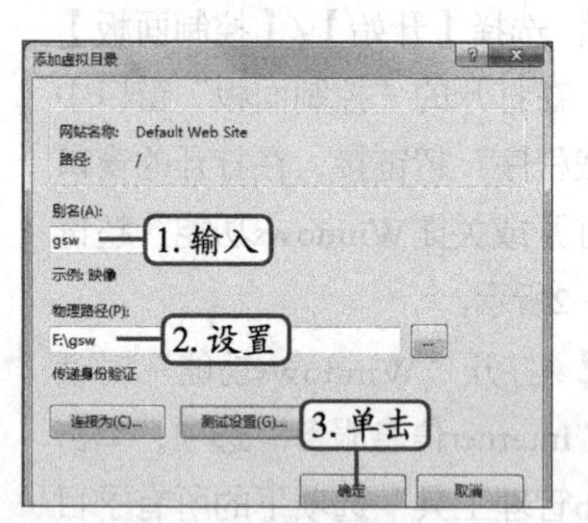

图7-8 完成目录创建

（二）使用Access创建数据表

Access是Office办公组件之一，用于创建和管理数据库。为获取动态网页中的数据，需要使用数据库收集和管理这些数据，其具体操作如下。

STEP 1 单击按钮,选择【所有程序】/【Microsoft Office】/【Microsoft Access 2010】菜单命令，启动Access 2010。

STEP 2 单击“文件”选项卡，选择左侧列表框中的“新建”选项，并在右侧的列表框中选择“空数据库”选项，如图7-9所示。

STEP 3 单击当前窗口右侧的“浏览文件”按钮，如图7-10所示。

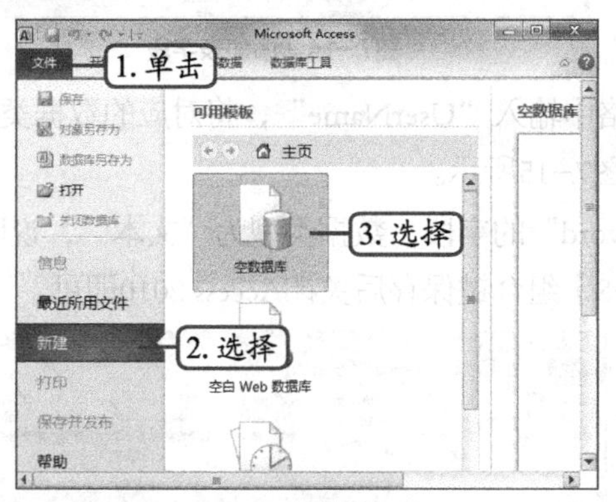

图7-9 新建空数据库

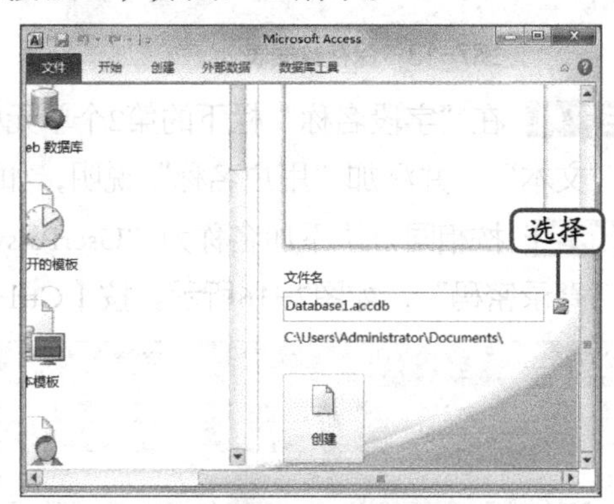

图7-10 设置数据库

STEP 4 打开“文件新建数据库”对话框，将保存位置设置为F盘下的“gsw”文件夹中，将文件名设置为“userinfo.accdb”，单击确定按钮，如图7-11所示。

STEP 5 返回Access窗口，单击“创建”按钮，创建空数据库后，在“开始”选项卡的“视图”组中，单击“视图”按钮，在弹出的列表框中选择“设计视图”选项，如图7-12所示。

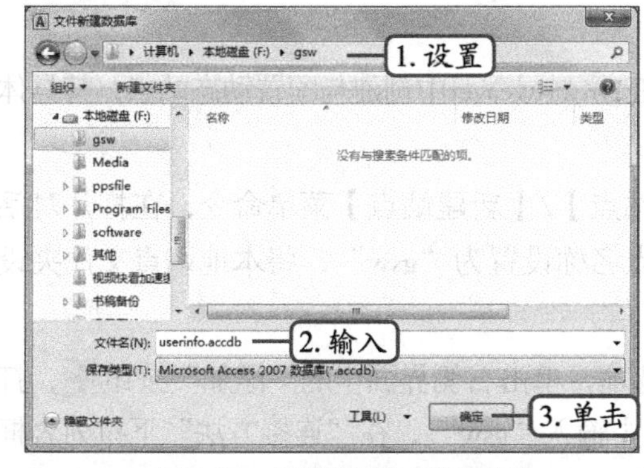

图7-11 设置数据库名称和位置

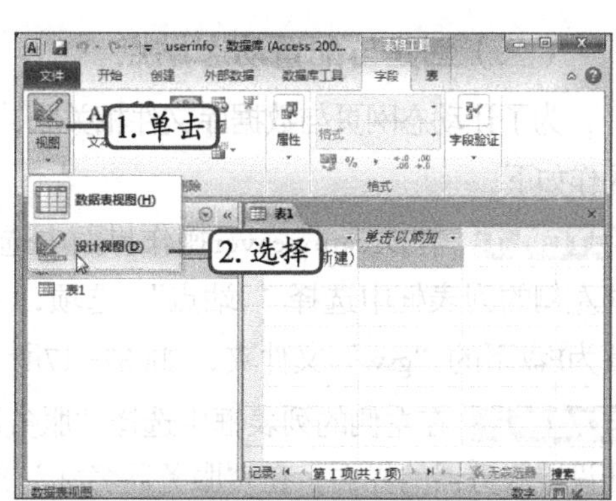

图7-12 切换视图模式

STEP 6 此时将自动打开“另存为”对话框，在“表名称”文本框中输入“user”，单击确定按钮，保存默认创建的空数据表，如图7-13所示。

STEP 7 在“字段名称”栏下的空单元格中输入“UserID”，如图7-14所示。

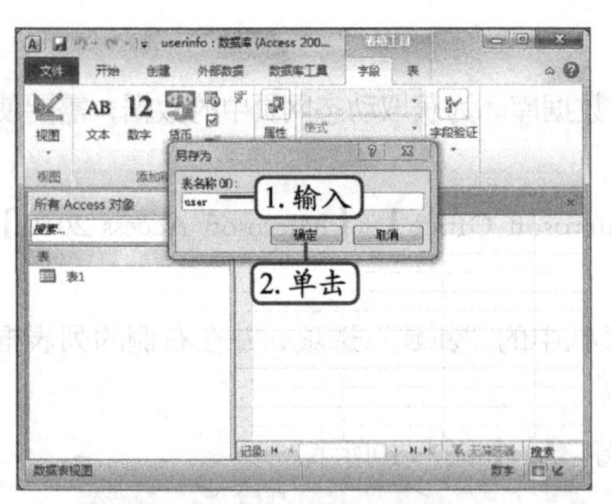

图7-13　保存数据表

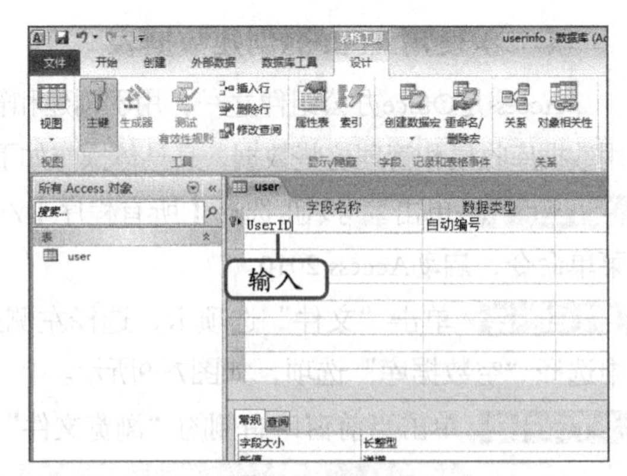

图7-14　添加表字段

STEP 8 在“字段名称”栏下的第2个单元格中输入“UserName”，将对应的数据类型设置为“文本”，并添加“用户名称”说明，如图7-15所示。

STEP 9 按相同方法添加名称为“UserPassword”的字段，数据类型为“文本”，说明内容为“登录密码”，如图7-16所示。按【Ctrl+S】组合键保存后关闭Access 2010即可。

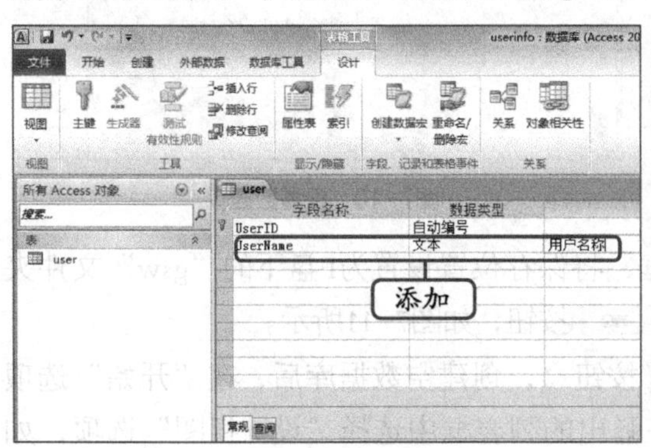

图7-15　添加表字段

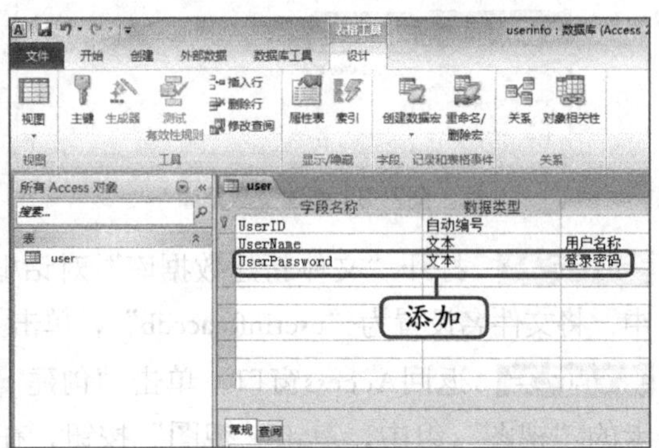

图7-16　添加表字段

（三）创建与配置动态站点

为了让动态网页与数据库文件相关联，需要在Dreamweaver中创建与配置动态站点，其具体操作如下。

STEP 1 在Dreamweaver操作界面中选择【站点】/【新建站点】菜单命令，在打开对话框左侧的列表框中选择“ 站点” 选项， 将站点名称设置为“gsw”，将本地站点文件夹设置为F盘下的“gsw”文件夹，如图7-17所示。

STEP 2 在左侧的列表框中选择“服务器”选项，单击右侧界面中的“添加”按钮➕，打开设置服务器的界面，在“服务器名称”文本框中输入“gsw”，在“连接方法”下拉列表框中选择“本地/网络”选项，单击“服务器文件夹”文本框右侧的“浏览文件夹”按钮，如图7-18所示。

STEP 3 打开“选择文件夹”对话框，选择并双击站点中的“gsw”文件夹，然后单击 选择(S) 按钮，如图7-19所示。

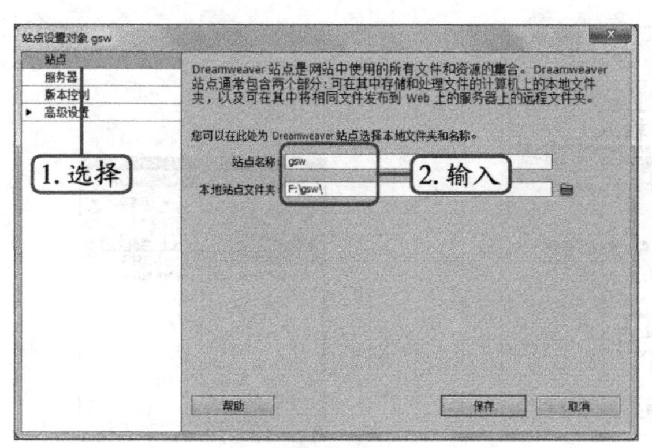

图7–17 设置站点名称和文件夹

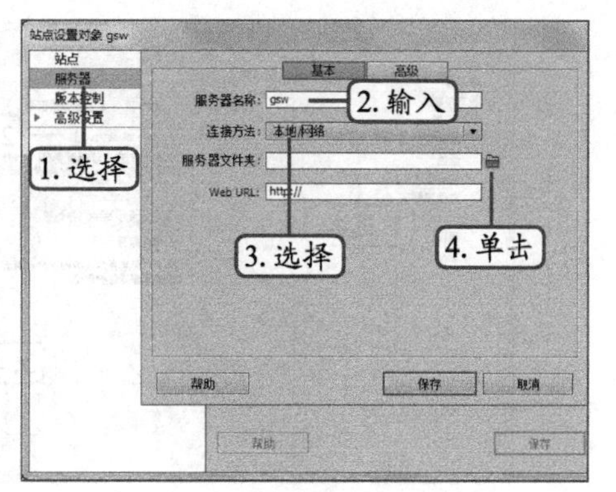

图7–18 配置服务器基本信息

STEP 4 在返回界面的“Web URL”文本框中输入“http://localhost/gsw/”，单击上方的 高级 按钮，如图7–20所示。

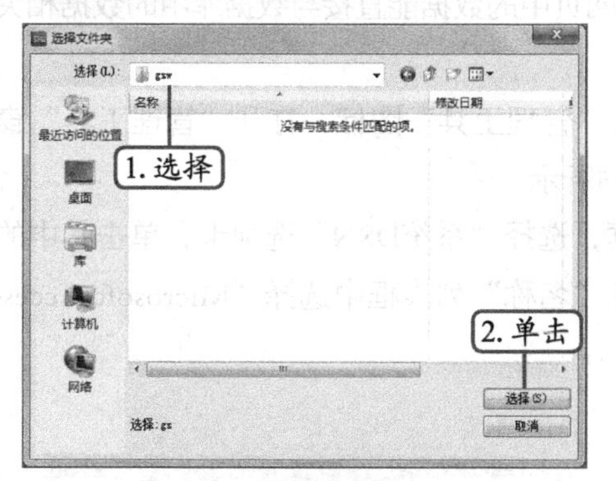

图7–19 选择文件夹

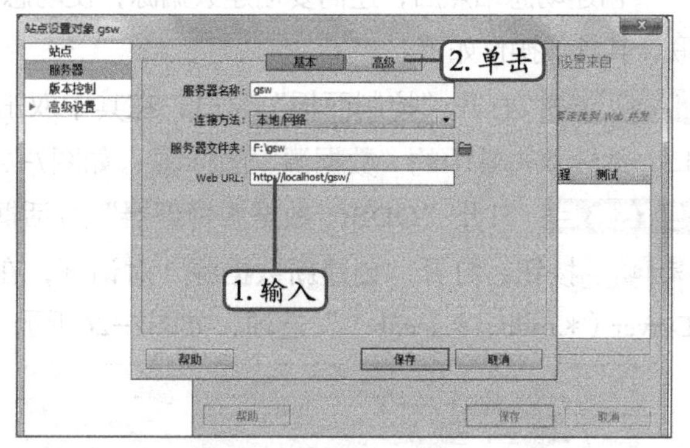

图7–20 设置“Web URL”地址

STEP 5 在“测试服务器”栏的“服务器模型”下拉列表框中选择“ASP VBScript”选项，单击 保存 按钮，如图7–21所示。

STEP 6 返回“站点设置对象 gsw”对话框，单击撤销选中“远程”栏下的复选框，并单击选中“测试”栏下的复选框，如图7–22所示。

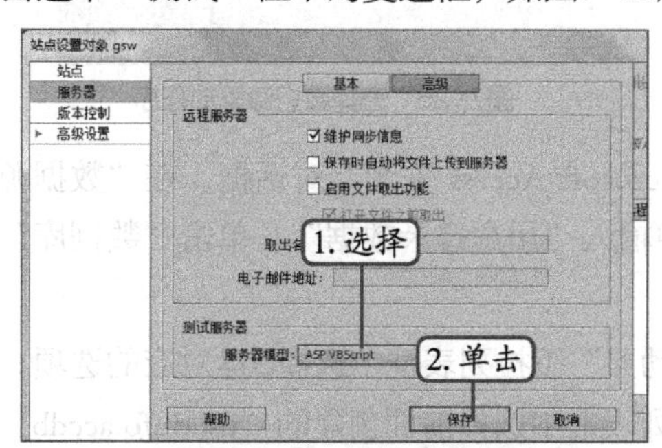

图7–21 设置服务器模型

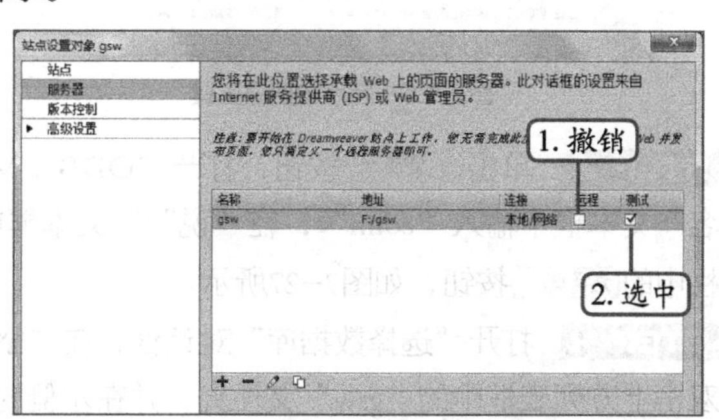

图7–22 设置测试服务器

STEP 7 在对话框左侧的列表框中选择“高级设置”栏下的“本地信息”选项，在“Web URL”文本框中输入“http://localhost/gsw/”，单击 保存 按钮，如图7–23所示。

STEP 8 打开“文件”面板，在其中可看到创建的站点内容，如图7–24所示。

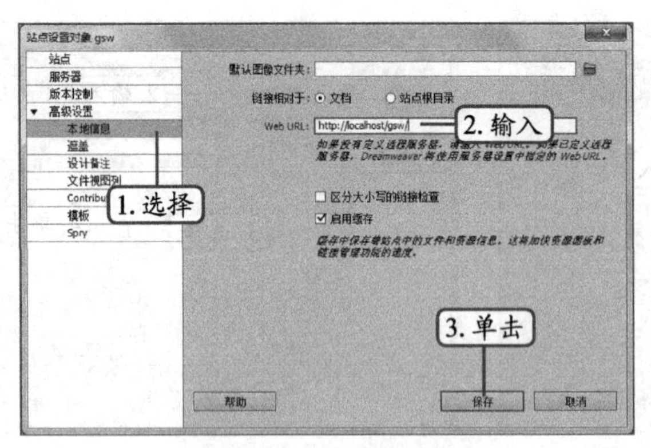

图7-23 设置服务器地址

图7-24 完成站点的创建

（四）创建数据源

创建动态站点后，还需要创建数据源，使动态网页中的数据能直接与数据库中的数据相关联，其具体操作如下。

STEP 1 打开“控制面板”窗口，在其中双击“管理工具”图标，打开“管理工具”窗口，继续双击其中的“数据源”图标，如图7-25所示。

STEP 2 打开“ODBC 数据源管理器”对话框，选择“系统DSN”选项卡，单击其中的 添加(D)... 按钮，打开“创建新数据源”对话框，在“名称”列表框中选择“Microsoft Access Driver（*.mdb，*.accdb）”选项，如图7-26所示。

图7-25 启用数据源工具

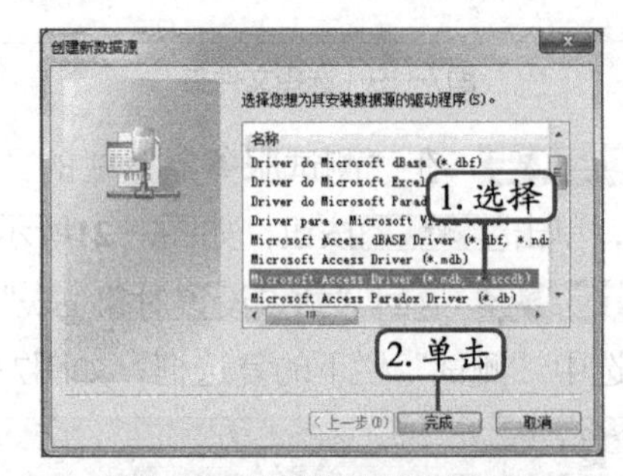

图7-26 选择数据源驱动程序

STEP 3 单击 完成 按钮，打开“ODBC Microsoft Access 安装”对话框，在“数据源名”文本框中输入“conn”，在“说明”文本框中输入“用户登录数据”，单击“数据库”栏中的 选择(S)... 按钮，如图7-27所示。

STEP 4 打开“选择数据库”对话框，在“驱动器”下拉列表框中选择D盘对应的选项，双击上方列表框中的“gsw”文件夹，并在左侧的列表框中选择前面创建的“userinfo.accdb”数据库文件，单击 确定 按钮，如图7-28所示。

STEP 5 返回“ODBC Microsoft Access 安装”对话框，单击 确定 按钮，再次单击 确定 按钮，完成数据源设置，打开Dreamweaver操作界面，选择【文件】/【新建】菜单命令，在打开对话框的左侧选择“空白页”选项，在“页面类型”栏中选择“ASP

VBScript”选项，单击 创建(R) 按钮，如图7-29所示。

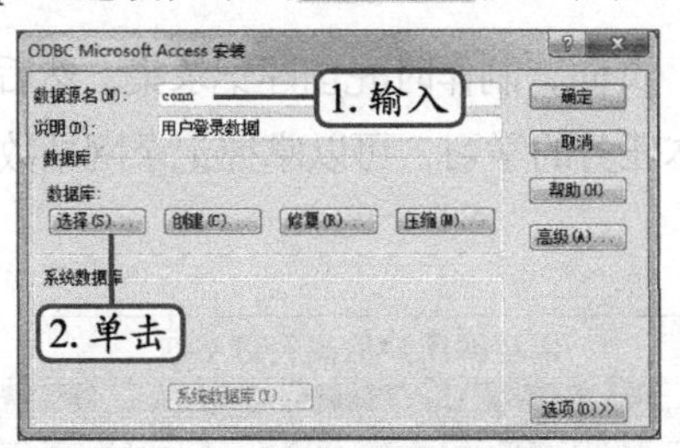

图7-27 设置数据库

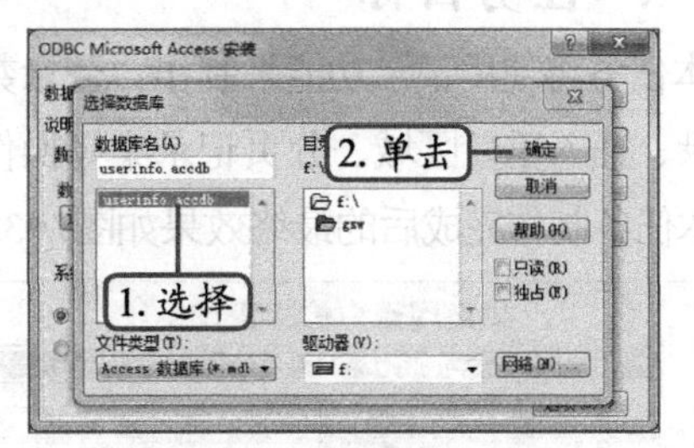

图7-28 选择数据库文件

STEP 6 选择【窗口】/【数据库】菜单命令，单击“数据源”面板中的“添加”按钮 + ，在弹出的列表中选择“数据源名称（DSN）”选项，如图7-30所示。

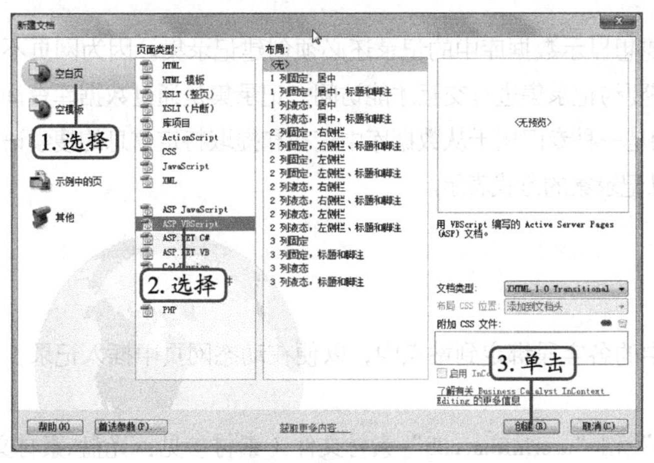

图7-29 新建ASP网页

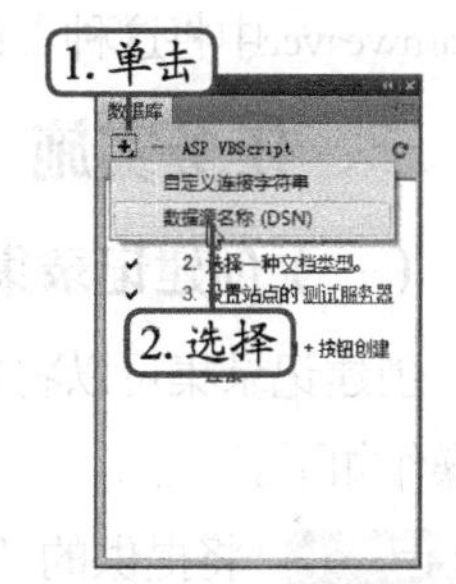

图7-30 新建数据源

STEP 7 打开“数据源名称（DSN）”对话框，在“连接名称”文本框中输入“testconn”，在“数据源名称”下拉列表框中选择“conn”选项，单击 确定 按钮，如图7-31所示。

STEP 8 完成数据源的创建，此时“数据库”面板中将出现“testconn”数据源，展开该目录后可看到前面已创建好的“user”数据表，如图7-32所示。

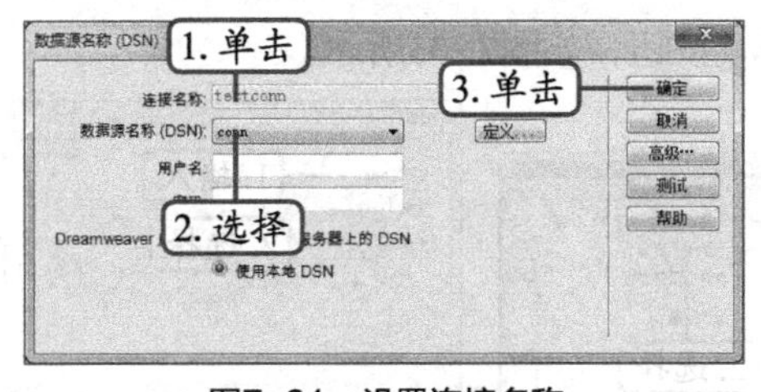

图7-31 设置连接名称

图7-32 完成创建

任务二 制作登录数据管理页面

数据提交到后台后，可制作一个单独的页面显示接收到的数据，通过记录功能即可实现。

一、任务目标

本任务将使用记录功能来制作“登录数据管理”页面，制作时先创建记录集，然后进行插入记录、插入重复区域、分页记录集等操作。通过本任务的学习，可以掌握记录网站数据的方法。本任务制作完成后的最终效果如图7-33所示。

果蔬网用户信息管理系统

编号	登录名称	登录密码
1	柒月	18456287
2	自挂东南枝	25841236
3	柴小⑦	87413205
	上一页 下一页	

果蔬网用户信息管理系统

编号	登录名称	登录密码
7	陌上↑	91657463
8	浅滩上的小尾鱼	89654357
	上一页 下一页	

图7-33　登录数据管理

二、相关知识

在数据库创建成功后，若要想显示数据库中的记录还必须创建记录集。因为网页不能直接访问数据库中存储的数据，需要与记录集进行交互才能访问，记录集是通过数据库查询从数据库中提取的记录的子集，查询是一种专门用于从数据库中查找和提取特定信息的搜索语句，Dreamweaver中将这种查询语句以记录集的方式表示。

三、任务实施

（一）创建记录集

创建记录集可以将数据表中的各字段绑定到站点中，以便在动态网页中插入记录，其具体操作如下。

STEP 1 将提供的“user.asp”和“userinfo.accdb”素材文件（素材参见：光盘\素材文件\项目六\任务二\gsw_zc.html）复制到电脑中的“F：\gsw”文件夹下。

STEP 2 打开“user.asp”文件，选择【窗口】/【绑定】菜单命令，打开“绑定”面板，单击“添加”按钮，在弹出的菜单中选择“记录集（查询）”命令，如图7-34所示。

STEP 3 打开“记录集”对话框，在“名称”文本框中输入“mes”，在“连接”下拉列表框中选择“testconn”选项，在“排序”下拉列表框中选择“UserID”选项，在右侧的下拉列表框中选择“升序”选项，单击 确定 按钮，如图7-35所示。

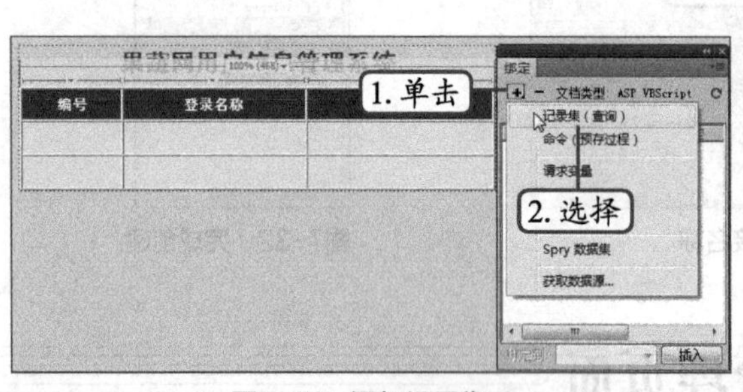

图7-34　添加记录集

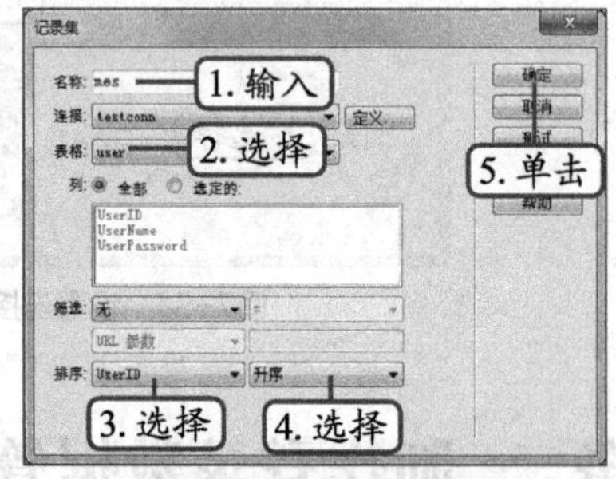

图7-35　设置记录集

STEP 4 此时“绑定”面板中将显示添加的记录集，单击其左侧的“展开”按钮，展开添加记录集中包含的内容，此内容便是后面需要使用到的动态数据字段。

（二）创建插入记录

添加了记录集后，便可在动态网页中插入需要用到的记录集中的各记录字段，只有插入的字段的动态网页，才能实时显示数据库中的数据内容，其具体操作如下。

STEP 1 将插入点定位到网页表格中"编号"项目下的第1个单元格中，在"绑定"面板中选择插入记录集中的"UserID"选项，单击插入按钮，如图7-36所示。

STEP 2 插入点所在单元格中将插入"mes"记录中的"UserID"字段，如图7-37所示。

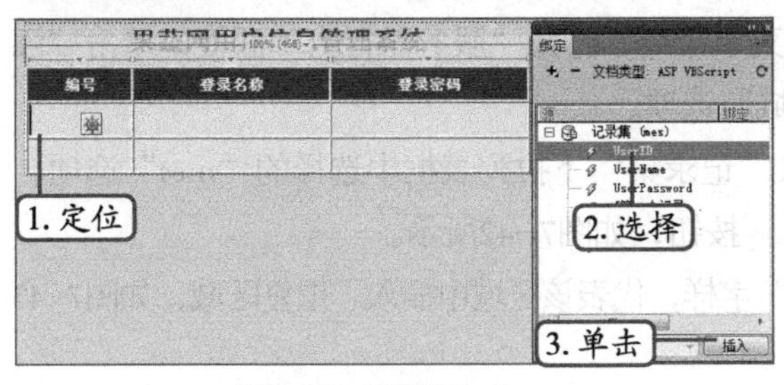

图7-36 定位插入点

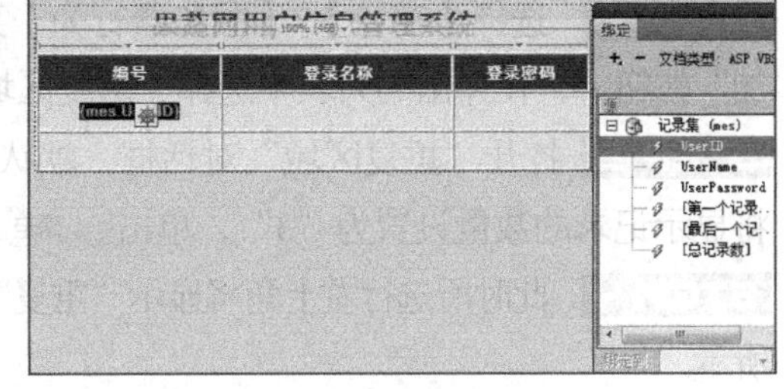

图7-37 插入字段

STEP 3 将插入点定位到网页表格中"登录名称"项目下的第1个单元格中，在"绑定"面板中选择插入记录集中的"UserName"选项，单击插入按钮，如图7-38所示。

STEP 4 此时插入点所在单元格中将插入"mes"记录中的"UserName"字段，效果如图7-39所示。

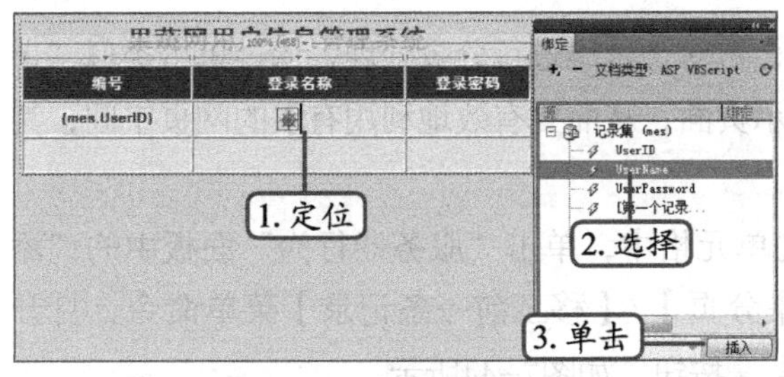

图7-38 定位插入点

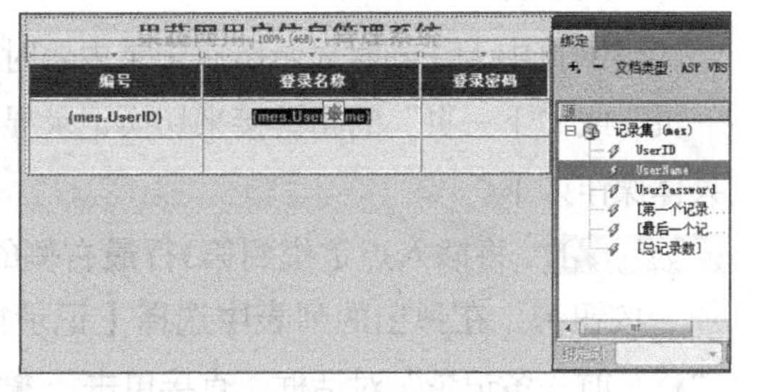

图7-39 插入字段

STEP 5 继续将插入点定位到网页表格中的"登录密码"项目下的第1个单元格中，在"绑定"面板中选择插入记录集中的"UserPassword"选项，然后单击插入按钮，如图7-40所示。

STEP 6 此时插入点所在单元格中将插入"mes"记录中的"UserPassword"字段，效果如图7-41所示。

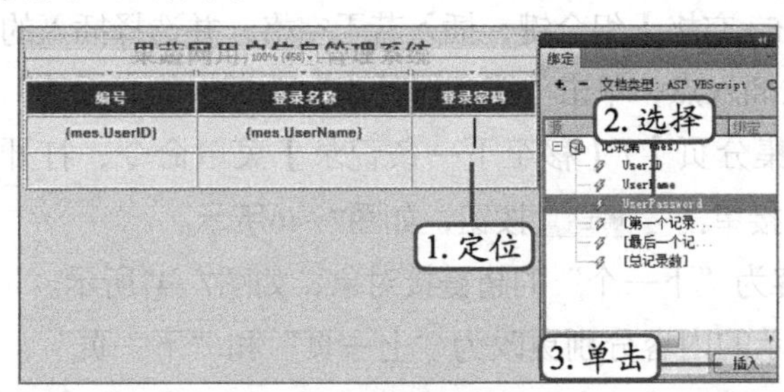

图7-40 定位插入点

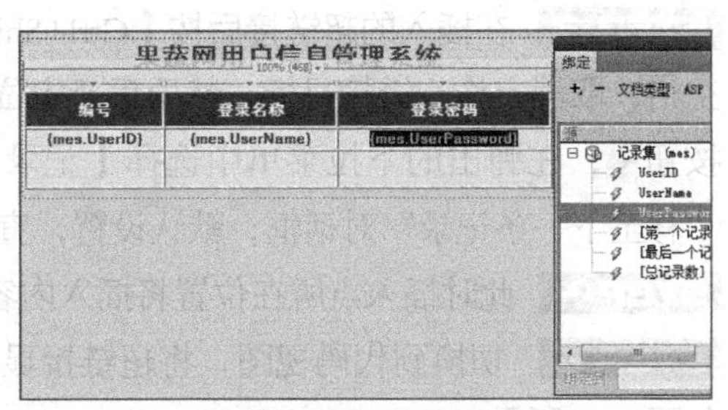

图7-41 插入字段

（三）插入重复区域

为了快速显示多个相同的记录内容，即在表格中显示多个用户的登录情况，避免一一插入对应的记录字段，可为已插入的字段设置重复区域，使其自动显示数据库中的多项内容，其具体操作如下。

STEP 1 将鼠标指针移至插入的记录字段所在行左侧，当其变为形状时单击鼠标选择整行单元格。

STEP 2 选择【窗口】/【服务器行为】菜单命令，打开“服务器行为”面板，单击“添加”按钮，在弹出的列表中选择“重复区域”选项。

STEP 3 打开“重复区域”对话框，默认“记录集”下拉列表框中选择的“mes”选项，将显示记录的数量设置为“3”，单击 确定 按钮，如图7-42所示。

STEP 4 此时所选行左上角将显示“重复”字样，代表该区域中插入了重复区域，如图7-43所示。

图7-42 设置重复记录数量

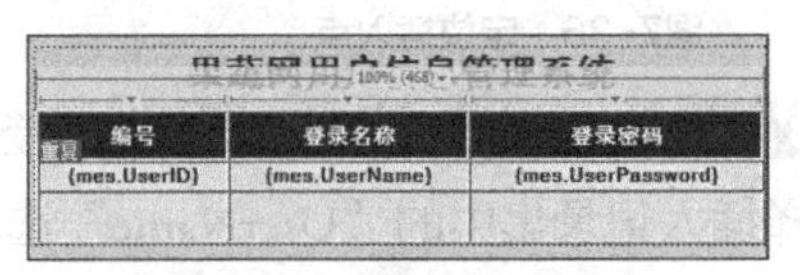

图7-43 完成重复区域的插入

（四）分页记录集

当网页中无法同时显示所有记录内容时，可对记录集进行分页处理，通过单击类似“上一页”或“下一页”的超链接来切换记录显示页面，从而更有效地利用有限的网页空间，其具体操作如下。

STEP 1 将插入点定位到第3行最右侧的单元格中，单击“服务器行为”面板中的“添加”按钮，在弹出的列表中选择【记录集分页】/【移至前一条记录】菜单命令，打开“移至前一条记录”对话框，直接单击 确定 按钮，如图7-44所示。

STEP 2 此时插入点所在位置将插入内容为“前一页”的超链接对象，如图7-45所示。

图7-44 设置链接目标

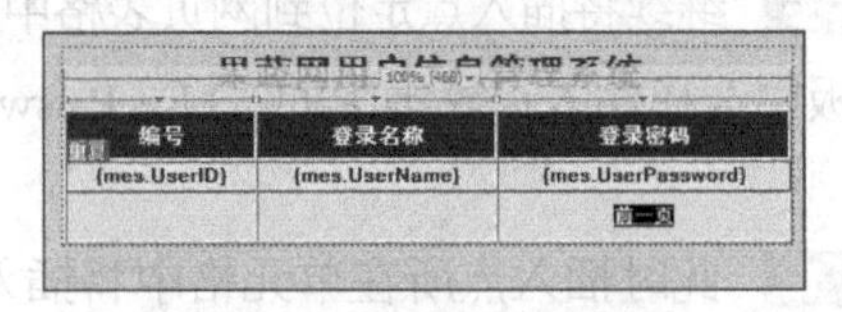

图7-45 插入的记录集分页

STEP 3 在插入的超链接后按【Ctrl+Shift+空格】组合键，插入若干空格，并选择插入的空格，取消空格的链接目标，然后重新定位插入点，单击“服务器行为”面板中的“添加”按钮，在弹出的下拉菜单中选择【记录集分页】/【移至下一条记录】菜单命令，打开“移至下一条记录”对话框，默认设置，直接单击 确定 按钮，如图7-46所示。

STEP 4 此时插入点所在位置将插入内容为“下一个”的超链接对象，如图7-47所示。

STEP 5 切换到代码视图，将超链接显示的内容分别更改为“上一页”和“下一页”，如图7-48所示。

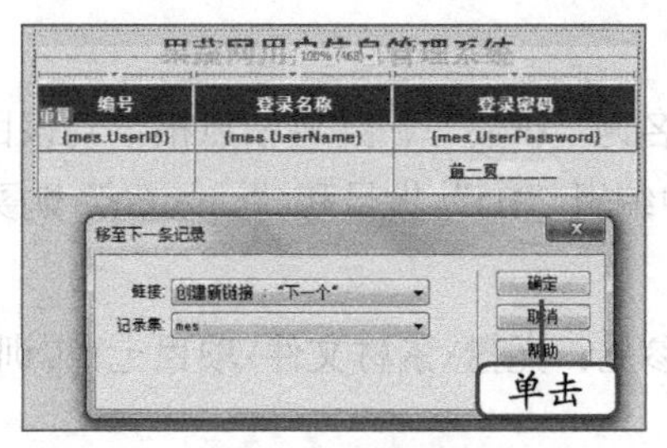

图7-46 设置链接目标

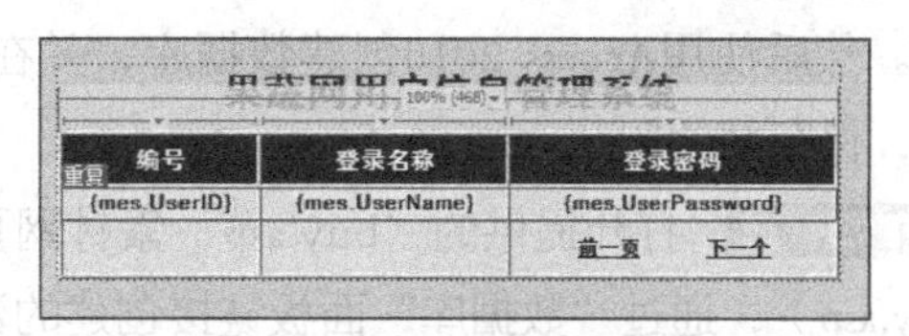

图7-47 插入的记录集分页

STEP 6 返回设计视图，合并第3行单元格，保存设置的网页，效果如图7-49所示。

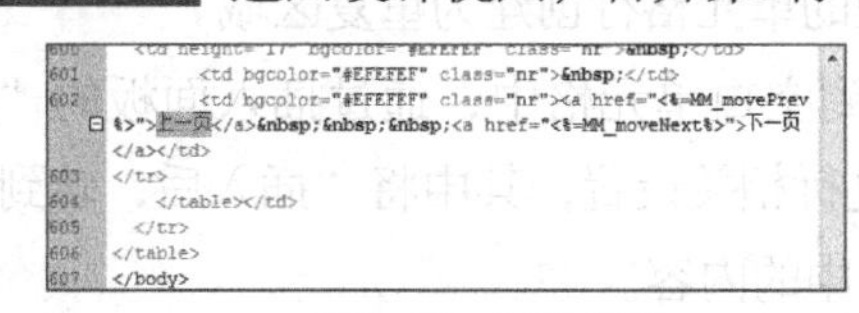

图7-48 更改代码

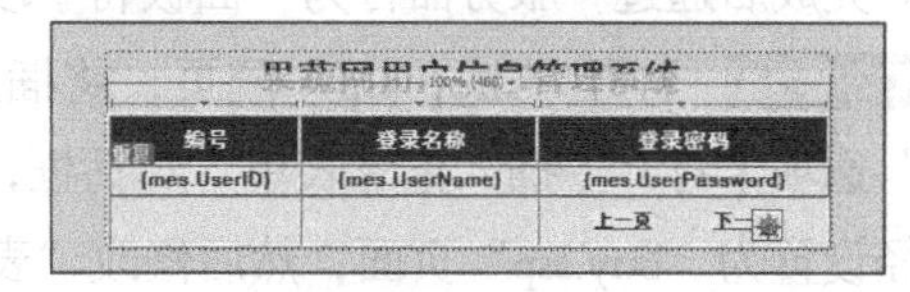

图7-49 保存设置

STEP 7 预览网页，此时表格中将自动获取连接的数据表中的数据，并显示在网页中，根据设置的重复区域数量，表格将显示3条数据内容，效果如图7-50所示。

STEP 8 单击“下一页”超链接，将显示数据表中的其他未显示的数据记录，如图7-51所示（最终效果参见：光盘\效果文件\项目七\任务二\user.asp）。

图7-50 预览效果

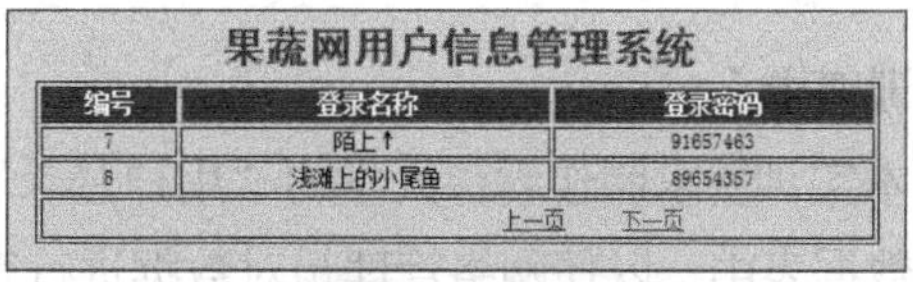

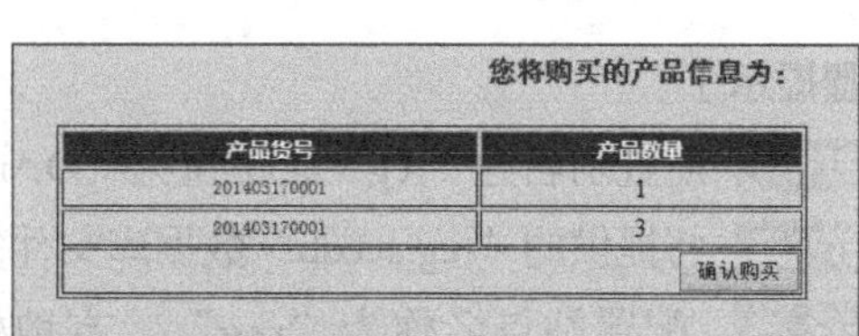

图7-51 切换页面

实训一 制作“加入购物车”页面

【实训要求】

本实训要求为果蔬网购物网站制作“加入购物车”页面，使用户可以在此页面中输入需要购买的产品信息，然后通过单击“加入购物车”按钮将这些信息显示到确认购买的页面。

【实训思路】

根据实训要求，本实训涉及记录集的创建、记录的插入、重复区域的插入等内容，同时还将涉及“插入记录表单向导”功能的使用。图7-52所示即为制作的“加入购物车”网页效果，在该页面中输入数据后单击“加入购物车”按钮，可跳转到相应的确认购物页面。

图7-52 “加入购物车”动态网页效果

【步骤提示】

STEP 1 配置IIS服务器，创建一个站点名称，别名为“shop”，并将站点指定到该目录中。然后使用Access 2010创建数据库，并在数据库中编辑“ID”货号和“amount”购买数量，保存并关闭。

STEP 2 打开提供的“buy.asp”素材网页（素材参见：光盘\素材文件\项目七\实训一\buy.asp），通过“数据库”面板链接创建的数据源。

STEP 3 通过“绑定”面板，创建记录集，并将相应的字段名称插入到对应的单元格中。完成后通过“服务器行为”面板将字段名称所在的单元格行创建为重复区域。

STEP 4 打开“shop.asp”网页，将插入点定位到空白单元格中，通过插入面板的“数据”选项卡打开“插入记录表单”对话框，在其中进行相关设置，其中将“插入后，转到”路径设置为“buy.asp”页面，然后修改“表单字段”中的内容。

STEP 5 插入一个表单，添加按钮元素，将值更改为“加入购物车”，然后通过空格移动位置，完成后保存网页，预览效果，单击“加入购物车”按钮后将打开“buy.asp”页面，并显示选择的数据。（最终效果参见：光盘\效果文件\项目七\实训一\buy.asp、shop.asp）。

实训二 制作蓉锦大学“用户登录”动态页面

【实训要求】

本实训要求制作蓉锦大学的“用户登录”动态页面，目的在于将用户登录的信息同步收集到数据表中，以便网络管理员对数据进行管理，完成效果如图7-53所示。

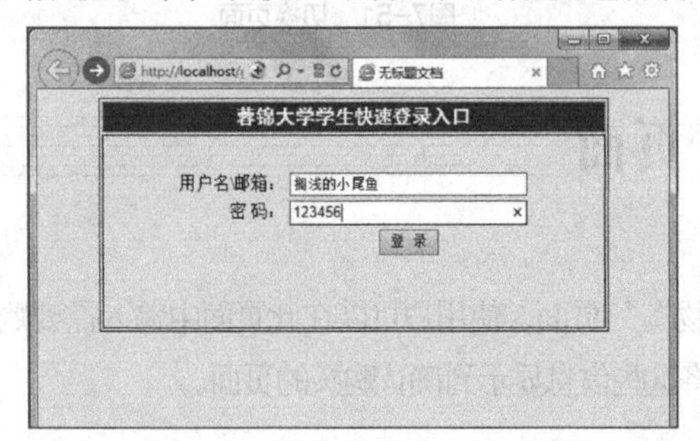

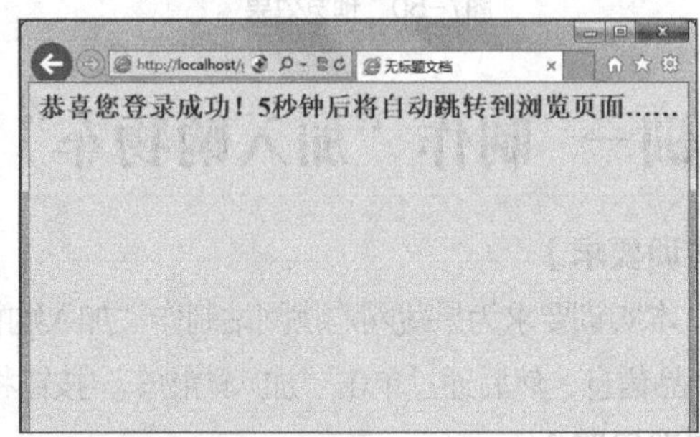

图7-53 “用户登录”页面与登录成功后显示的页面效果

【实训思路】

根据实训要求，本实训主要包括IIS的配置、动态站点的创建和数据源的添加与绑定等操作。

【步骤提示】

STEP 1 配置别名为“reg”、位置为“D:\reg”的IIS。

STEP 2 将提供的“reg.accdb”数据库文件复制到“D:\reg”文件夹中。

STEP 3 配置站点名称为“reg”，本地根文件夹为“E:\reg\”，Web URL地址为“http://localhost/reg/”，服务器模型为“ASP VBScript”，访问类型为“本地/网络”的测

试服务器。

STEP 4 创建数据源名为“reg”，说明为“注册数据”，数据库为“reg.accdb”的数据源。

STEP 5 打开提供的“reg.asp”网页素材（素材参见：光盘\素材文件\项目七\实训二\rjdxhzjl.html），绑定“reg”记录集，排序为“regID”、“升序”。

STEP 6 将文本插入点定位在表格的空单元格中，利用“插入记录表单向导”功能插入记录表单，注意需要指定跳转的页面并删除不需显示的“regID”字段。

STEP 7 将“提交”按钮更改为“登 录”，将“密码：”对应的文本字段表单对象设置为“密码”类型，并适当美化表单。

STEP 8 保存网页并预览，输入相应的注册数据后单击“登录”按钮跳转到指定的网页，“reg.accdb”数据库中的表格将同步收集到输入的数据（最终效果参见：光盘\效果文件\项目七\实训二\reg.asp）。

常见疑难解析

问：什么是ASP. NET？与ASP格式相比有什么区别？

答：ASP.NET是Microsoft公司开发的新一代网络编程平台，该平台较ASP而言功能更为强大，结构也更加完善，但其复杂程度也非ASP所能比拟的。对于初学者而言，ASP无疑是最容易上手的一种开发平台，它能开发出功能丰富的Web应用程序，特别适合初学者。当具备一定的网页开发能力后，建议再使用ASP.NET开发网页。

问：ASP涉及很多编程工作，本项目为何没有涉及这方面的知识？

答：在高级应用中，确实需要做很多ASP编程的工作，但本项目的重点是ASP与数据库结合的应用，因此把重心放在数据库操作部分。Dreamweaver在这个方面的功能非常强大，几乎可以在不编写任何代码的情况下完成对数据库的所有基础操作，这也给没有任何编程基础的用户提供了实现动态网站简单应用的可能性。

问：设置数据源的好处是什么？

答：设置数据源后，ASP应用程序便可通过数据源名称轻松连接到数据库，而且相对于字符串连接方式，数据源具有更好的安全性能，并可以隐藏数据库文件的真实路径。

问：能不能用图像对象实现记录集分页中的文本超链接呢？

答：可以。在本章介绍的设置记录集分页方法的基础上，将相应的链接文本替换为链接图像即可达到通过图像按钮实现记录集分页的目的。如将本项目介绍的添加“下一页”的分页链接文本替换为包含“下一页”内容的图像文件即可。

拓展知识

“插入”面板中的“数据”插入栏包含多种有用的工具。下面就对其中部分常用工具的作用进行拓展介绍，以便在实际学习和工作中可以更加自主地创建需要的网页。

- **“记录集”工具**：创建记录集。
- **“命令”工具**：打开“命令”对话框，创建在数据库中插入数据、更新数据和删除数据的命令。
- **“动态数据”工具**：插入显示动态数据的对象，包括动态表格、动态文本、动态文本字段、动态复选框、动态单选按钮组和动态选择列表等工具。
- **“重复区域”工具**：创建重复区域。
- **“记录集分页”工具**：对分页显示的记录集进行导航。
- **“转到详细（相关）页面”工具**：包括“转到详细页面”和“转到相关页面”两个工具，可创建调整到详细页面或相关页面的超链接。
- **“插入记录”工具**：在数据库中插入数据，包括“插入记录表单向导”和“插入记录”两个工具。
- **“更新记录”工具**：对数据库中的数据进行更新，包括“更新记录表单向导”和“更新记录”两个工具。
- **“删除记录”工具**：删除数据库中的记录。

课后练习

（1）创建名为“info ” 的Access数据库并在其中创建“info”表，字段名称包括“ID”、“Name”、“Sex”、“Age”和“E-mail”，其中“ID”字段和“Age”字段为数字类型，其余字段为文本类型，并输入各条记录（参见光盘中提供的素材文件）。

（2）配置别名为“info”、位置为“D:\info”的IIS。配置站点名称为“info”，本地根文件夹为“D:\info\”，Web URL地址为“http://localhost/info/”，服务器模型为“ASP VBScript”，访问类型为 “本地/网络”的测试服务器。

（3）创建数据源名为“info”，说明为“用户信息”，数据库为“info.accdb”的数据源。打开“info.asp”网页文件，绑定“info”记录集，排序为“ID、升序”。在第3行各单元格中依次插入绑定好的记录集中相应的字段，将第3行设置为重复区域，并插入记录集分页等内容。

（4）保存并预览网页效果，如图7-54所示。

用户登录数据汇总

编号	姓名	性别	年龄	邮箱
1	Peter	man	26	asldkjf@qq.com
2	Marry	female	25	49889850@qq.com
3	Amy	female	28	1357567840@qq.com
4	Tom	man	27	584324540@qq.com

上一页 下一页

用户登录数据汇总

编号	姓名	性别	年龄	邮箱
5	Jerry	man	25	2139739660@qq.com
6	Daisy	female	26	980545620@qq.com
7	Ella	female	27	1021549740@qq.com
8	John	man	30	7980744460@qq.com

上一页 下一页

图7-54 制作用户登录数据汇总动态网页

PART 8

项目八 Photoshop CS5的基本操作

情景导入

阿秀：小白，作为一名合格的网页设计师，除了会使用Dreamweaver进行网页编辑外，还必须掌握Photoshop的相关操作。

小白：Photoshop是用来处理网页中的图像吗？

阿秀：是的，在网页设计中，Photoshop主要用来进行前期界面设计，并输出界面效果图供客户确认。在网页设计过程中，又需要使用Photoshop对页面中的一些产品图片进行编辑和美化等。因此学好Photoshop非常有必要。

小白：我一定认真学习。

阿秀：那下面就先学习Photoshop的一些基本操作，制作简单的界面背景效果。

学习目标

- 掌握图像文件的基本操作
- 掌握选区的基本操作
- 掌握绘图工具和修饰工具的使用方法
- 熟悉网页图像格式的相关知识

技能目标

- 掌握“蓉锦大学首页”页面背景的制作方法
- 掌握“七月”首页背景的制作方法
- 能够完成简单的界面设计和网页图片处理

任务一 制作“蓉锦大学首页”背景效果图

任何网站在前期规划完成后都会设计一个界面效果图，用于与客户确认网页布局和界面内容等。下面介绍使用Photoshop CS5设计蓉锦大学首页背景效果图的相关知识。

一、任务目标

本任务将练习用 Photoshop CS5制作蓉锦大学首页的背景效果图，即对该网站首页进行基本的效果图布局设计，在制作时先创建图像文件，然后再其中创建选区、填充颜色、添加基本的图像元素，最后保存图像。通过本任务可掌握Photoshop CS5的基本操作。本任务制作完成后的效果如图8-1所示。

图8-1 “蓉锦大学首页”界面背景

二、相关知识

（一）网页中的图片格式

网页中的图片全部存储在网络的服务器中，用户在访问网页时通常需要将服务器中的图片下载到本地电脑缓存中才能完整显示网页，为了提高网页的浏览速度，通常会对图片的格式进行设置，减小图像的体积。

Photoshop CS5共支持20多种格式的图像，并可对不同格式的图像进行编辑和保存。下面分别介绍常见的文件格式，其中，网页中常用的图片格式为前3种。

- **JPEG（*.jpg）格式**：JPEG是一种有损压缩格式，支持真彩色，生成的文件较小，是常用的图像格式之一。JPEG格式支持CMYK、RGB、灰度的颜色模式，但不支持Alpha通道。在生成JPEG格式的文件时，可以通过设置压缩的类型，产生不同大小和质量的文件。压缩越大，图像文件就越小，相对的图像质量就越差。
- **GIF（*.gif）格式**：GIF格式的文件是8位图像文件，最多为256色，不支持Alpha通道。GIF格式的文件较小，常用于网络传输，在网页上见到的图片大多是GIF和JPEG格式的。GIF格式与JPEG格式相比，其优势在于GIF格式的文件可以保存动画效果。
- **PNG（*.png）格式**：GIF格式文件虽小，但在图像的颜色和质量上较差，而PNG格式可以使用无损压缩方式压缩文件，它支持24位图像，产生的透明背景没有锯齿边缘，所以可以产生质量较好的图像效果。

- **PSD（*.psd）格式：**它是由Photoshop软件自身生成的文件格式，是唯一能支持全部图像色彩模式的格式。以PSD格式保存的图像可以包含图层、通道、色彩模式等信息。
- **TIFF（*.tif；*.tiff）格式：**TIFF格式是一种无损压缩格式，便于在应用程序之间或计算机平台之间进行图像的数据交换，可以在许多图像软件之间进行转换。TIFF格式支持带Alpha通道的CMYK、RGB、灰度文件，支持不带Alpha通道的Lab、索引颜色、位图文件。另外，它还支持LZW压缩。
- **BMP（*.bmp）格式：**用于选择当前图层的混合模式，使其与下面的图像进行混合。
- **EPS（*.eps）格式：**EPS可以包含矢量和位图图形，最大的优点在于可以在排版软件中以低分辨率预览，而在打印时以高分辨率输出。不支持Alpha通道，可以支持裁切路径，支持Photoshop所有的颜色模式，可用来存储矢量图和位图。在存储位图时，还可以将图像的白色像素设置为透明的效果，并且在位图模式下也支持透明效果。
- **PCX（*.pcx）格式：**PCX格式与BMP格式一样支持1~24bit的图像，并可以用RLE的压缩方式保存文件。PCX格式还可以支持RGB、索引颜色、灰度、位图的颜色模式，但不支持Alpha通道。
- **PDF（*.pdf）格式：**PDF格式是Adobe公司开发的用于Windows、MAC OS、UNIX、DOS系统的一种电子出版软件的文档格式，适用于不同平台。该格式文件可以存储多页信息，其中包含图形和文本的查找和导航功能。因此，使用该软件不需要排版或图像软件即可获得图文混排的版面。由于该格式支持超文本链接，因此是网络下载经常使用的文件格式。
- **PICT（*.pct）格式：**PICT格式被广泛用于Macintosh图形和页面排版程序中，是作为应用程序间传递文件的中间文件格式。PICT格式支持带一个Alpha通道的RGB文件和不带Alpha通道的索引文件、灰度、位图文件。PICT格式对于压缩具有大面积单色的图像非常有效。

（二）位图、矢量图、分辨率

位图与矢量图是使用图形图像软件时首先需要了解的基本图像概念，而图像分辨率则表示图片的清晰程度。

1. 位图

位图也称像素图或点阵图，是由多个像素点组成的。将位图尽量放大后，可以发现图像是由大量的正方形小块构成，不同的小块上显示不同的颜色和亮度。网页中的图像基本上以位图为主。

2. 矢量图

矢量图又称向量图，是以几何学进行内容运算、以向量方式记录的图像，以线条和色块为主。矢量图形与分辨率无关，无论将矢量图放大多少倍，图像都具有同样平滑的边缘和清晰的视觉效果，更不会出现锯齿状的边缘现象，且文件尺寸小，通常只占用少量空间。矢量图在任何分辨率下均可正常显示或打印，而不会损失细节。因此，矢量图形在标志设计、插图设计及工程绘图上占有很大的优势。其缺点是所绘制的图像一般色彩简单，也不便于在各种软件之间进行转换使用。

3. 分辨率

分辨率是指单位面积上的像素数量。通常用像素/英寸或像素/厘米表示，分辨率的高低直接影响图像的效果，单位面积上的像素越多，分辨率越高，图像就越清晰。分辨率过低会导致图像粗糙，在排版打印时图片会变得非常模糊，而较高的分辨率则会增加文件的大小，并降低图像的打印速度。

（三）认识Photoshop CS5的工作界面

使用Photoshop CS5进行图像处理前，首先需要对其操作界面有全面的了解，选择【开始】/【所有程序】/【Adobe Photoshop CS5】菜单命令即可启动Photoshop CS5，如图8-2所示。

图8-2 Photoshop CS5的操作界面

1. 菜单栏

标题栏左侧显示了Photoshop CS5的程序图标和一些基本模式设置，如缩放级别、排列文档、屏幕模式等，右侧的3个按钮分别用于对图像窗口进行最小化（）、最大化/还原（）和关闭（）操作。

2. 菜单栏

菜单栏由“文件”、“编辑”、“图像”、“图层”、“选择”、“滤镜”、“分析”、“3D”、“视图”、“窗口”、“帮助”11个菜单项组成，每个菜单项下内置了多个菜单命令。菜单命令右侧标有符号，表示该菜单命令下还包含子菜单，若某些命令呈灰色显示时，表示没有激活，或当前不可用。图8-3所示为“文件”菜单。

3. 工具箱

工具箱中集合了在图像处理过程中使用最频繁的工具，使用它们可以进行绘制图像、修饰图像、创建选区、调整图像显示比例等操作。工具箱的默认位置在工作界面左侧，将鼠标移动到工具箱顶部，可将其拖曳到界面中的其他位置。

单击工具箱顶部的折叠按钮，可以将工具箱中的工具以双列方式排列。单击工具箱中对应的图标按钮，即可选择该工具。工具按钮右下角有黑色小三角形标记表示该工具位于一个工具组中，其中还包含隐藏的工具，在该工具按钮上按住鼠标左键不放或单击鼠标右键，即可显示该工具组中隐藏的工具，如图8-4所示。

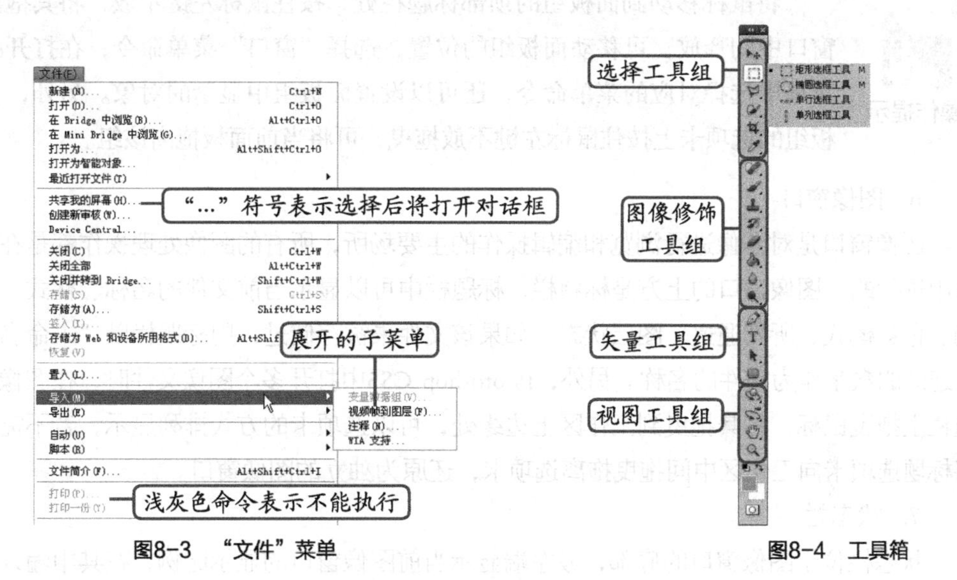

图8-3 “文件”菜单　　图8-4 工具箱

4. 工具属性栏

工具属性栏用于对当前所选工具进行参数设置。属性栏默认位于菜单栏的下方，当用户选择工具箱中的某个工具时，工具属性栏将变成相应工具的属性设置区域，用户可以方便地利用它来设置该工具的各种属性。图8-5所示为画笔工具的属性栏。

图8-5 画笔工具属性栏

5. 面板组

Photoshop CS5中的面板默认显示在操作界面的右侧，是操作界面中非常重要的一个组成部分，用于进行选择颜色、编辑图层、新建通道、编辑路径、撤销编辑等操作。

选择【窗口】/【工作区】/【基本功能（默认）】菜单命令，将得到如图8-6所示的面板组合。单击面板右上方的灰色箭头，可以将面板改为只有面板名称的缩略图，如图8-7所示，再次单击灰色箭头可以展开面板组。当需要显示某个单独的面板时，单击该面板名称即可，如图8-8所示。

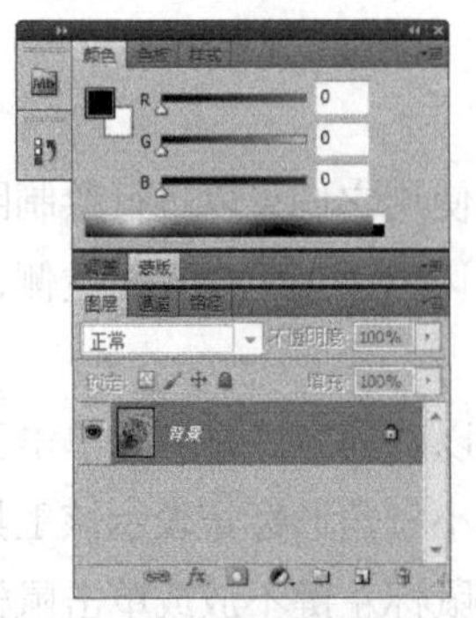
图8-6　面板组

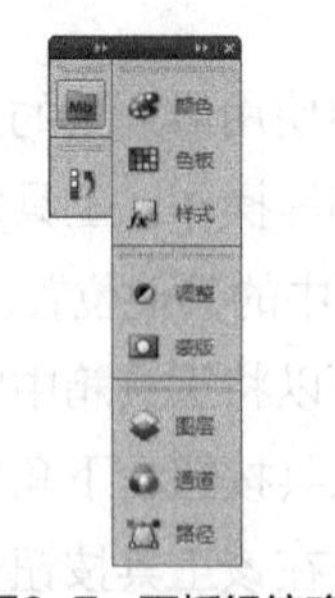
图8-7　面板组缩略图

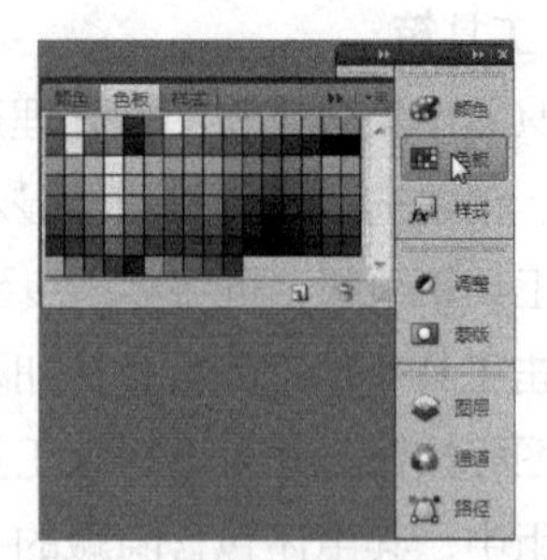
图8-8　显示面板

将鼠标移动到面板组的顶部标题栏处，按住鼠标左键不放，将其拖曳到窗口中间释放，可移动面板组的位置，选择“窗口”菜单命令，在打开的子菜单中选择对应的菜单命令，还可以设置面板组中显示的对象。另外，在面板组的选项卡上按住鼠标左键不放拖曳，可将当前面板拖离该组。

6. **图像窗口**

图像窗口是对图像进行浏览和编辑操作的主要场所，所有的图像处理操作都是在图像窗口中进行的。图像窗口的上方是标题栏，标题栏中可以显示当前文件的名称、格式、显示比例、色彩模式、所属通道、图层状态。如果该文件未被存储过，则标题栏以“未命名”并加上连续的数字作为文件的名称。另外，Photoshop CS5中打开多个图像文件时，在图像窗口标题栏上拖曳鼠标，将其拖曳到工作区上边缘处，可以选项卡的方式排列显示，若不需要，可将标题选项卡向工作区中间拖曳拖离选项卡，还原为独立的图像窗口。

7. **状态栏**

状态栏位于图像窗口的底部，最左端显示当前图像窗口的显示比例，在其中输入数值并按【Enter】键后可改变图像的显示比例，状态栏中间显示了当前图像文件的大小。

用户根据需要设置工具箱和面板组后，可选择【窗口】/【工作区】/【新建工作区】菜单命令，打开“新建工作区”对话框，输入名称后单击 存储 按钮，以存储设置的工作界面。

三、任务实施

（一）新建图像文件

新建图像文件的操作是使用Photoshop CS5进行设计的第一步，因此要设计网页界面，必须先新建图像文件，其具体操作如下。

STEP 1 选择【文件】/【新建】菜单命令或按【Ctrl+N】组合键，打开“新建”对话框，如图8-9所示。

STEP 2 在“名称”文本框中输入“蓉锦大学网页背景”，在“宽度”文本框中输入“1002”，“高度”文本框中输入“615”。

STEP 3 单击 确定 按钮，即可新建一个图像文件，如图8-10所示。

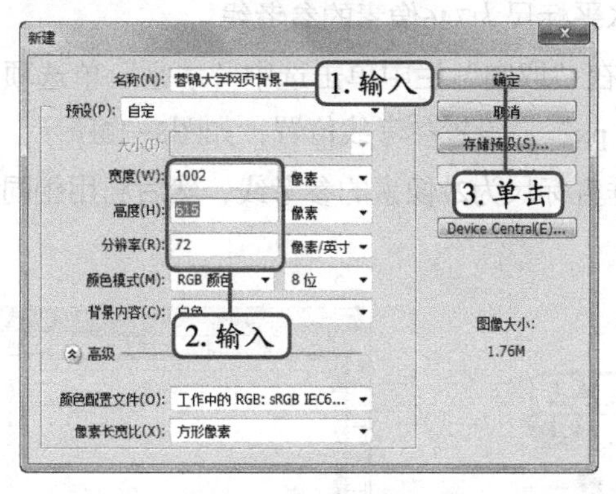

图8-9 新建图像文件

图8-10 新建的图像文件

职业素养

网页界面设计需要遵循一定的尺寸，下面介绍一些网页设计标准尺寸以供参考。

①分辨率为800×600px时，网页宽度保持在778px以内，就不会出现水平滚动条，高度则视版面和内容决定。

②分辨率为1024×768px时，网页宽度保持在1002px以内，如果满框显示的话，高度保持在612~615px，就不会出现水平滚动条和垂直滚动条。

③在Photoshop里面做网页效果图可以在800×600px分辨率状态下显示全屏，页面的下方不会出现滑动条，尺寸在740×560px左右。

（二）创建参考线

使用Photoshop对网页界面效果图进行布局时可借助标尺和参考线来辅助定位，其具体操作如下。

STEP 1 选择【视图】/【标尺】菜单命令，或按【Ctrl+R】组合键即可显示标尺。

STEP 2 在标尺上单击鼠标右键，在弹出的快捷菜单中选择“像素”命令即可将标尺单位设置为像素，如图8-11所示。

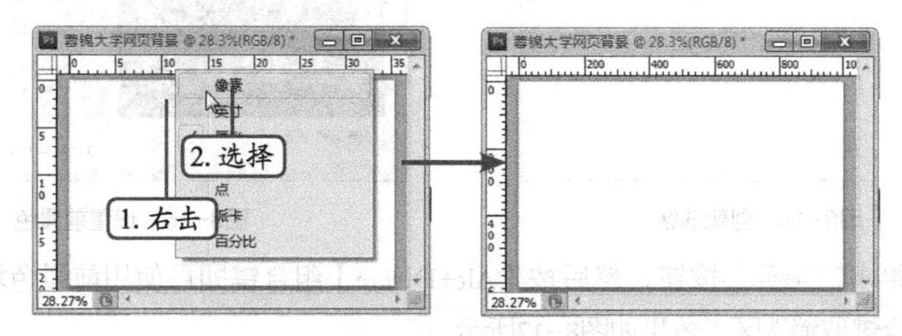

图8-11 设置标尺单位

STEP 3 再次选择【视图】/【标尺】菜单命令，或按【Ctrl+R】组合键可隐藏标尺。

STEP 4 选择【视图】/【新建参考线】菜单命令，打开“新建参考线”对话框，在“取向”栏中单击选中“垂直”单选项，设置参考线方向，在“位置”文本框中输入“746 px”，设置参考线位置，如图8-12所示。

STEP 5 单击 确定 按钮，即可新建一条水平标尺为746像素的参考线。

STEP 6 再次打开“新建参考线”对话框，在“取向”栏中单击选中“水平”单选项，设置参考线方向，在“位置”文本框中输入“27 px”，设置参考线位置，如图8-13所示。

STEP 7 单击 确定 按钮，即可新建一条垂直标尺为27像素的参考线，然后利用相同的方法创建其他参考线，效果如图8-14所示。

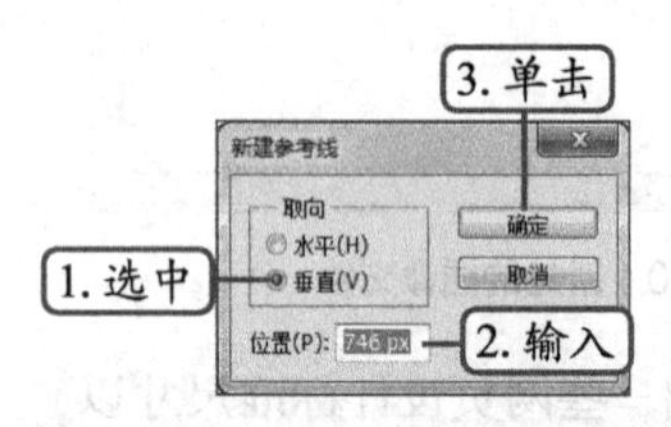

图8-12 创建垂直参考线

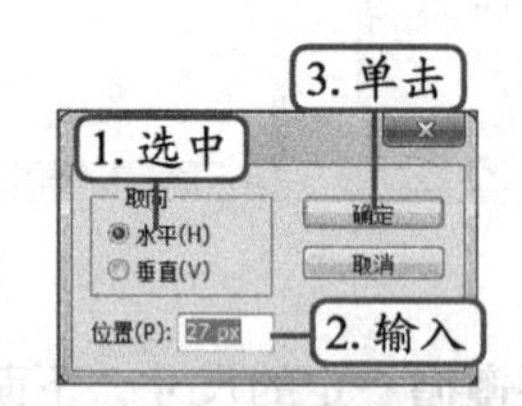

图8-13 创建水平参考线

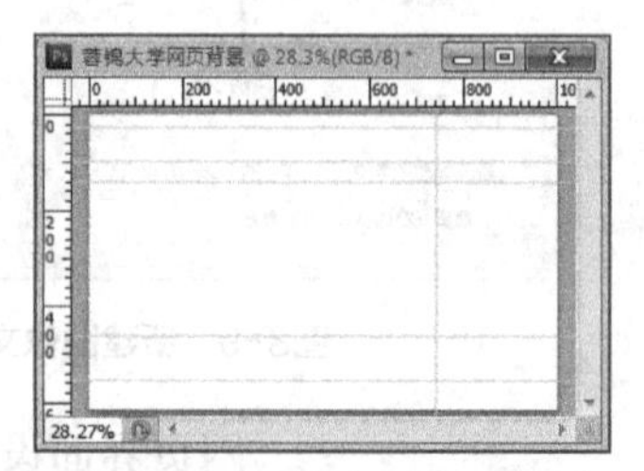

图8-14 其他参考线效果

（三）创建并填充选区

对局部图像进行操作前需要对图像创建选区才能实现，下面在图像中创建选区然后填充颜色，其具体操作如下。

STEP 1 在“图层”面板中单击“新建图层”按钮，新建一个透明图层，在工具箱中选择矩形选框工具。

STEP 2 在图像中拖曳鼠标沿着参考线创建选区，如图8-15所示。

STEP 3 在“工具箱”中单击“前景色”色块，打开“拾色器（前景色）”对话框，在左侧颜色区域单击红色区域，选择暗红色（R:139,G:14,B:2），如图8-16所示。

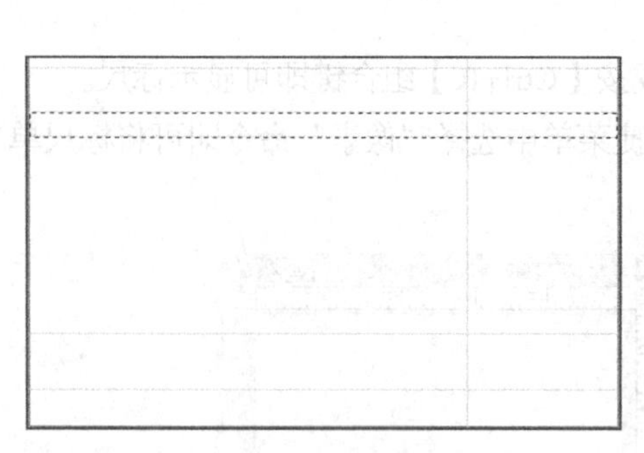

图8-15 创建选区

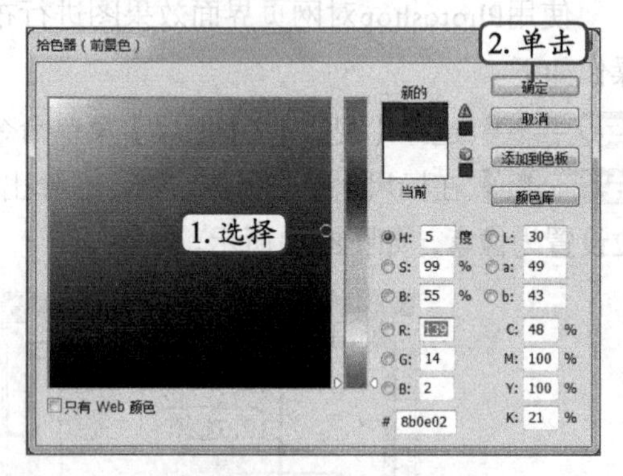

图8-16 设置前景色

STEP 4 单击 确定 按钮，然后按【Alt+Delete】组合键即可使用前景色填充选区，按【Ctrl+D】组合键取消选区，效果如图8-17所示。

STEP 5 再次新建一个图层，利用相同的方法创建一个矩形选区，如图8-18所示。

图8-17 填充图像效果

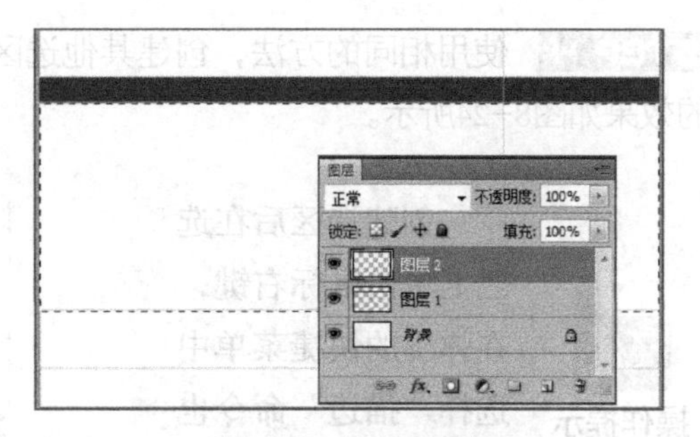

图8-18 再次创建选区

STEP 6 通过工具箱中的前景色色块设置前景色为浅灰色（R:235,G:235,B:235），在工具箱中的“渐变工具”按钮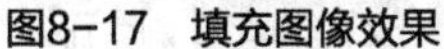上单击鼠标右键，在弹出的面板中选择“油漆桶工具”按钮。

STEP 7 鼠标变为形状，在选区内单击即可使用前景色填充选区，效果如图8-19所示。

STEP 8 利用相同的方法，在右上角创建一个矩形选区，并填充为深灰色（R:168,G:170,B:167），效果如图8-20所示。

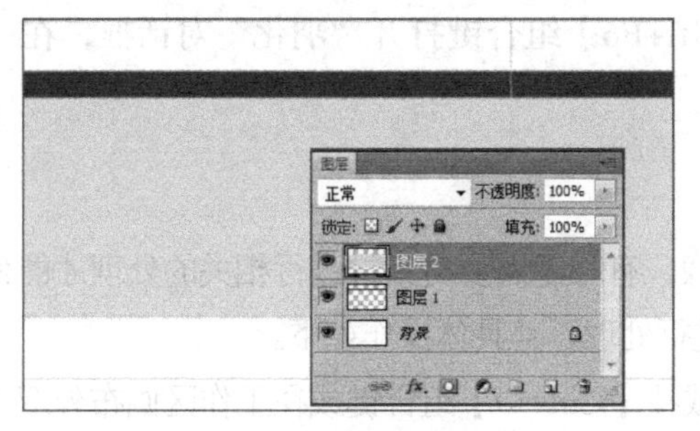

图8-19 填充选区

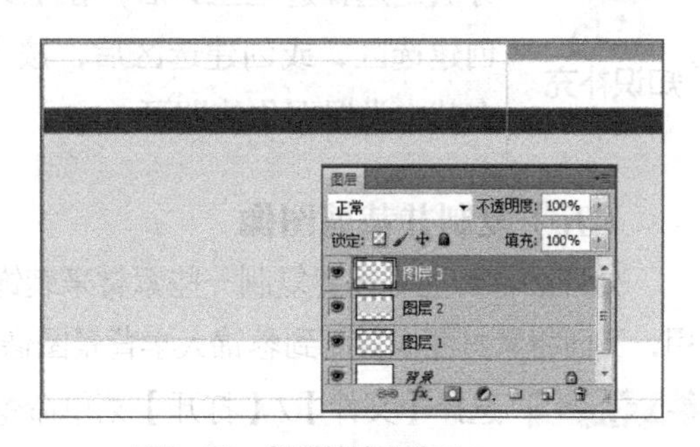

图8-20 创建并填充选区

（四）描边选区

除了对选区进行填充外，有时为了特殊效果的需要，还可对选区进行描边处理，其具体操作如下。

STEP 1 使用矩形选框工具在右上角绘制一个矩形选区，如图8-21所示。

STEP 2 选择【编辑】/【描边】菜单命令，打开“描边”对话框，在其中设置宽度为“1 px”，颜色为灰色（R:204,G:204,B:204），如图8-22所示。

STEP 3 单击 确定 按钮，取消选区后的效果如图8-23所示。

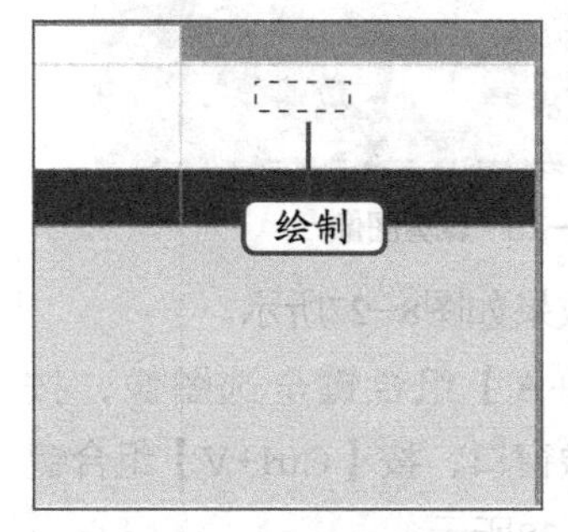

图8-21 创建选区

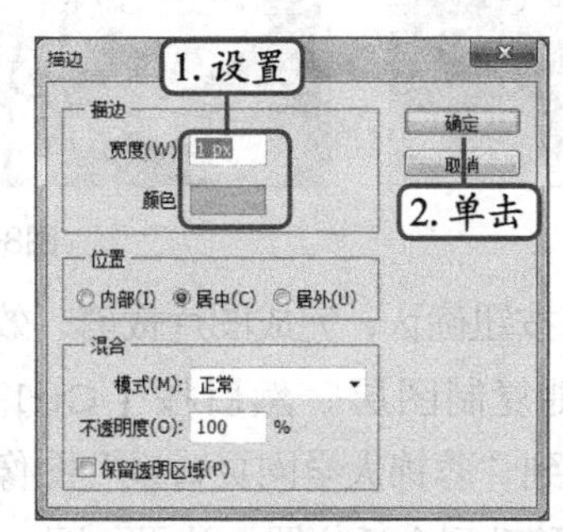

图8-22 设置描边

图8-23 描边效果

STEP 4 使用相同的方法，创建其他选区，并进行描边，描边颜色和宽度相同，完成后的效果如图8-24所示。

创建选区后在选区上单击鼠标右键，在弹出的快捷菜单中选择“描边”命令也可打开“描边”对话框进行设置。

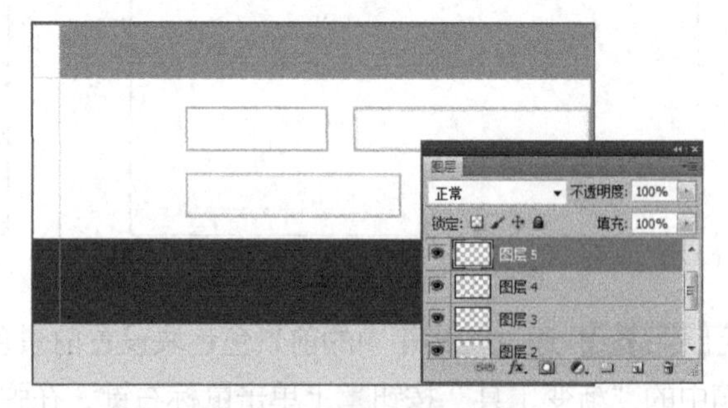

图8-24　创建其他描边效果

除了描边选区外，有时为了得到平滑的过渡效果，可对选区进行羽化，方法是选择选区工具后，在工具属性栏中的羽化文本框中输入羽化值，然后创建选区，或创建选区后，按【Shift+F6】组合键打开“羽化”对话框，在在其中设置羽化值即可。

（五）复制并裁剪图像

处理图像时通常需要复制一些素材来装饰图像，有时还需要对素材进行相关的处理才能使用，下面将素材图像复制到蓉锦大学背景图像中进行处理，其具体操作如下。

STEP 1 选择【文件】/【打开】菜单命令，或按【Ctrl+O】组合键或在工作区画布外双击鼠标打开“打开”对话框，在其中选择“教学楼.jpg”图片（素材参见：光盘\素材文件\项目八\任务一\教学楼.jpg），单击 打开(O) 按钮，即可打开图像，如图8-25所示。

STEP 2 在工具箱中选择裁剪工具，然后在图像中拖曳鼠标创建保留区域，此时，图像中被删除区域将呈灰色显示，如图8-26所示。

图8-25　打开图像

图8-26　裁剪图像

STEP 3 在工具属性栏中单击✔按钮确认，完成图片裁剪，效果如图8-27所示。

STEP 4 按【Ctrl+J】组合键复制图层，然后按【Ctrl+A】组合键全选图像，按【Ctrl+C】组合键复制图像，切换到“蓉锦大学网页背景”图像窗口，按【Ctrl+V】组合键粘贴即可，最后使用移动工具将其移动到合适位置，效果如图8-28所示。

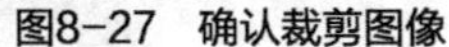
图8-27 确认裁剪图像

图8-28 复制并移动图像

（六）保存图像文件

图像制作完成后可将图像保存以便下次使用或给客户时确认，其具体操作如下。

STEP 1 选择【文件】/【存储为】菜单命令，打开“存储为”对话框，在“保存在”下拉列表框中可设置图像文件的存储路径。

STEP 2 在“文件名”文本框中可输入其文件名，这里保持默认设置，在“格式”下拉列表框中可设置图像文件的存储类型，这里选择PSD格式，如图8-29所示。

STEP 3 单击 保存(S) 按钮保存图像文件（最终效果参见：光盘\效果文件\项目八\任务一\蓉锦大学背景.psd）。

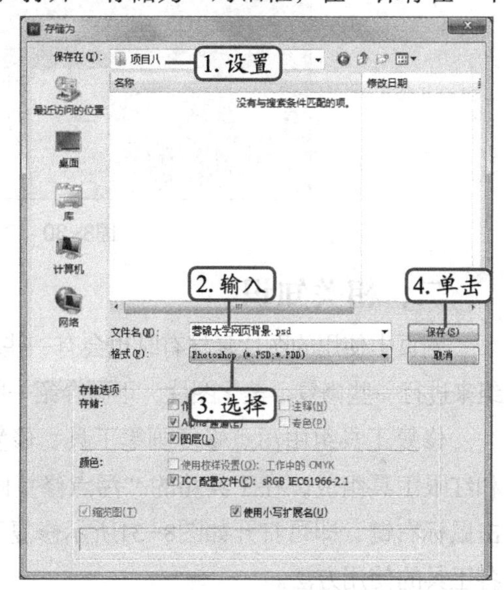

图8-29 保存图像

如果是对已存在的文件进行编辑，需要再次存储时，只需按【Ctrl+S】组合键或选择【文件】/【存储】菜单命令即可。

网页效果图在制作完成保存时需要将其保存两份，一份为JPG格式，用于发给客户确认，另一份保存为PSD格式，用于后期修改和切片。

任务二 制作“七月”首页背景

本任务制作的“七月”网页是一个个人网站首页，属于个性网站类型，因此在进行背景布局设计时可以打破传统网页布局的格式，充分体现个性化的元素。

一、 任务目标

本任务将制作“七月”首页背景效果，制作时先创建参考线对页面进行布局，然后通过渐变工具填充背景，再使用选区工具创建选区，对素材进行抠图，最后使用画笔工具绘制装饰图像，美化页面背景效果。通过本任务的学习，可以掌握渐变工具、选区工具、画笔工具的使用方法，以及调整图像大小的方法。本任务制作完成后的最终效果如图8-30所示。

图8-30 “七月”首页页面效果

二、相关知识

网页中使用的图片素材有时也会有一些瑕疵，美工人员可以使用Photoshop的修复画笔工具组来进行一些修复，美化图片，下面介绍一些常用的修复工具。

图8-31 修复工具组

修复工具组由污点修复画笔工具、修复画笔工具、修补工具和红眼工具组成，在工具箱的“污点修复画笔工具”按钮上单击鼠标右键，即可打开如图8-31所示修复工具组，下面具体介绍各工具的使用方法。

- **污点修复画笔工具**：可以快速移去图像中的污点和其他不理想的部分。
- **修复画笔工具**：与污点修复工具稍有区别，可用于校正瑕疵，使它们消失在周围的图像中。
- **修补工具**：也是一种相当实用的修复工具，选择该工具后，在图像区域可以按住鼠标拖曳，框选将要修复的图像，获取选区，然后将其拖曳到与修复区域大致相同的图像区域，释放鼠标后系统会自动进行修复。
- **红眼工具**：可以置换图像中的特殊颜色，特别是针对照片人物中的红眼状况。使用方法是选择红眼工具后，在图像中的红眼区域单击即可。

三、任务实施

（一）使用渐变工具填充颜色

使用渐变工具填充颜色可实现多种颜色混合效果，下面使用渐变工具填充网页背景，然后制作一个气泡图像，其具体操作如下。

STEP 1 选择【文件】/【新建】菜单命令或按【Ctrl+N】组合键，打开“新建”对话框。

STEP 2 在“名称”文本框中输入“七月”，在“宽度”文本框中输入“740”，“高度”文本框中输入“560”，如图8-32所示。

STEP 3 单击 确定 按钮，即可新建一个图像文件。

STEP 4 设置前景色为亮黄色（R:227,G:247,B:133），背景色为深嫩绿色（R:207,G:233,B:136）。

STEP 5 在工具箱中选择渐变工具，在工具属性栏中单击“渐变编辑条”按钮，打开“渐变编辑器”对话框，在“预设”栏中选择“前景到背景”选项，如图8-33所示。

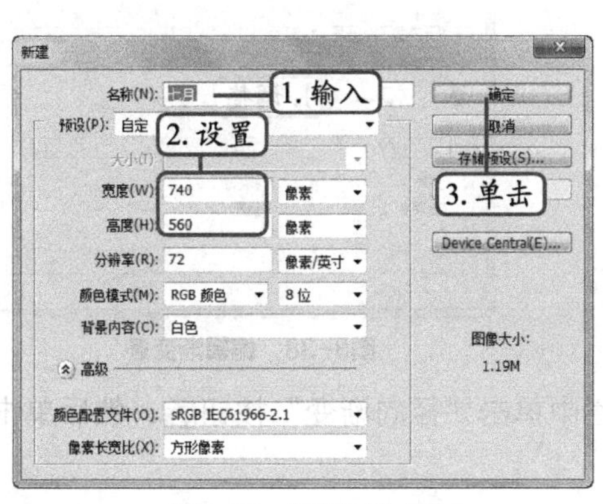

图8-32 新建图像文件

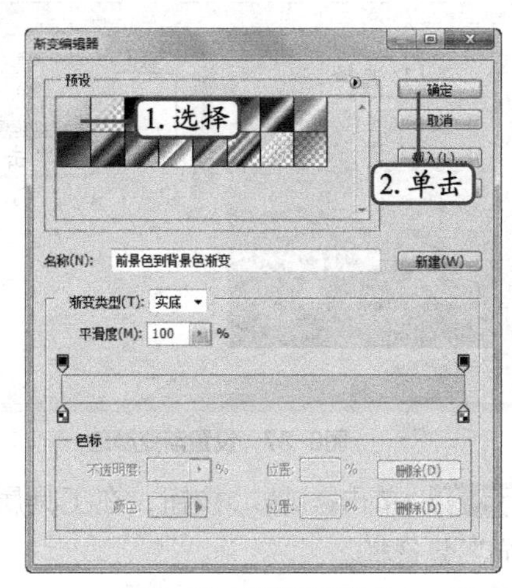

图8-33 设置渐变方式

STEP 6 单击 确定 按钮，然后在图像窗口从上向下拖曳鼠标进行渐变填充，如图8-34所示。

STEP 7 将鼠标移动到水平标尺或垂直标尺上，按住鼠标左键不放，拖出参考线为页面进行大致布局，效果如图8-35所示。

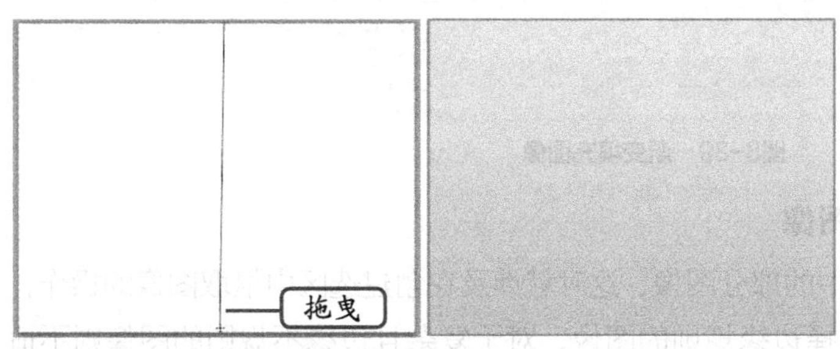

图8-34 渐变填充背景

图8-35 创建参考线

STEP 8 新建一个图层，选择椭圆选框工具，在任意两条参考线交叉处按住【Shift+Alt】组合键，由中心向外创建椭圆选区，如图8-36所示。

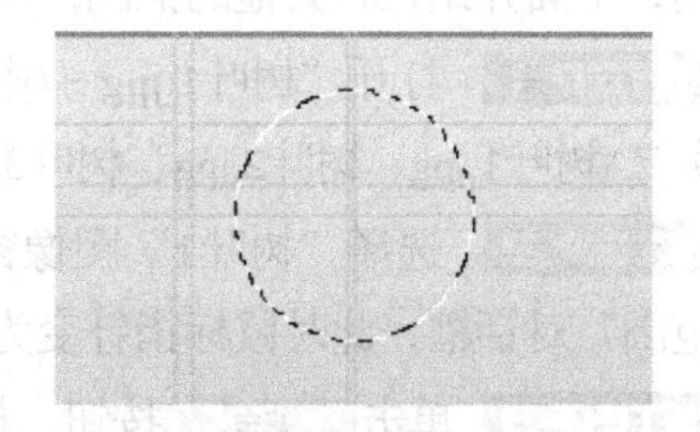

图8-36 创建选区

STEP 9 选择渐变工具，在工具属性栏中单击“渐变编辑条”按钮，打开“渐变编辑器”对话框，在“预设”栏中选择“前景到透明”选项，在渐变条上双击左下角的“色标”按钮，打开“选择色标颜色”对话框，在其中选择白色，如图8-37所示。

STEP 10 单击确定按钮返回“渐变编辑器”对话框，利用相同的方法设置右下角的色标颜色为白色，然后将右下角的色标向左侧移动，然后再移动右上角的“不透明度色标”到与右下角色标对齐的位置，如图8-38所示。

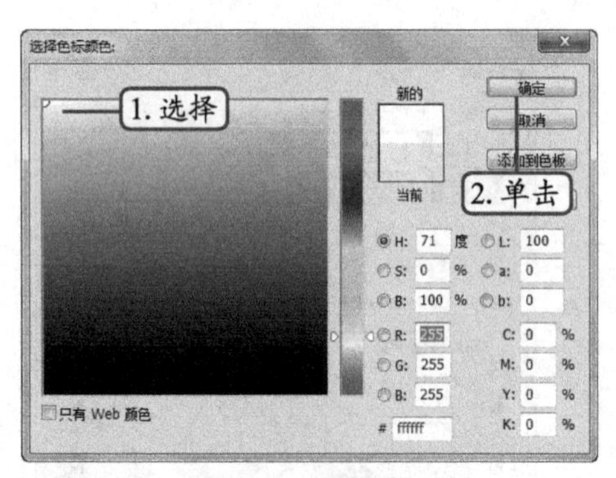

图8-37 设置渐变颜色

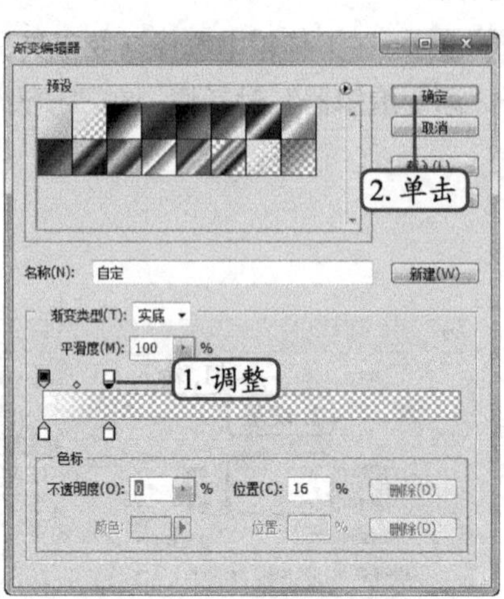

图8-38 编辑渐变条

STEP 11 单击确定按钮，在工具属性栏中单击“径向渐变”按钮，然后单击选中“反向”复选框。

STEP 12 将鼠标移动到椭圆选区的中心，按住鼠标左键不放向边缘拖曳填充渐变色，然后取消选区，如图8-39所示。

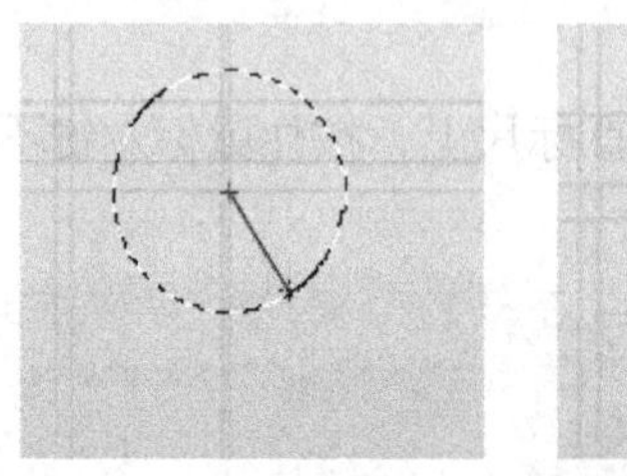
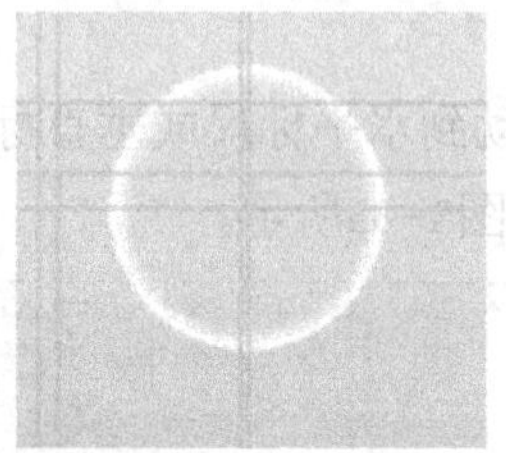
图8-39 渐变填充图像

（二）多种抠图方法抠取图像

使用素材时，通常只需要其中的部分图像，这时就涉及在创建选区中抠取图像的操作，前面讲解的选区工具一般只能选择边缘规则的图像，对于复杂且边缘不规则的图像则不适用，下面介绍几种其他的抠图方法，其具体操作如下。

STEP 1 打开“树叶1.jpg～树叶3.jpg”素材图像（素材参见：光盘\素材文件\项目八\任务二\树叶1.jpg、树叶2.jpg、树叶3.jpg）。

STEP 2 选择“树叶1”图像窗口，选择【选择】/【色彩范围】菜单命令，打开“色彩范围”对话框，此时鼠标指针变为形状，在图像中白色区域单击即可，如图8-40所示。

STEP 3 单击确定按钮，按【Ctrl+Shift+I】组合键反选图像，效果如图8-41所示。

图8-40　设置“色彩范围”对话框　　图8-41　反选选区

STEP 4　在工具箱中选择多边形套索工具，在工具属性栏中单击“从选区中减去”按钮，或按住【Alt】键不放，在选区上绘制需要减选的范围，如图8-42所示。

STEP 5　此时按【Ctrl+J】组合键复制选区图像并创建图层，利用相同的方法得到右侧树叶选区图像图层，效果如图8-43所示。

图8-42　减选图像　　图8-43　复制图像并创建新图层

STEP 6　分别将两部分树叶图像复制到“七月”图像中，按【Ctrl+T】组合键进入自由变换状态，将鼠标移动到四周的控制点上，拖曳调整图像大小，并放在合适位置，如图8-44所示。

STEP 7　利用相同的方法，调整右侧的树叶图像，完成后观察发现右侧树叶图像较为突出，使用多边形工具选择突出的部分，移动图像到合适位置，效果如图8-45所示。

图8-44　调整图像大小　　图8-45　调整图像位置

STEP 8　切换到树叶2图像窗口，在工具箱中选择魔棒工具，在工具属性栏中取消选中“连续”复选框，然后在图像背景区域单击创建选区。

STEP 9 按【Ctrl+Shift+I】组合键反选图像，将其移动到“七月”图像窗口，按【Ctrl+T】组合键自由变换大小，如图8-46所示。

STEP 10 在图像上单击鼠标右键，在弹出的快捷菜单中选择“水平翻转”命令，调整到合适位置，如图8-47所示。

STEP 11 按住【Ctrl+Alt】组合键的同时在图像上拖曳鼠标复制图像图层，并自由变换大小和位置，效果如图8-48所示。

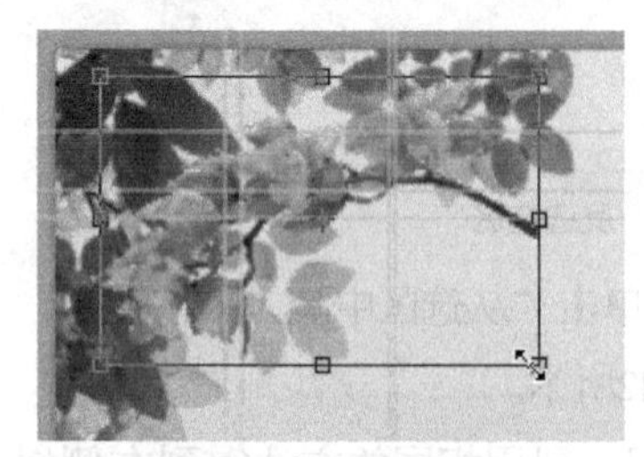
图8-46 调整图像大小

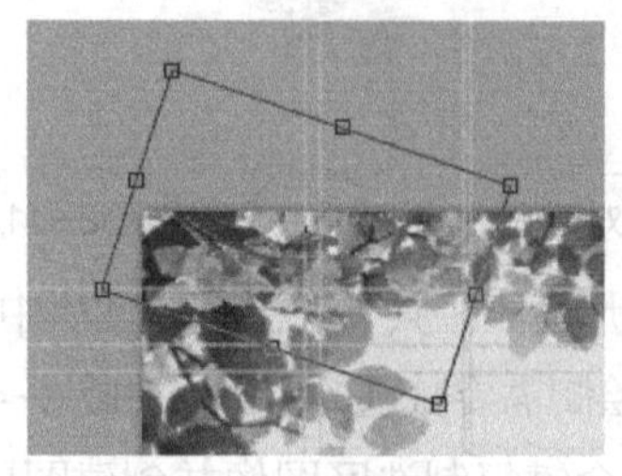
图8-47 旋转图像

图8-48 调整图像位置

STEP 12 再次复制一个图像，调整大小与位置，效果如图8-49所示。

STEP 13 切换到树叶3素材，按照相同的方法使用魔棒工具选取树叶图像，然后将其移动到“七月.psd”图像窗口，然后按【Ctrl+T】组合键自由变换图像，如图8-50所示。

STEP 14 应用变换后，复制该图像，然后变换图像位置和角度，如图8-51所示。

图8-49 复制气泡图形

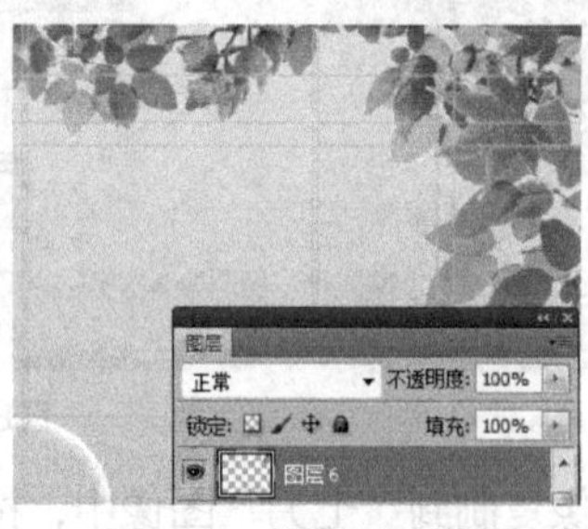

图8-50 调整树叶图像

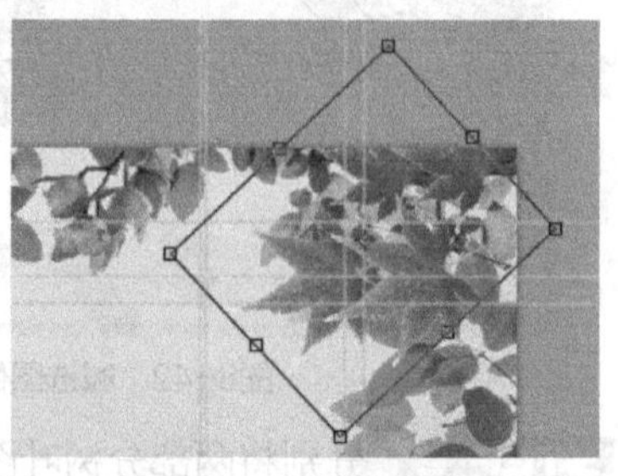
图8-51 复制树叶图像

（三）使用画笔工具

Photoshop的画笔工具非常强大，使用它可绘制一些元素，美化图像效果，下面自定义画笔，然后在图中绘制并进行修饰，其具体操作如下。

STEP 1 按住【Ctrl】键的同时，在“图层”面板图层1的缩略图上单击，将图像载入选区，如图8-52所示。

STEP 2 选择【编辑】/【定义画笔预设】菜单命令，打开“画笔名称”对话框，在其中输入画笔名称“气泡”，如图8-53所示。

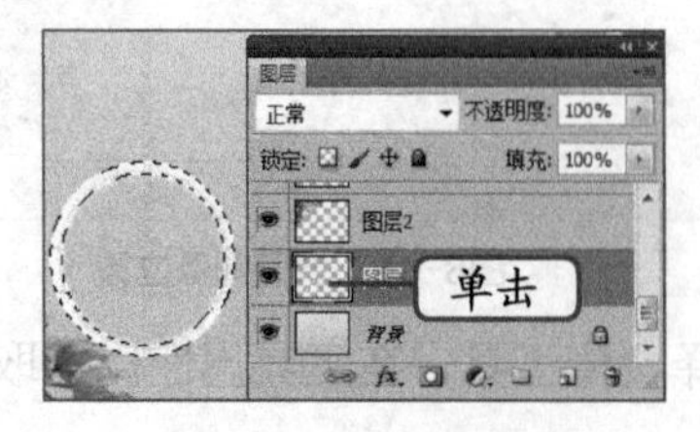

图8-52 选择图像区域

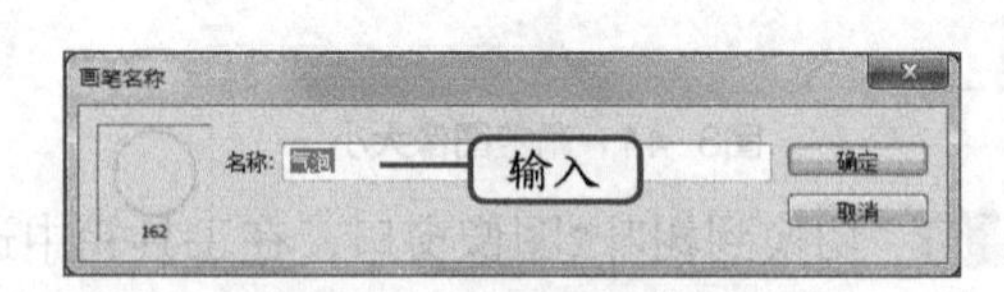

图8-53 设置画笔名称

STEP 3 单击 确定 按钮确认设置，然后在工具箱中选择画笔工具，在工具属性栏中单击“切换到画笔面板”按钮，打开“画笔”面板。

STEP 4 在右侧列表框中选择“气泡”画笔，单击选中“形状动态”复选框，并切换到该选项卡，在“大小抖动”文本框中输入100%，如图8-54所示。

STEP 5 单击选中“散布”复选框，并切换到该选项卡，在“散布”文本框中输入1000%，如图8-55所示。

STEP 6 单击“画笔笔尖形状”选项卡，在“间距”文本框中输入“100%”，如图8-56所示。

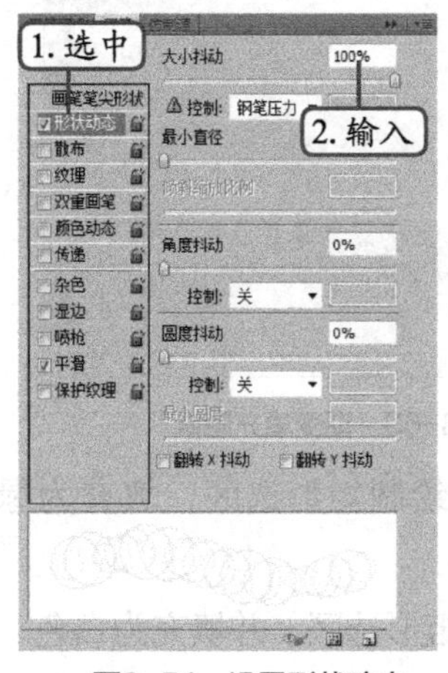

图8-54 设置形状动态

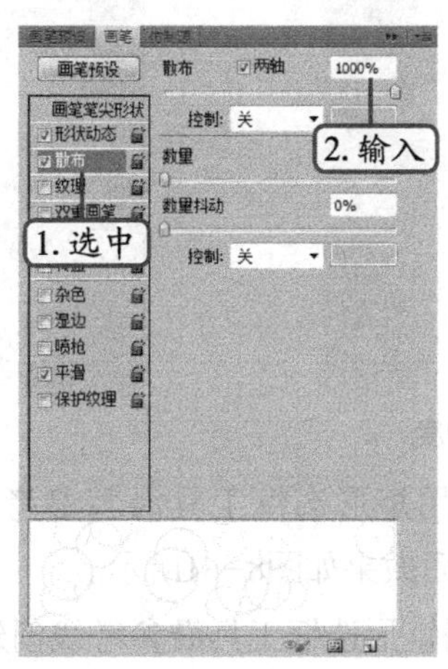

图8-55 设置散布效果

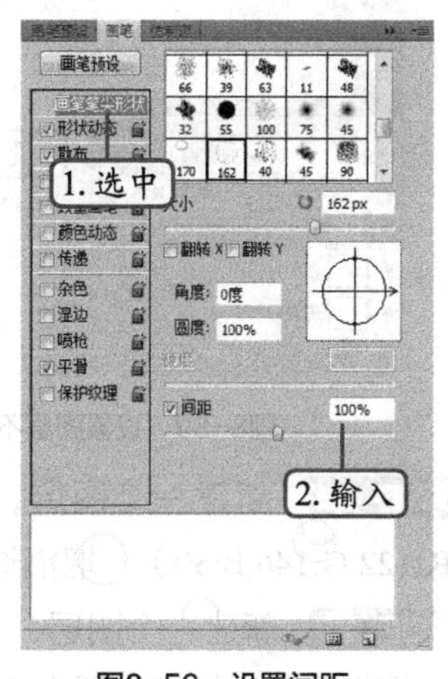

图8-56 设置间距

STEP 7 在图像中单击鼠标绘制气泡效果，然后将图层1中的气泡图像调整大小和位置，完成后效果如图8-57所示。

操作提示

用作定义画笔预设的图案最好不要是黑白灰色图像，因为图像定义成画笔后将只保留明度，颜色将丢失，绘制时随前景色变化，黑白灰的图像不便于添加颜色，这里为了效果的需要才使用白色的气泡图像。另外，设置散布效果后，绘制时可直接在需要的地方单击即可。

STEP 8 设置前景色为白色，新建一个图层，选择圆角矩形工具，在工具属性栏中单击“填充像素”按钮，然后沿着参考线绘制矩形，如图8-58所示。

图8-57 绘制气泡

图8-58 绘制背景图形

STEP 9 在图层面板中的“不透明度”文本框中输入“57%”，确认后效果如图8-59所示。

STEP 10 新建一个图层，在工具属性栏中单击“路径”按钮，然后沿参考线绘制一个圆角矩形，按【Ctrl+Enter】组合键将其转换为选区，设置前景色为浅绿色（R:206,G:215,B:188），背景色为浅灰色（R:193,G:200,B:166）。

STEP 11 选择渐变工具，设置渐变颜色为前景色到背景色渐变，渐变方式为线性渐变，然后在图像选区由下向上拖曳鼠标进行渐变填充，取消选区后效果如图8-60所示。

图8-59 设置图层不透明度

图8-60 渐变填充图像

STEP 12 新建一个图层，使用矩形选框工具沿着参考线绘制矩形选区，填充为绿色（R:122,G:146,B:50），取消选区后效果如图8-61所示。

STEP 13 新建一个图层，使用矩形选框工具沿参考线创建矩形选区，并填充为白色，然后利用相同的方法绘制两个小的矩形选区，并填充为灰色（R:207,G:207,B:205），取消选区后效果如图8-62所示。

图8-61 绘制导航条

图8-62 绘制其他图像板块

STEP 14 选择【视图】/【清除参考线】菜单命令，清除参考线，然后在图层面板中移动右侧树叶图层、气泡图层、花朵所在图层的顺序，完成后保持图像文件即可（最终效果参见：光盘\效果文件\项目八\任务二\七月.psd）。

实训一 制作“登录”界面

【实训要求】

个性类的网站通常在布局上不会有大的改变，一般是一段时间内使用一个主题色调的颜色或更改小的布局板块，下面为个人中心网站制作一个登录界面效果图，要求界面简洁，配色突出主题，符合登录数据的需要。

【实训思路】

根据实训要求，在设计界面效果图时首先要考虑登录系统需要的数据，然后对其进行布局，布局后再对图片进行修饰，如添加装饰图像和填充颜色等。本实训的参考效果如图8-63所示。

图8-63 “登录”界面

【步骤提示】

STEP 1 新建一个740×560像素的图像文件，在其中填充一个亮黄色（R:227,G:247,B:133）到嫩绿色（R:207,G:233,B:136）的线性渐变。

STEP 2 设置画笔笔触为树叶形状，设置前景色为绿色（R:116,G:247,B:106），然后设置画笔的形状动态和散布参数，最后在图像窗口拖曳鼠标绘制背景，设置前景色为墨绿色（R:122,G:146,B:50），继续在图像中绘制背景图像。

STEP 3 在标尺上拖出参考线，然后沿参考线绘制圆角矩形路径，并将其转换为选区，填充为白色，描边为5px居外的灰色（R:207,G:207,B:207），在图层面板的不透明度上设置图层不透明度为57%。

STEP 4 继续使用圆角矩形工具绘制一个按钮，并填充为墨绿色（R:122,G:146,B:50），然后使用矩形选框工具绘制一个矩形，并描边，参数为2px的墨绿色（R:122,G:146,B:50），最后复制一个图像放在下方。

STEP 5 使用相同的方法绘制一个小的正方形选区，然后描边为灰色，最后在合适的地方使用文字工具输入相关的文本，其中文字颜色为灰色（R:207,G:207,B:207）和白色（相关文字工具和设置方法可参见项目九的任务二中讲解的方法设置）。

STEP 6 打开“植物.jpg”图像文件（素材参见：光盘\素材文件\项目八\实训一\植物.jpg），将其复制到“登录”图像窗口并调整图像大小和位置，然后设置图层混合模式为“强光”，将图像载入选区，新建一个图层，设置羽化值为20，再填充为白色，最后在图片上输入文字，保存文件即可（最终效果参见：光盘\效果文件\项目八\实训一\登录界面.psd）。

实训二 制作网页悬浮广告效果图

【实训要求】

在网页中通常会看到网页两侧有悬浮广告出现，用于链接友情网站，本实训要求制作一个关于多肉植物的悬浮广告效果图，相关图片素材可打开“多肉组合.psd”（素材参见：光盘\素材文件\项目八\实训二\多肉组合.psd）调用，完成效果如图8-64所示。

图8-64 悬浮广告效果

【实训思路】

根据实训要求，在制作前需要先确定悬浮广告的尺寸大小，在行业中并没有规定标准尺寸，但设计时需要美工人员先了解网页两侧的宽度，高度没有限制。确定尺寸后就可以新建图像文件，然后添加素材图像并进行相关美化布局，最后输入补充文字即可。

【步骤提示】

STEP 1 新建一个127×302像素的图像文件，打开“多肉组合.psd”素材，将其中每个图层中的图像文件复制到图像中，并调整大小到合适位置。

STEP 2 使用自定义形状工具，新建图层，绘制并填充一个脚印的图像。

STEP 3 制作“关闭”按钮图像效果，完成后新建图层，绘制一个矩形选区，填充为灰色，并调整不透明度。

STEP 4 在相关的位置输入文本，完成后保存文件即可，完成制作（最终效果参见：光盘\效果文件\项目八\实训二\悬浮广告.psd）。

常见疑难解析

问：一些产品图品可能由于拍照环境的原因出现瑕疵，有什么方法可以进行补救？

答：使用仿制图章工具将干净图像取样点图像复制到要去除的网址上；使用修补工具设置取样点修复网址图像；如果网址在图像边缘上，则可以用裁切工具把不要的地方裁切掉。

问：快速选择工具比魔棒工具创建选区更加快捷吗？

答：创建的选区不同，其使用的工具也不相同。魔棒工具主要用于快速选取具有相似颜色的图像，而快速选择工具则主要是在具有强烈颜色反差的图像中快速绘制选区。

问：“色彩范围”对话框中的预览窗口很难正确汲取颜色，应该如何解决这一难题？

答：在狭小的预览框中的确很难用吸管工具汲取颜色，这时可在图像编辑区汲取颜色，如果图像编辑区内的图像显示太小，可先将图像放大，然后再汲取颜色。

问：Photoshop CS5中默认的样式很少，可以增加样式吗？

答：在工具箱中选择画笔工具，在属性栏中单击画笔样式旁的下拉按钮，在打开的面板中单击按钮，或在面板组中单击“画笔预设”按钮，打开“画笔预设”面板，在其中单击按钮，在打开的菜单中选择对应的命令。在打开的提示对话框中单击追加(A)按钮，即可将Photoshop CS5自带的画笔笔刷载入画笔样式中；若单击确定按钮，则会替换原有的默认画笔。

拓展知识

网页中能使用的图片格式有限，对于大量的需要放置到网页中的图片，可通过Photoshop CS5的批处理命令来批量转换图像的格式，以提高工作效率。其具体操作如下。

STEP 1 打开任意一张素材图片，在“动作”面板底部单击“创建新动作”按钮，在打开的“新建动作”对话框中输入动作的名称。

STEP 2 单击记录按钮退出“新建动作”对话框，这时接下来的任何操作都将被记录到新建的动作中，其标志“开始记录”按钮呈红色显示。

STEP 3 选择【文件】/【存储为】菜单命令，打开“另存为”对话框，在“文件类型”下拉列表中选择PNG格式，然后单击保存(S)按钮，然后关闭图像文件。

STEP 4 在“动作”面板中单击按钮停止录制，若新建了动作组则还需要在右上角单击按钮，在弹出的下拉菜单中选择“存储动作”菜单命令，在打开的“存储”对话框中进行相应的设置，完成后单击保存(S)按钮即可保存动作。

STEP 5 选择【文件】/【自动】/【批处理】菜单命令，打开“批处理”对话框，在其中播放栏中选择录制的动作，“源”栏中设置需要处理的图片文件夹，“目标”栏中设置图片的存储位置，在“文件命名”栏中设置文件的名称，完成后单击确定按钮即可，如图8-65所示。

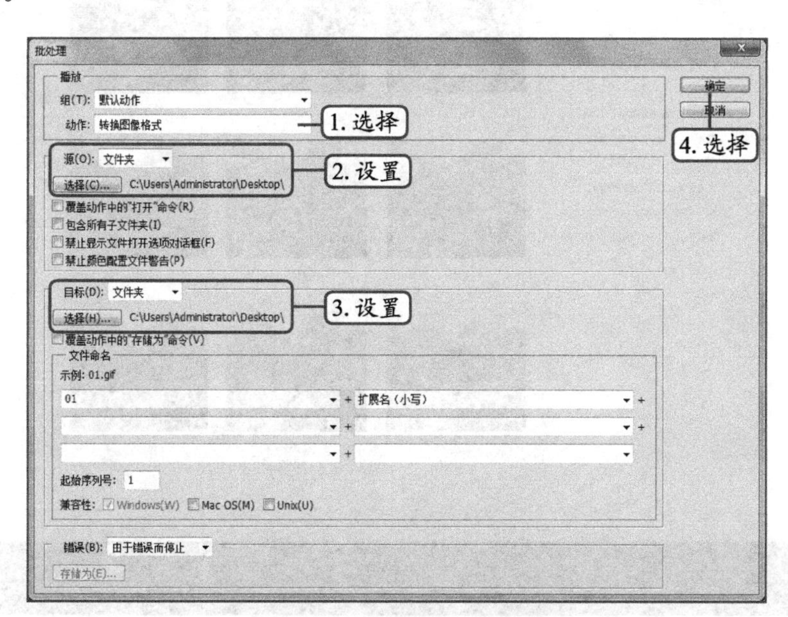

图8-65 “列表属性”对话框

课后练习

根据前面所学知识和理解，为“果蔬网”网站设计一个网页界面背景效果图，重点在于了解页面背景的大致布局和一些基本的网页元素的添加方法，具体要求如下。

- 页面背景尺寸为1300×1547像素，中间主要页面部分尺寸为998×1547像素。
- 创建合适的参考线，然后使用渐变工具来渐变填充背景和一些分割部分。
- 通过创建选区并填充颜色来制作导航条和商品展示区背景。
- 载入提供的画笔，然后结合渐变工具修饰导航条效果，并添加相关区域的文字。
- 使用自定形状工具绘制形状，并填充为像素即可，完成后效果如图8-66所示。

图8-66 制作果蔬网页面背景效果

PART 9

项目九 使用Photoshop CS5处理图像

情景导入

阿秀：前面熟悉了Photoshop CS5的基本操作，接下来学习使用Photoshop CS5处理网页中的图像。

小白：网页中的图像不是在制作界面时都处理好了吗?

阿秀：是的，但网页会随着时间不断更新，其中的相关图片也需要进行修改，但网页总体的框架不会发生变化，因此还需要学习对网页中局部图片的处理方法。

小白：那你快给我讲讲吧。

阿秀：根据你的学习进度，我决定先教你对网页中的图片进行调色修饰，然后讲解网页Logo的制作方法，最后介绍一下网页按钮的设计方法。

学习目标

- 掌握各种调色命令的使用方法
- 掌握矢量图形的绘制方法
- 掌握文字工具的使用方法
- 掌握添加图层样式的操作

技能目标

- 掌握“果蔬网——时令果蔬”页面中图片的调色方法
- 掌握“蓉锦大学Logo”的制作方法
- 掌握页面按钮的制作方法
- 能够对色彩不足的图片进行调色，能够使用钢笔工具绘制矢量图形

任务一 调整“果蔬网——时令果蔬”页面图片

购物网站中，商品详情类页面的图片相对首页中的图片来说，需要精修的地方较多，通常会将拍摄出来的照片进行调整，如调整照片的色彩，矫正偏色等。

一、任务目标

本任务将练习用 Photoshop CS5调整果蔬网——时令果蔬页面中的图片色彩，制作时，先打开图片，然后分析图片色彩不足的地方，最后通过Photoshop的调色命令来调整图片色调，为照片润色。通过本任务可掌握相关调色命令的使用方法。本任务制作完成后的效果如图9-1所示。

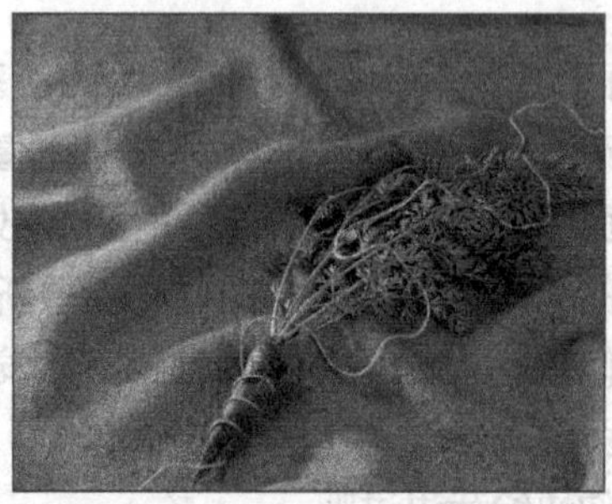

图9-1 调色后的产品图片

二、相关知识

（一）图像的色彩模式

图像的色彩模式是图像处理过程中非常重要的概念，它是图像可以在屏幕上显示的重要前提，常用的色彩模式有RGB模式、CMYK模式、HSB模式、Lab模式、灰度模式、索引模式、位图模式、双色调模式、多通道模式等。

在PhotoshopCS5中选择【图像】/【模式】菜单命令，在弹出的子菜单中可以查看所有色彩模式。下面分别对各个色彩模式进行介绍。

- **RGB模式**：由红、绿、蓝3种颜色按不同的比例混合而成，也称真彩色模式，是Photoshop默认的模式，也是最为常见的一种色彩模式。
- **CMYK模式**：印刷时使用的一种颜色模式，由Cyan（青）、Magenta（洋红）、Yellow（黄）和Black（黑）4种色彩组成。为了避免和RGB三基色中的Blue（蓝色）发生混淆，其中的黑色用K来表示，若Photoshop中制作的图像需要印刷，则必须将其转换为CMYK模式。
- **Lab模式**：Photoshop在不同色彩模式之间转换时使用的内部颜色模式。它能毫无偏差地在不同系统和平台之间进行转换。该颜色模式有3个颜色通道，一个代表亮度（Luminance），另外两个代表颜色范围，分别用a、b来表示。a通道包含的颜色从深绿（低亮度值）到灰（中亮度值）到亮粉红色（高亮度值），b通道包含的颜色从亮蓝（低亮度值）到灰（中亮度值）再到焦黄色（高亮度值）。

● **灰度模式**：只有灰度颜色而没有彩色。在灰度模式图像中，每个像素都有一个0（黑色）~255（白色）的亮度值。当一个彩色图像转换为灰度模式时，图像中的色相及饱和度等有关色彩的信息消失，只留下亮度。

● **位图模式**：使用两种颜色值（黑和白）来表示图像中的像素。位图模式的图像也叫做黑白图像，其中的每一个像素都是用1bit的位分辨率来记录的。只有处于灰度模式或多通道模式下的图像才能转化为位图模式。

● **双色调模式**：用灰度油墨或彩色油墨来渲染一个灰度图像的模式。双色调模式采用两种彩色油墨来创建由双色调、三色调、四色调混合色阶来组成的图像。在此模式中，最多可向灰度图像中添加4种颜色。

● **索引模式**：系统预先定义好的一个含有256种典型颜色的颜色对照表。当图像转换为索引模式时，系统会将图像的所有色彩映射到颜色对照表中，图像的所有颜色都将在它的图像文件中定义。当打开该文件时，构成该图像的具体颜色的索引值都将被装载，然后根据颜色对照表找到最终的颜色值。

● **多通道模式**：将图像转换为多通道模式后，系统将根据原图像产生相同数目的新通道，每个通道均由256级灰阶组成，常常用于特殊打印。

（二）网页色彩搭配技巧

色彩搭配是网页制作中非常重要的环节，好的色彩搭配会让人感觉赏心悦目。同时，设计中的色彩也有很大的主观性，引起某个人某种感觉的一种色彩，对于其他人而言，可能得到的会是一种截然不同的感觉，这可能与个人的爱好和文化背景相关。色彩本身是一门科学，不同的人对色彩的定义和理解也不同，如改变颜色的色调或饱和度都会给人带来不一样的感觉；而文化的差异则可能让某种色彩在一个地区象征幸福和愉悦，但在另一个地区却代表压抑和沮丧。

图像的颜色可由色相、饱和度、明度来描述。

● **色相**：色相是最基本的颜色术语，通常用来表示物体的颜色，如赤、橙、黄、绿、青、蓝、紫等，图9-2所示为三角色相环。设计的色相可用于给网页浏览者传递重要的信息。

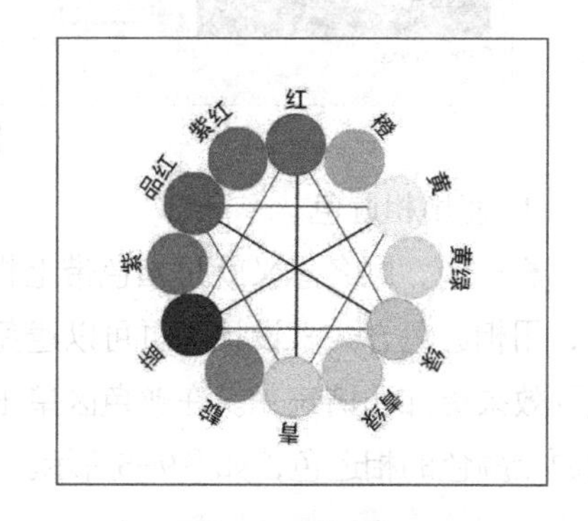

图9-2　三角色相环

● **饱和度**：饱和度表示颜色的纯度，指某一色调在特定的光照下是如何呈现的，可将饱和度看成是色调的强与弱、浊与清，如红色按饱和度不同可分为深红色和浅红色等。

● **明度**：明度是指颜色的明亮程度，即肉眼观察到的光的强度，如白色是强度最大的光，亮度最高；黑色是强度最弱的光，亮度最小；灰色则介于黑色与白色之间。

RGB颜色模式是Photoshop CS5操作窗口的默认颜色模式，RGB是红色（Red）、绿色

（Green）、蓝色（Blue）三原色的缩写，这3种颜色都有256个亮度级。网页中的图像应尽量采用RGB颜色模式，且最好使用Web安全色。下面介绍几种网页图像设计中的配色技巧。

1. 使用同一种色相

首先选择一种色相，然后调整饱和度或明度来产生新的颜色。这种方法可使页面颜色在视觉上统一，有层次感，如图9-3所示。

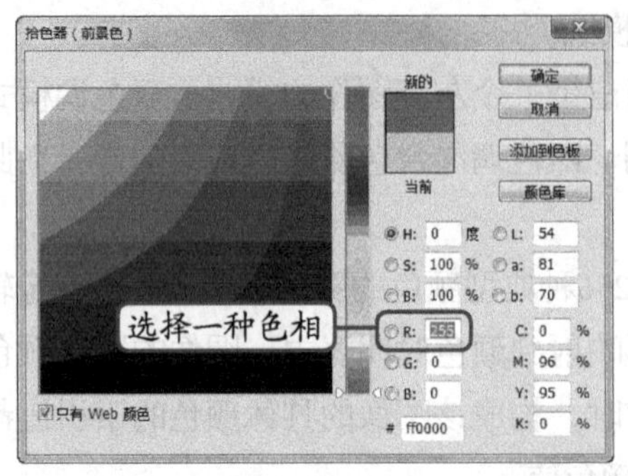

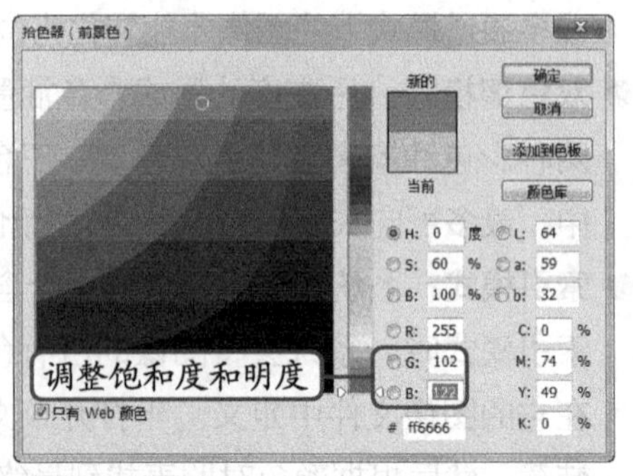

图9-3　使用同一色相

2. 使用对比色

对比色可以突出重点，产生强烈的视觉效果，合理使用对比色能够使网站特色鲜明、重点突出。设计时通常是选择一种颜色作为主色调，使用对比色作为点缀，让整个页面颜色对比强烈，同时又不会产生画面的撕裂感，让读者产生厌恶的感觉，如图9-4所示。

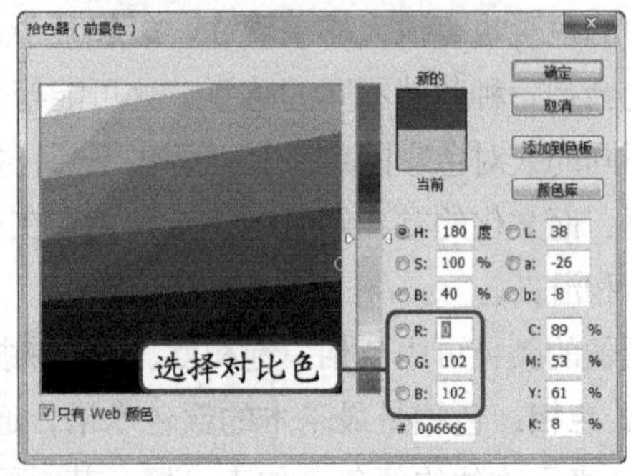

图9-4　使用对比色

3. 使用相近色

相近色，顾名思义就是指色带上相邻的颜色，如绿色和蓝色，红色和黄色就是相邻的颜色，用相近色方式来设计网页可以避免网页色彩杂乱，让读者产生视觉上的愉悦感觉，并且页面效果更加和谐统一。在颜色区单击选择一种颜色，然后在色带上使用鼠标拖曳色标，得到原始颜色的相近色，如图9-5所示。

①黑色是比较特殊的颜色，如果使用恰当，往往能产生很强烈的艺术效果，通常黑色作为背景色，会与其他饱和度色彩搭配使用。

②网页的背景色一般采用素淡清雅的色彩，避免使用复杂花纹的图像和饱和度较高的色彩为背景，并且背景色和文字的颜色最好对比强烈。

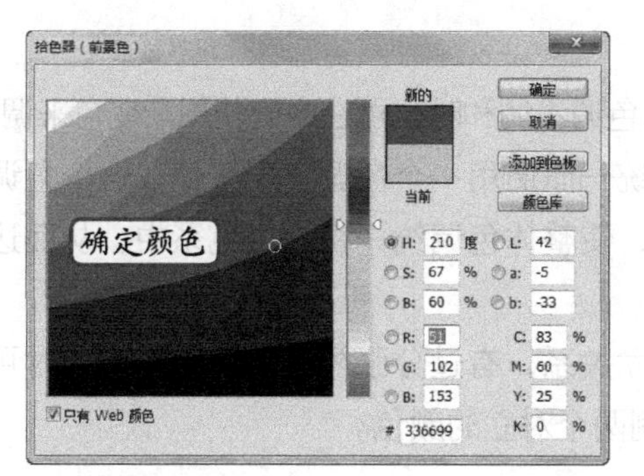

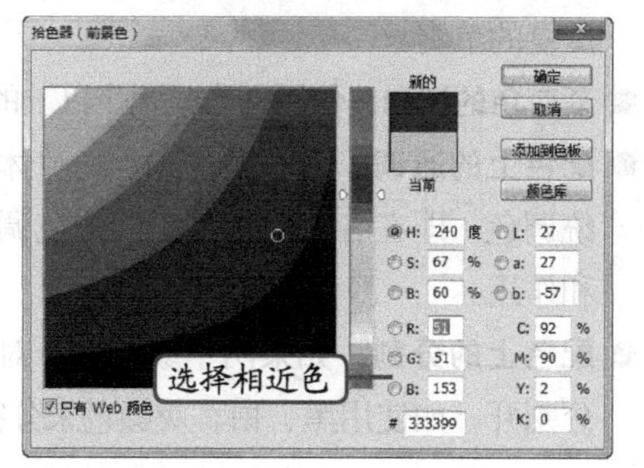

图9-5　使用相近色

（三）网页色彩搭配注意事项

色彩不同，给人的感觉也不同，颜色的多样化使得在网页配色时的选择也多样化，下面介绍几点网页配色时需要注意的事项。

- **底色与图形色**：一般明亮鲜明的颜色比暗浊的颜色更加容易有图形效果，配色时为了获得明显的图形效果，必须先考虑图形色和底色的关系。图形色和底色有一定的对比度，才能有效地传达要表达的内容。
- **整体色调**：网页要表达不同的感觉主要由整体色调决定，如活泼、稳健、冷清、温暖等感觉。确定整体色调的方法是先在配色中决定占大面积的颜色，并根据这个颜色选择不同的配色方案，得到不同的整体色调来选择需要的色调。

如果使用暖色调作为整体色，则网页会给人温暖的感觉，反之道理相同。以暖色和纯度较高的颜色作为主色调给人火热、刺激的感觉；若以冷色调和纯度较低的颜色作为主色调则给人清冷、平静的感觉。明度高的颜色给人靓丽轻快的感觉；反之则给人庄重、肃穆的感觉。网页色相多会使网页显得华丽，少则淡雅清新。

- **配色的平衡**：颜色的平衡指颜色的强弱、轻重、浓淡关系。同类色调容易平衡，补色关系且明度相似的纯色配色会因过分强烈而显得刺眼。纯度高且强调色与同明度的浊色或灰色搭配时，前者面积小，后者面积大也可得到平衡的配色。明色与暗色搭配时，若明色在上暗色在下，给人安定的感觉，暗色在上明色在下，则给人动感的感觉。
- **配色时有重点色**：为了弥补色调单调，配色时可将某个颜色作为重点，平衡整体颜色。需要注意的是，重点色应该使用比其他色调更强烈的颜色；重点色应选择与整体色调相对比的颜色；重点色使用的面积不能过大；选择重点色必须考虑配色平衡的效果。
- **配色节奏**：由颜色的搭配产生整体的色调，这种配置关系在整体上反复出现就产生的一种节奏感，这与颜色的排放、形状、质感有关。如渐渐地变化颜色的饱和度和明度会产生有规律的阶调变化节奏；将色相、饱和度和明度的变化反复几次会产生反复的节奏。

- **渐变色的调和**：使用两个或两个以上的色调不调和时，可在中间使用渐变色来调和。
- **配色上的通调**：为了多色配合的整体统一而使用一个色调支配整体，这个色调就是统调色。即在各色中加入相同的色调，使整体色调统一在一个色系中，从而达到调和作用。
- **配色上的分割**：如果两个颜色处于对立关系，有过分强烈的对比效果，此时可将其分割开，如使用黑、白、灰颜色来分割两个对立的颜色。

三、任务实施

（一）使用“色阶”调整图片

“色阶”命令通常针对图像对比不够强烈、饱和度较低的图片进行调色处理，其具体操作如下。

STEP 1 在Photoshop CS5的工作区双击，打开“打开”对话框，然后在其中双击“蔬菜1.jpg”文件（素材参见：光盘\素材文件\项目九\任务一\蔬菜1.jpg），效果如图9-6所示。

STEP 2 通过观察，发现图片饱和度较低，且颜色对比不明显，按【Ctrl+J】组合键复制图层。

STEP 3 选择【图像】/【调整】/【色阶】菜单命令。打开“色阶”对话框，在“通道”下拉列表框中选择“红”选项，然后在文本框中输入如图9-7所示的参数。

图9-6 打开图像文件

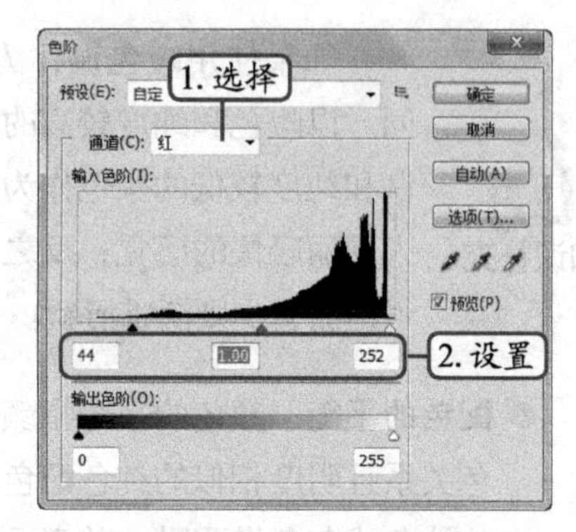

图9-7 设置红通道色阶

STEP 4 在“通道”下拉列表框中选择“绿”选项，然后在文本框中输入如图9-8所示的参数。

STEP 5 在“通道”下拉列表框中选择“蓝”选项，然后在文本框中输入如图9-9所示的参数。

STEP 6 在“通道”下拉列表框中选择“RGB”选项，然后拖曳两侧的滑块调整饱和度，将中间的滑块向左拖曳调整，如图9-10所示。

STEP 7 单击 确定 按钮，应用设置后效果如图9-11所示（最终效果参见：光盘\效果文件\项目九\任务一\蔬菜1.psd）。

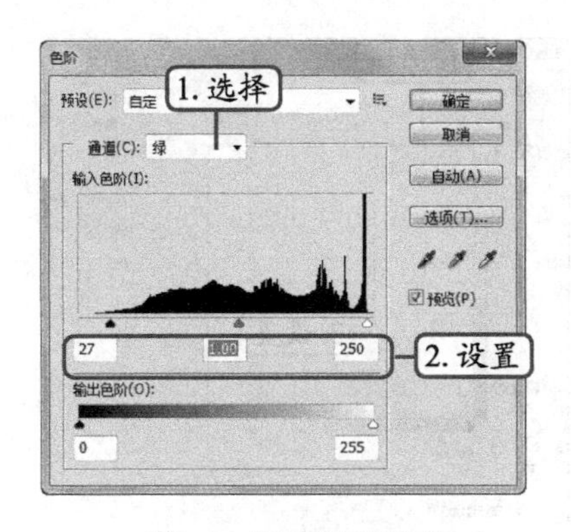

图9-8 设置绿通道色阶

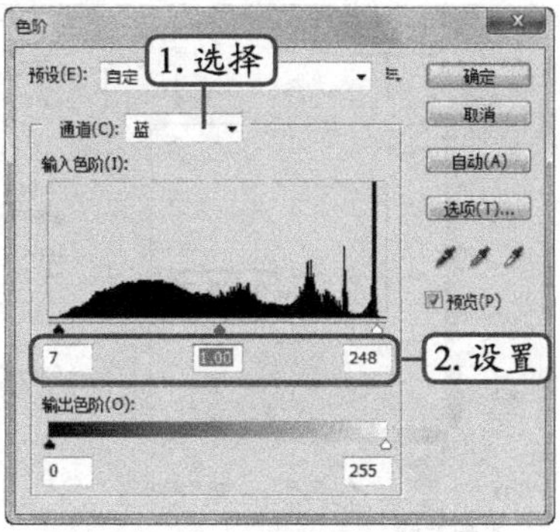

图9-9 设置蓝通道色阶

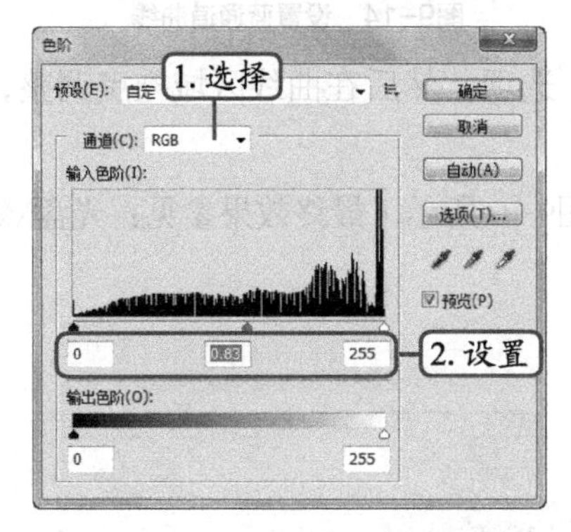

图9-10 设置RGB通道色阶

图9-11 完成效果

（二）使用“曲线”调整图片

“曲线”命令是Photoshop中最强大的调整工具之一，下面使用“曲线”对话框调整图像亮度，其具体操作如下。

STEP 1 选择【文件】/【打开】菜单命令，打开“打开”对话框，在其中双击“蔬菜2.jpg”文件（素材参见：光盘\素材文件\项目九\任务一\蔬菜2.jpg），如图9-12所示。

STEP 2 通过观察发现，图片整体颜色偏暗，且缺少颜色。选择【图像】/【调整】/【曲线】菜单命令，或按【Ctrl+M】组合键打开“曲线”对话框，在“通道”下拉列表框中选择“红”选项，然后在曲线区域拖曳调整，如图9-13所示。

图9-12 打开图像文件

STEP 3 在“通道”下拉列表框中选择“蓝”选项，然后在曲线区域拖曳调整，如图9-14所示。

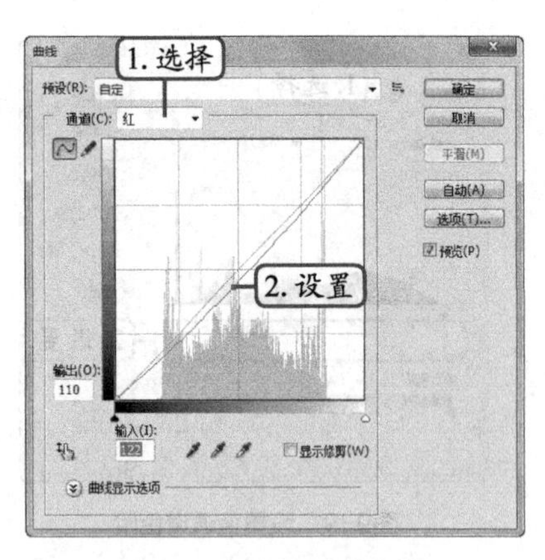

图9-13　设置红通道曲线

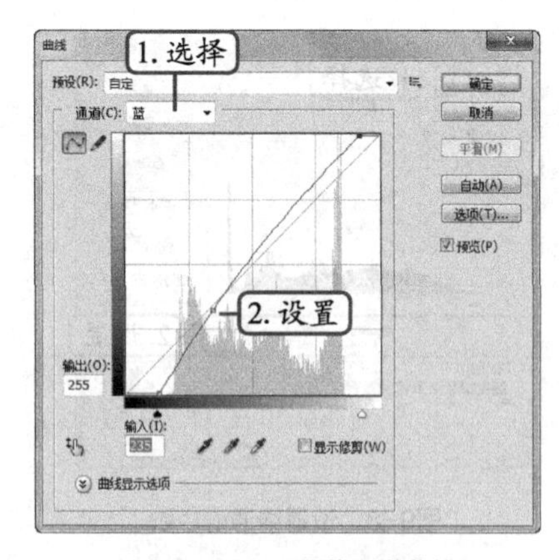

图9-14　设置蓝通道曲线

STEP 4　在“通道”下拉列表框中选择“RGB”选项，然后在曲线区域拖曳调整，如图9-15所示。

STEP 5　单击 确定 按钮，应用设置后效果如图9-16所示（最终效果参见：光盘\效果文件\项目九\任务一\蔬菜2.psd）。

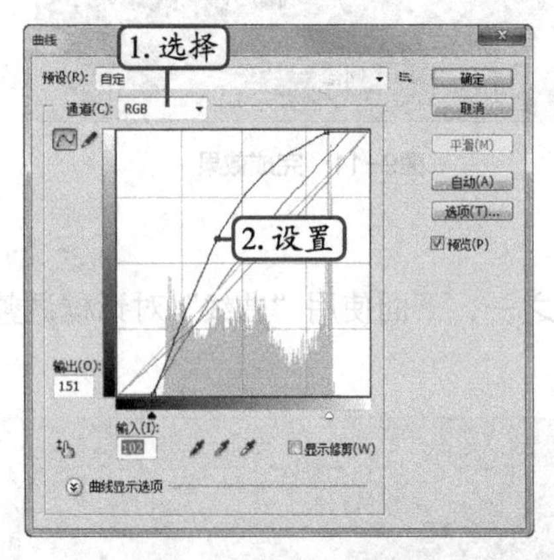

图9-15　设置RGB通道曲线

图9-16　完成效果

（三）使用“色相/饱和度”调整图片

“色相/饱和度”命令主要用于调整图像的色相、饱和度和亮度，从而达到改变图像色彩的目的，相对于“曲线”命令，该命令提供了更多可供选择的颜色通道，可以更加精确地调整图像颜色，其具体操作如下。

STEP 1　按【Ctrl+N】组合键打开“打开”对话框，然后打开“蔬菜3.jpg”图像文件（素材参见：光盘\素材文件\项目九\任务一\蔬菜3.jpg），如图9-17所示。

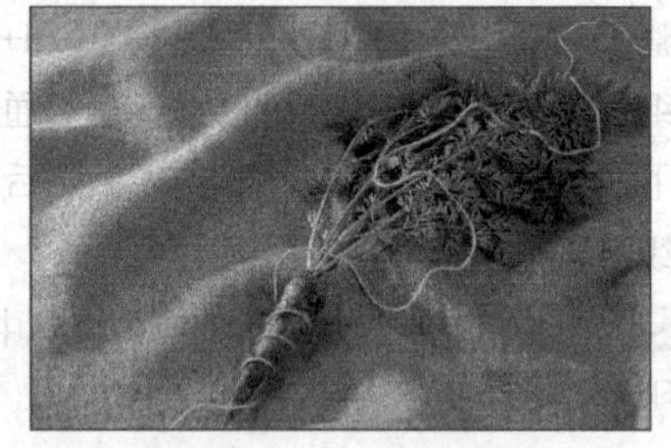

图9-17　打开素材文件

STEP 2　通过观察发现，图片整体饱和度较低，且颜色不适合网页整体色。选择【图像】/【调整】/【色相/饱和度】菜单命令，打开“色相/饱和度”对话框，在“通道”下拉列表框中选择“绿色”选项，然后拖曳滑块调整色相，如图9-18所示。

STEP 3 在“通道”下拉列表框中选择“黄色”选项，然后拖曳滑块调整色相，如图9-19所示。

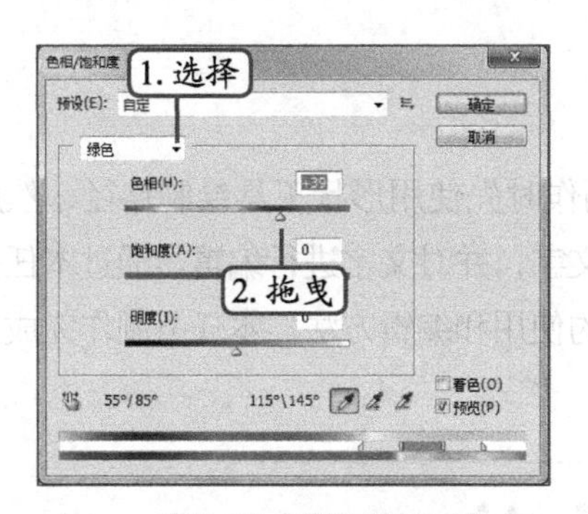

图9-18 调整绿色区域

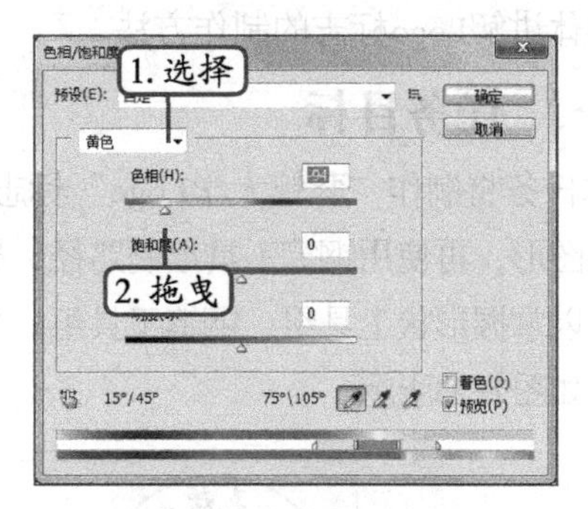

图9-19 调整黄色区域

STEP 4 在“通道”下拉列表框中选择“青色”选项，拖曳滑块调整色相，如图9-20所示。

STEP 5 在“通道”下拉列表框中选择“红色”选项，在色带上拖曳滑块到绿色带上，然后调整色相滑块，如图9-21所示。

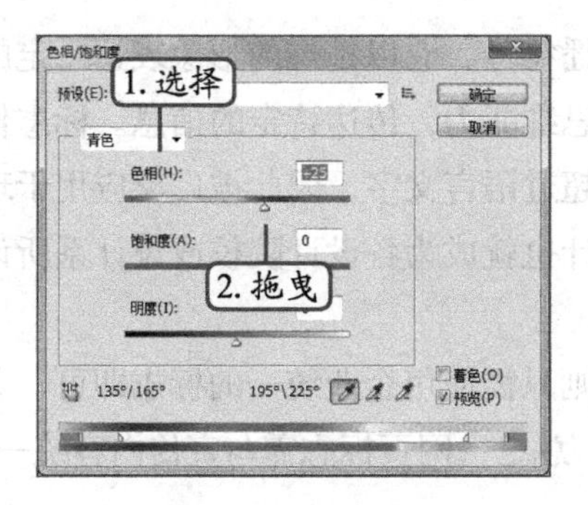

图9-20 调整青色区域

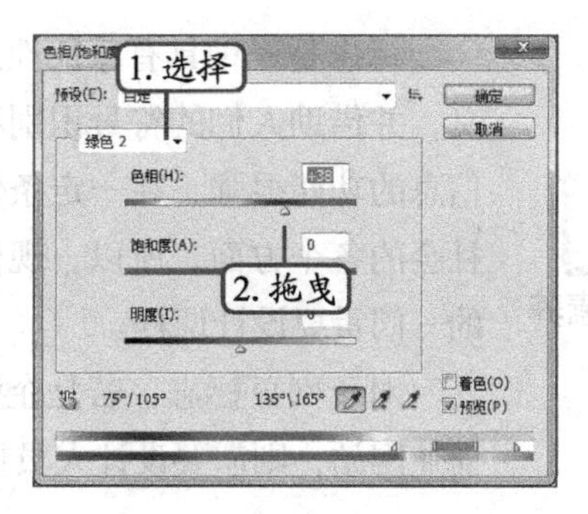

图9-21 更改红色区域

STEP 6 单击 确定 按钮，应用设置后效果如图9-22所示（最终效果参见：光盘\效果文件\项目九\任务一\蔬菜3.psd）。

图9-22 完成效果

任务二 制作"蓉锦大学Logo"

Logo标志是一个网站的"网眼"，同时也是网站的主要标志，是网页必不可少的部分，下面具体讲解Logo标志的制作方法。

一、 任务目标

本任务将制作"蓉锦大学Logo"标志效果，制作时先使用形状工具绘制路径，然后添加需要的图形，再使用钢笔工具绘制路径，最后添加文字，并对文字进行编辑。通过本任务的学习，可以掌握形状工具组、钢笔工具组、文字工具的使用和编辑方法。本任务制作完成后的最终效果如图9-23所示。

图9-23 "蓉锦大学Logo"效果

标志是一种具有象征性的大众传播符号，它以精炼的形象表达一定的含义，并借助人们的符号识别和联想等思维能力，传达特定的信息。标志传达信息的功能很强，在一定条件下甚至超过语言文字，因此被广泛应用于现代社会的各个方面，所以，现代标志设计也就成为各设计院校或设计系所设立的一门重要设计课程。

对于网页标志，若是企业网站，则只需使用企业统一的标志即可，若是商业网站，则需要设计人员重新设计。总之，网页标志需与宣传内容统一。

二、相关知识

为了适应各种场合标志的使用，Logo标志一般是矢量图形，这就涉及路径的相关操作，下面先认识路径和"路径"面板的相关知识。

（一）认识路径

路径是由贝塞尔曲线构成的图像，即由多个节点的矢量线条构成。Photoshop中的路径主要用于创建复杂的对象或矢量图形，与Adobe Illustrator等软件不同的是，Photoshop的路径主要用于勾画图像区域（对象）的轮廓。路径在图像显示效果中表现为不可打印的矢量形状，用户可以沿着产生的线段或曲线对路径进行填充和描边，还可以将其转换成选区。

路径主要由线段、锚点、控制句柄等部分构成，如图9-24所示。路径上的各元素解释如下。

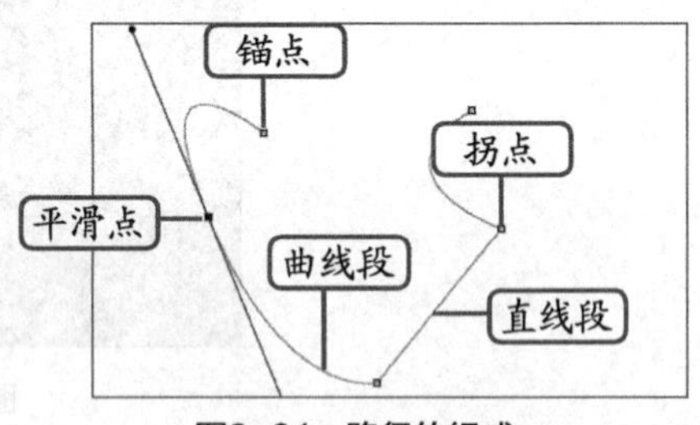

图9-24 路径的组成

- **线段**：一条路径是由多个线段依次连接而成的，线段分为直线段和曲线段两种。
- **锚点**：路径中每条线段两端的点是锚点，由小正方形表示，黑色实心的小正方形表示该锚点为当前选择的定位点。定位点有平滑点和拐点两种，平滑点是平滑连接两个线段的定位点，拐点是非平滑连接两个线段的定位点。
- **控制句柄**：选择任意锚点，该锚点上将显示0～2条控制句柄，拖曳控制句柄一端的小圆点可以修改与之关联的线段的形状和曲率。

（二）认识“路径”面板

“路径”面板默认情况下与“图层”面板在同一面板组中，由于路径不是图层，因此路径创建后不会显示在“图层”面板中，而是显示在“路径”面板中。“路径”面板主要用来储存和编辑路径，如图9-25所示。

- **当前路径**：面板中以蓝色条显示的路径为当前活动路径，用户所做的操作都是针对当前路径的。
- **路径缩略图**：用于显示该路径的缩略图，可以在这里查看路径的大致样式。
- **路径名称**：显示路径名称，用户可以对其进行修改。

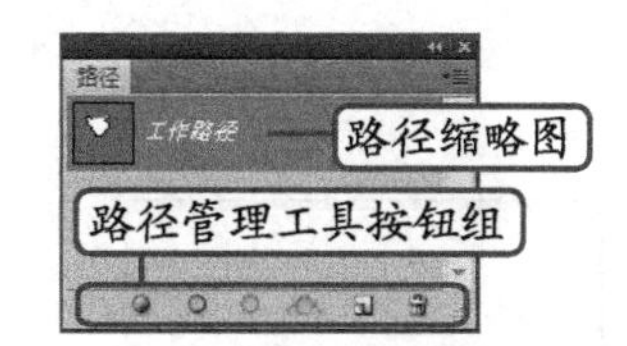

图9-25 路径的组成

- **“填充路径”按钮**：单击该按钮，将使用前景色在选择的图层上填充该路径。
- **“描边路径”按钮**：单击该按钮，将使用前景色在选择的图层上为该路径描边。
- **“将路径转为选区”按钮**：单击该按钮，可以将当前路径转换成选区。
- **“将选区转为路径”按钮**：单击该按钮，可以将当前选区转换成路径。
- **“新建路径”按钮**：单击该按钮，将建立一个新路径。
- **“删除路径”按钮**：单击该按钮，将删除当前路径。

三、任务实施

（一）使用形状工具绘制并编辑路径

Photoshop中提供了多种形状图案，用户可选择需要的形状工具或图案快速绘制，并进行编辑，其具体操作如下。

STEP 1 新建一个大小为1024×303像素，名称为“LOGO标志”的图像文件，如图9-26所示，然后按【Ctrl+R】组合键显示标尺。

STEP 2 分别在水平标尺和垂直标尺上拖曳一个十字参考线，如图9-27所示。

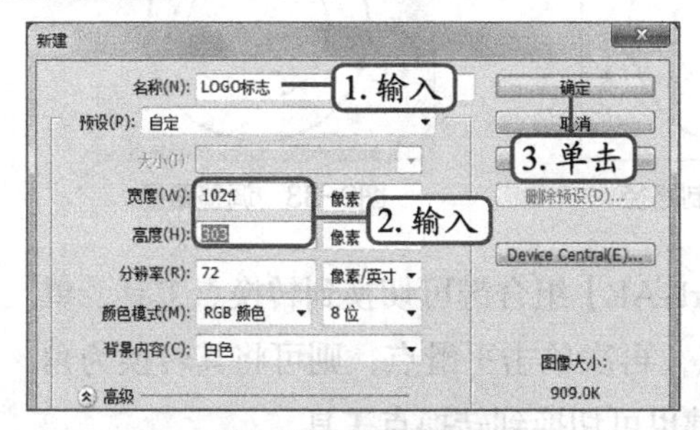

图9-26 新建图像文件

图9-27 创建参考线

STEP 3 在工具箱中的“矩形工具”按钮上单击鼠标右键，在弹出的快捷菜单中选择“椭圆工具”命令，在工具属性栏中单击“路径”按钮，然后在“图层”面板上单击“新建图层”按钮新建一个图层。

STEP 4 将鼠标移动到参考线交叉处，按住【Shift+Alt】组合键不放，拖曳鼠标绘制正圆路径，如图9-28所示。

STEP 5 按【Ctrl+Enter】组合键将路径转换为选区，然后选择【编辑】/【描边】菜单命令，打开“描边”对话框，设置“宽度”为4px，颜色为红色（R:139,G:14,B:2），其他保持默认，如图9-29所示。

STEP 6 单击 确定 按钮，按【Ctrl+D】组合键取消选区，然后使用相同的方法绘制一个稍微小一点的圆形路径，如图9-30所示。

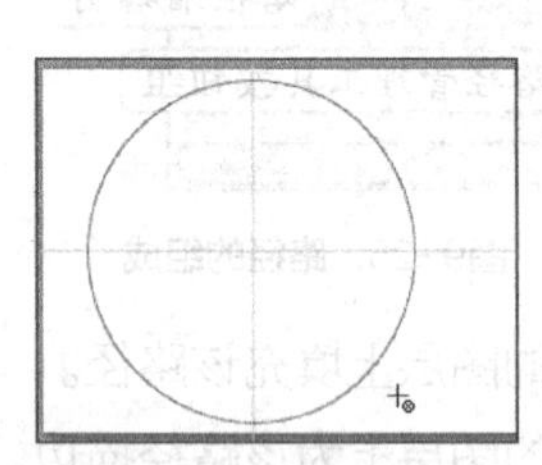

图9-28 绘制圆形路径

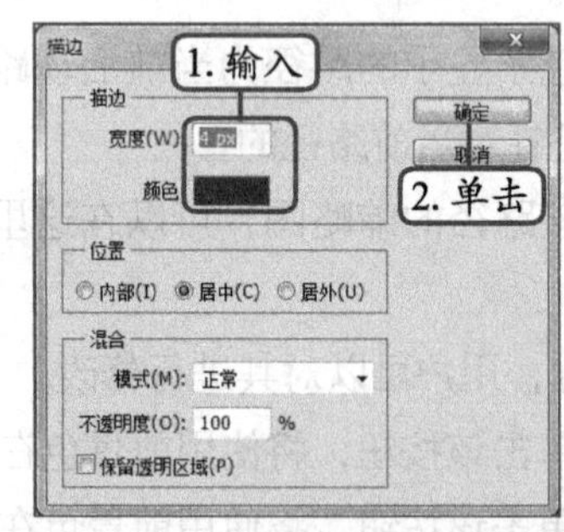

图9-29 设置“描边”对话框

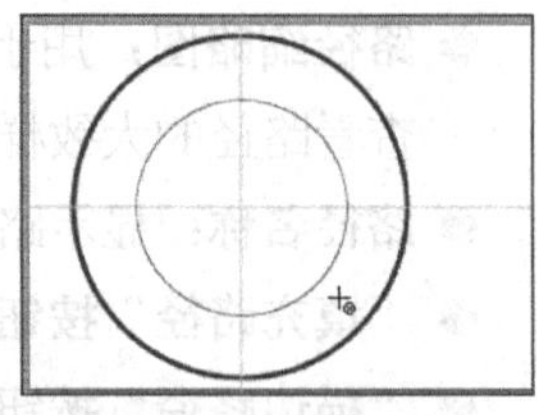

图9-30 绘制路径

STEP 7 单击“路径”选项卡，切换到“路径”面板，然后选择画笔工具，在工具属性中选择“硬边圆”画笔样式，设置画笔大小为4px，前景色为红色（R:139,G:14,B:2）。

STEP 8 单击“用画笔描边路径”按钮，使用设置好的画笔描边路径，效果如图9-31所示。

STEP 9 在“路径”面板中单击空白处，取消路径的选择状态，在工具箱中选择钢笔工具，在图形上按住鼠标左键不放拖曳创建一个锚点。

STEP 10 在下一点位置按下鼠标左键不放，然后拖曳调整路径形状，如图9-32所示。

STEP 11 观察发现路径形状不理想，选择直接选择工具，在控制柄上拖曳调整路径的弧度，如图9-33所示。

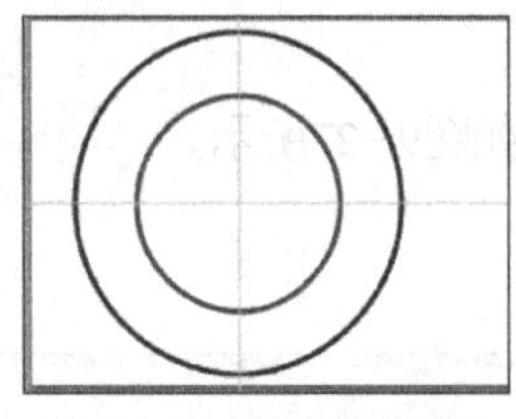

图9-31 使用画笔描边

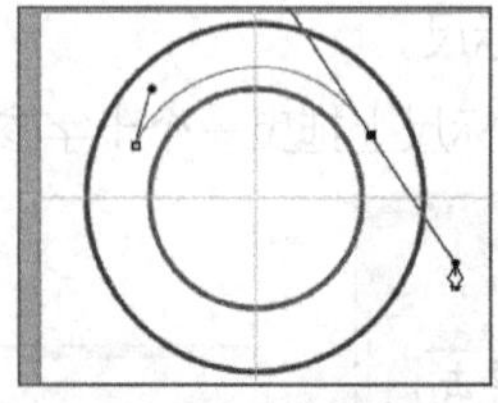

图9-32 绘制路径

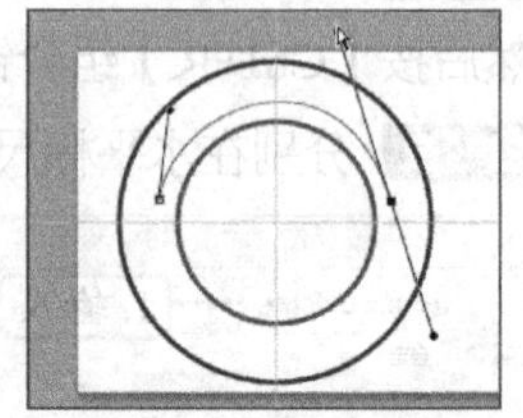

图9-33 调整路径

知识补充

在使用直接选择工具时，按【Ctrl+Alt】组合键可切换到转换点工具，单击并拖曳锚点，可将其转换为平滑点，再次单击平滑点，则可将其转换为角点。使用钢笔工具时，按住【Ctrl】键也可切换到转换点工具。

STEP 12 使用路径选择工具选择路径，然后调整路径到合适位置。

STEP 13 选择自定形状工具，在工具属性栏中单击“形状”右侧的下拉按钮，在打开的面板中单击，在弹出的菜单中选择“全部”选项，在打开的提示对话框中单击追加(A)按钮，如图9-34所示。

STEP 14 在“形状”面板中选择“鸟2”形状，在工具属性栏中单击“像素”按钮，然后新建一个图层，在图像区域拖曳鼠标绘制大小合适的形状，效果如图9-35所示。

STEP 15 将绘制的形状所在图层拖曳到“新建”按钮上复制一个图层，然后按【Ctrl+T】组合键进入变换状态，通过四周的控制点调整图像大小，在图像上单击鼠标右键，在弹出的快捷菜单中选择“水平翻转”命令，如图9-36所示。

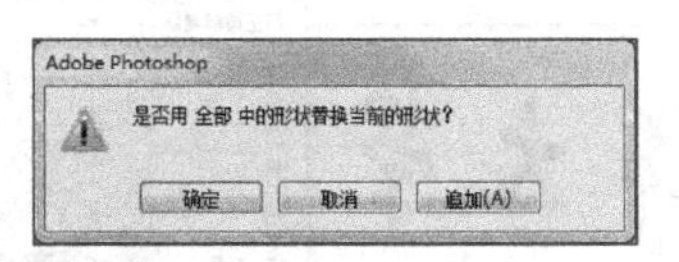

图9-34　添加形状

图9-35　绘制形状

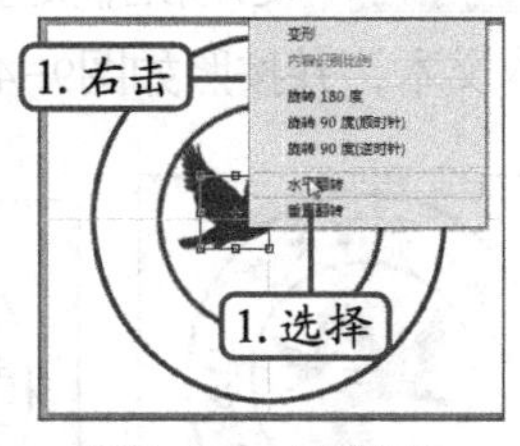

图9-36　水平翻转

STEP 16 将其移动到合适位置，按【Enter】键确认变换，效果如图9-37所示。

STEP 17 新建一个图层，使用相同的方法在图像上绘制一个“蕨类植物”图像，并变换大小和方向，效果如图9-38所示。

图9-37　移动形状

图9-38　绘制形状

（二）添加文字

在Photoshop中可以为图像添加文字，以达到图文并茂的图像效果，使用文字工具即可添加，其具体操作如下。

STEP 1 在路径面板中选择绘制的路径，然后选择横排文字工具，在鼠标移动的路径的一端单击定位插入点。

STEP 2 在工具属性栏中设置字体为“方正草黄简体”，大小为“128点”，然后输入文本“四川蓉锦大学”，效果如图9-39所示。

STEP 3 使用相同的方法在下方绘制路径，并沿路径输入文字“sichuan rongjin university”文本，效果如图9-40所示。

STEP 4 在图层面板中双击英文文字所在图层的缩略图，选中全部文字，选择【窗口】/【字符】菜单命令或单击按钮打开“字符”面板，在其中设置字体为“Trajan Pro”，字号为“34点”，文字缩进为“-160”，基线偏移“-8点”，如图9-41所示。

图9-39　输入文本

图9-40　输入英文文本

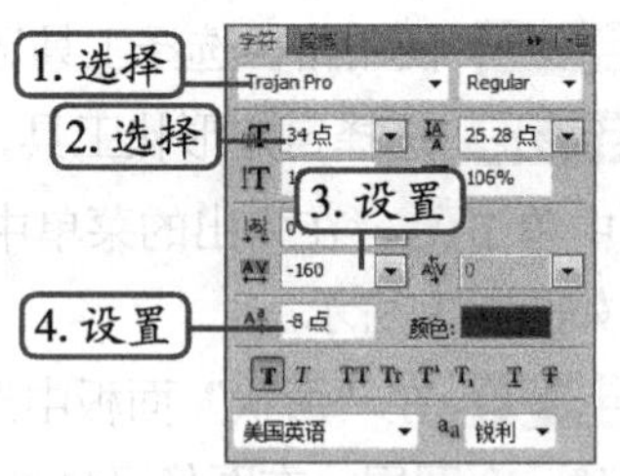

图9-41　设置字符格式

STEP 5　按【Enter】键或在工具属性栏中单击“确认”按钮，确认设置，切换到“路径”面板，取消选中文字所在的路径，效果如图9-42所示。

STEP 6　使用横排文字工具继续在图像右侧单击定位插入点，然后输入“四川蓉锦大学”文本，并按照如图9-43所示格式进行设置。

图9-42　设置格式后的效果

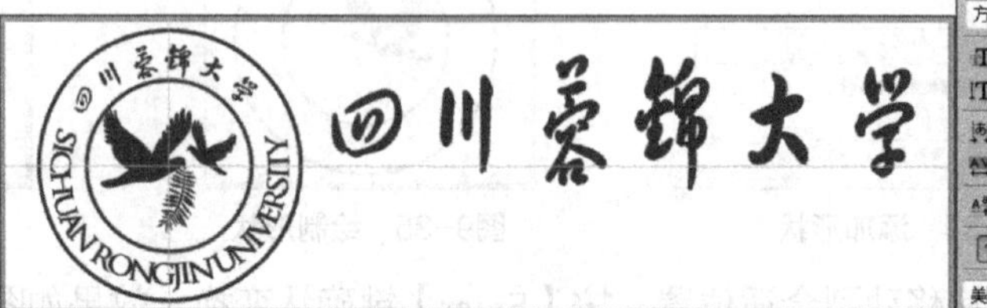

图9-43　设置字符格式

STEP 7　使用相同的方法在其下方输入英文文本，并设置字符格式，如图9-44所示。

STEP 8　设置完成后，选择【视图】/【清除参考线】菜单命令，保存图像文件即可（最终效果参见：光盘\效果文件\项目九\任务二\LOGO标志.psd）。

图9-44　设置字符格式

任务三　制作“果蔬网”网页按钮

网页中常见的按钮是用户与后台进行交流的桥梁，是动态网页必不可少的网页元素，使用Photoshop可制作出各种个性化的按钮，下面具体讲解。

一、任务目标

本任务将制作“果蔬网”网页中的3个按钮，制作时先通过图层的基本操作，结合前面学习的知识创建基本图像，然后通过添加图层样式、设置图层混合模式以及添加滤镜等操作来完成网页按钮的制作。通过本任务的学习，可以掌握图层的基本操作、图层样式的相关操作、图层混合模式的相关知识以及滤镜的相关操作。本任务制作完成后的最终效果如图9-45所示。

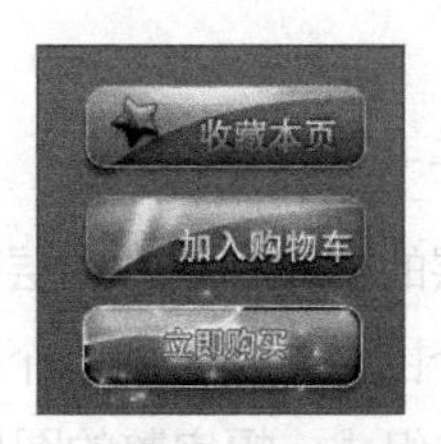

图9-45 "果蔬网"网页按钮效果

职业素养

网页对于按钮的尺寸并没有固定的要求，在制作时可根据用户需要适当调整，如需要提高点击率，可将按钮的尺寸相对设计大一些，颜色可更加明艳一些。另外，还需要注意，按钮色彩选择需要结合当前网页的主题元素，否则会格格不入。

二、相关知识

在Photoshop中，创建的图层是图像的载体，掌握图层的基本操作是处理图像的关键。"图层"在前面任务制作中已经初步涉及，这里详细讲解图层的相关知识。

（一）图层的作用和类型

一个完整作品通常由多个图层合成，在Photoshop CS5中，可以将图像的每个部分置于不同图层的不同位置，由图层叠放形成图像效果。用户对每个图层中的图像内容进行编辑、修改、效果处理等各种操作时，对其他层中的图像没有任何影响。

Photoshop的图层按性质划分，分为普通图层、背景图层、文本图层、填充图层、形状图层、调整图层6种，下面简单介绍。

- **普通图层**：普通图层是最基本的图层类型，相当于一张透明纸。
- **背景图层**：Photoshop中的背景层相当于绘图时最下层不透明的画纸。在Photoshop中，一幅图像有且仅有一个背景图层。背景图层无法与其他图层交换堆叠次序，但背景图层可以与普通图层相互转换。
- **文本图层**：使用文本工具在图像中创建文字后，自动新建一个图层。文本图层主要用于编辑文字的内容、属性和取向。文本图层可以进行移动、调整堆叠、复制等操作，但大多数编辑工具、命令不能在文本图层中使用。要使用这些工具和命令，首先要将文本图层转换成普通图层。
- **填充图层**：填充图层可通过选择【图层】/【新建填充图层】菜单命令，在打开的子菜单中选择填充图层的类型创建。
- **形状图层**：使用形状工具在图像中绘制形状后，系统自动生成一个形状图层，并且会产生形状对应的路径，主要用于放置Photoshop中的矢量形状。
- **调整图层**：调整图层可以调节其下所有图层中图像的色调、亮度、饱和度等，其方法是选择【图层】/【新建调整图层】菜单命令，然后在打开的子菜单中选择相应的命令即可。

（二）认识“图层”面板

“图层”面板默认情况下显示在工作界面右下侧，主要用于显示和编辑当前图像窗口中的所有图层，打开一幅含有多个图层的图像，在“图层”面板中可查看每个图层上的图像，如图9-46所示。“图层”面板中每个图层左侧都有一个缩略图像，背景图层位于最下方，上面依次是各个图层，通过图层的叠加组成一幅完整的图像。

- **图层混合模式**：用于设置当前图层与它下一图层叠合在一起的混合效果，共有27种混合模式。
- **图层不透明度**：用于设置当前图层的不透明度。
- **图层填充不透明度**：用于设置当前图层内容的填充不透明度。
- **锁定透明像素按钮**：用于锁定当前图层的透明区域，单击该按钮后，透明区域不能被编辑。

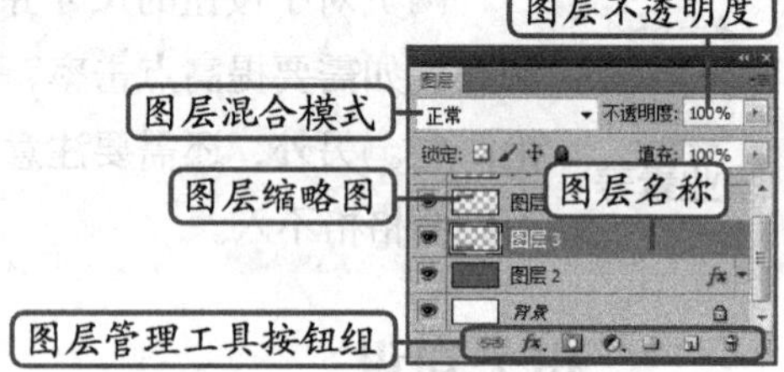

图9-46 “图层”面板

- **锁定图像像素按钮**：用于锁定图像像素，单击该按钮后，当前层的图层编辑和透明区域不能进行绘图等图像编辑操作。
- **锁定位置按钮**：用于锁定图层的移动功能，固定图层位置。单击该按钮后，不能对当前图层进行移动操作。
- **全部锁定按钮**：用于锁定图层及图层副本的所有编辑操作，单击该按钮后，对当前图层进行的所有编辑均无效。
- **“填充”数值框**：用于设置图层内容的填充值。
- **图标**：用于显示或隐藏图层。当在图层左侧显示有此图标时，表示图像窗口将显示该图层的图像。单击此图标，图标消失并隐藏该图层的图像。
- **当前图层**：在“图层”面板中，以蓝色条显示的图层为当前图层。用鼠标单击相应的图层即可改变当前图层。
- **“链接图层”按钮**：用于链接两个或两个以上的图层，链接图层可同时进行缩放、透视等变换操作。
- **“添加图层样式”按钮**：用于为当前图层添加图层样式效果，单击该按钮，将弹出下拉菜单，从中可通过选择相应的命令为图层添加图层样式。
- **“添加图层蒙版”按钮**：单击该按钮，可以为当前图层添加图层蒙版。
- **“创建新的填充和调整图层”按钮**：用于创建调整图层，单击该按钮，在弹出的下拉菜单中可以选择所需的调整命令。
- **“创建新组”按钮**：单击该按钮，可以创建新的图层组，它可以包含多个图层，并可将这些图层作为一个对象进行查看、复制、移动和调整顺序等操作。
- **“创建新图层”按钮**：单击该按钮，可以创建一个新的空白图层。
- **“删除图层”按钮**：单击该按钮，可以删除当前图层。

- **"面板菜单"按钮**：单击该按钮，将弹出下拉菜单，主要用于新建、删除、链接和合并图层操作。

三、任务实施

（一）新建并分组图层

Photoshop中可新建多个图层，为了便于管理，还可对图层分组，其具体操作如下。

STEP 1 新建一个200×200像素的图像文件，在"图层"面板中单击"新建图层"按钮新建一个透明图层，如图9-47所示。

STEP 2 设置前景色为绿色（R:89,G:129,B:31），然后按【Alt+Delete】组合键填充前景色。

STEP 3 在图层面板上单击"创建新组"按钮，新建一个图层组，然后在组名称处双击，输入组名称"收藏本页"文本，效果如图9-48所示。

图9-47 新建图层

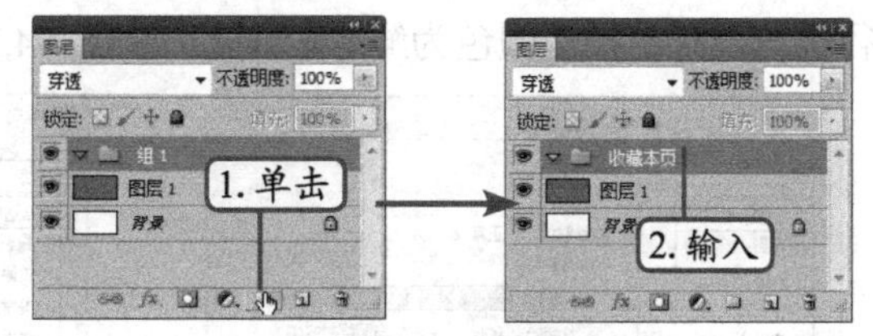

图9-48 创建图层组

STEP 4 利用相同的方法创建两个图层组，并分别更改名称为"加入购物车"和"立即购买"，效果如图9-49所示。

STEP 5 单击"收藏本页"图层组前的按钮，然后单击"新建图层"按钮即可在该组下新建一个透明图层。

STEP 6 在工具箱中选择"圆角矩形工具"，在工具属性栏中单击"形状图层"按钮，半径为10px，在图像区域拖曳鼠标绘制一个圆角矩形（R:48，G:81，B:0），如图9-50所示。

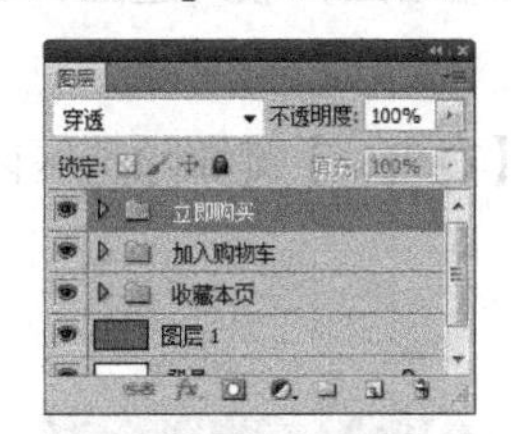

图9-49 创建其他图层组

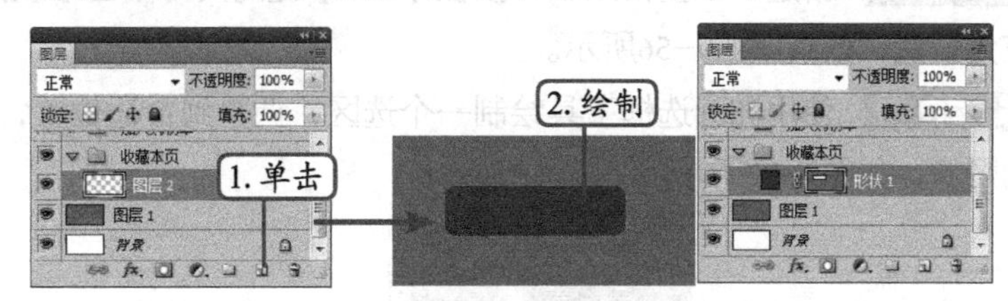

图9-50 绘制形状

（二）添加图层样式

为图层添加图层样式可使图像更加有立体感，其具体操作如下。

STEP 1 选择【图层】/【图层样式】/【投影】菜单命令，打开"图层样式"对话框的"投影"选项卡，在其中按照图9-51所示设置参数。

STEP 2 选中"内发光"复选框，单击"内发光"选项切换到该选项卡，在其中按照图9-52所示进行设置。

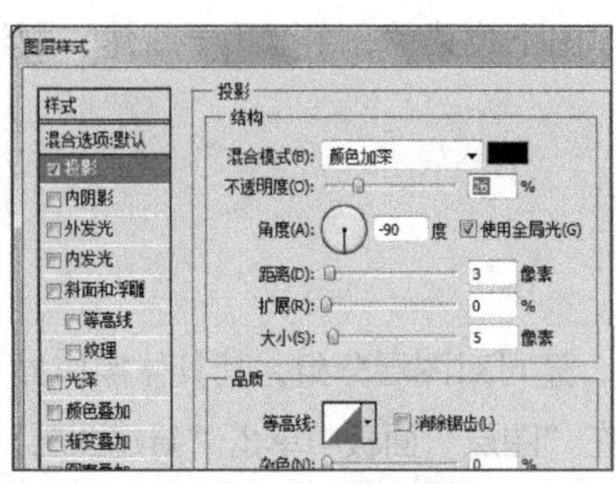

图9-51　设置投影

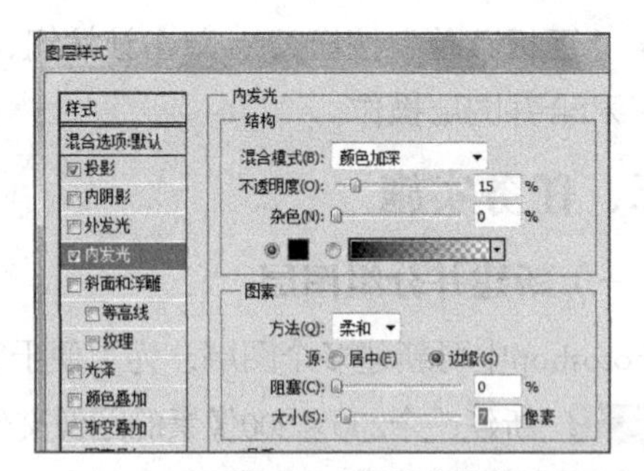

图9-52　设置内发光

STEP 3　选中“渐变叠加”复选框，单击“渐变叠加”选项切换到该选项卡，在其中按照如图9-53所示进行设置，其中渐变颜色为嫩绿色（R:129,G:175,B:63）到深绿色（R:48,G:81,B:0）。

STEP 4　选中“描边”复选框，单击“描边”选项切换到该选项卡，在其中按照图9-54所示进行设置，其中描边颜色为鲜绿色（R:115,G:194,B:0）。

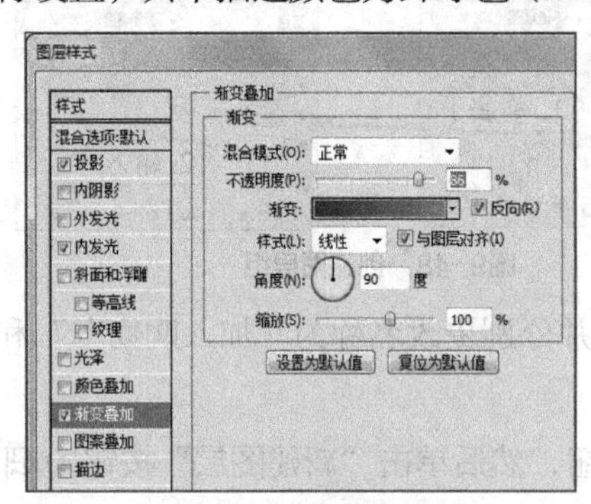

图9-53　设置渐变叠加

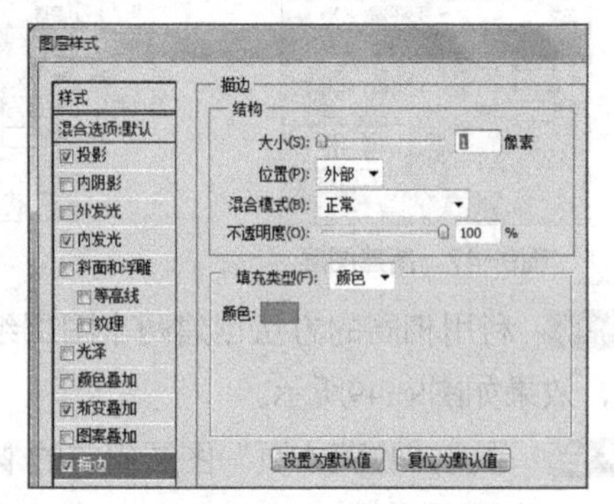

图9-54　设置描边

STEP 5　单击 确定 按钮，应用设置，效果如图9-55所示。

STEP 6　新建一个空白图层，按住【Ctrl】键的同时单击形状图层缩略图，载入选区，填充为白色，效果如图9-56所示。

STEP 7　使用椭圆选框工具绘制一个选区，调整到合适位置，按【Delete】键删除选区内的图像，如图9-57所示。

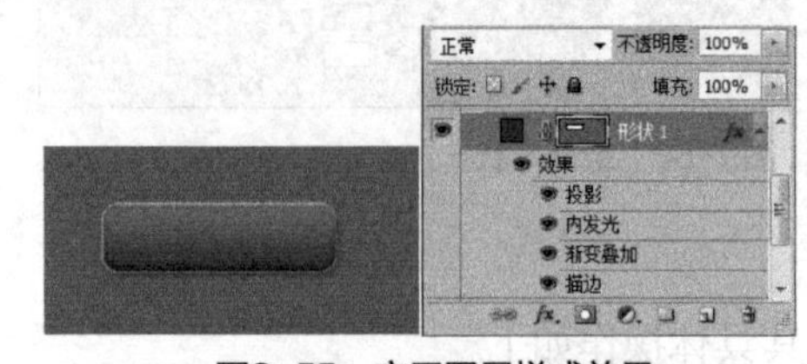

图9-55　应用图层样式效果

图9-56　填充选区

图9-57　删除选区内容

（三）设置图层混合模式

通过图层混合模式可制作出多样化的图像效果，通过图层混合模式可加深颜色、减淡颜色或叠加颜色，其具体操作如下。

STEP 1　选择图层2，在“图层混合模式”下拉列表中选择“柔光”选项，在“填充”下拉列表中输入50%，如图9-58所示。

STEP 2 在图层2上双击，打开“图层样式”对话框，选中“投影”复选框并切换到该选项卡，按照如图9-59所示进行设置。

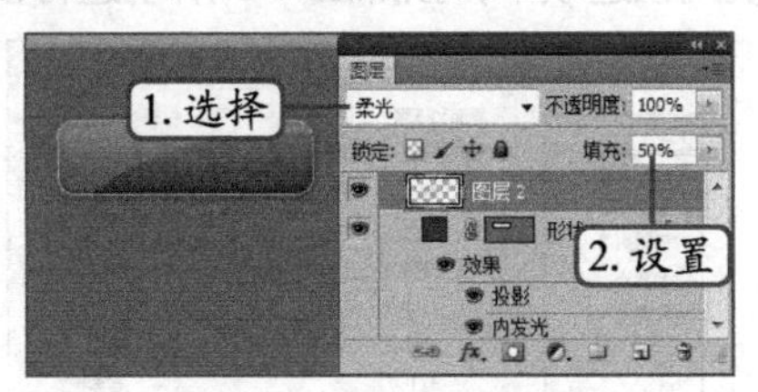

图9-58 设置图层混合模式

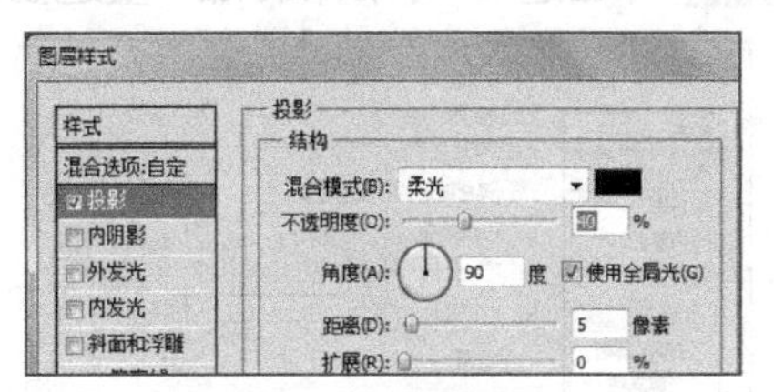
图9-59 添加投影样式

STEP 3 选中“内发光”复选框并切换到该选项卡，按照图9-60所示进行设置。

STEP 4 单击 确定 按钮，应用设置，效果如图9-61所示。

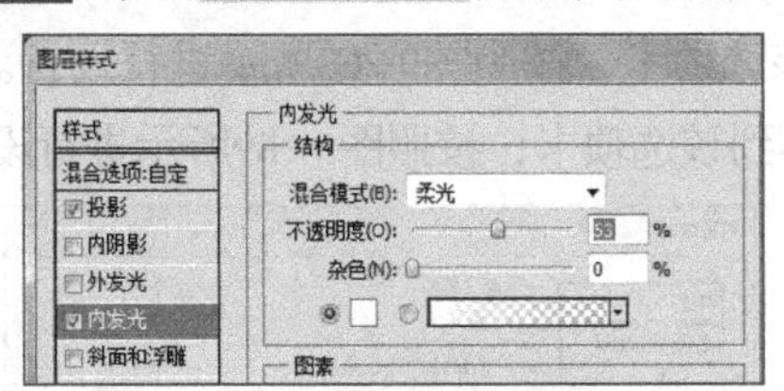
图9-60 设置内发光样式

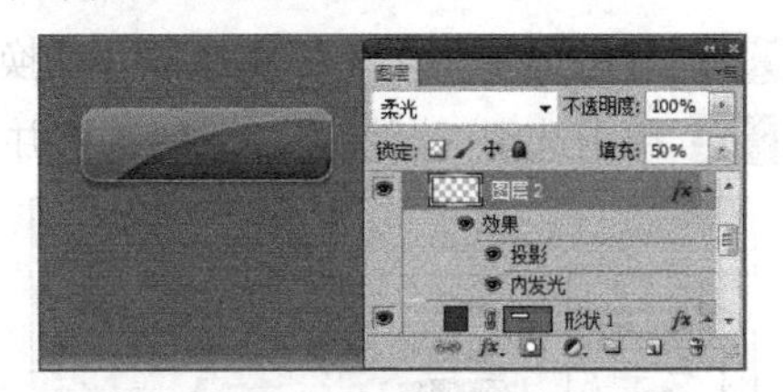
图9-61 添加图层样式后的效果

STEP 5 新建一空白图层，载入按钮选区，按【D】键复位前景色和背景色，然后选择渐变工具，在工具属性栏中单击“径向渐变”按钮，单击选中“反向”复选框，最后在选区中拖曳进行渐变填充，效果如图9-62所示。

STEP 6 在“图层混合模式”下拉列表中选择“颜色减淡”选项，在“填充”下拉列表中输入70%，效果如图9-63所示。

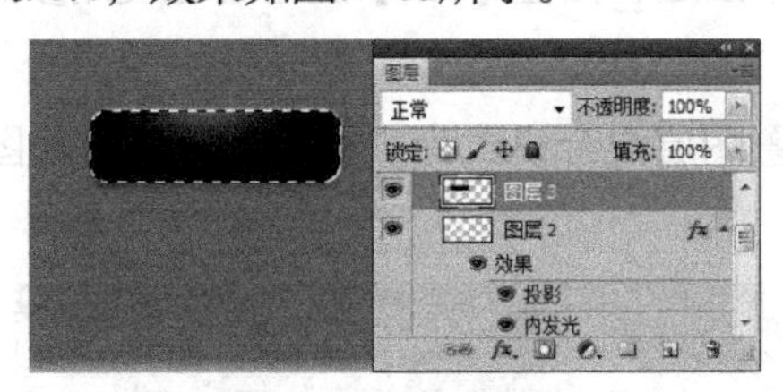
图9-62 渐变填充

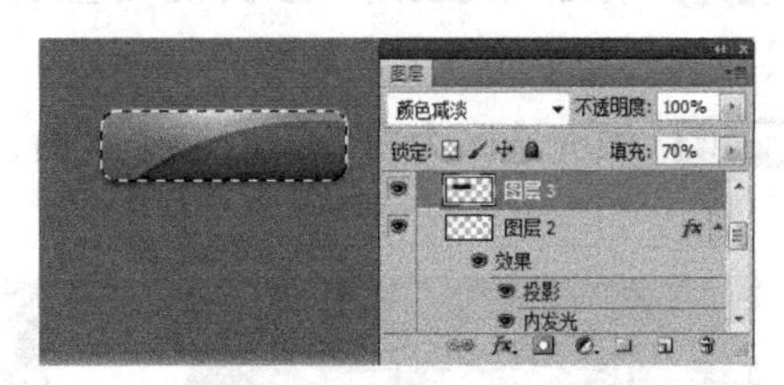
图9-63 设置图层混合模式

STEP 7 取消选区后新建一个图层，使用自定形状工具绘制一个五角星，按【Ctrl+T】组合键自由变换，调整到合适位置利用【Alt】键复制图层1的效果，如图9-64所示。

STEP 8 在图层面板中该图层下双击“投影”选项，打开“图层样式”对话框，修改其中参数如图9-65所示。

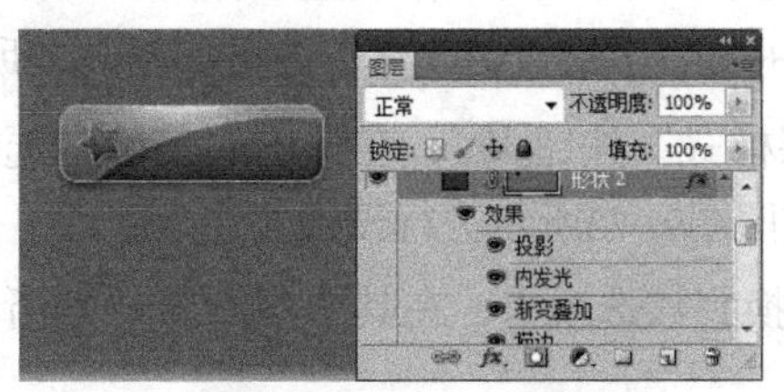
图9-64 绘制并调整形状

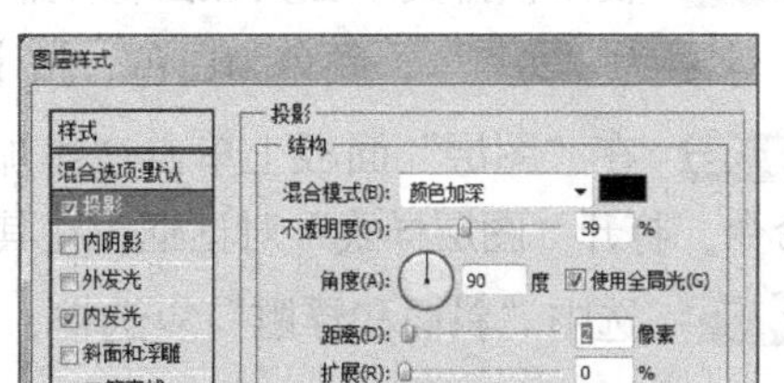
图9-65 修改投影样式

STEP 9 单击选中“内发光”复选框并切换到该选项卡，按照图9-66所示进行设置，其中颜色为白色。

STEP 10 单击选中“斜面和浮雕”复选框并切换到该选项卡，按照图9-67所示进行设置。

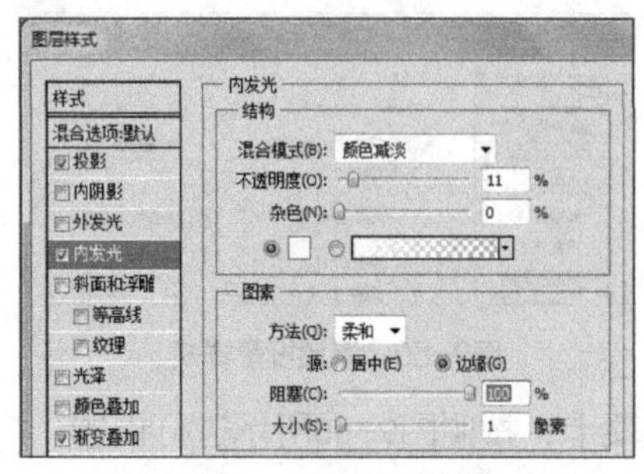

图9-66 修改内发光参数

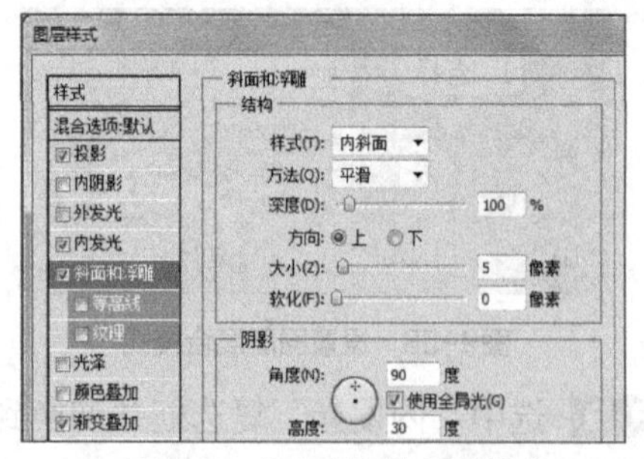

图9-67 添加斜面和浮雕样式

STEP 11 单击选中“光泽”复选框并切换到该选项卡，按照图9-68所示进行设置。

STEP 12 单击选中“渐变叠加”复选框并切换到该选项卡，按照图9-69所示进行设置。

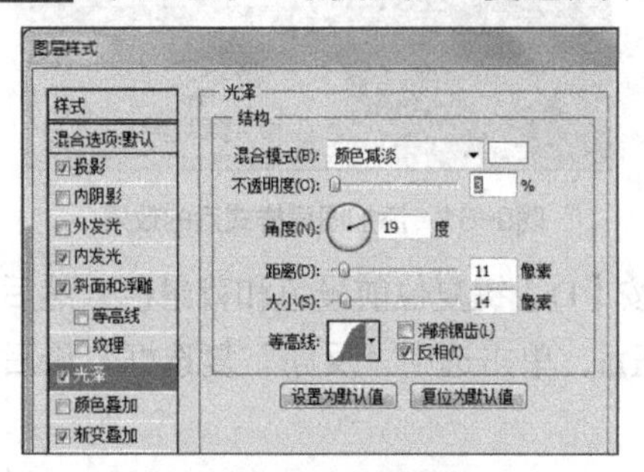

图9-68 修改光泽参数

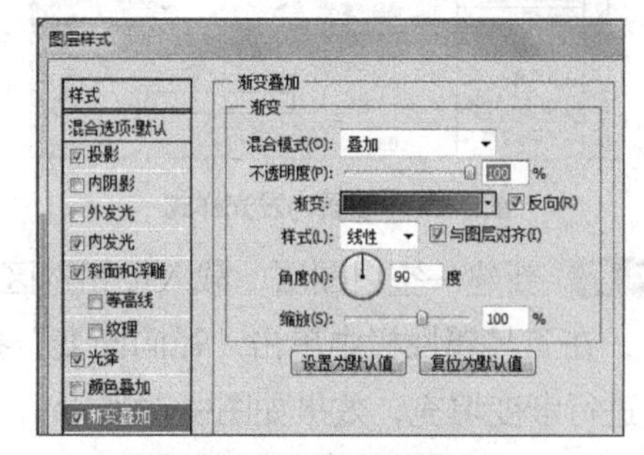

图9-69 修改渐变叠加样式

STEP 13 将绘制的五角星形状载入选区，新建图层，按住【Alt】键的同时使用多边形套索工具减选五角星的一半，如图9-70所示。

STEP 14 填充选区为白色，取消选区后，设置图层混合模式为“柔光”，效果如图9-71所示。

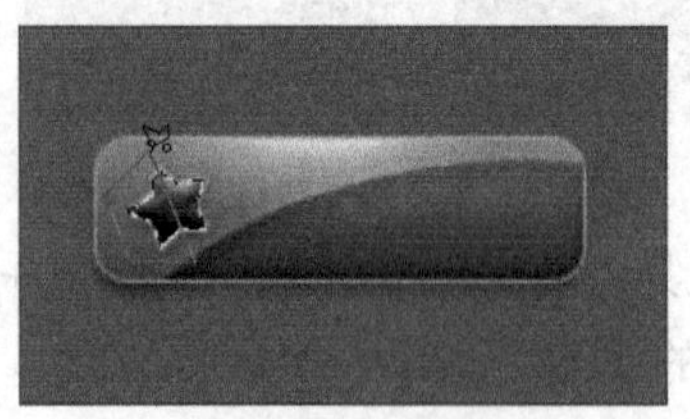

图9-70 减选选区

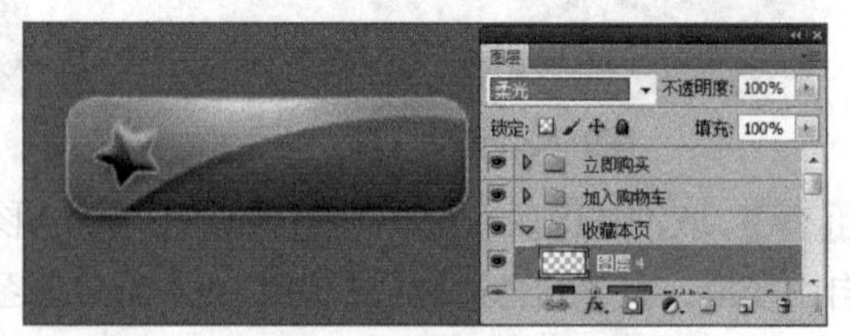

图9-71 设置图层混合模式

STEP 15 使用横排文字工具在图像上输入“收藏本页”文本，设置字体为“Adobe 黑体 Std”，字号为“20点”，颜色为白色，按【Ctrl+Enter】组合键确认，效果如图9-72所示。

STEP 16 在“图层”面板上单击“添加图层样式”按钮 *fx*，在弹出的菜单中选择“投影”命令，打开“图层样式”对话框，在其中按照图9-73所示进行设置。

STEP 17 选中“斜面和浮雕”复选框，并切换到该选项卡，在其中按照图9-74所示进行设置。

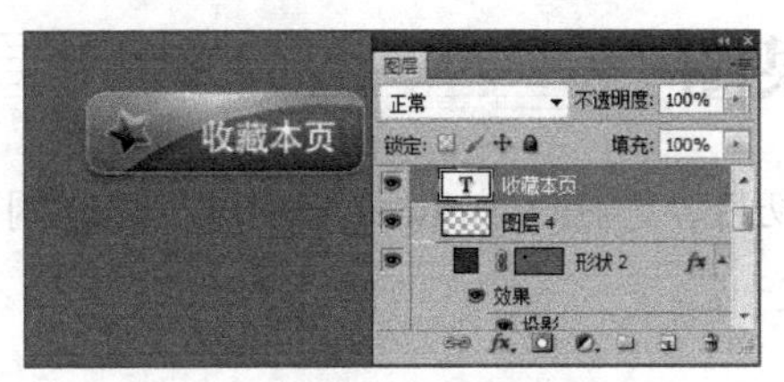

图9-72 输入文本

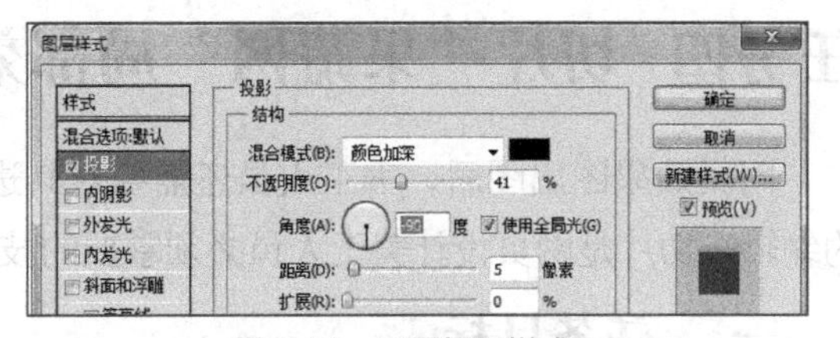

图9-73 设置投影样式

STEP 18 选中“渐变叠加”复选框，并切换到该选项卡，在其中按照图9-75所示进行设置即可。

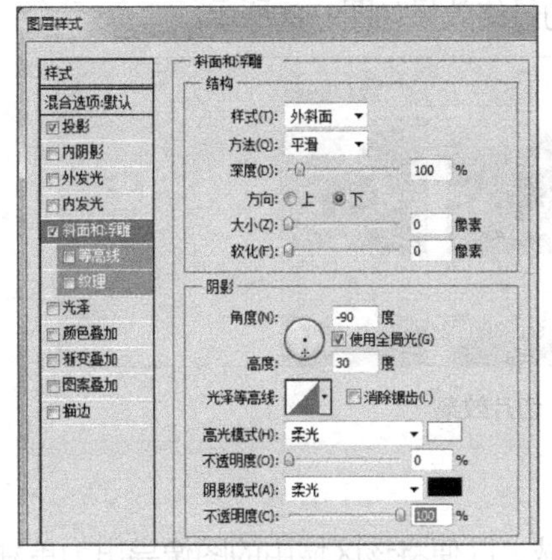

图9-74 设置斜面浮雕样式

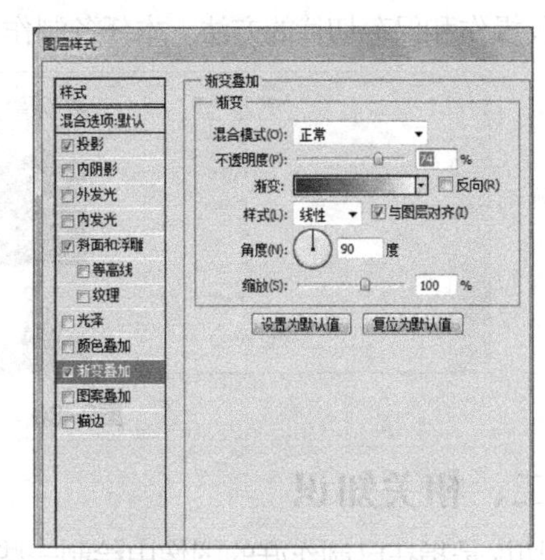

图9-75 设置渐变叠加样式

（四）使用滤镜制作质感效果

滤镜可制作出许多视觉特效，下面使用滤镜为按钮制作质感效果，其具体操作如下。

STEP 1 使用上面相应的操作制作出图9-76所示的另一个按钮，具体参数设置可参考提供的效果文件。

STEP 2 将按钮形状载入选区，然后新建图层，复位前景色和背景色，最后选择【滤镜】/【渲染】/【云彩】菜单命令，效果如图9-77所示。

图9-76 制作“加入购物车”按钮

图9-77 使用云彩滤镜

STEP 3 设置该图层的混合模式为柔光，填充为25%，效果如图9-78所示。

STEP 4 利用相同方法制作“立即购买”按钮，相关参数设置可打开效果查看。完成后保存图像文件即可，如图9-79所示（最终效果参见：光盘\效果文件\项目九\任务三\按钮.psd）。

图9-78 调整混合模式

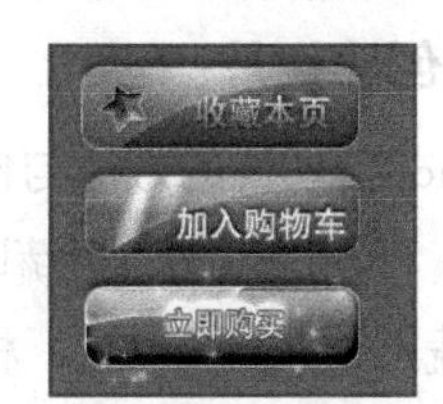

图9-79 完成制作

任务四 切片“果蔬网”局部效果图

网页效果图出图后，美工人员还需要对其进行切片，才在Dreamweaver中进行静态网页的编辑。切片是网页设计美工人员必须掌握的技能之一。

一、 任务目标

本任务将对“果蔬网”效果图的局部进行切片，制作时先使用切片工具创建切片，然后对切片进行编辑，最后保存切片。通过本任务的学习，可以掌握切片工具的使用方法，编辑切片的相关操作和保存切片的方法。本任务制作完成后的最终效果如图9-80所示。

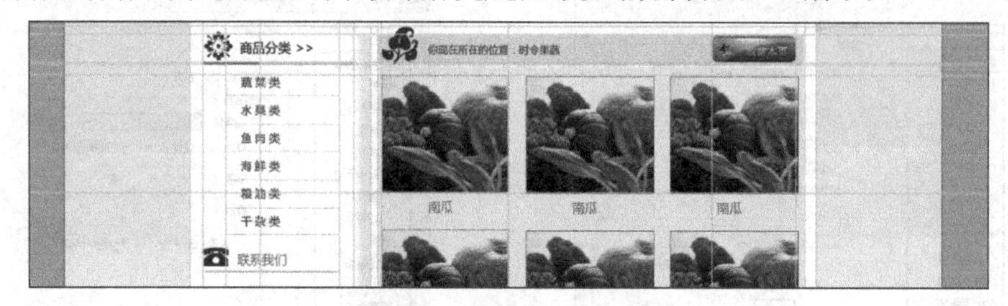

图9-80 “果蔬网”切片效果

二、相关知识

切片是指在已制作好的图像中绘制一些矩形区域，以便将该区域中的图像导出为单独的图像，在进行切片时要注意以下原则。

- **切片尽量最小化**：切片时应只对需要的部分进行切片，要尽可能地减小切片面积。
- **隐藏不需要的内容**：需要清楚哪些内容是改图像需要的，哪些是不需要的，将不需要的图层内容隐藏。
- **纯色背景不用切片**：对于纯色背景不需要切片，纯色背景可直接在Dreamweaver中设置背景颜色即可。
- **重复多个对象只需切片一次**：当多个图像在网页中重复使用时，只需对其中一个进行切片，不需对每个图像切片。
- **渐变色背景只需切一个像素**：对于有渐变色的背景在切片时只需切片改图像左侧或顶部1像素的图像，在编辑网页时重复使用即可。
- **图片格式**：若对网页图像质量要求较高，可保存为JPG或PNG格式的图片，若要求背景透明则可保存为GIF或PNG格式。

三、任务实施

（一）创建切片

Photoshop中切片的方法与使用矩形工具绘制矩形的方法类似，其具体操作如下。

STEP 1 打开提供的“果蔬网效果图.psd”素材文件（素材参见：光盘\素材文件\项目九\任务四\果蔬网效果图.psd），根据切片原则，在图像上添加相应的参考线，添加参考线时可适当放大视图，以便精确创建参考线，如图9-81所示。

STEP 2 在工具箱的裁剪工具按钮上单击鼠标右键，在弹出的快捷菜单中选择切片工具，按【Alt】键的同时滑动鼠标滚轮放大视图，然后在图像上拖曳鼠标绘制一个切片区域，如图9-82所示。

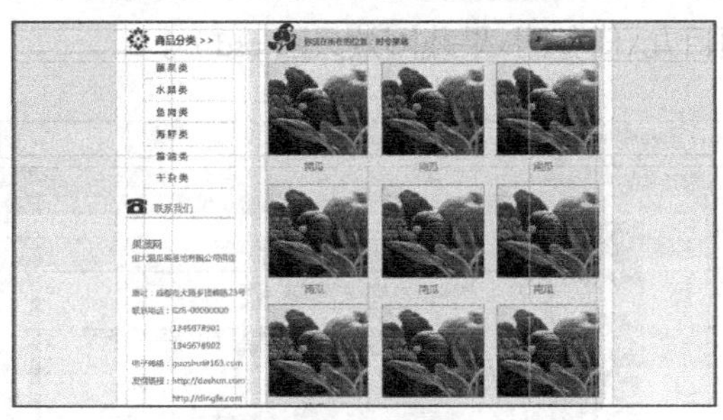
图9-81 创建参考线

图9-82 绘制切片

STEP 3 使用相同的方法绘制其他切片，完成后效果如图9-83所示。

STEP 4 在工具箱中选择切片选择工具，在第1个切片上单击鼠标右键，在弹出的快捷菜单中选择"编辑切片选项"命令，打开"切片选项"对话框，在其中按照图9-84所示进行设置。

图9-83 创建其他切片

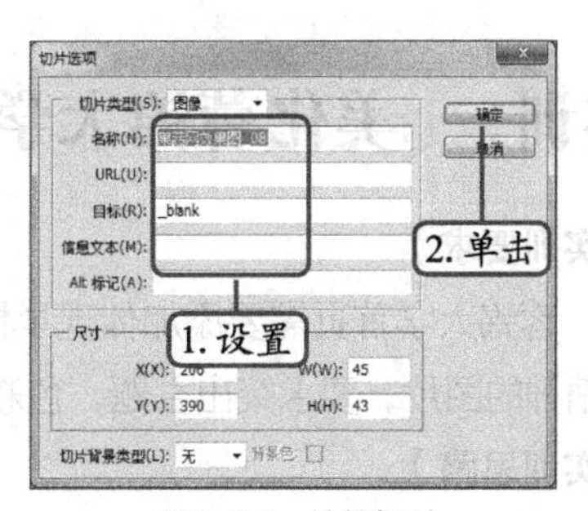

图9-84 编辑切片

STEP 5 单击 确定 按钮完成切片设置，使用相同的方法设置其他切片即可。

（二）保存切片

切片完成后即可将其输出保存为网页图像，其具体操作如下。

STEP 1 确认切片无误后选择【文件】/【存储为Web和设备所用格式】菜单命令，打开"存储为Web和设备所用格式"对话框，单击"优化"选项卡，在预览窗口选择"08"切片，在"优化的文件格式"下拉列表框中选择"GIF"选项，如图9-85所示。

STEP 2 使用相同的方法在预览窗口中选择切片，在右侧参数区设置保存格式即可。

图9-85 设置切片导出格式

STEP 3 单击存储按钮，打开“将优化结果存储为”对话框，在其中设置保存位置，输入文件名称，如图9-86所示。

STEP 4 单击保存(S)按钮，打开提示对话框，单击确定按钮，完成切片输出，如图9-87所示（最终效果参见：光盘\效果文件\项目九\任务四\果蔬网效果图.psd）。

图9-86 设置保存位置

图9-87 完成输出

实训一 美化蓉锦大学网页图片

【实训要求】

蓉锦大学首页需要添加体现学校人文精神版块，请你为该学校设计一张体现学生青春飞扬的精神的图片，要求突出主题，色彩靓丽，符合学校人文精神要求。

【实训思路】

根据实训要求，在调整图片色彩时可通过色阶、色彩平衡、选区颜色等命令来实现。本实训的参考效果如图9-88所示。

图9-88 网页图片调整前后对比

【步骤提示】

STEP 1 打开提供的素材图片（素材参见：光盘\素材文件\项目九\实训一\人物.jpg）。

STEP 2 复制图层，选择【图像】/【调整】/【色阶】菜单命令，在打开的对话框中设置色阶，具体参数可视图像预览效果确定。

STEP 3 使用相同的方法调整图像的“可选颜色”对话框和“色相饱和度”对话框。

STEP 4 新建图层，复位前景色和背景色，然后选择【滤镜】/【渲染】/【镜头光晕】菜单命令，设置光晕位置并确认设置。

STEP 5 设置该图层的图层混合模式为“滤色”，完成后保存即可（最终效果参见：光盘\效果文件\项目九\实训一\人物.psd）。

实训二 制作果蔬网网页标志区

【实训要求】

本实训要求为果蔬网制作一个网页标志区的图像效果，设计时，可根据网页的性质选取素材图片，本实训提供“蔬菜1.jpg”、“蔬菜2.jpg”（素材参见：光盘\素材文件\项目九\实训二\蔬菜1.jpg、蔬菜2.jpg）素材文件，完成效果如图9-89所示。

图9-89 “果蔬网”标志区

【实训思路】

根据实训要求，在制作前需要先确定果蔬网标志区图像大小，然后新建图像文件、绘制标志、添加并编辑素材文件，最后添加并设置文字即可。

【步骤提示】

STEP 1 新建一个926×98像素的图像文件，使用自定形状工具绘制需要的形状作为网页标志，并调整到合适位置。

STEP 2 打开提供的素材文件，将其移动到合适位置，然后新建图层，使用渐变工具对图像进行渐变填充。

STEP 3 在相应的位置添加相关文字，并设置文字的字符格式，完成后保存文件，完成制作（最终效果参见：光盘\效果文件\项目九\实训二\网页标志区.psd）。

常见疑难解析

问：使用色彩调整命令后，就不能对图像效果进行调整，如何处理？

答：在调整图像色彩时通过使用调整图层即可解决这一问题，方法是选择【图层】/【新建调整图层】菜单命令，在打开的子菜单中选择需要的色彩命令即可新建一个调整图层。在“图层”面板中双击调整图层，即可打开该色彩命名的参数设置面板，用户可再次对其进行编辑。

问：为什么我切片输入的图像是空白的呢？

答：切片时的效果图通常是还未进行合并图层的效果图，因此在切片时需要先选中所有图层，否则输出切片后，一些切片可能是图层的空白区域。

拓展知识

网页效果图是在网页编写前有美工人员设计并交予客户确认的网页效果。在制作时有一定的规范要求，下面提供几点注意事项以供大家参考。

- 新建网页美工文件时，宽度与高度以像素为单位，分辨率是72像素，颜色模式为RGB，背景内容一般为透明。
- 作为网页背景、网页图标的图片要清晰。
- 效果图中的网页相关元素一定要对齐。
- 在做成网页后可改变的文字，无需修饰，直接使用黑体或宋体。
- 注意网页内容宽度，一般网页宽度有760px、900px、1 000px等，最好不要超过1 200px，高度没有限制。
- 有特效的位置，有必要设计出特效样式，如按钮图标的鼠标经过有变化的需要设计好变化，以便DIV CSS制作的时候切图使用。
- 效果图完成后图层不要合并，尽量保持每个文字、图标在的独立图层上，以便切片时显示隐藏切片。
- 切片完成后以JPG、GIF、PNG等格式导出观察效果。

课后练习

（1）根据前面所学知识和理解，完成“七月”网页效果图的设计，参考效果如图9-90所示。

（2）将上面制作的“七月”网页效果图进行切片，完成后将其输出保存，切片后的效果如图9-91所示。

图9-90　制作“七月”效果图

图9-91　对“七月”效果图切片

PART 10 项目十 使用Flash CS5制作动画

情景导入

阿秀：学习了网页中的图像处理后，接下来学习网页中的动画制作。

小白：我发现好多网页都添加有动画的元素？

阿秀：是的，在网页中添加动画元素可以提升网页视觉效果，增加访问量。

小白：那网页中的动画都是怎么做出来的呢？

阿秀：现在网页中的动画效果通常是使用Flash来制作的，下面就学习如何使用Flash来制作网页中常用动画效果。

学习目标

- 熟悉Flash CS5的基本操作
- 掌握图层、关键帧、动作的相关操作
- 掌握基本形状工具和元件的相关操作方法
- 掌握测试和导出动画的相关操作

技能目标

- 掌握“果蔬网banner”动画的制作方法
- 掌握“蓉锦大学首页”百叶窗动画的制作方法
- 掌握“图片轮显”动画的制作方法
- 能够制作出网页中常用的动画效果

任务一　制作“果蔬网banner”动画

网页中banner区域通常会使用一些动画效果来增加网页的视觉冲击力，本任务将具体讲解简单图层动画的制作方法。

一、任务目标

本任务将练习用 Flash CS5来制作果蔬网banner区域的一个动画效果，制作时，先熟悉Flash CS5的操作界面，然后通过基本操作创建Flash文件、图层关键帧，实现动画效果，最后保存文件即可。通过本任务可掌握Flash CS5的基本操作和图层、关键帧的相关操作。本任务制作完成后的效果如图10-1所示。

图10-1　果蔬网banner区域动画效果

二、相关知识

（一）认识Flash CS5操作界面

Flash CS5是Adobe公司推出的专业Flash动画制作软件。安装Flash CS5后，选择【开始】/【所有程序】/【Adobe Flash Professional CS5】菜单命令，启动Flash CS5后将显示欢迎界面，在其中可查看最近操作的文档以及进行Flash动画文档的快速创建等操作，如图10-2所示。

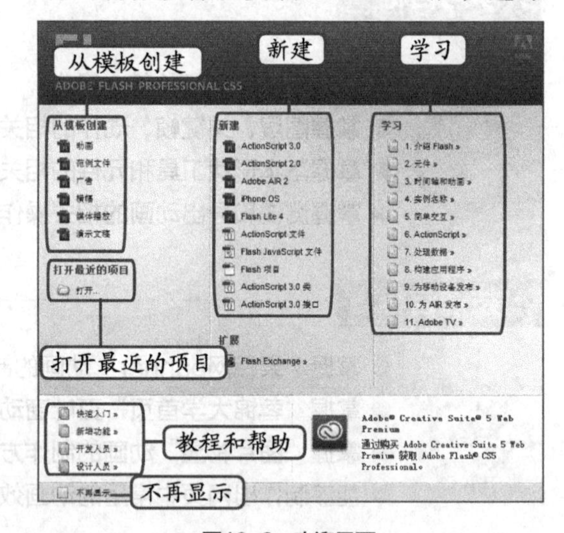

图10-2　欢迎界面

- **“从模板创建”栏**：在该栏中单击相应的模板类型，可创建基于模板的Flash动画文件。
- **“打开最近的项目”栏**：在该栏中可以通过选择“打开”选项，在打开的对话框中选择文档进行打开。该栏还可显示最近打开过的文档，单击文档的名称，可快速打开相应的文档。

● **“新建”栏**：该栏中的选项表示可以在Flash CS5中创建的新项目类型。

● **“学习”栏**：在该栏中选择相应的选项，可链接到Adobe官方网站相应的学习网页。

● **“教程和帮助”栏**：选择该栏中的任意选项，可打开Flash CS5的相关帮助文件和教程等。

● **“不再显示”复选框**：单击选中该复选框，下次启动Flash时，将不显示启动界面。

在欢迎界面中新建或打开一个动画文档后即可打开Flash CS5的操作界面，主要由菜单栏、面板组、工具栏、场景、时间轴、“属性”面板、“库”面板等部分组成，如图10-3所示。

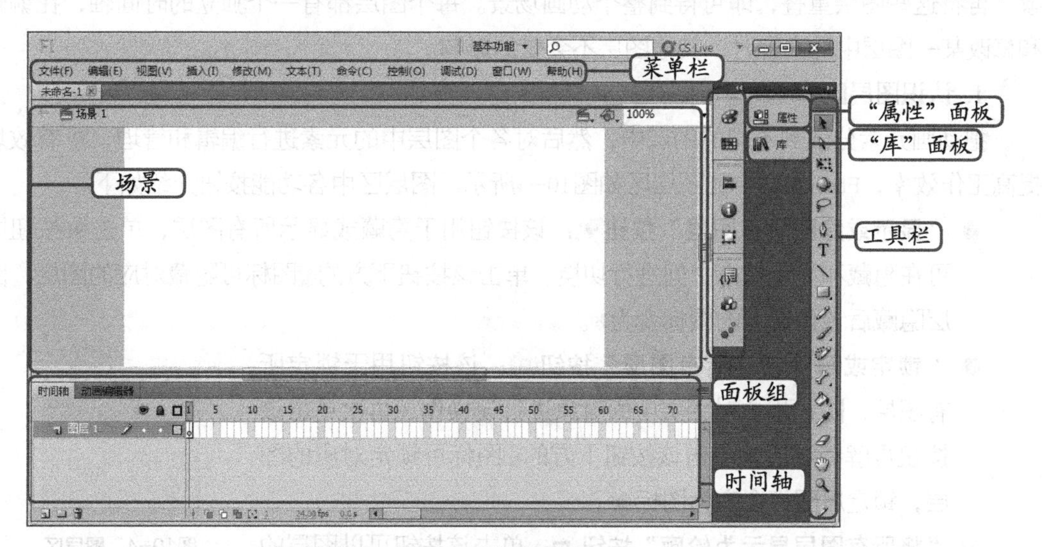

图10-3 Flash CS5操作界面

● **菜单栏**：包括文件、编辑、视图、插入、修改、文本、命令、控制、调试、窗口和帮助菜单命令，单击某个菜单命令即可弹出相应的菜单，若菜单选项后面有图标▸，表明其下还有子菜单。

● **面板组**：单击面板组中不同的按钮，可弹出相应的调节参数面板，在“窗口”菜单中选择相应的命令，也可打开面板。

● **工具栏**：主要用于放置绘图工具及编辑工具，在默认情况下工具栏呈单列显示，单击工具栏上方的▸▸按钮，可将工具栏折叠为图标，此时▸▸按钮变为方向向左的◂◂按钮，再次单击即可展开工具栏。选择【窗口】/【工具】菜单命令或按【Ctrl+F2】组合键也可打开或关闭工具栏。

● **场景**：进行动画编辑的主要工作区，在Flash中绘制图形和创建动画都会在该区域中进行。场景由两部分组成，分别是白色的舞台区域和灰色的场景工作区。在播放动画时，动画中只显示舞台中的对象。

● **时间轴**：主要用于控制动画的播放顺序，其左侧为图层区，该区域用于控制和管理动画中的图层；右侧为帧控制区，由播放指针、帧、时间轴标尺以及时间轴视图等部分组成。

● **“属性”面板**：显示了选定内容的可编辑信息，调节其中的参数，可对参数所对应的属性进行更改。

● **“库”面板**：显示了当前打开文件中存储和组织的媒体元素和元件。

（二）认识时间轴中的图层

在Flash中制作动画经常需要把动画对象放置在不同的图层中以便操作，若把动画对象全部放置在一个图层中，不仅不方便操作，还会显得杂乱无章。

Flash中的图层与Photoshop中的图层一样是透明的，在每个图层上放置单独的动画对象，再将这些图层重叠，即可得到整个动画场景。每个图层都有一个独立的时间轴，在编辑和修改某一图层中的内容时，其他图层不会受到影响。

1. 认识图层区

把动画元素分散到不同的图层中，然后对各个图层中的元素进行编辑和管理，可有效地提高工作效率，Flash CS5中的图层区如图10-4所示。图层区中各功能按钮介绍如下。

● **“显示或隐藏所有图层”按钮**：该按钮用于隐藏或显示所有图层，单击按钮即可在隐藏和显示状态之间进行切换。单击该按钮下方的图标可隐藏对应的图层，图层隐藏后该位置上的图标变为。

● **“锁定或解除锁定所有图层”按钮**：该按钮用于锁定所有图层，防止用户对图层中的对象进行误操作，再次单击该按钮可解锁图层。单击该按钮下方的图标可锁定对应的图层，锁定后图标会变为图标。

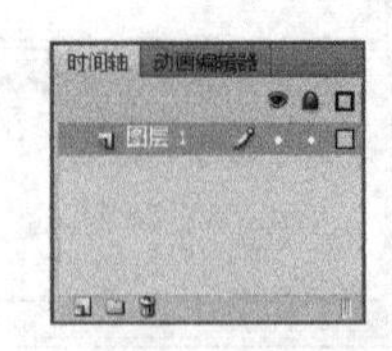

图10-4 图层区

● **“将所有图层显示为轮廓”按钮**：单击该按钮可以图层的线框模式显示所有图层中的内容，单击该按钮下方的图标，将以线框模式显示该图标对应图层中的内容。

● **“新建图层”按钮**：单击该按钮可新建一个普通图层。

● **“新建文件夹”按钮**：单击该按钮可新建图层文件夹，常用于管理图层。

● **“删除”按钮**：单击该按钮可删除选中的图层。

2. 图层的类型

在Flash CS5中，根据图层的功能和用途，可将图层分为普通图层、引导层、遮罩层、被遮罩层4种，如图10-5所示。

● **普通图层**：普通图层是Flash CS5中最常见的图层，主要用于放置动画中所需的动画元素。

● **引导层**：在引导层中可绘制动画对象的运动路径，然后在引导层与普通图层建立链接关系，使普通图层中的动画对象可沿着路径运动。在导出动画时，引导层中的对象不会显示。

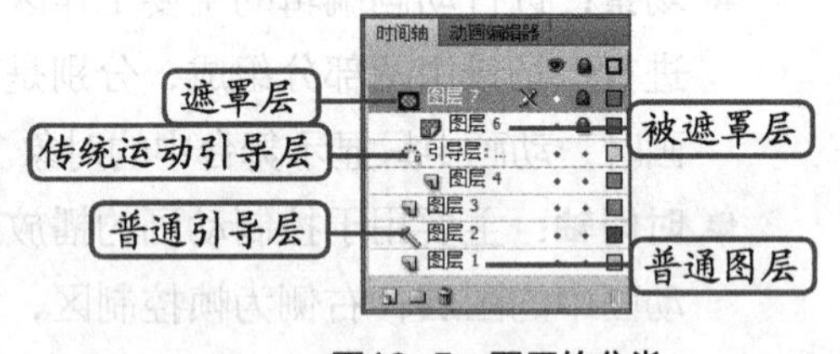

图10-5 图层的分类

- **遮罩层**：遮罩层是Flash中的一种特殊图层，用户可在遮罩层中绘制任意形状的图形或创建动画，实现特定的遮罩效果。
- **被遮罩层**：被遮罩层通常位于遮罩层下方，主要用于放置需要被遮罩层遮罩的图形或动画。

（三）认识时间轴中的帧

帧是组成Flash动画最基本的单位，通过在不同的帧中放置相应的动画元素，并对动画元素进行编辑，然后对帧进行连续地播放，即可实现Flash动画效果。

1. 帧区域

在时间轴的帧区域中，同样包含可对帧进行编辑的按钮，如图10-6所示。

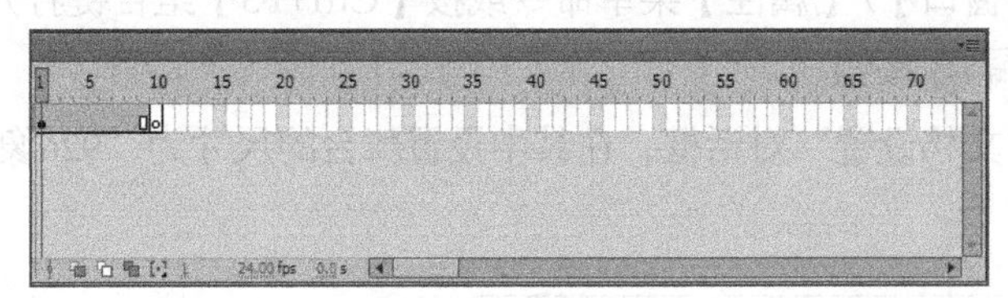

图10-6 帧区域

- **“帧居中”按钮**：单击此按钮，播放头所在帧会显示在时间轴的中间位置。
- **“绘图纸外观”按钮**：单击此按钮，时间轴标尺上出现绘图纸的标记显示，在标记范围内的帧上的对象将同时显示在舞台中。
- **“绘图纸外观轮廓”按钮**：单击此按钮，时间轴标尺上出现绘图纸的标记显示，在标记范围内的帧上的对象将以轮廓线的形式同时显示在舞台中。
- **“编辑多个帧”按钮**：单击此按钮，绘图纸标记范围内的帧上的对象将同时显示在舞台中，可以同时编辑所有的对象。
- **“修改绘图纸标记”按钮**：单击此按钮，在弹出的下拉菜单中可对绘图纸标记进行修改。

2. 帧的类型

在Flash CS5中，根据帧的不同功能和含义可将帧分为关键帧、空白关键帧、普通帧3种类型，如图10-7所示。

- **关键帧**：关键帧在时间轴中以一个黑色实心圆表示，用于放置动画中发生了运动或产生了变化的对象物体。关键帧有开始也有结束，用以表现一个动画对象从开始动作到结束动作的变化。
- **空白关键帧**：空白关键帧在时间轴中以一个空心圆表示，该关键帧中没有任何内容，主要用于结束前一个关键帧的内容或用于分隔两个相连的动画，常用于制作物体消失的动画。

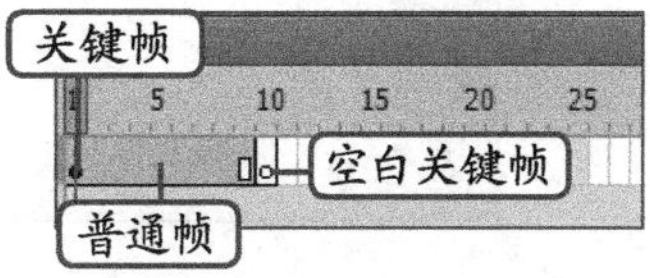

图10-7 帧的类型

- **普通帧**：普通帧在时间轴中以一个灰色方块表示，其通常位于关键帧的右侧，作为关键帧之间的过渡，或用于延长关键帧中动画的播放时间。一个关键帧右侧的普通帧越多，该关键帧的播放时间越长。

三、任务实施

（一）新建Flash文件

在制作Flash动画前，还需要先新建动画文档。下面新建一个Flash动画文档，其具体操作如下。

STEP 1 启动Flash CS5后，在欢迎界面中选择“新建”栏中的一种脚本语言，即可新建基于该脚本语言的动画文档，或选择【文件】/【新建】菜单命令，或按【Ctrl+N】组合键，打开“新建文档”对话框，在该对话框的“常规”选项卡中选择“ActionScript 3.0”选项，单击 确定 按钮，如图10-8所示，新建一个动画文档。

STEP 2 选择【窗口】/【属性】菜单命令或按【Ctrl+F3】组合键打开“属性”面板，在“属性”栏中单击 编辑... 按钮。

STEP 3 打开“文档设置”对话框，在其中设置舞台的尺寸为“926像素×237像素”，如图10-9所示。

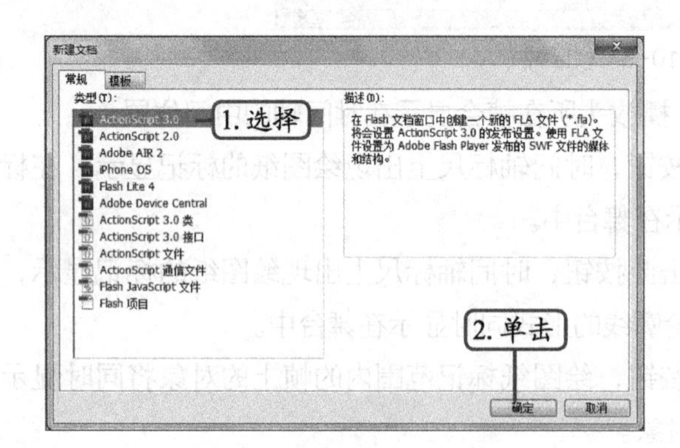

图10-8 新建文档

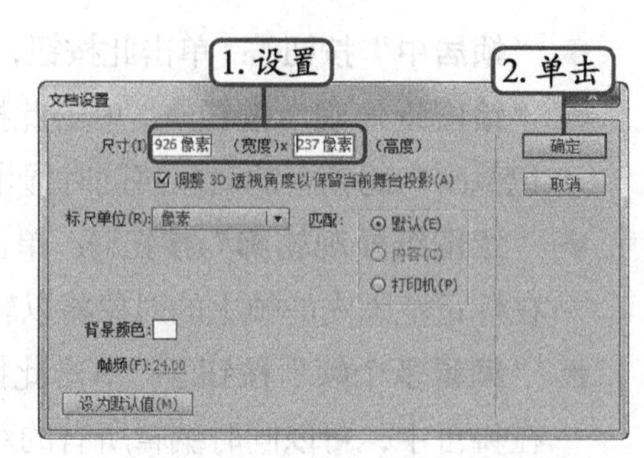

图10-9 修改舞台大小

STEP 4 单击 确定 按钮即可修改舞台大小，如图10-10所示。

图10-10 设置舞台后效果

（二）导入图像

通常设计者利用Photoshop来处理图片素材，然后通过Flash将其导入动画文件中，从而节省制作的时间，加强动画效果。下面讲解在Flash中导入位图的方法，其具体操作如下。

STEP 1 选择【文件】/【导入】/【导入到舞台】菜单命令，打开“导入”对话框，打开素材文件夹中的“bj.png”文件（素材参见：光盘\素材文件\项目十\任务一\bj.png），如图10-11所示。

STEP 2 单击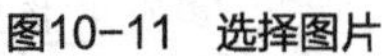按钮即可，导入到库中，效果如图10-12所示。

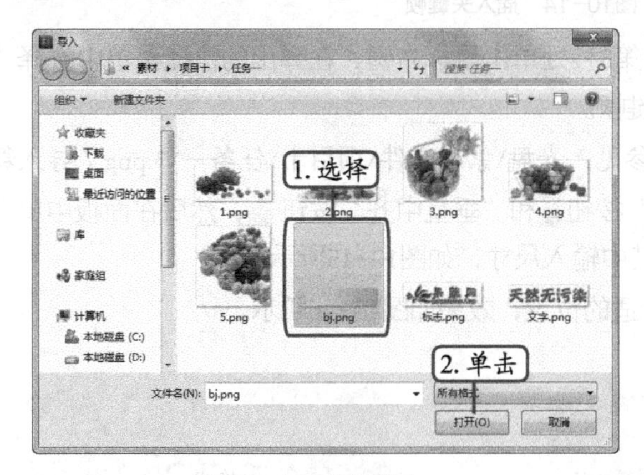

图10-11 选择图片

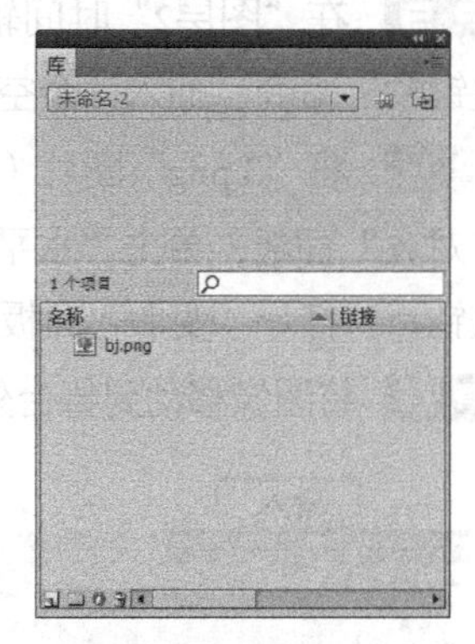

图10-12 素材文件存放在“库”面板中

STEP 3 在舞台中选中导入的“bj.png”图片，按【Ctrl+K】组合键打开“对齐”面板，在其中单击选中“与舞台对齐”复选框，然后单击“匹配宽和高”按钮、“水平中齐”按钮和“垂直中齐”按钮，如图10-13所示。

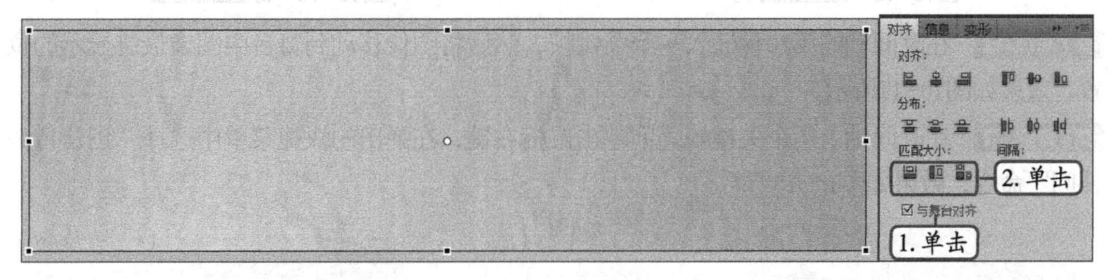

图10-13 对齐舞台

（三）创建图层和插入关键帧

通常在Flash中的图形对象都放在不同的图层上，这样便于编辑和管理，默认情况下时间轴上只有“图层1”，用户可以新建图层，其具体操作如下。

STEP 1 选择【插入】/【时间轴】/【图层】菜单命令，或在“时间轴”上单击“新建图层”按钮即可新建一个空白图层。

知识补充

在时间轴面板左侧单击按钮可创建普通图层。在普通图层上单击鼠标右键，在弹出的快捷菜单中选择“引导层”或“遮罩层”命令可以创建引导层或遮罩层。

STEP 2 在时间轴上“图层1”的第60秒处单击鼠标右键，在弹出的快捷菜单中选择“插入关键帧”命令，插入一个关键帧，插入后如图10-14所示。

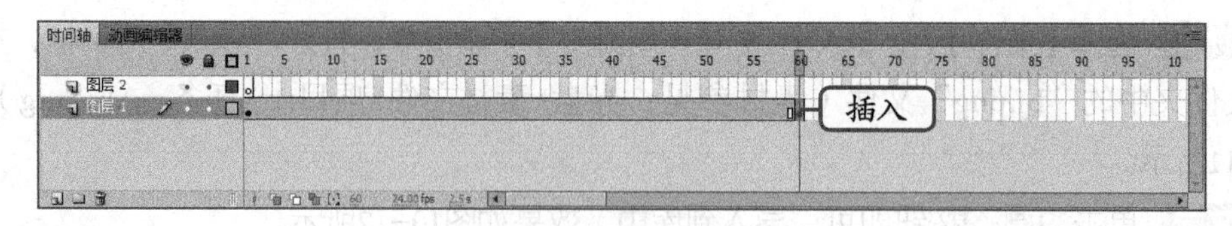

图10-14 插入关键帧

STEP 3 在“图层2”时间轴上的第5秒处单击鼠标右键，在弹出的快捷菜单中选择“插入空白关键帧”命令，插入一个空白关键帧。

STEP 4 将“3.png”图片（素材参见：光盘\素材文件\项目十\任务一\3.png）导入舞台，打开“对齐”面板，单击“水平中齐”按钮和“垂直中齐”按钮，然后在面板中单击“变形”按钮，打开“变形”面板，在其中输入尺寸，如图10-15所示。

STEP 5 将图像移动到舞台外面合适的位置，效果如图10-16所示。

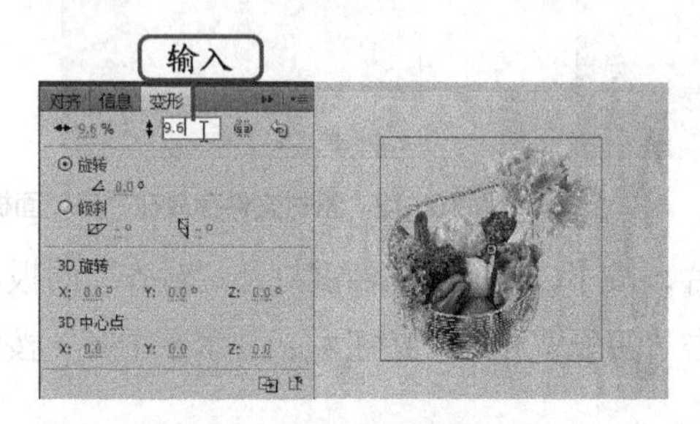

图10-15 调整图像大小

图10-16 调整图像位置

STEP 6 在时间轴的第10秒插入一个关键帧，然后将图像移动到舞台中图像最终显示的位置，效果如图10-17所示。

STEP 7 在时间轴上两个关键帧之间单击鼠标右键，在弹出的快捷菜单中选择“创建传统补间”命令，效果如图10-18所示。

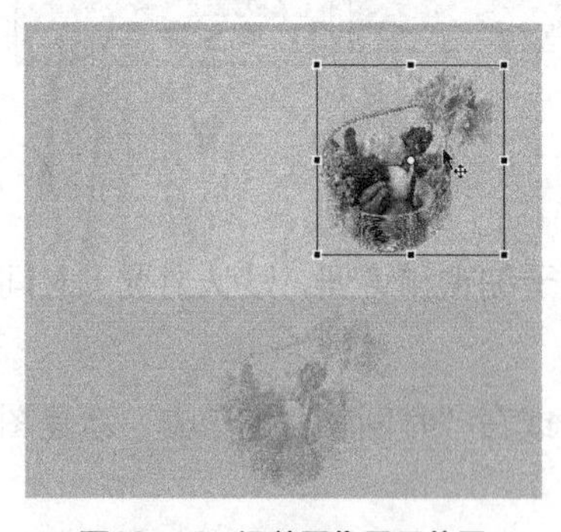

图10-17 调整图像显示位置

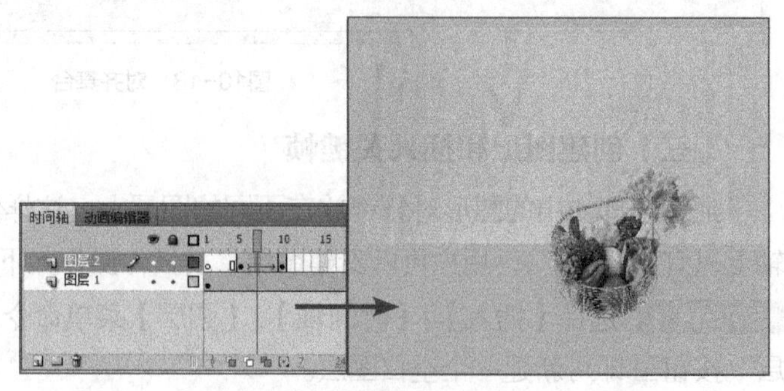

图10-18 创建补间动画

STEP 8 在第60秒处单击鼠标右键，在弹出的快捷菜单中选择“插入帧”命令。

STEP 9 新建一个图层，在图层名称上双击，输入“水果”文本重命名图层名称，然后在第5秒处插入关键帧，如图10-19所示。

STEP 10 将“1.png”图片（素材参见：光盘\素材文件\项目十\任务一\1.png）导入舞台，然后通过“变形”和“对齐”面板调整图像大小，最后将图像移动到舞台外面，效果如图10-20所示。

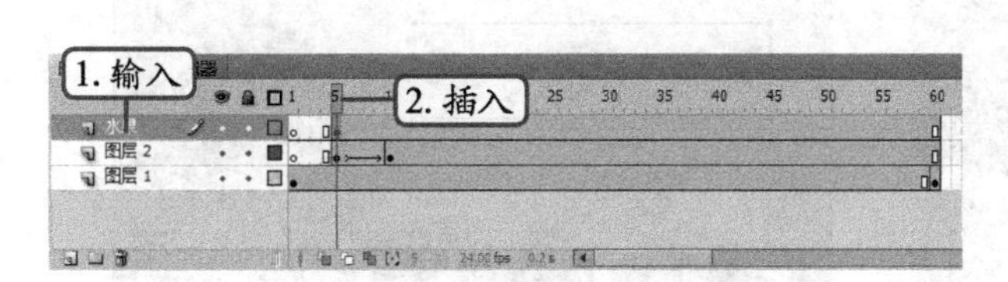

图10-19 重命名图层名称

图10-20 调整图像大小和位置

STEP 11 在第10帧处插入一个关键帧，然后调整图像在舞台中的位置，如图10-21所示。

STEP 12 在“水果”图层的两个关键帧间单击鼠标右键，在弹出的快捷菜单中选择“创建传统补间”命令，效果如图10-22所示。

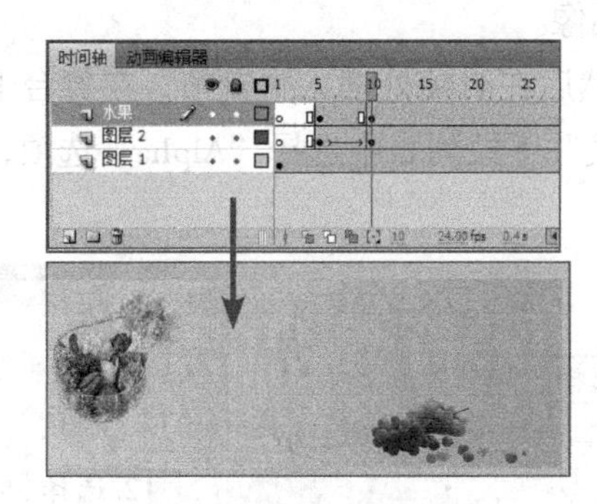

图10-21 插入关键帧

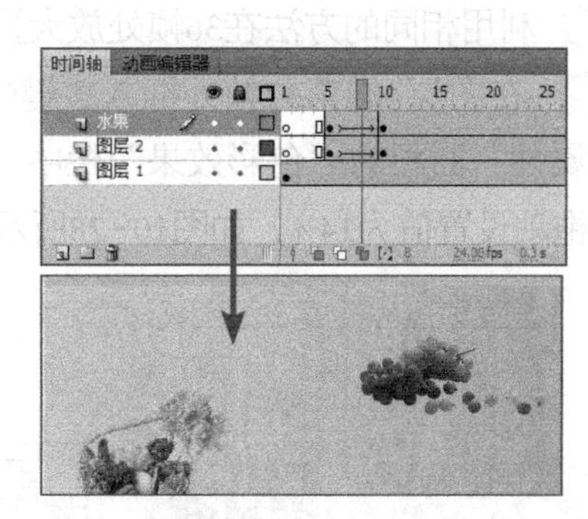

图10-22 创建传统补间

STEP 13 通过步骤9~步骤11相同的方法制作下一组图像动画效果。

STEP 14 使用相同的方法制作剩下的一组图像动画效果，其中图像分别从舞台的两边进入，效果如图10-23所示。

STEP 15 新建一个图层，在第20帧处插入关键帧，然后将“文字.png”图片（素材参见：光盘\素材文件\项目十\任务一\文字.png）导入舞台，并调整图像大小和位置，效果如图10-24所示。

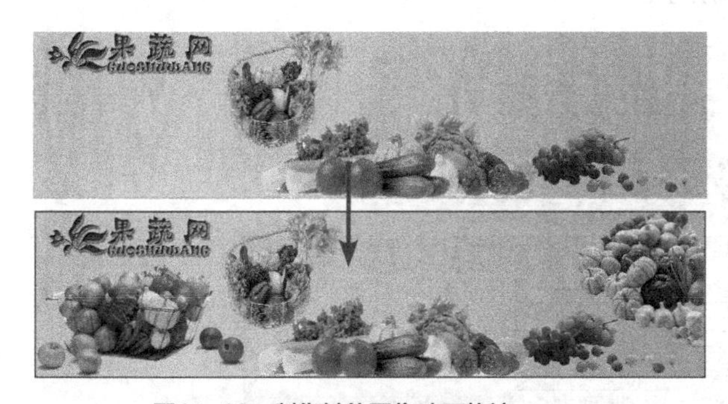

图10-23 制作其他图像动画轨迹

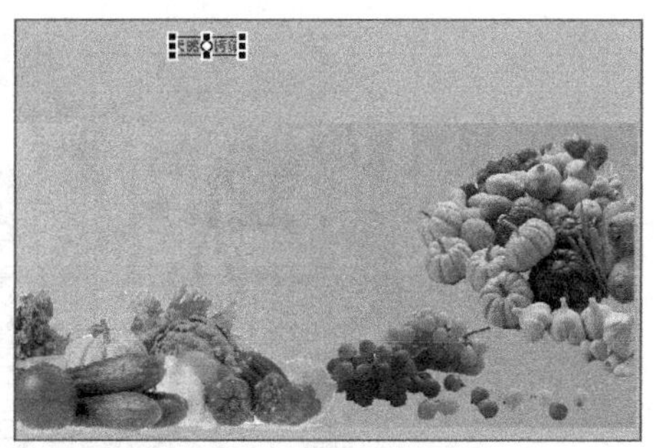

图10-24 调整图像位置和大小

STEP 16 在第22帧处插入关键帧，将文字图片移动到舞台下方，效果如图10-25所示。

STEP 17 利用相同的方法依次在第23到26帧处创建关键帧，并调整图片位置，最后在第29帧处插入关键帧，然后放大图片，效果如图10-26所示。

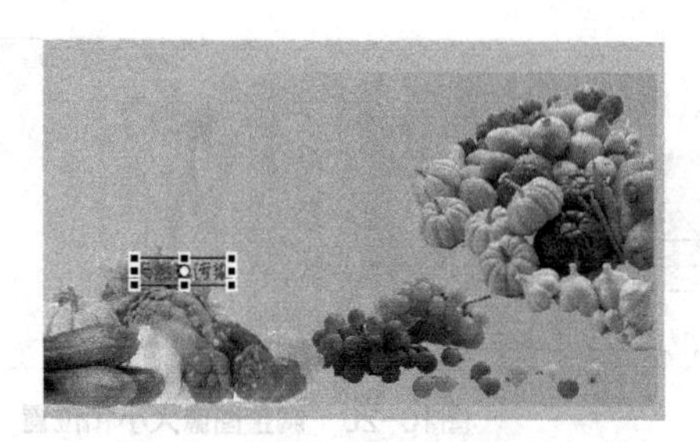

图10-25 调整图片位置

图10-26 调整图片大小

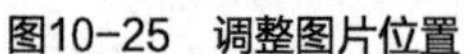

STEP 18 在33帧处插入关键帧，然后缩小图像，并在前后两个关键帧间创建补间动画，效果如图10-27所示。

STEP 19 利用相同的方法在36帧处放大显示图像。

STEP 20 在图层4的第37帧处插入关键帧，然后在41帧处插入关键帧，在舞台上选择图像，在"属性"面板的"色彩效果"栏中"样式"下拉列表中选择"Alpha"选项，在下方的滑块上拖动设置值为14%，如图10-28所示。

图10-27 调整图像显示大小

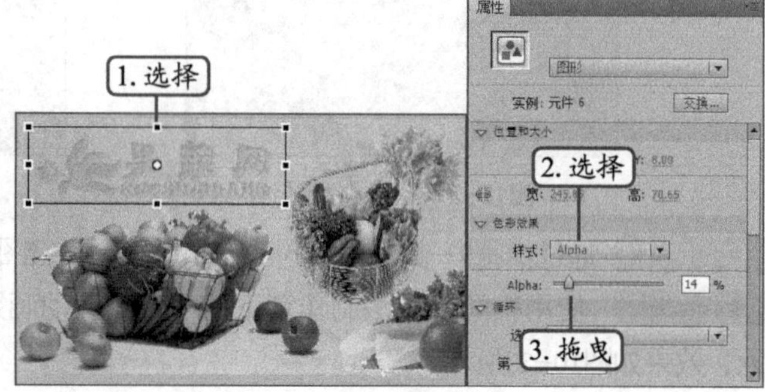

图10-28 调整图像透明度

STEP 21 使用相同的方法在后面的时间轴上插入关键帧，并调整图像的不透明度分别为100%、14%、100%，完成效果如图10-29所示。

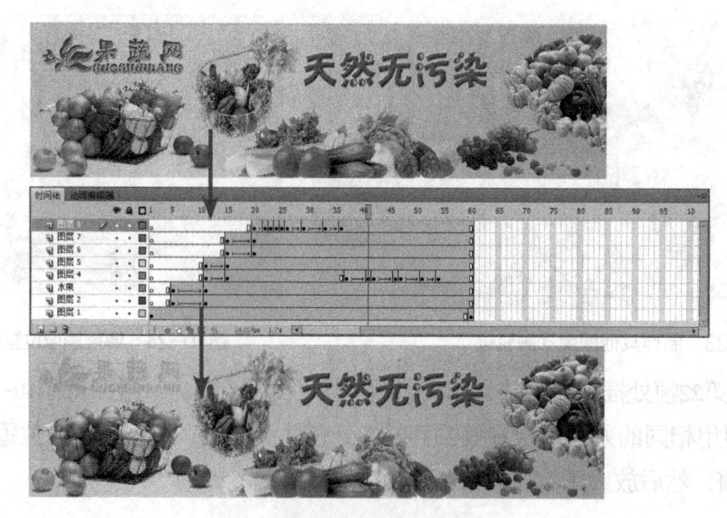

图10-29 设置图层不透明度效果

（四）保存Flash文件

动画效果制作完成后，需要将其进行保存，以便下次修改或使用，其具体操作如下。

STEP 1 选择【文件】/【保存】菜单命令，打开“另存为”对话框。

STEP 2 在“保存在”下拉列表框中选择文件保存的地址，在“文件名”文本框中输入“果蔬网banner”文本，保持“保存类型”文本框中默认的“Flash CS5文档（*.fla）”不变，单击保存(S)按钮即可保存文档，如图10-30所示。

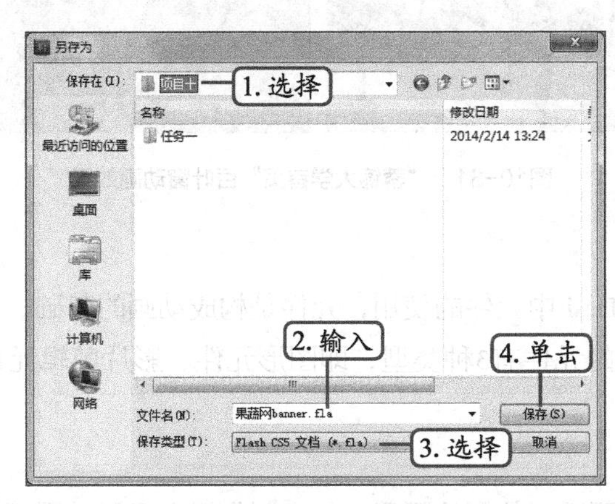

图10-30　保存文件

按【Ctrl+S】组合键也可打开“另存为”对话框进行保存操作，若之前已对文档进行过保存，或打开的文件有一个源地址，按【Ctrl+S】组合键并不会打开保存对话框，而是直接进行保存。若读者需要将更改后的文件保存在另外的地址中，可选择【文件】/【另存为】菜单命令进行保存。

STEP 3 在当前文档的标题栏中单击按钮即可关闭文档，完成本例制作（最终效果参见：光盘\效果文件\项目十\任务一\果蔬网banner.fla）。

选择【文件】/【关闭】菜单命令或在操作界面中按【Ctrl+W】组合键也可关闭当前文档。

任务二　制作“蓉锦大学首页”百叶窗动画

百叶窗动画效果由于其简洁实用的放映方式，被广泛应用于网页动画效果中，百叶窗动画效果也分多种，下面将制作其中的一种百叶窗动画效果。

一、任务目标

本任务将制作“蓉锦大学首页”百叶窗动画效果，制作时先通过库创建元件，然后使用工具绘制基本形状，并对元件进行编辑，最后调用元件制作百叶窗动画，并测试和导出动画。通过本任务的学习，可以掌握元件和基本形状工具的使用方法，以及测试和导出动画的操作。本任务制作完成后的最终效果如图10-31所示。

图10-31　“蓉锦大学首页”百叶窗动画效果

二、相关知识

本任务的重点是对Flash中元件的使用，元件是构成动画的基础，可以反复使用，大大提高了工作效率。Flash中的元件有3种类型，即图形元件、影片剪辑元件、按钮元件，下面分别讲解。

1. 图形元件

图形元件用于创建可反复使用的图形，如在制作星空场景时需要许多大小不一的星星，就可以创建一个星星图形元件。之后任何时候需要使用这个星星图形元件时，只需要调用星星图形元件，并根据实例的大小调整各个图形元件即可。

知识补充

图形元件作为一个整体是静止不动的，但在同一图形元件中可以按照不同的帧放置不同的图片，并利用AS动态调用这些图片，即图形元件内部可以是动态的。

2. 影片剪辑元件

影片剪辑元件是使用最多的元件类型。使用影片剪辑元件可以实现像图形元件一样静止不动的效果（只在第一帧中放置图形，在其他帧不放置任何对象；如果在其他帧还放置有对象，则影片剪辑元件实例将具有动画效果，会自动播放其后的帧中的画面），或者是一小段动画效果，如闪烁的星星效果等。

3. 按钮元件

按钮元件主要用于实现与用户的交互，如单击“播放”按钮，实现播放影片的功能；或单击“停止”按钮，停止影片的播放等。按钮元件实例可以响应鼠标事件，按钮元件包括“弹起”、“指针经过”、“按下”和“点击”4种状态，其对应鼠标的4种状态。通常情况下，可以在不同的帧中改变按钮的颜色、样式及文本的颜色等属性，来实现在不同的状态下按钮显示不同的效果。另外，也可以在不同的状态中添加影片剪辑元件，实现更酷的动画效果，如在“指针经过”帧中添加一个爆炸烟花效果的影片剪辑元件，只要将鼠标指针移动到该按钮元件实例上时，将会播放爆炸烟花效果。

图形元件不能添加交互行为和声音控制，而影片剪辑元件和按钮元件则可以。

三、任务实施

（一）创建元件

元件是由多个独立的元素和动画合并而成的整体，每个元件都有一个唯一的时间轴和舞台以及几个图层。在文档中使用元件可以显著减小文件的大小，且使用元件还可以加快swf文件的播放速度。下面创建影片剪辑原件，其具体操作如下。

STEP 1 选择【文件】/【新建】菜单命令，打开“新建文档”对话框。在该对话框的“常规”选项卡中选择“ActionScript 3.0”选项。

STEP 2 单击确定按钮新建一个动画文档，在“属性”栏中单击编辑...按钮。

STEP 3 打开“文档设置”对话框，在其中设置尺寸为“746×324像素”，如图10-32所示。

STEP 4 单击确定按钮即可修改舞台大小，效果如图10-33所示。

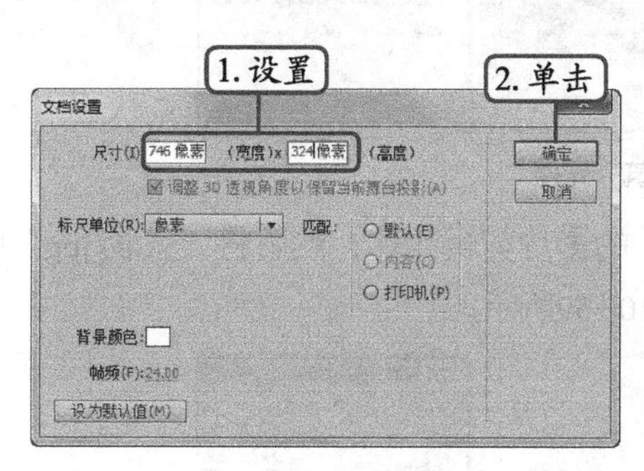

图10-32 修改舞台大小

图10-33 设置舞台后效果

STEP 5 选择【文件】/【导入】/【导入到库】菜单命令，打开“导入到库”对话框，在其中选择“建筑.jpg”和“人物.jpg”素材图片（素材参见：光盘\素材文件\项目四\任务二\建筑.jpg、人物.jpg），如图10-34所示。

STEP 6 单击打开(O)按钮即可，导入库中，如图10-35所示。

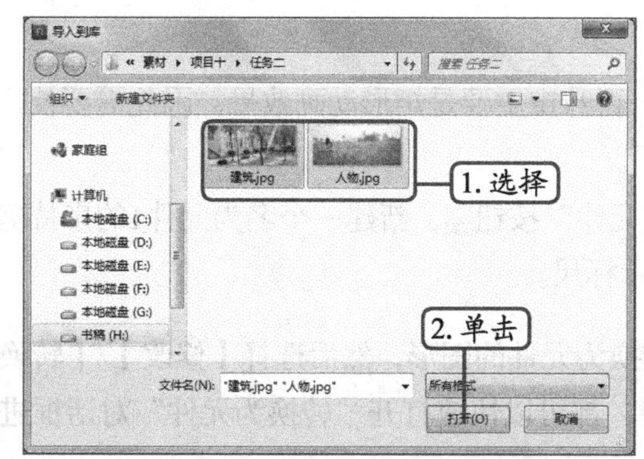

图10-34 “导入到库”对话框

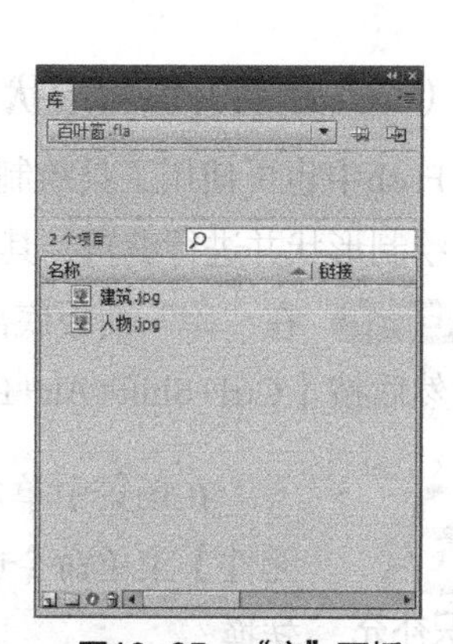

图10-35 “库”面板

STEP 7 选择【插入】/【新建元件】菜单命令，打开“创建新元件”对话框，在其中设置名称为“建筑”，类型为“影片剪辑”，如图10-36所示。

STEP 8 单击 确定 按钮即可新建元件并进入元件编辑界面，如图10-37所示。

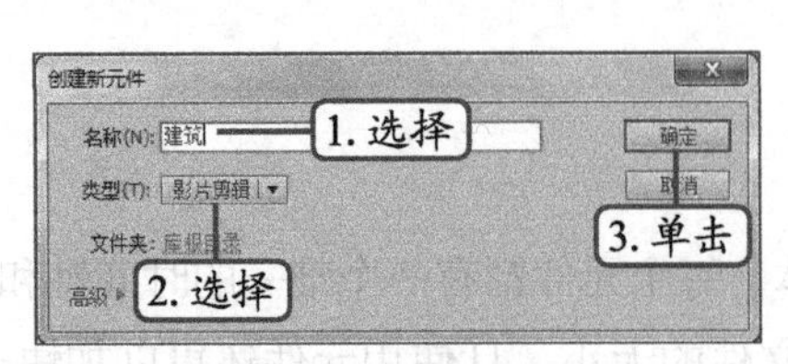

图9-36　创建新元件

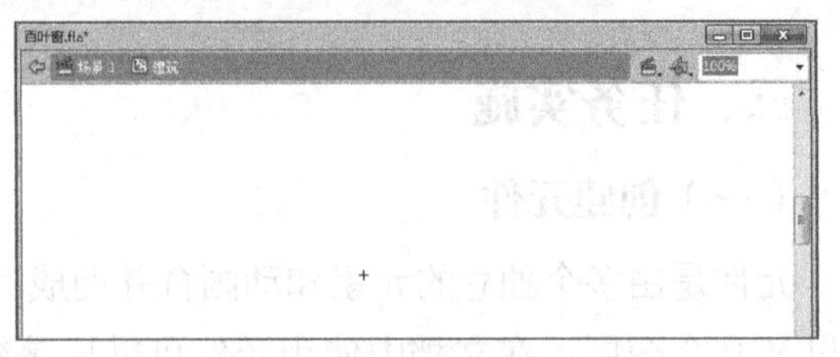

图10-37　进入元件编辑界面

STEP 9 将“库”面板中的“建筑.jpg”图片拖曳到舞台上，然后打开“对齐”面板，在其中单击“水平中齐”按钮和“垂直中齐”按钮，效果如图10-38所示。

图10-38　对齐“建筑”元件

STEP 10 使用相同的方法创建一个名为“人物”的影片剪辑元件，然后将“人物.jpg”图像放到该元件中，并水平垂直居中对齐，效果如图10-39所示。

图10-39　对齐“人物”元件

（二）绘制并编辑形状

Flash中也可使用工具绘制基本的形状，百叶窗主要是矩形动画效果，因此需要使用矩形工具绘制形状并进行编辑，其具体操作如下。

STEP 1 在“库”面板底部单击“新建元件”按钮，新建一个名为元件1的影片剪辑元件，然后按【Ctrl+Shift+Alt+R】组合键显示标尺。

知识补充

在场景中单击选中需要转换为元件的图形，然后选择【修改】/【转换为元件】菜单命令或按【F8】键，都可以快速打开“转换为元件”对话框进行转换。

STEP 2 在工具箱中单击“矩形工具”按钮，在元件1场景中拖曳鼠标绘制一个矩形图形，如图10-40所示。

STEP 3 利用“对齐”面板将矩形图形“左对齐”、“垂直居中”对齐到元件中心，然后按【Q】键切换到任意变形工具，将鼠标移动到图形右侧，拖动鼠标调整图形宽度为11像素，效果如图10-41所示。

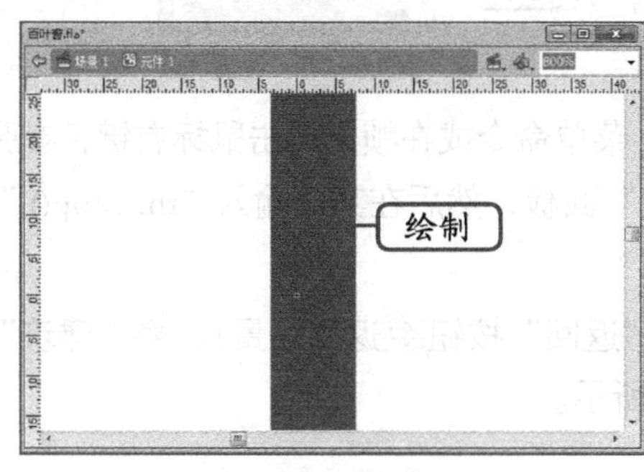

图10-40 绘制矩形

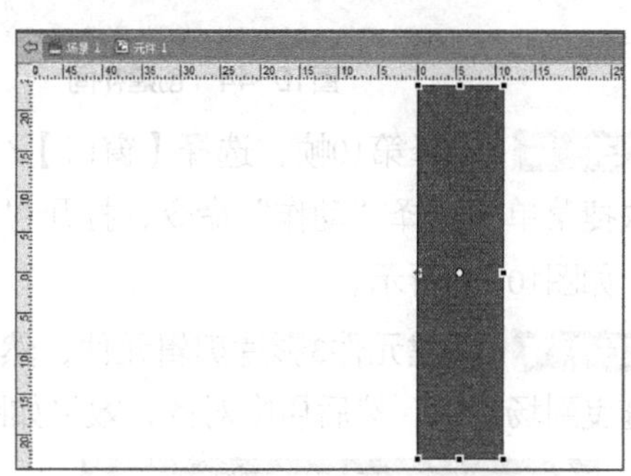

图10-41 编辑矩形

（三）编辑元件

在Photoshop中可以为图像添加文字，以达到制作图文并茂的图像效果，使用文字工具即可添加，其具体操作如下。

STEP 1 新建一个名为元件2的影片剪辑元件，将元件1拖曳到元件2场景中，然后“左对齐”、“垂直居中”对齐到元件中心，如图10-42所示。

STEP 2 按【Q】键进入变换状态，然后将鼠标移动到图像右侧，按住【Ait】键的同时向左侧拖动鼠标，变形图形，使其宽度为2像素，效果如图10-43所示。

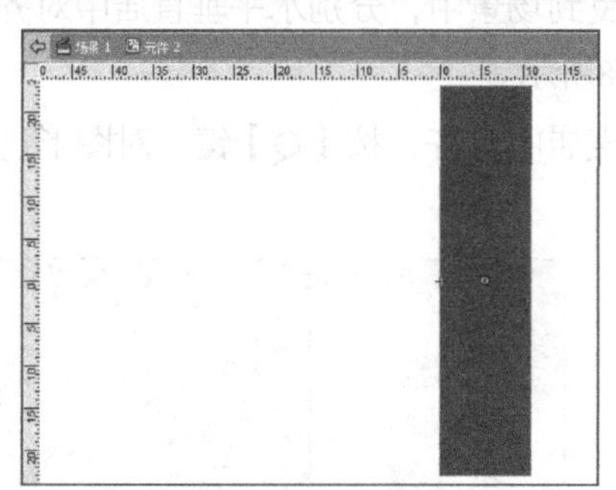

图10-42 拖入元件1

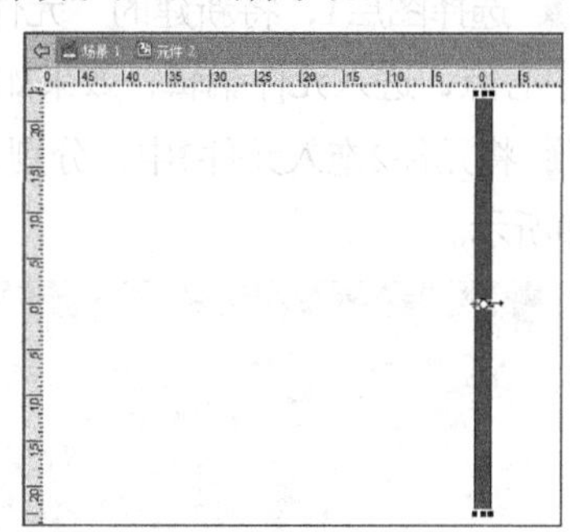

图10-43 变形图形

STEP 3 在时间轴的第10帧处单击鼠标右键，在弹出的快捷菜单中选择“插入空白关键帧”命令插入一个空白关键帧，然后将元件1拖入场景中，“左对齐”、“垂直居中”对齐到元件中心。

STEP 4 在时间轴两个关键帧中单击鼠标右键，在弹出的快捷菜单中选择“创建传统补间”命令，创建补间动画，效果如图10-44所示。

STEP 5 选择第1帧，在“属性”面板的“补间”栏中单击选中“同步”复选框，如图10-45所示。

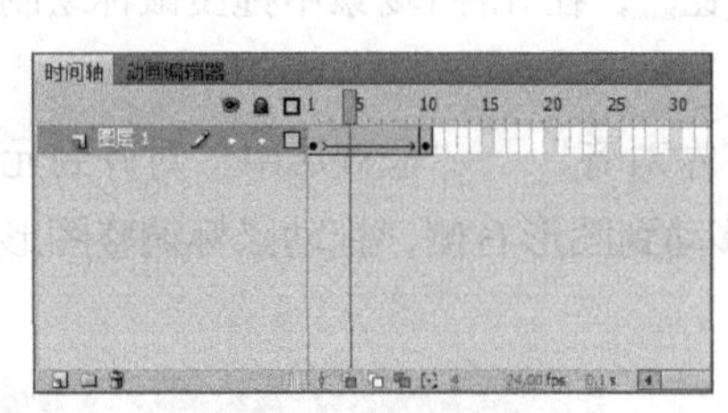

图10-44　创建补间

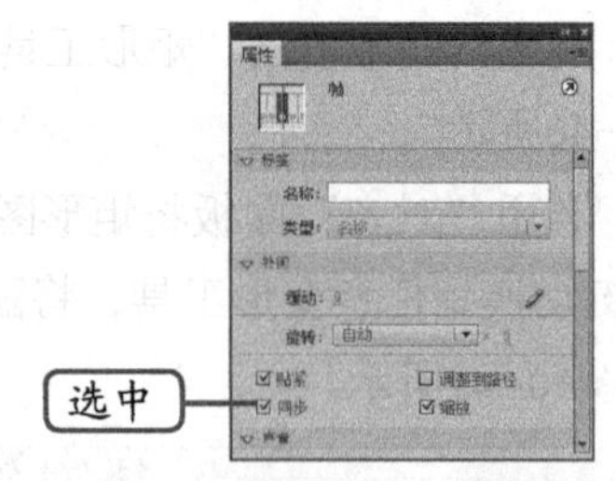

图10-45　设置同步

STEP 6 选择第10帧，选择【窗口】/【动作】菜单命令或在帧上单击鼠标右键，在弹出的快捷菜单中选择“动作”命令，打开“动作-帧”面板，然后在其中输入“this.stop();”语句，如图10-46所示。

STEP 7 新建元件3影片剪辑元件，然后单击“返回”按钮返回场景1，将“建筑”元件拖曳到场景中，然后居中对齐，效果如图10-47所示。

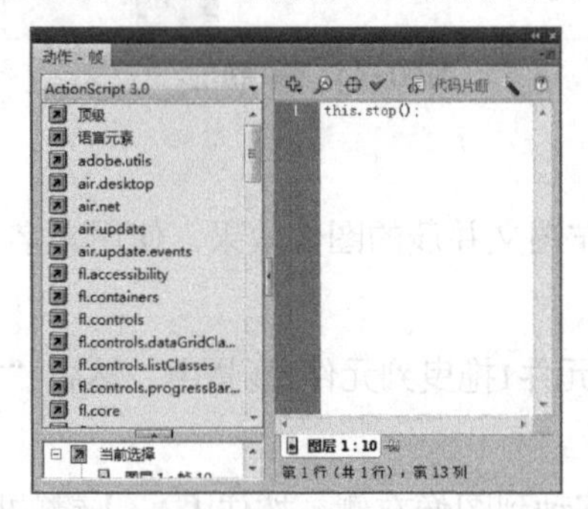

图10-46　添加动作

图10-47　编辑场景

STEP 8 选择图层1，将新建的“元件3”拖曳到场景中，分别水平垂直居中对齐，再双击元件控制中心点，进入元件编辑，效果如图10-48所示。

STEP 9 将元件2拖入元件3中，分别水平垂直居中对齐，按【Q】键，对图形进行变形，如图10-49所示。

图10-48　进入元件3编辑

图10-49　拖入元件2变换形状

STEP 10 按【V】键将编辑好的形状移动到左侧对齐，在时间轴的第85帧处单击鼠标右键，在弹出的快捷菜单中选择“插入帧”命令插入帧。

STEP 11 新建一个图层，在第2帧处插入一个空白关键帧，将上一个图形复制到该帧中，并调整位置，效果如图10-50所示。

操作提示

在调整两个图形间距时可先将两个图形移动到左侧大致位置，然后按【Ctrl+Enter】组合键测试效果，在播放的动画上观看绘制的蓝色图形在播放时是否相互连接，若没有连接，则调小元件中两个图形间的距离。

图10-50 复制图形

STEP 12 新建一个图层，在第3帧处插入一个空白关键帧，然后将上一个图形复制到该帧中，并调整位置。

STEP 13 利用相同的方法，在元件中创建多个图层和关键帧，然后选中所有图层中的图形，将其垂直居中对齐，完成后效果如图10-51所示。

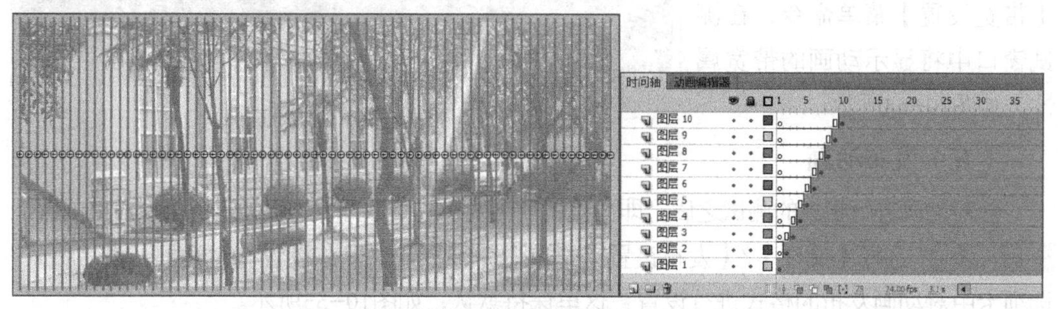

图10-51 编辑元件3

STEP 14 单击“场景1”超链接，返回到场景1中，新建图层2，然后在第5帧处创建一空白关键帧，放入“人物”元件，并垂直居中对齐。

STEP 15 新建图层3，在第5帧处插入空白关键帧，然后将元件3放入该帧上，并使其图形左对齐，如图10-52所示。

STEP 16 在图层3上单击鼠标右键，在弹出的快捷菜单中选择“遮罩层”命令，效果如图10-53所示。

图10-52 使用元件3

图10-53 创建遮罩图层

（四）测试动画

制作完动画后，为了有效地减少播放动画时出错，应先对动画进行测试，从而确保动画的播放质量，并确认动画是否达到预期的效果，以及对出现的错误进行及时的修改。下面对前面制作的动画进行播放测试，其具体操作如下。

STEP 1 选择【控制】/【测试影片】/【测试】菜单命令，或按【Ctrl+Enter】组合键对文档进行测试。

STEP 2 在打开的文件测试窗口中，选择【视图】/【下载设置】菜单命令，在弹出的子菜单中可选择宽带的类型，这里保持默认的“56k”选项。

STEP 3 选择【视图】/【带宽设置】菜单命令，在测试窗口中将显示动画的带宽属性，如图10-54所示。

图10-54　测试动画

（五）发布动画

在对动画进行相关的测试之后，即可设置动画发布的参数并发布动画，其具体操作如下。

STEP 1 选择【文件】/【发布设置】菜单命令，打开“发布设置”对话框，在“格式”选项卡中对动画发布的格式进行设置，这里保持默认，如图10-55所示。

STEP 2 单击“Flash”选项卡，在该选项卡中对发布的Flash动画格式进行参数设置，如图10-56所示，这里保持默认。

STEP 3 单击“HTML”选项卡，在该选项卡中将“品质”设置为“最佳”，设置完成后单击 确定 按钮确认设置的发布参数，如图10-57所示。

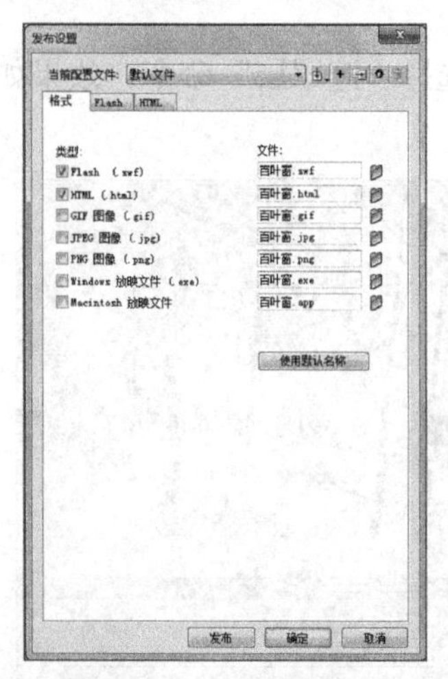

图10-55　设置发布格式

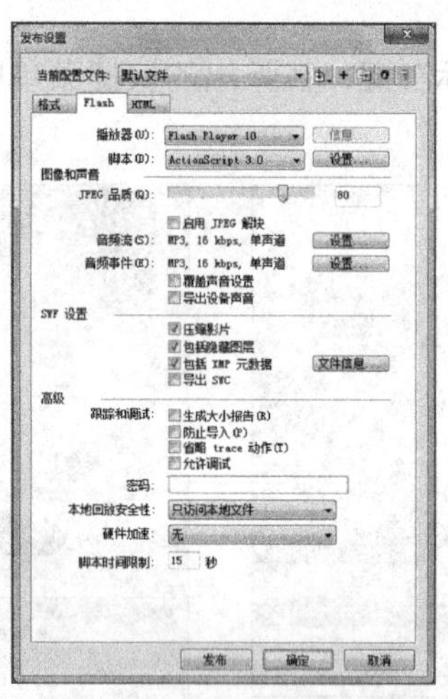

图10-56　设置Flash动画格式

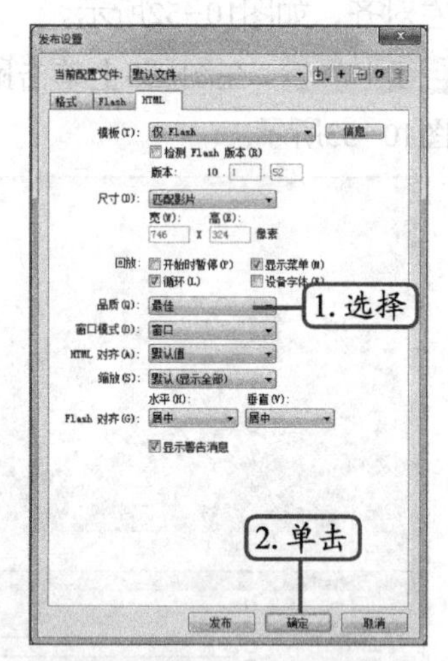

图10-57　设置HTML网页格式

STEP 4 选择【文件】/【发布预览】/【Flash】菜单命令，Flash CS5将自动打开相应的动画预览窗口，在预览窗口中即可预览设置发布参数后动画发布的实际效果，如图10-58所示。

STEP 5 选择【文件】/【发布】菜单命令，或在预览发布效果后按【Shift+F12】组合键也可快速发布动画文档，发布后将在文档所在位置自动生成一个HTML网页文件。双击该文件即可在打开的浏览器中观看发布的动画效果，如图10-59所示。

STEP 6 完成后在Flash CS5中按【Ctrl+S】组合键保存即可。（最终效果参见：光盘\效果文件\项目十\任务二\百叶窗.fla、百叶窗.swf、百叶窗.html）。

图10-58 预览发布效果

图10-59 在浏览器中查看动画发布效果

任务三 制作“果蔬网”图片轮显动画

网页中通常使用图片轮显动画来展现多张图片或广告，轮显动画是现在网页中比较有特色且节约版面的动画效果。

一、任务目标

本任务将制作“果蔬网”图片轮显动画效果，制作时将综合应用前面所讲知识，并结合ActionScript语言来完成图片轮显动画效果的制作。通过本任务的学习，可以综合应用Flash的相关操作并对ActionScript脚本有一定的了解。本任务制作完成后的最终效果如图10-60所示。

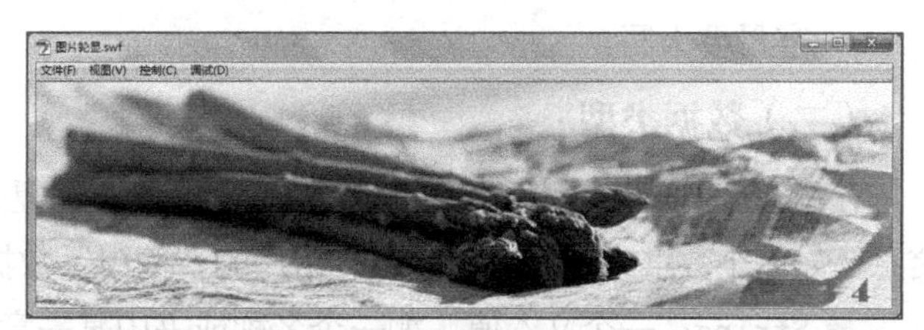

图10-60 “果蔬网”图片轮显动画效果

二、相关知识

ActionScript是一种面向对象的编程语言，符合ECMA-262脚本语言规范，是在Flash影片中实现交互功能的重要组成部分，也是Flash优越于其他动画制作软件的主要因素之一。随着功能的增加，ActionScript 3.0的编辑功能更加强大，编辑出的脚本更加稳定和完善，同时还引入了一些新的语言元素，可以以更加标准的方式实施面向对象的编程，这些语言元素使核心动作脚本语言能力得到了显著增强。本例涉及添加ActionScript以及ActionScript相关语法等知识，下面先对这些相关知识做介绍。

（一）变量

变量在ActionScript 3.0中主要用来存储数值、字符串、对象、逻辑值、动画片段等信息。在 ActionScript 3.0 中，一个变量实际上包含变量的名称、可以存储在变量中的数据类型、存储在计算机内存中的实际值3个不同部分。

在ActionScript中，若要创建一个变量（称为声明变量），应使用var语句，如var value1:Number;或var value1:Numbe=4r;。

在将一个影片剪辑元件、按钮元件、文本字段放置在舞台上时，可以在属性检查器中为它指定一个实例名称，Flash将自动在后台创建与实例同名的变量。

变量名可以为单个字母，也可以是一个单词或几个单词构成的字符串，在ActionScript 3.0中变量的命名规则主要包括以下几点。

- **包含字符**：变量名中不能有空格和特殊符号，但可以使用英文和数字。
- **唯一性**：在一个动画中变量名必须是唯一的，即不能在同一范围内为两个变量指定同一变量名。
- **非关键字**：变量名不能是关键字、ActionScript文本、ActionScript的元素，如true、false、null、undefined等。
- **大小写区分**：变量名区分大小写，当变量名中出现一个新单词时，新单词的第一个字母要大写。

（二）数据类型

在ActionScript中可将变量的数据类型分为简单和复杂两种。“简单”数据类型表示单条信息。如单个数字或单个文本序列。常用的“简单”数据类型如下。

- String：一个文本值，如一个名称或书中某一章的文字。
- Numeric：对于Numeric型数据，ActionScript 3.0包含3种特定的数据类型，Number表示任何数值，包括有小数部分或没有小数部分的值；Int表示一个整数（不带小数部分）；Uint表示一个“无符号”整数，即不能为负数。
- Boolean：一个true或false值，如开关是否开启或两个值是否相等。

ActionScript中定义的大部分数据类型都可以被描述为“复杂”数据类型，因为它们表示组合在一起的一组值。大部分内置数据类型以及程序员定义的数据类型都是复杂数据类型，下面列出一些复杂数据类型。

- MovieClip：影片剪辑元件。
- TextField：动态文本字段或输入文本字段。
- SimpleButton：按钮元件。
- Date：有关时间的某个片刻的信息（日期和时间）。

（三）ActionScript语句的基本语法

使用ActionScript语句，还需要先了解一些ActionScript的基本语法规则，下面对这些基本的语法规则进行介绍。

- **区分大小写**：这是用于命名变量的基本语法，在ActionScript 3.0中，不仅变量遵循该规则，各种关键字也需要区分大小写，若大小写不同，则被认为是不同的关键字，若输入不正确，则会无法被识别。
- **点语法**：点“.”用于指定对象的相关属性和方法，并标识指向的动画对象、变量、函数的目标路径，如“square.x=100;”是将实例名称为square的实例移动到X坐标为100像素处；“square.rotation=triangle.rotation;”则是使用rotation属性旋转名为square的影片剪辑以便与名为triangle的影片剪辑的旋转相匹配。
- **分号**：分号“;”一般用于终止语句，如果在编写程序时省略了分号，则编译器将假设每一行代码代表一条语句。
- **括号**：括号分为大括号{}和小括号()两种，其中大括号用于将代码分成不同的块或定义函数；而小括号通常用于放置使用动作时的参数、定义一个函数，以及对函数进行调用等，也可用于改变ActionScript语句的优先级。
- **注释**：在ActionScript语句的编辑过程中，为了便于语句的阅读和理解，可为相应的语句添加注释，注释不会被执行，通常包括单行注释和多行注释两种。单行注释以两个正斜杠字符“//”开头并持续到该行的末尾；多行注释以一个正斜杠和一个星号“/*”开头，以一个星号和一个正斜杠“*/”结尾。
- **关键字**：在ActionScript 3.0中，具有特殊含义且供ActionScript语言调用的特定单词，被称为关键字。除了用户自定义的关键字外，在ActionScript 3.0中还有保留的关键字，主要包括词汇关键字、句法关键字、供将来使用的保留字3种。用户在定义变量、函数以及标签等的名字时，不能使用ActionScript 3.0这些保留的关键字。

三、任务实施

（一）制作图片轮显背景

使用Flash制作图片轮显动画前，可先制作轮显的背景动画，其具体操作如下。

STEP 1 新建一个动画文档，在“属性”栏中单击编辑...按钮，在打开的对话框中设置场景大小为926×237像素。

STEP 2 选择【文件】/【导入】/【导入到库】菜单命令，在打开的“导入到库”对话框中选择“蔬菜1.jpg”～“蔬菜4.jpg”素材图片（素材参见：光盘\素材文件\项目十\任务三\蔬菜1.jpg、蔬菜2.jpg、蔬菜3.jpg、蔬菜4.jpg），将其导入“库”面板。

STEP 3 新建一个图形元件，将“蔬菜1.jpg”拖曳到舞台上，通过“对齐”面板将其水平垂直居中对齐，效果如图10-61所示。

STEP 4 利用相同的方法新建3个图形元件，分别将剩下的3张素材图片放入对应的元件中，并设置水平垂直居中对齐，如图10-62所示。

STEP 5 新建一个影片剪辑元件，单击“返回”按钮返回场景1，将元件5拖曳到场景中，通过“对齐”面板使其水平垂直居中对齐，然后双击元件中心控制点⊕，进入元件编辑场景，将元件1拖曳到场景，按【Q】键变形，使其与舞台大小相同，效果如图10-63所示。

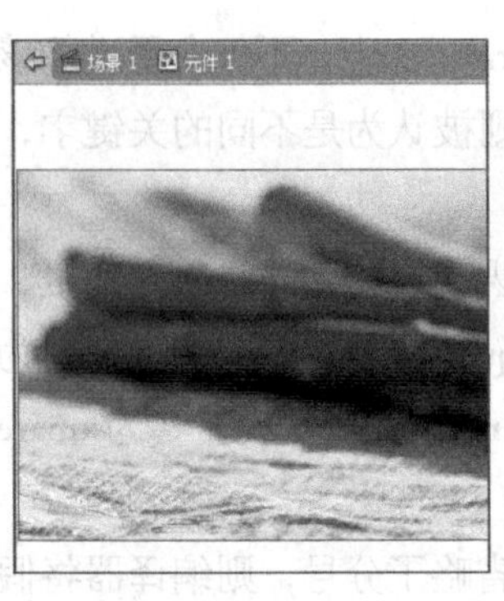
图10-61　创建元件1

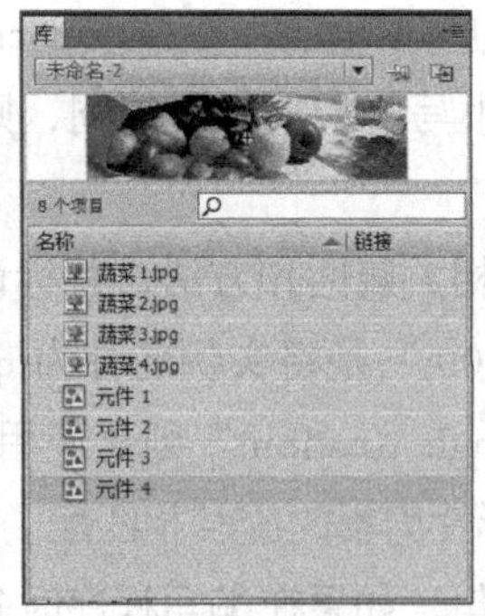
图10-62　创建其他元件

图10-63　编辑元件5第1帧

STEP 6 在第2帧处插入一个空白关键帧，然后使用上一步中相同的方法将元件2放入场景中，并调整好大小，效果如图10-64所示。

STEP 7 使用步骤6中的方法分别插入两个空白关键帧，并将元件3和元件4放到对应的帧中，调整大小后效果如图10-65所示。

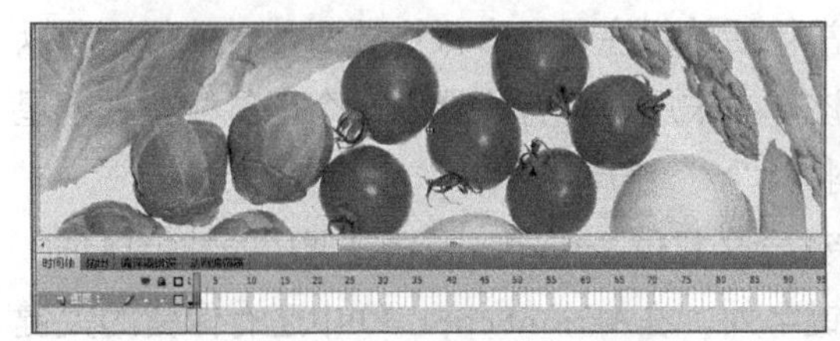
图10-64　编辑元件5第2帧

图10-65　编辑元件5其他帧

STEP 8 单击"新建图层"按钮新建一个图层，按【F9】键打开"动作"面板，在其中输入"stop();"代码。

STEP 9 分别在第2帧、第3帧、第4帧处插入空白关键帧，然后在每帧上添加动作"stop();"代码，效果如图10-66所示。

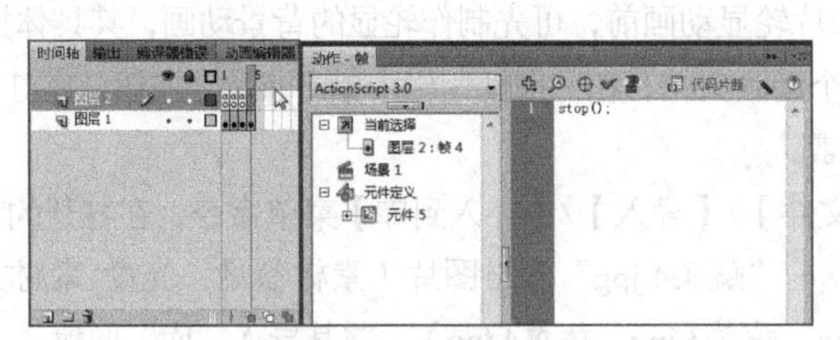
图10-66　为元件5添加动作代码

（二）添加轮显动作

下面先制作图片轮显动画中右下角的4个按钮，然后再为整个图片添加轮显动作，其具体操作如下。

STEP 1 单击"返回"按钮返回场景1，在工具箱中选择文字工具，在场景中拖动鼠标绘制文本框，输入"1 2 3 4"，在"属性"面板的"字符"栏按照图10-67所示进行设置。

STEP 2 按【Ctrl+B】组合键分离文字，分别选择每个数字，然后按【F8】键将其转换为影片剪辑元件，并在“属性”面板中更改实例名称分别为“b1”、“b2”、“b3”、“b4”，如图10-68所示。

STEP 3 利用鼠标分别将4个数字移动到合适位置，然后选择舞台上的背景元件5，在“属性”面板中设置实例名称为“mc”，效果如图10-69所示。

图10-67 设置文本格式

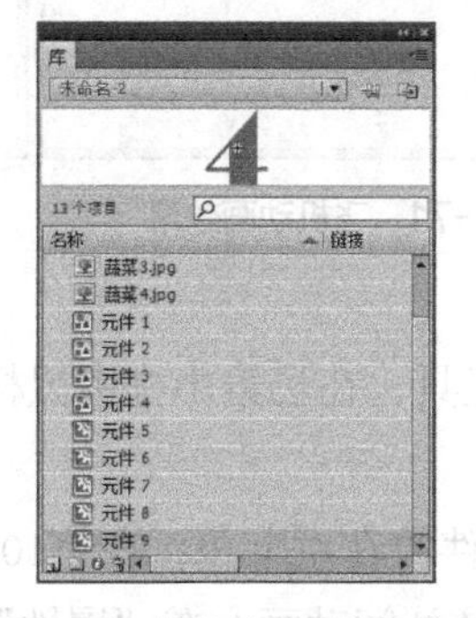

图10-68 将文字分离转换为元件

图10-69 移动元件到合适位置

STEP 4 新建一个图层，选择第1帧，打开动作面板，在其中输入图10-70所示的代码。

STEP 5 完成后按【Ctrl+Enter】组合键测试动画，然后按【Ctrl+S】组合键保存即可（最终效果参见：光盘\效果文件\项目十\任务三\图片轮显.fla）。

```
1  import flash.events.MouseEvent;
2  import flash.events.Event;
3
4  var myTimer:Timer = new Timer(5000);
5  myTimer.addEventListener(TimerEvent.TIMER,timerHandler);
6  myTimer.start();
7  function timerHandler(event:TimerEvent):void
8  {
9      mc.play();
10 }
11
12 b1.addEventListener(MouseEvent.ROLL_OVER,bROLL_OVER);
13 b2.addEventListener(MouseEvent.ROLL_OVER,bROLL_OVER);
14 b3.addEventListener(MouseEvent.ROLL_OVER,bROLL_OVER);
15 b4.addEventListener(MouseEvent.ROLL_OVER,bROLL_OVER);
16
17 b1.addEventListener(MouseEvent.ROLL_OUT,bROLL_OUT);
18 b2.addEventListener(MouseEvent.ROLL_OUT,bROLL_OUT);
19 b3.addEventListener(MouseEvent.ROLL_OUT,bROLL_OUT);
20 b4.addEventListener(MouseEvent.ROLL_OUT,bROLL_OUT);
21
22 function bROLL_OVER(e:Event):void
23 {
24     var n:String = e.target.name;
25     mc.gotoAndStop(int(n.substr(1,1)));
26     myTimer.stop();
27 }
28
29 function bROLL_OUT(e:Event):void
30 {
31     myTimer.start();
32 }
```

图10-70 图片轮显代码

实训一 制作飞机动画效果

【实训要求】

通过前面的学习，本实训将制作一个飞机运动的引导动画，要求飞机按照绘制的路径飞行，制作完成后测试效果。

【实训思路】

根据实训要求，本实训需要先通过形状工具绘制飞机形状，然后使用路径工具绘制一条路径，再将图层属性更改为引导图层，然后测试效果，实现实训要求的效果。本实训的参考效果如图10-71所示。

图10-71 飞机动画效果

【步骤提示】

STEP 1 新建Flash文档，选择椭圆工具，在场景中拖曳鼠标绘制飞机形状，然后将其选中，按【F8】键将其转换为图形元件。

STEP 2 在图层1上将创建的飞机元件放在左上角，在第100帧处插入关键帧，调整元件到场景右侧，在两个关键帧之间创建传统补间动画，在“属性”面板中单击选中“调整到路径”复选框。

STEP 3 在“图层”面板的图层1上单击鼠标右键，在弹出的快捷菜单中选择“添加传统引导运动层”命令，创建引导层，然后分别调节关键帧上两个飞机的中心点和方向，使其与路径对齐，完成后保存即可（最终效果参见：光盘\效果文件\项目十\实训一\飞机动画.fla）。

实训二 制作百叶窗动画

【实训要求】

本实训要求制作一个4片叶子收缩效果，具有百叶窗动画，本实训提供“图片1.jpg”、“图片2.jpg”（素材参见：光盘\素材文件\项目十\实训二\图片1.jpg、图片2.jpg）素材文件，完成效果如图10-72所示。

图10-72 百叶窗动画效果

【实训思路】

根据实训要求，在制作前需要先将素材导入库中，并分别创建为元件，然后使用矩形工具绘制百叶窗形状，然后将其转换为元件，再通过一个影片剪辑元件将百叶窗制作为动画，最后分别将其放在场景中不同的图层，然后更改图层属性即可。

【步骤提示】

STEP 1 新建一个Flash文档，将“图片1.jpg”、“图片2.jpg”素材图片导入库中，分别将其创建为元件。

STEP 2 新建一个影片剪辑元件3，在其中绘制一个矩形，在第50帧处插入关键帧，将矩形横向放大，在两个关键帧之间创建传动补件动画。

STEP 3 新建一个影片剪辑元件4，将之前创建的影片剪辑元件放在该元件中，重复放置4个，返回场景中。

STEP 4 在图层1中放置图片1所在的元件，在第100帧处插入帧，新建图层，在第1帧放置图片2所在的元件，并在第100帧处插入关键帧。

STEP 5 新建一个图层，在第1帧上将元件4放在场景中，并调整到铺满舞台的大小，然后在第100帧处插入关键帧。最后选择该图层，在其上单击鼠标右键，在弹出的快捷菜单中选择"遮罩层"命令，完成后保存文件，完成制作（最终效果参见：光盘\效果文件\项目十\实训二\百叶窗动画.fla）。

常见疑难解析

问：在将元件拖曳到舞台上后，双击元件中心为什么不能进入元件编辑场景？

答：因为鼠标在工具箱中选择了任意变形工具，只能在直接选择工具下双击才能进入元件场景中进行编辑。

问：发布动画与按【Ctrl+Enter】组合键有什么区别？

答：按【Ctrl+Enter】组合键是测试动画，只会生成.swf影片文件，而发布动画则是根据发布设置一键生成多个文件，如在发布设置中同时选中了Flash影片及HTML网页，则发布时就会同时生成.swf文件及.html文件。

拓展知识

1. 删除帧与清除帧

删除帧后所选帧及帧中对应的图形等所有内容全部被删除。清除帧则只清除舞台中的内容不删除帧。选择要删除或清除的帧（可按【Shift】键多选）后，单击鼠标右键，在弹出的快捷菜单中选择"删除帧"或"清除帧"命令即可。另外，选择帧后按【Delete】键也可以删除帧。

2. 复制帧、剪切帧、粘贴帧

灵活使用复制帧（或剪切帧）与粘贴帧可以减少制作动画的工作量。复制帧与剪切帧的区别是保留或不保留原始帧。粘贴帧后可得到与原始帧一模一样的帧。

3. 导出视频

在Flash CS5中，可将动画片段导出为Windows AVI和QuickTime两种视频格式。若要导出为QuickTime视频格式，需要在用户的电脑中安装QuickTime相关软件，其操作方法与导出声音相似。

4. 导出为GIF动画

选择【文件】/【导出】/【导出影片】菜单命令，在“保存在”下拉列表框中指定文件路径，在“文件名”文本框中输入文件名称，在“保存类型”下拉列表框中选择导出的文件格式“动画GIF”，然后单击按钮。在打开的“导出GIF”对话框中，设置导出文件的尺寸、分辨率和颜色等参数，然后单击按钮，即可将动画中的内容按设定的参数导出为GIF动画。

课后练习

（1）根据前面所学知识和理解，采用逐帧动画的方式制作网页横幅广告中的文字消失动画，参考效果如图10-73所示（最终效果参见：光盘\效果文件\项目十\课后练习\消失文字.fla）。

图10-73 网页横幅广告文字消失动画

（2）使用引导层动画技术制作“蝴蝶飞舞”动画，完成后最终效果如图10-74所示（最终效果参见：光盘\效果文件\项目十\课后练习\蝶舞.fla）。

图10-74 蝴蝶飞舞动画效果

PART 11

项目十一 微观多肉世界网站建设

情景导入

阿秀：小白，我觉得你在制作网页这方面很有自己的见解，现在，网页制作的方法已经全部交给你了，接下来就看你自己的实践结果了。

小白：最近公司有没有这类的项目？

阿秀：正好需要建设一个关于多肉植物的网站，你可以实践一下。

小白：好的。

学习目标

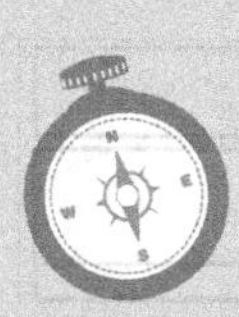

- 熟悉网站前期规划的内容
- 掌握使用Photoshop CS5制作页面效果图的方法
- 掌握使用Flash CS5制作动画效果的方法
- 掌握使用Dreamweaver CS5进行页面编辑的方法

技能目标

- 掌握多肉植物种植基地网页的制作方法
- 能够独立或组织完成一个完整网站的开发和制作

任务一 前期规划

“微观多肉世界”网站是以提供各种多肉植物盆栽、植物知识、种植动态等资讯为主的分享类网站。明确这点后，首要任务就是对此站点进行定位，确定网站的主题，然后再进一步确定站点的主要内容和页面布局，接着根据站点规划，整理相关素材，并制作效果图和网站中需要的动画，最后有目的地制作网页。

（一）分析网站需求

由于用户是网站页面的直接使用者，所以在进行网站的整体设计时，首先要对网站的用户进行分析。目前，各种互联网应用范围越来越广，用户范围也遍布各个领域，因此，设计者必须了解各类用户的习惯、技能、知识、经验，以便预测不同类别的用户对网站界面的需求和反应，使设计出来的网站更加符合各类用户的使用，为最终设计提供依据和参考。在网站设计前组织和计划，对网站需求进行分析是非常重要的工作步骤。

创建多肉植物种植基地网站是为了方便多肉植物爱好者能在任何地方、任何时候通过网络登录该网站，并查看和交流相关的信息。

微观多肉世界网站的结构示意图如图11-1所示。

图11-1 微观多肉世界网站结构示意图

（二）定位网站风格

了解了网站的类型和用户后，就可以确定网站的大致风格。不同的网站风格各不相同，设计者在设计前需要大致了解设计网站的相关行业、拟定几个大致的风格定位、选择好色调和笔触等相关内容。

微观多肉世界网站是专业的多肉植物养殖和交流网站，它的主要用户为多肉植物爱好者，同时也是一个分享交流类的网站，因此网站整体可以采用浅绿色调。另外，为了突出网站的活跃氛围，在页面上可以运用橙色点缀。

（三）规划草图

网站包含多个页面，在设计前，必须对网站的界面有一个规划工作。可以先画一个站点的草图，勾出所有客户需要看到的东西，然后将其详细地描述，使美工人员能够知道网站的每一块内容是什么。图11-2所示为微观多肉世界网站的草图。

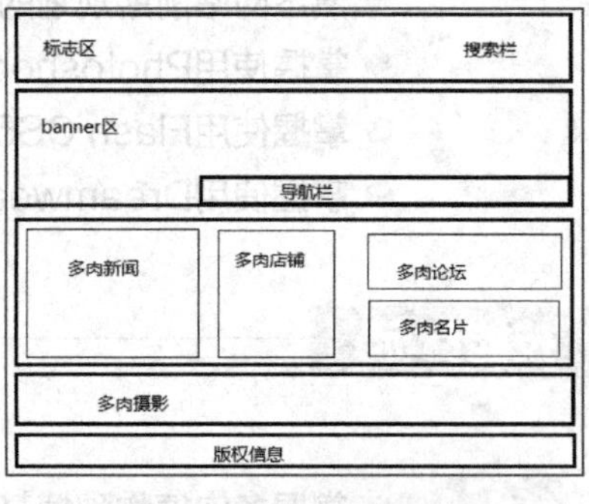

图11-2 微观多肉世界网站草图

（四）收集素材

网站素材收集可分为两部分，一部分主要由客户提供，如网站标志、网站文字内容、产品图片等，另一部分可以通过网络或其他途径获取。

任务二 使用Photoshop CS5设计网页界面效果图

网站前期规划完成后就可以使用Photoshop等图像处理软件对网站界面进行效果图设计，设计效果图时需要注意网站页面的布局，通常是使用参考线来辅助页面布局；其次是注意网站的色彩搭配，具体可参考前面相关章节的讲解；最后还需要注意网站并不是由一个页面组成，不同的页面在网站中有不同的级别，应有所区别。

本任务制作的“微观多肉世界”网站主要根据草图来进行布局，采用三行三列的布局方式进行页面布局，色彩方面主要采用了绿色调为主色调，调整不同明度的绿色给网站添加层次感，并以此体现出生机勃勃的感觉。本任务完成后的参考效果如图11-3所示。

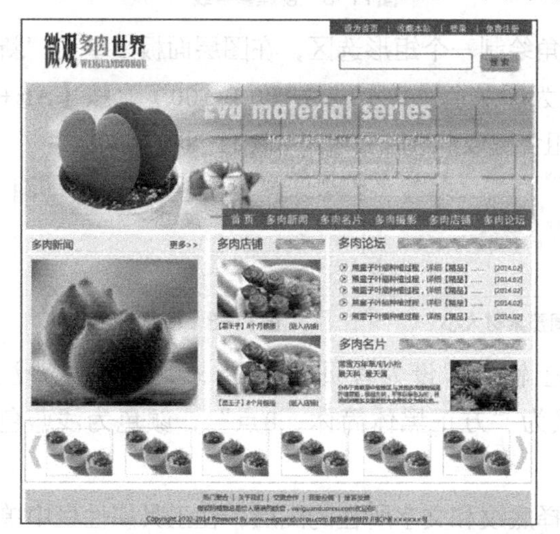

图11-3 “微观多肉世界”网站主页和二级页面

（一）设计页面效果图

素材收集完成后就可以开始进行页面效果设计，这一过程需要综合应用到Photoshop的相关知识来处理页面效果。

1. 制作网页头部

网页的头部包含网页的标志、搜索栏等部位，是一个网站的网眼，下面先在Photoshop CS5中制作网页的头部，其具体操作如下。

STEP 1 启动Photoshop CS5，新建一个名称为“微观多肉世界”，大小为1200×973像素、分辨率为150像素/英寸的图像文件，如图11-4所示。

STEP 2 按【Ctrl+R】组合键显示标尺，将鼠标分别移动到标尺上拖曳出参考线，如图11-5所示。

STEP 3 在图层面板上单击“创建新组”按钮，新建组，在组名称上双击，打开“组属性”对话框，在“名称”文本框中输入“top”，单击 确定 按钮确认，如图11-6所示。

STEP 4 打开“LOGO.png”图像（素材参见：素材文件\项目十一\任务一\LOGO.png），将其移动到“微观多肉世界”图像中，在图层面板将其拖曳到“top”组中，然后按【Ctrl+T】组合键自由变换，调整大小和位置，效果如图11-7所示。

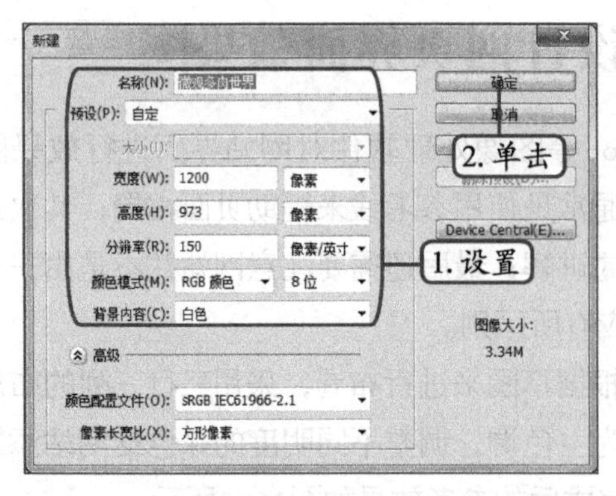

图11-4　新建文件

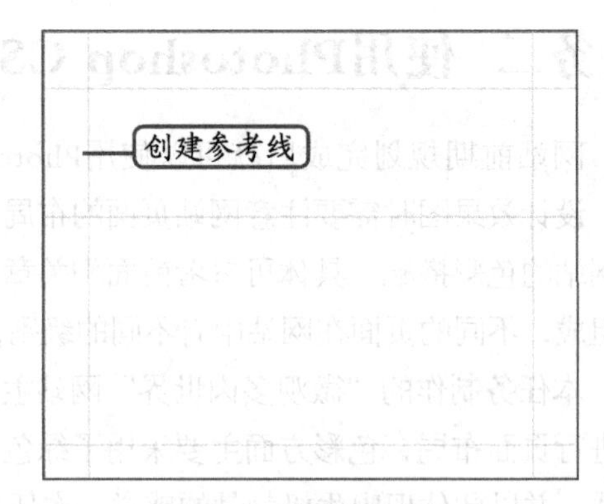

图11-5　创建参考线

STEP 5 选择矩形选框工具，在页面右上角绘制一个矩形选区，在图层面板上单击“新建图层”按钮新建一个图层，设置前景色为深灰色（R:100,G:100,B:100），按【Alt+BackSpace】组合键填充前景色，按【Ctrl+D】组合键取消选区后效果如图11-8所示。

图11-6　更改组名称

图11-7　调整素材大小

图11-8　填充图像

STEP 6 选择文字工具，在填充的底纹上输入“设为首页 | 收藏本站 | 登录 | 免费注册”文本，并在工具属性栏中设置文字格式为“方正黑体简体、8点”，颜色为浅蓝色（R:215,G:240,B:242）。

STEP 7 选择移动工具，在图层面板中选择底纹和文字所在的图层，在工具属性栏中单击“水平居中对齐”按钮，效果如图11-9所示。

STEP 8 在工具箱中选择“圆角矩形”工具，在工具属性栏中单击“路径”按钮，在页面右侧拖曳鼠标绘制一个圆角矩形路径，如图11-10所示。

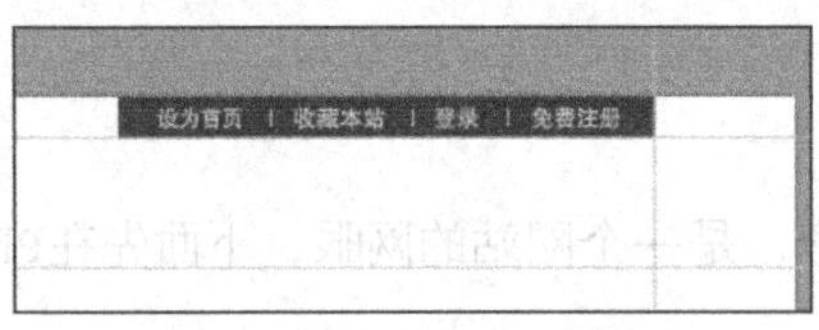

图11-9　对齐文字与图形

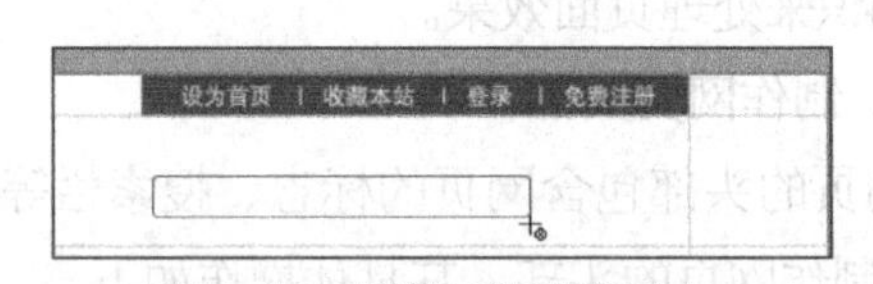

图11-10　绘制圆角矩形路径

STEP 9 按【Ctrl+Enter】组合键将路径转换为选区，新建一个图层，然后选择【编辑】/【描边】菜单命令，打开“描边”对话框，在其中设置颜色为深灰色，描边宽度为“1px”，其他保持默认，如图11-11所示。

STEP 10 单击 确定 按钮，确认描边设置，然后按【Ctrl+D】组合键取消选区，效果如图11-12所示。

STEP 11 再次选择圆角矩形工具，在工具属性栏中单击按钮，新建一个图层，将前景色设置为浅蓝色（R:215,G:240,B:242），在矩形的右侧拖曳鼠标绘制一个圆角矩形，效果如图11-13所示。

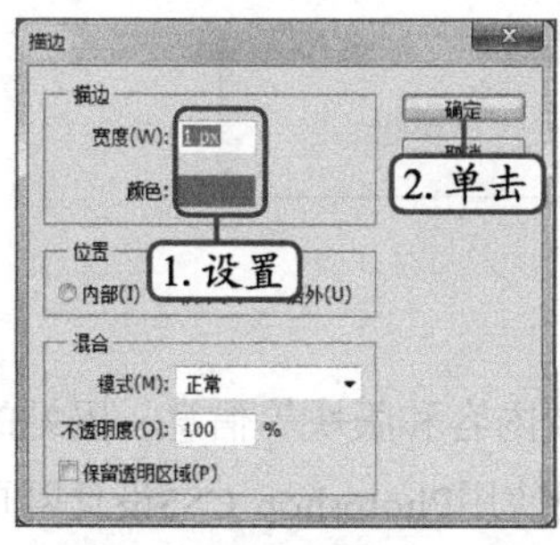

图11-11 设置“描边”对话框

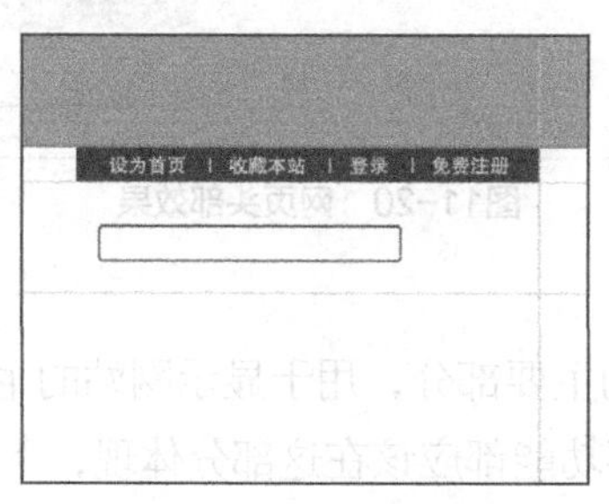

图11-12 描边效果

图11-13 绘制圆角矩形

STEP 12 选择【图层】/【图层样式】/【投影】菜单命令，打开“图层样式”对话框，在左侧列表中单击选中“投影”复选框，在“投影”选项卡中按照图11-14所示进行设置。

STEP 13 单击选中“内阴影”复选框，在右侧列表中按照图11-15所示进行设置。

STEP 14 单击选中“内发光”复选框，在右侧列表中按照图11-16所示进行设置。

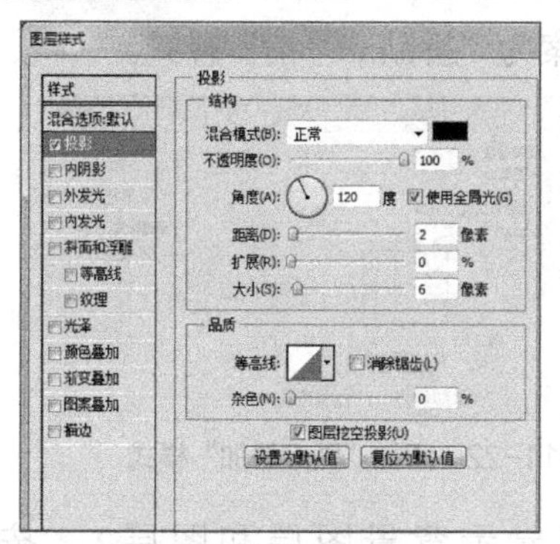

图11-14 设置投影

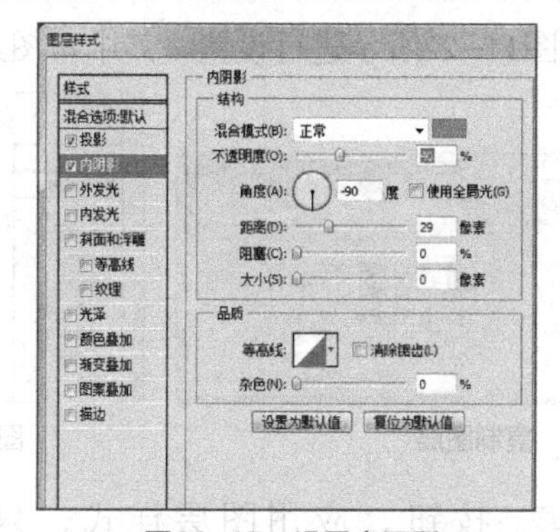

图11-15 设置内阴影

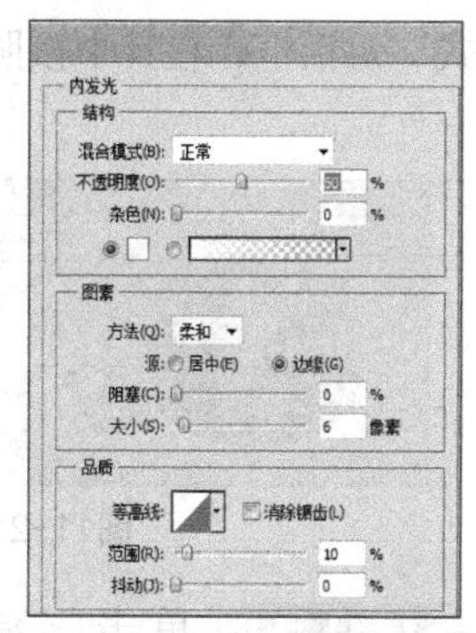

图11-16 设置内发光

STEP 15 单击选中“外发光”复选框，在右侧列表中按照图11-17所示进行设置。

STEP 16 单击选中“颜色叠加”复选框，在右侧列表中按照图11-18所示进行设置。

STEP 17 单击选中“描边”复选框，在右侧列表中按照图11-19所示进行设置。

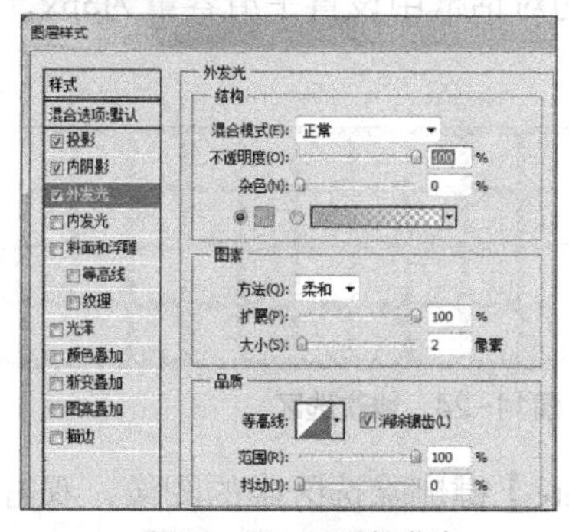

图11-17 设置外发光

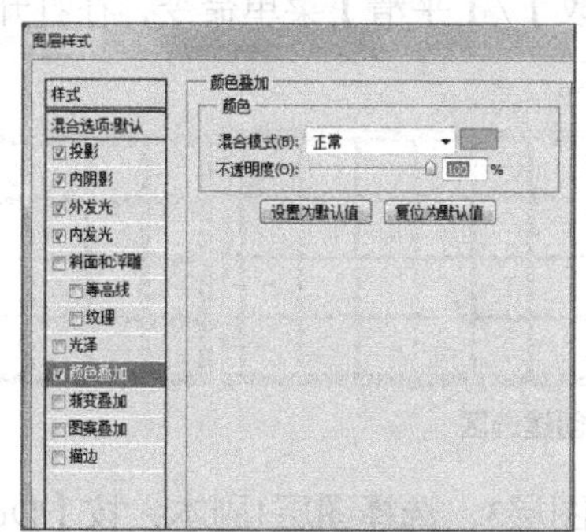

图11-18 设置颜色叠加

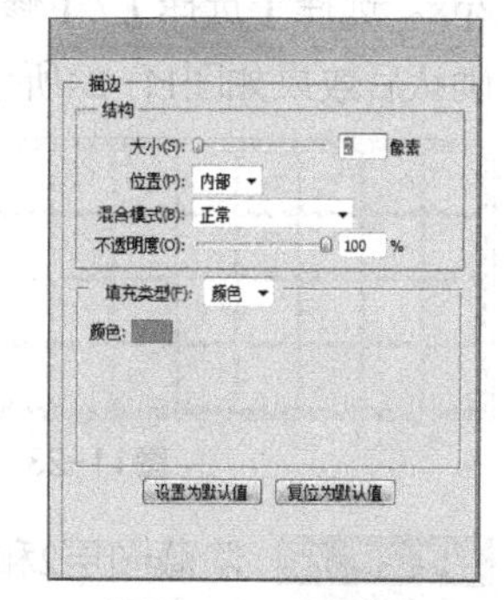

图11-19 设置描边

STEP 18 单击 确定 按钮，应用图层样式，选择文字工具，在按钮上输入“搜索”文本，设置字符格式为“方正黑体简体、8点、深灰色（R:81,G:92,B:82）”，将其与下面的按钮对齐，效果如图11-20所示，完成网页头部的制作。

图11-20　网页头部效果

2. 制作网页正文部分

网页正文部分是一个网站的主要部分，用于显示网站的主要内容和版块等信息，网站的所有主要内容、主要业务、主要功能都应该在这部分体现，下面使用Photoshop CS5设计网页正文部分布局，其具体操作如下。

STEP 1 打开“心形球兰.png”素材文件（素材参见：光盘\素材文件\项目十一\任务一\心形球兰.png），按两次【Ctrl+J】组合键复制图层，得到图层副本，如图11-21所示。

STEP 2 选择背景图层，然后将其填充为白色，新建图层2，填充为白色，在“图层”面板中单击“添加图层样式”按钮fx，在打开的列表中选择“图案叠加”选项，打开“图层样式”对话框，在其中按照图11-22所示进行设置，其中，图案为“拼贴—平滑”样式。

图11-21　复制图层

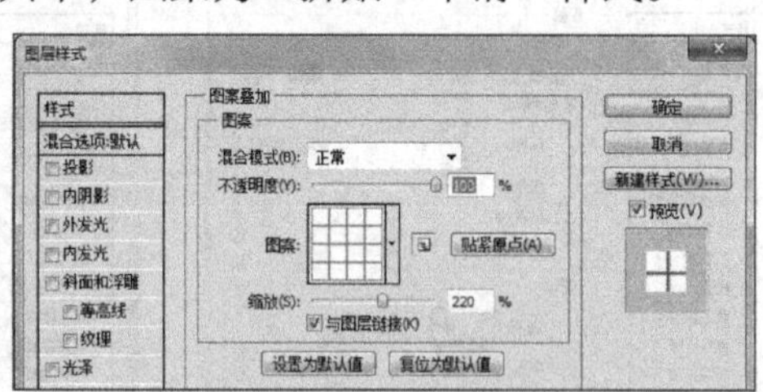

图11-22　添加“图案叠加”样式

STEP 3 单击确定按钮，应用图层样式，只显示背景图层和图层2，按【Ctrl+Shift+Alt+E】组合键盖印图层，然后选择魔棒工具，在工具属性栏中设置容差为20，单击选中“连续”复选框，然后在深色的区域单击创建选区，效果如图11-23所示。

STEP 4 选择【选择】/【修改】/【扩展】菜单命令，在打开的对话框中设置扩展容量为2px。选择【选择】/【修改】/【平滑】菜单命令，在打开的对话框中设置平滑容量为3px，确认后效果如图11-24所示。

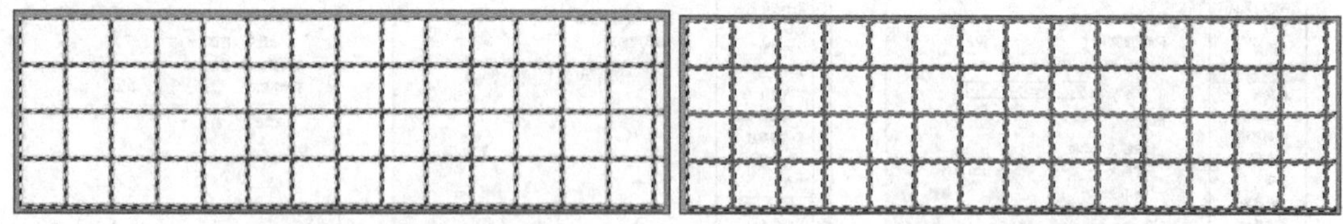

图11-23　创建选区　　图11-24　修改选区

STEP 5 隐藏图层2和图层3，选择图层1副本，按【Delete】键删除选区中的图像，双击图层1副本，打开“图层样式”对话框，在其中设置“投影”效果，投影颜色为黑色，具体设置如图11-25所示。

STEP 6 单击确定按钮，按【Ctrl+D】组合键取消选区，然后将图层1副本图层的不透明度设置为33%，效果如图11-26所示。

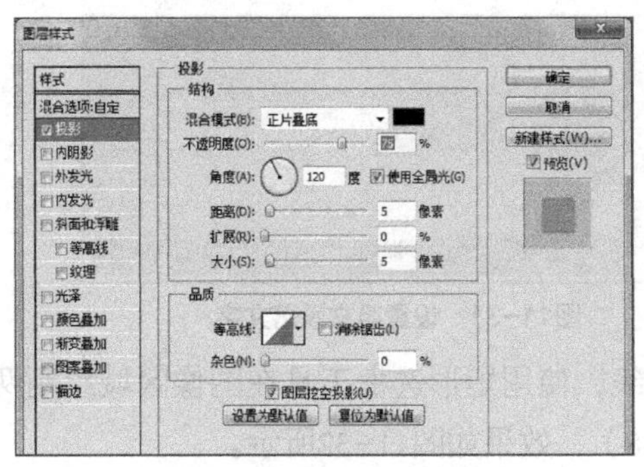

图11-25 设置投影效果

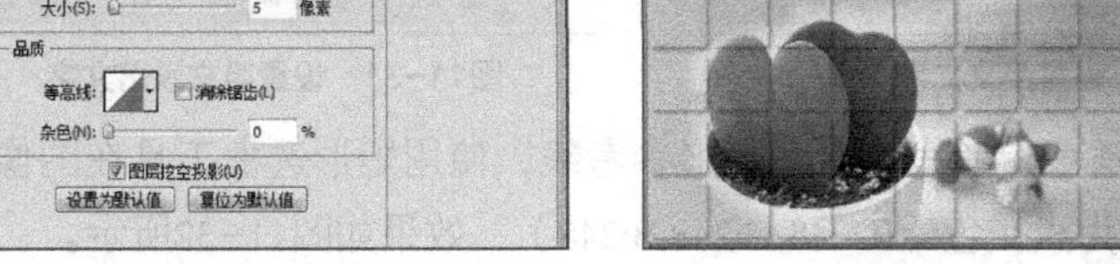

图11-26 设置图层不透明度

STEP 7 选择魔棒工具，在图层1副本中单击随意选择一些方块，按【Delete】键将其删除，按【Ctrl+Shift+Alt+E】组合键盖印图层，使用移动工具将其移动到“微观多肉世界”图像中，并调整位置，效果如图11-27所示。

图11-27 完成banner区域制作

STEP 8 新建一个名称为“正文”的图层组，将banner区域的图片所在图层移动到该组中，新建一个图层，使用圆角矩形工具绘制一个颜色为墨绿色（R:81,G:92,B:82）的矩形填充图形，将图层不透明度设置为77%，效果如图11-28所示。

STEP 9 使用文字工具在圆角矩形上输入相关的导航文本，设置字符格式为“方正黑体简体、10点、浅蓝色”，将其与下层的圆角矩形对齐，效果如图11-29所示。

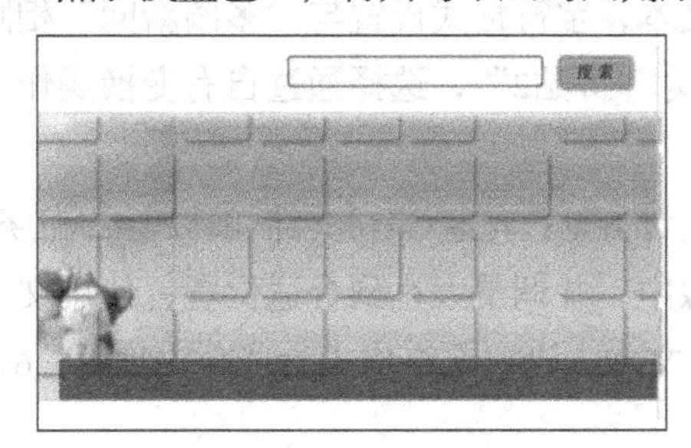

图11-28 绘制圆角矩形

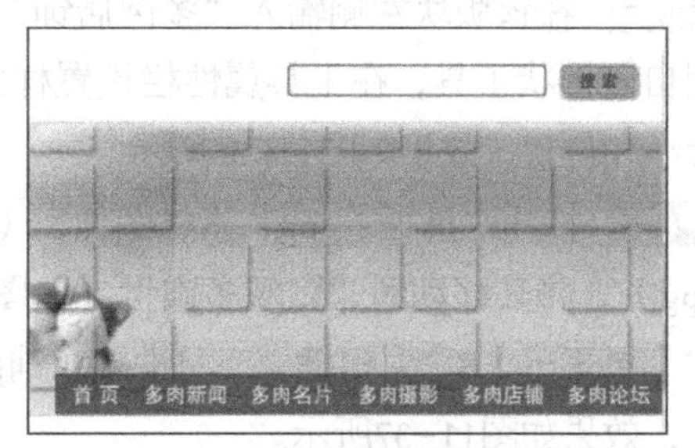

图11-29 设置导航栏文本

STEP 10 再次使用文字工具在图像区域输入“Eva material series”文本，设置字符格式为“Tw Cen MT Condensed Extra Bold、30点、浅蓝色”，效果如图11-30所示。

STEP 11 继续使用文字工具在图像区域输入其他英文文字，设置字符格式为“Viner Hand ITC、11点、浅蓝色”，效果如图11-31所示。

图11-30 设置英文文字

图11-31 设置英文段落文字

STEP 12 拖曳一条垂直参考线和两条水平参考线，使用矩形选框工具在图像区域绘制两个矩形选区，将其填充为浅灰色（R:248,G:248,B:248），效果如图11-32所示。

STEP 13 取消选区，使用文字工具在左侧输入“多肉新闻”文本，右侧输入“更多>>”文本，设置字符格式都为“微软雅黑”，大小分别为“10点”和“8点”，颜色为墨绿色（R:81,G:92,B:82），效果如图11-33所示。

STEP 14 打开“熊童子.jpg”素材文件（素材参见：光盘\素材文件\项目十一\任务二\熊童子.jpg），将其移动到“微观多肉世界”图像中，按【Ctrl+T】组合键自由变换大小到合适位置，完成后效果如图11-34所示。

图11-32 制作背景

图11-33 设置文字

图11-34 添加图片

STEP 15 创建相关的参考线，复制多肉新闻版块的背景所在的图层，然后对其进行自由变换，效果如图11-35所示。

STEP 16 在该版块左侧输入“多肉店铺”文本，字符格式设置与“多肉新闻”相同，然后使用自定形状工具，在工具属性栏设置样式为“拼贴2”，选择通过自有变换操作调整到合适大小和位置，效果如图11-36所示。

STEP 17 打开“星王子.jpg”素材图像，（素材参见：光盘\素材文件\项目十二\任务二\星王子.jpg），将其移动到“微观多肉世界”图像中，并调整大小到合适位置，使用文字工具输入“【星王子】8个月根插　　[进入店铺]”文本，设置字符格式为“微软雅黑、6点、墨绿色”，效果如图11-37所示。

STEP 18 选择图片和输入的文字所在的两个图层，将其拖曳到“新建图层”按钮上复制图层，将其移动到下方的位置，效果如图11-38所示。

在实际网页设计时，网页中每个版块的内容需要设计者在前期的素材收集时向客户收集，这里只是举例，因此文本等内容都采用了重复的内容。

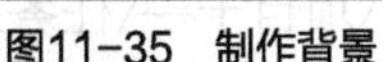
图11-35　制作背景

图11-36　设置文字

图11-37　添加图片

图11-38　复制图层

STEP 19 继续创建参考线，复制底纹并调整大小到合适位置，需要注意的是，底纹太长时只能使用矩形选框工具将其多余的部分删除，不能直接变换，否则版块头部将变形，效果如图11-39所示。

STEP 20 复制“多肉店铺”文本和右侧的底纹所在的图层，将其移动到合适的位置，然后修改文字为“多肉论坛”，自由变换底纹的宽度到合适位置，效果如图11-40所示。

STEP 21 使用自定形状工具，设置形状样式为“前进”，新建一个图层，绘制一个前进形状填充的图层，输入相关的文字，并设置字符格式为“微软雅黑、7点、墨绿色”，效果如图11-41所示。

图11-39　制作背景

图11-40　设置文字和底纹

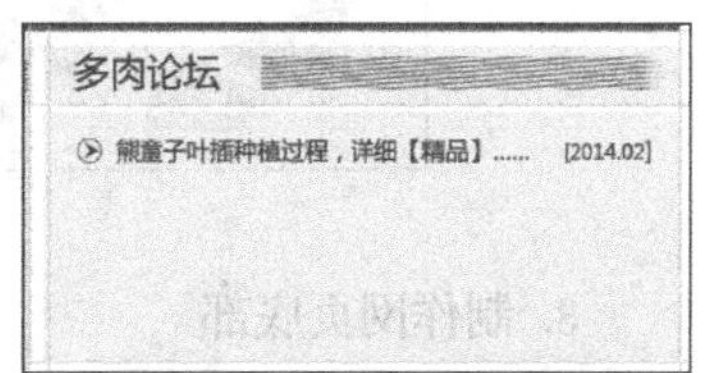

图11-41　添加图案和文字

STEP 22 通过复制图层的操作将前进图形和文字复制多个，然后调整到合适的位置，效果如图11-42所示。

STEP 23 复制底纹和版块标题所在的图层，将其移动到合适的位置，修改文字为“多肉名片”，效果如图11-43所示。

STEP 24 打开“多肉1.png”素材图像（素材参见：光盘\素材文件\项目十一\任务二\多肉1.png），将其移动到该板块中，调整大小到合适位置，然后对图片进行描边，颜色为深灰色，宽度为1px，效果如图11-44所示。

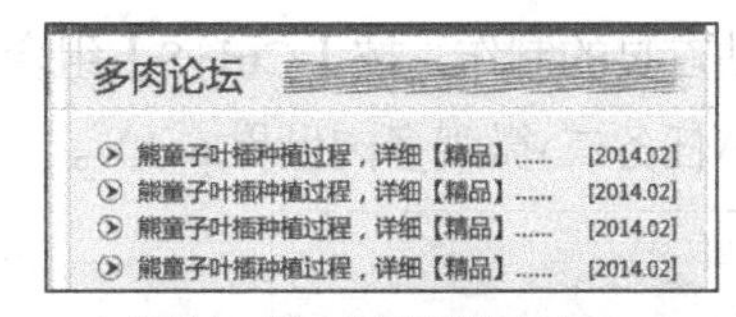

图11-42　制作其他文字

图11-43　复制底纹和文字

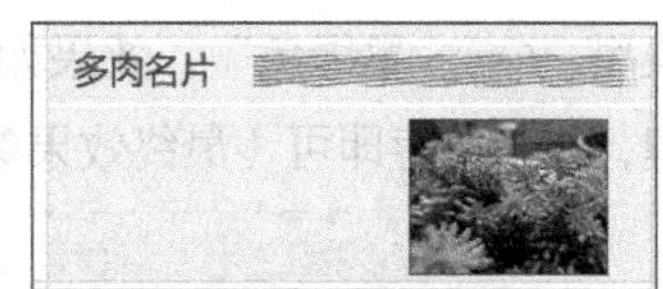

图11-44　添加图片

STEP 25 使用文字工具绘制一个文字定界框，输入相关的文字，并设置字符格式分别为“微软雅黑、7点、墨绿色”和“微软雅黑、5点、墨绿色”，效果如图11-45所示。

STEP 26 创建相关参考线，然后绘制一个矩形选区，新建一个图层，对选区进行描边，描边颜色为深灰色，宽度为1px，使用形状工具绘制一个箭头形状，并调整大小到合适位置，效果如图11-46所示。

STEP 27 复制一个箭头图形，然后将其水平翻转，并移动到右侧，效果如图11-47所示。

图11-45 制作其他文字

图11-46 制作板块边框

图11-47 变换图形制作箭头

STEP 28 打开“组合.jpg”素材文件（素材参见：光盘\素材文件\项目十一\任务二\组合.jpg），将其移动到“微观多肉世界”图像中，并调整大小到合适位置，然后进行描边，最后复制多个图层，并调整大小到合适位置，效果如图11-48所示。

图11-48 制作多肉摄影部分

STEP 29 将图片所在的图层合并，将两侧的箭头图形所在的图层复制，调整图层不透明度为50%，效果如图11-49所示。

图11-49 制作鼠标移走时的图像效果

3. 制作网页底部

网页底部通常用来放置一些友情链接和站长邮箱等超链接，并且还会标出网站的版权编号等版权信息，其具体操作如下。

STEP 1 使用矩形工具绘制一个矩形选框，新建图层，然后填充为深灰色（R:224,G:225,B:225），如图11-50所示。

图11-50 制作底纹

STEP 2 使用文字工具绘制一个定界框，然后输入相关的文字，并设置字符格式为“微软雅黑、6点、墨绿色”，效果如图11-51所示，至此，完成网站首页的制作，按【Ctrl+S】组合键，将其保存即可（最终效果参见：光盘\效果文件\项目十一\任务二\微观多肉世界.psd）。

图11-51 添加版权信息

4. 制作二级页面

一个完整的网站包含多个页面，在众多页面中又分为多个级别的页面，下面接着制作“微观多肉世界”网站的二级页面，其具体操作如下。

STEP 1 将“微观多肉世界.psd”图像另存为为“多肉概览.psd”图像文件，然后将网页中间内容部分删除，效果如图11-52所示。

STEP 2 在左侧绘制一个矩形选区，填充浅灰色（R:248,G:248,B:248）制作底纹，然后输入文字“你可能喜欢”，设置字符格式为“微软雅黑、8点、墨绿色”，效果如图11-53所示。

STEP 3 在下方绘制一个矩形选区，填充为灰色（R:241,G:241,B:241），然后为其添加“内发光”图层样式，参数设置如图11-54所示。

图11-52 删除不需要的部分

图11-53 输入板块名称

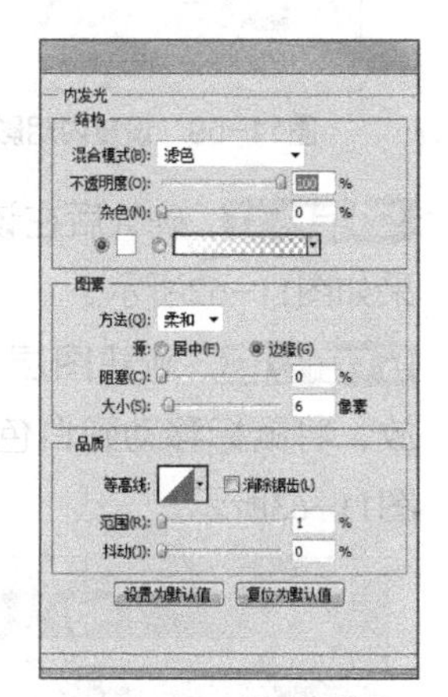

图11-54 设置内发光

STEP 4 单击选中“颜色叠加”复选框，设置在其上叠加一个灰色（R:221,G:221,B:221），如图11-55所示。

STEP 5 单击选中“描边”复选框，参数设置如图11-56所示。

STEP 6 单击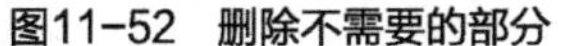按钮确认设置，然后在该图形上输入文字，并设置字符格式为“微软雅黑、6点、墨绿色”，效果如图11-57所示。

STEP 7 使用相同的方法制作多个标签按钮，完成后效果如图11-58所示。

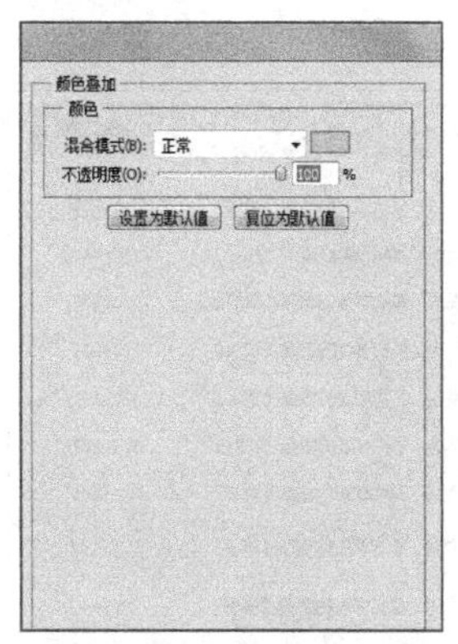

图11-55 设置颜色叠加

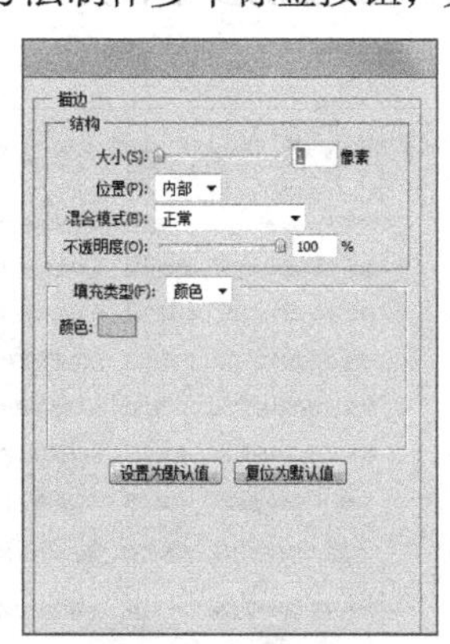

图11-56 设置描边

图11-57 制作标签

图11-58 制作其他标签

STEP 8 新建图层，在网站页面右侧绘制矩形选框填充与左侧相同的底纹，然后复制该图层，通过自由变换调整大小，然后为其添加“内阴影”图层样式，参数设置如图11-59所示。

STEP 9 单击选中“渐变叠加”复选框，参数设置如图11-60所示。

STEP 10 单击选中“描边”复选框，参数设置如图11-61所示。

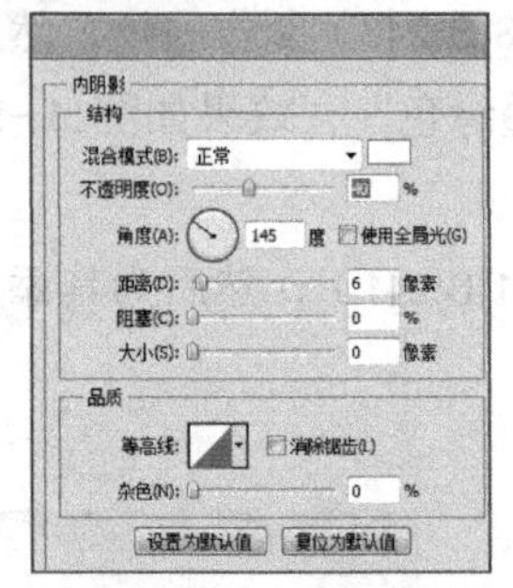

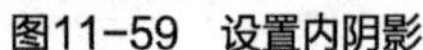
图11-59　设置内阴影

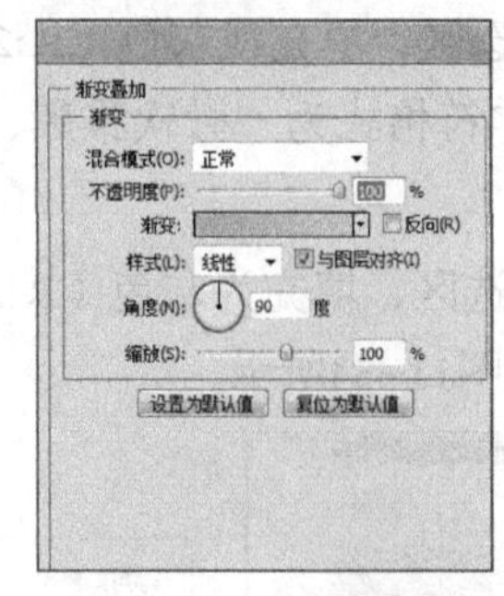

图11-60　设置渐变叠加

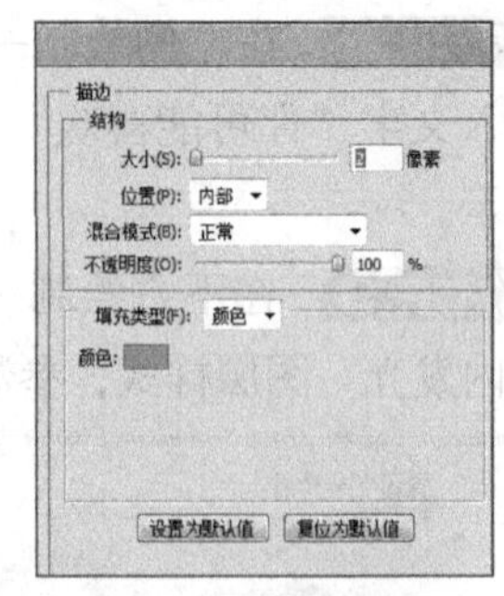

图11-61　设置描边

STEP 11 确认后在该图形上输入相关文字，字符格式为“微软雅黑、8点、墨绿色”，效果如图11-62所示。

STEP 12 新建图层，绘制矩形选区，填充为白色，选择移动工具，按住【Alt】键不放，将鼠标移动到白色矩形上拖曳复制白色矩形，使用相同的方法将其复制多个，效果如图11-63所示。

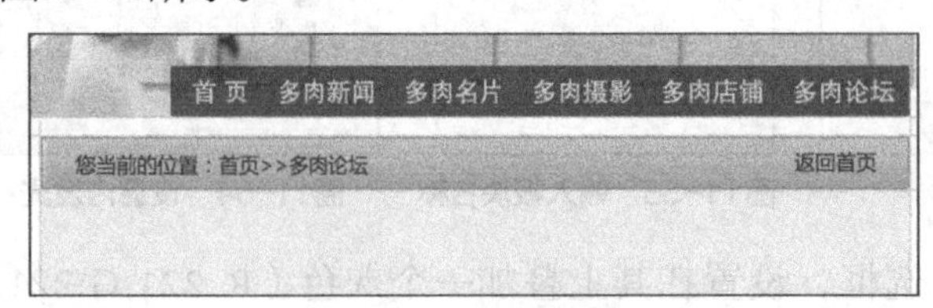

图11-62　输入板块名称

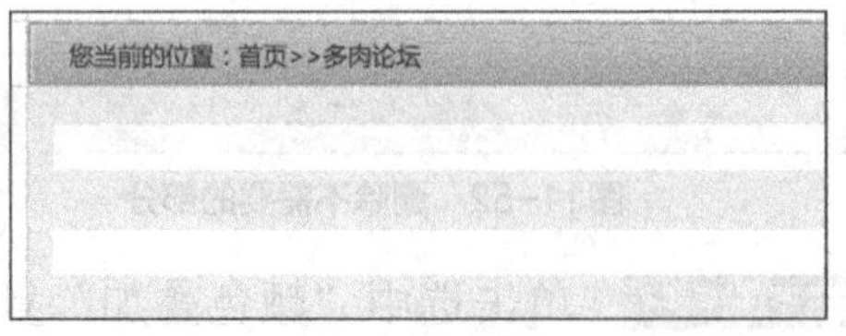

图11-63　制作底纹

STEP 13 在“微观多肉世界.psd”图像的多肉论坛版块将“前进”图形复制到该图像中，并调整好位置，输入相关的帖子标题文字，字符格式为“微软雅黑、7点、墨绿色”，效果如图11-64所示。

STEP 14 将“前进”图像和文字所在的图层复制多个，并分别排列在页面上，效果如图11-65所示。

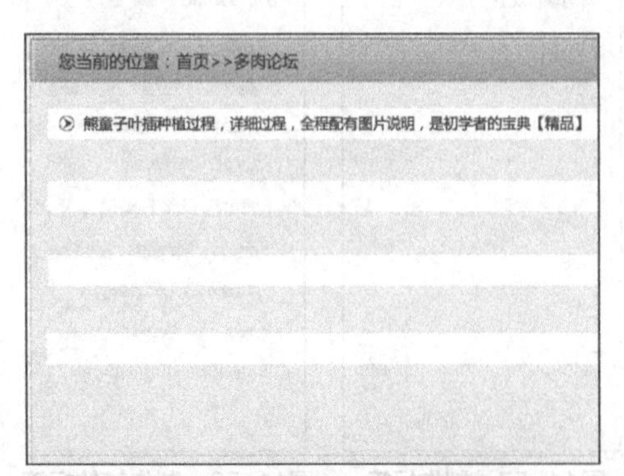

图11-64　编辑第一个论坛帖子

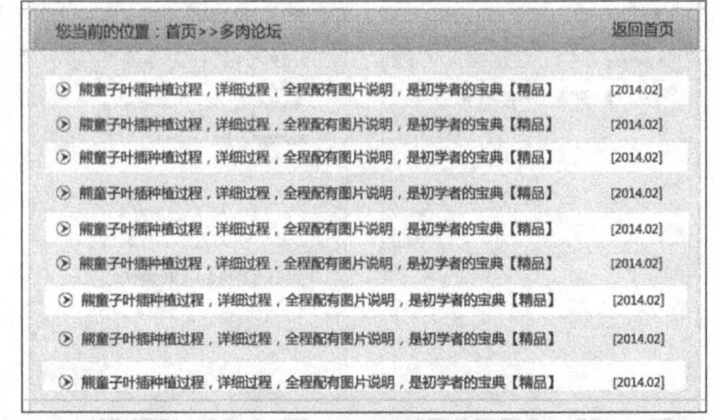

图11-65　制作其他论坛帖子列表

STEP 15 新建一个图层，绘制一个矩形选区，填充为灰色，然后添加“内发光”图层样式，参数设置如图11-66所示。

STEP 16 单击选中"渐变叠加"复选框，参数设置如图11-67所示。

STEP 17 单击选中"描边"复选框，参数设置如图11-68所示。

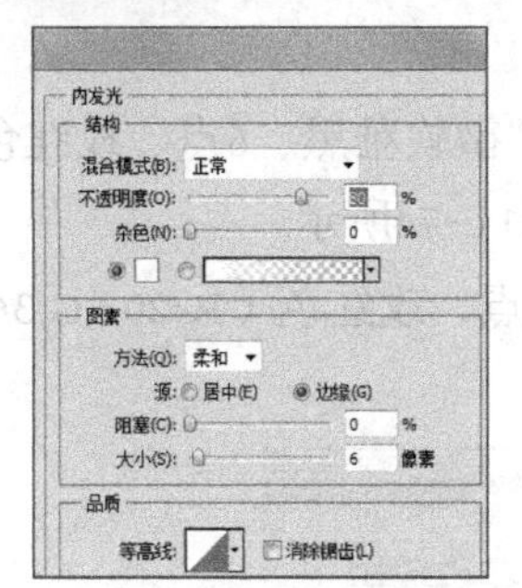

图11-66 设置内发光

图11-67 设置颜色叠加

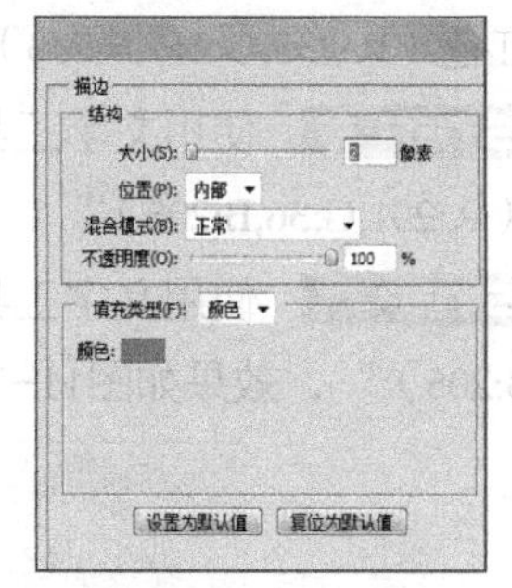

图11-68 设置描边

STEP 18 确认设置后在按钮上输入"上一页"文本，并设置字符格式为"微软雅黑、8点、墨绿色"，效果如图11-69所示。

STEP 19 将按钮和文字图层复制多个，并修改相关大小和文字，效果如图11-70所示，至此，完成二级页面的效果图制作，将其保存即可（最终效果参见：光盘\效果文件\项目十一\任务二\多肉概览.psd）。

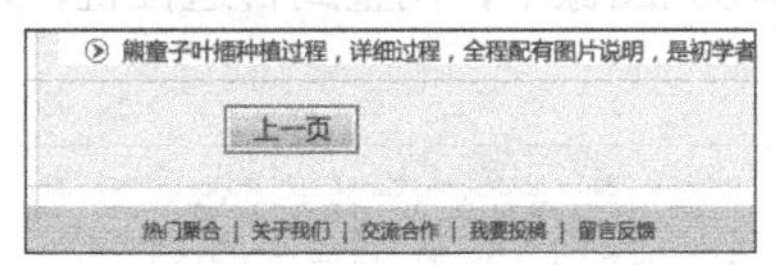

图11-69 添加文字

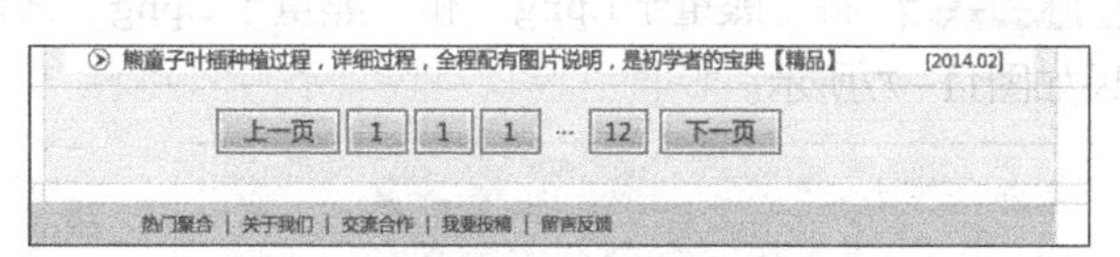

图11-70 制作其他按钮

5. 制作三级页面

通常一些大型的网页会专门设计三级网页，用于体现网页的整体层次感，下面继续制作微观多肉世界网站的三级页面，其具体操作如下。

STEP 1 将"多肉概览.psd"图像文件另存为"多肉细览.psd"图像文件，然后删除中间除页码按钮外的主要内容部分，在中间部分绘制矩形选区，填充一个浅灰色的背景。

STEP 2 在"多肉概览.psd"图像文件中将论坛标题所在的图层复制到该图像中，通过自由变换调整大小和位置，效果如图11-71所示。

图11-71 制作标题栏

STEP 3 在标题栏上输入相关的标题文字，字符格式为"微软雅黑、8点、墨绿色"，效果如图11-72所示。

图11-72 制作标题栏

STEP 4 打开素材"熊童子.jpg"，将其移动到图像窗口中，自由变换调整大小和位置，效果如图11−73所示。

STEP 5 使用多边形套索工具在图片右上角绘制一个三角形选区，新建图层，填充为粉红色（R:235,G:211,B:233），然后取消选区。

STEP 6 使用文字工具输入“楼主”文本，设置字符格式为“微软雅黑、6点、玫红色（R:201,G:36,B:205）”，通过自由变换旋转文字到合适大小，如图11−74所示。

STEP 7 使用文字工具输入昵称，字符格式为“微软雅黑、6点、玫红色（R:201,G:36,B:205）”，效果如图11−75所示。

图11−73　调整素材图片

图11−74　制作楼主头像

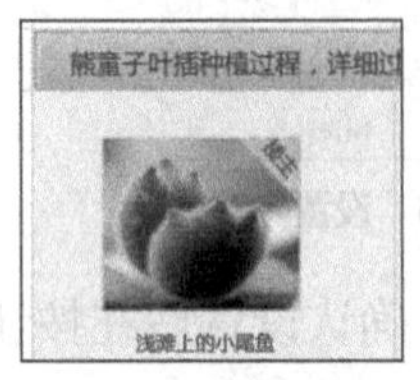

图11−75　设置昵称文本

STEP 8 继续使用文字工具创建文字定界框，然后输入相关帖子文字，字符格式为“微软雅黑、7点、墨绿色”，如图11−76所示。

STEP 9 将“熊童子1.png”和“熊童子2.png”素材移动到图像中，调整到合适位置，效果如图11−77所示。

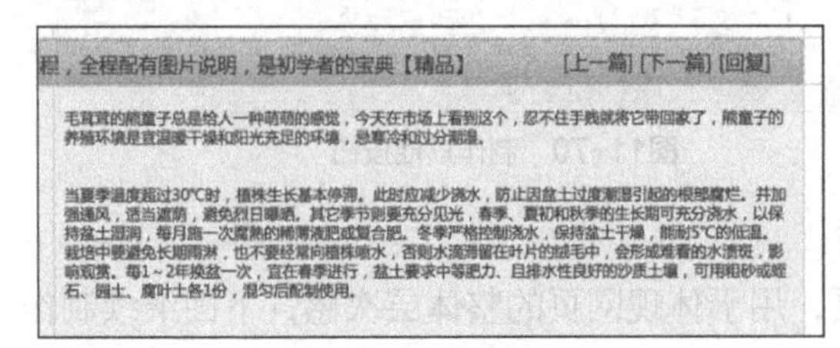

图11−76　添加帖子文字

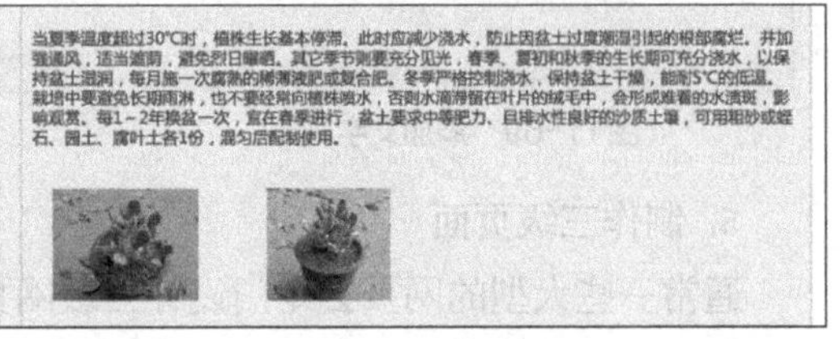

图11−77　添加素材图片

STEP 10 完成后保存该图像文件，至此，完成三级页面的制作，效果如图11−78所示（最终效果参见：光盘\效果文件\项目十一\任务二\多肉细览.psd）。

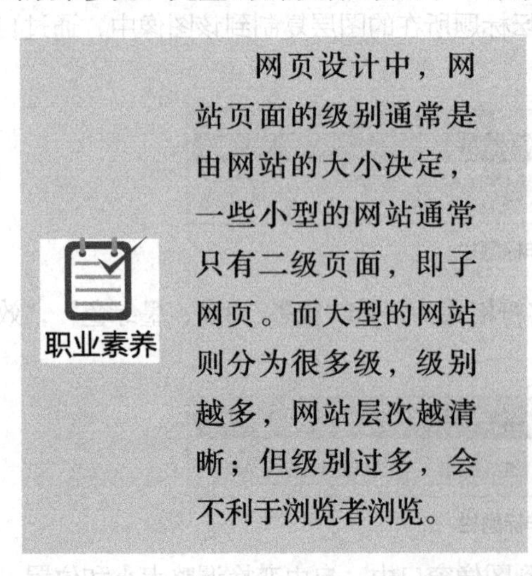

职业素养

网页设计中，网站页面的级别通常是由网站的大小决定，一些小型的网站通常只有二级页面，即子网页。而大型的网站则分为很多级，级别越多，网站层次越清晰；但级别过多，会不利于浏览者浏览。

图11−78　“微观多肉世界”网站三级页面效果

（二）切片效果图并导出

效果图确定后就可以对制作的效果图进行切片，然后将其导出备用，下面对微观多肉世界网站的3个效果图进行切片，其具体操作如下。

STEP 1 分别打开制作的3个效果图，在“微观多肉世界.psd”图像中隐藏部分文字图层，然后通过鼠标在标尺上拖出相关的参考线，以辅助切片定位，如图11-79所示。

STEP 2 在工具箱中选择切片工具，在效果图上需要的位置拖曳鼠标进行切片，注意切片时纯色的部分不用切片，相同的部分只需切片一次即可，效果如图11-80所示。

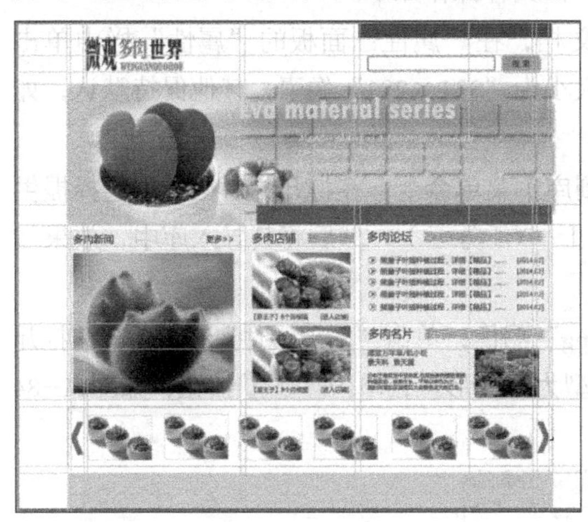

图11-79 设置切片环境

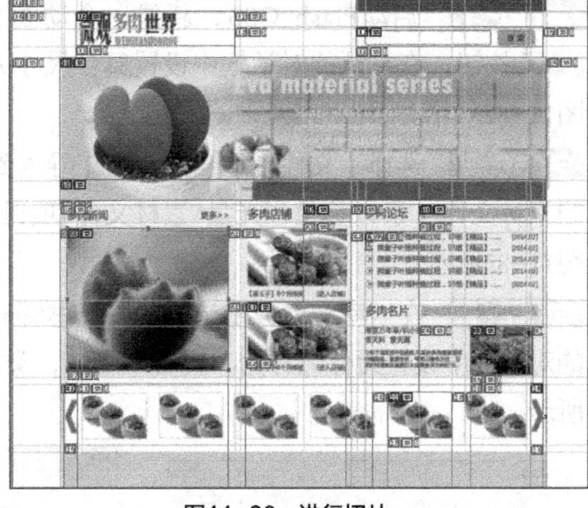

图11-80 进行切片

STEP 3 选择【文件】/【存储为Web和多有设备格式】菜单命令，在打开的对话框中保持默认设置，直接单击 存储 按钮，在打开的对话框中设置文件保存位置，设置文件名称为“dr.png”，“切片”下拉列表选择“所有用户切片”选项，单击 保存(S) 按钮即可。

STEP 4 使用相同的方法打开“多肉概览.psd”和“多肉细览.psd”文件，对其进行切片，效果如图11-81所示，完成后保存即可（最终效果参见：光盘\效果文件\项目十一\任务二\微观多肉世界切片.psd、多肉概览切片.psd、多肉细览切片.psd）。

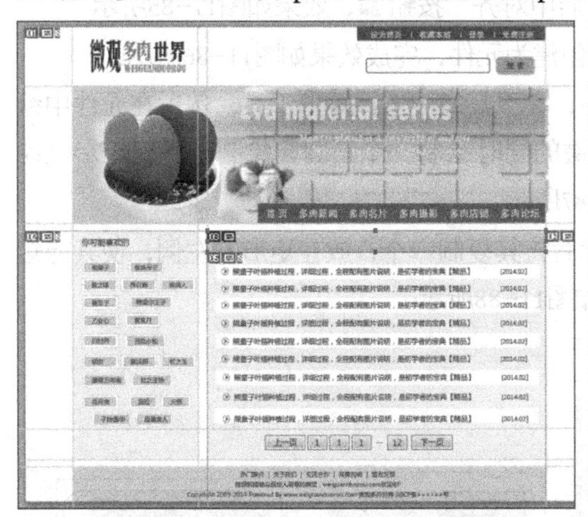

图11-81 对其他页面切片

任务三 使用Flash CS5制作图片轮显动画

效果精美的网页，设计者通常进行了动静结合的设计，下面讲解使用Flash CS5制作“微观多肉世界”网站中的“多肉新闻”版块下的图片轮显动画。

（一）制作元件

在Flash中制作动画通常是将动画的各个部件制作为元件，然后通过元件的不同动作来实现动画效果，下面为动画制作需要的相关元件，其具体操作如下。

STEP 1 启动Flash CS5，新建一个动画文档，在“属性”面板的“属性”栏中单击编辑...按钮，在打开的对话框中设置舞台尺寸大小为“331×281”像素，其他保持默认，如图11-82所示。

STEP 2 选择【文件】/【导入】/【导入到库】菜单命令，在打开的对话框中选择提供的素材文件（素材参见：光盘\素材文件\项目十一\任务三），然后将其导入库中，效果如图11-83所示。

STEP 3 在“库”面板中选择“奥普琳娜.jpg”图像，单击“新建元件”按钮，在打开的对话框中设置元件名称为“奥普琳娜”，类型为“图形”，单击确定按钮，如图11-84所示。

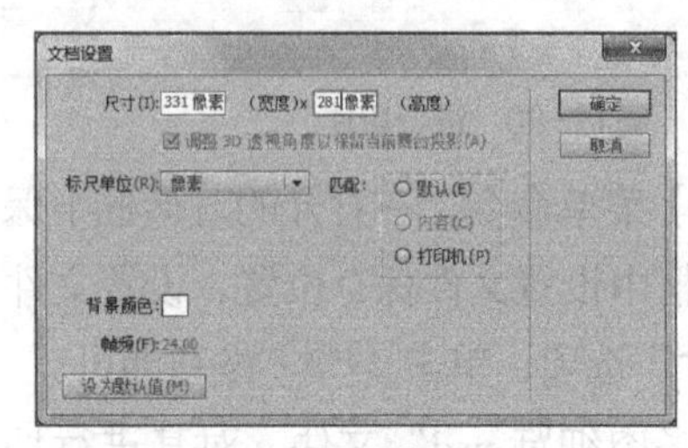

图11-82 更改舞台大小

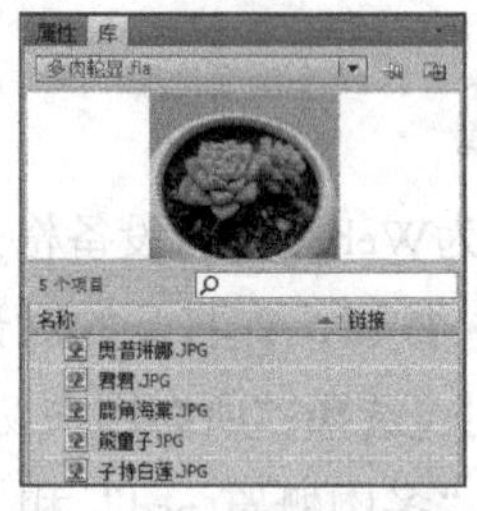

图11-83 导入素材到库

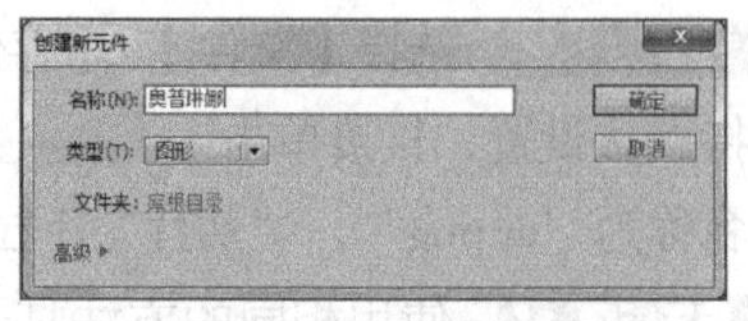

图11-84 创建新元件

STEP 4 此时将进入创建的元件界面，在“库”面板中将导入的“奥普琳娜.jpg”图像拖入场景中，单击“水平居中对齐”按钮和“垂直居中对齐”按钮，效果如图11-85所示。

STEP 5 利用相同的方法为将其他素材分别创建为元件，完成效果如图11-86所示。

STEP 6 再次新建一个默认名称的图形元件，在工具箱中选择矩形工具，然后在元件中绘制一个矩形，再选择椭圆工具，按住【Shift】键的同时绘制一个正圆，绘制时可在矩形上绘制，Flash会自动吸附矩形的高度，效果如图11-87所示。

STEP 7 使用选择工具选择绘制的圆形，然后将其复制一个，放在矩形的左侧，使其与矩形相结合，调整右侧的圆形到合适位置，效果如图11-88所示。

图11-85 将素材创建为元件

图11-86 创建其他元件

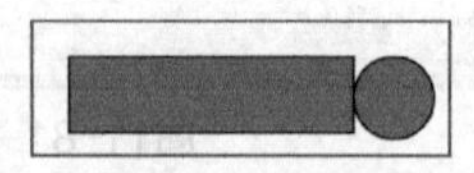

图11-87 创建新元件

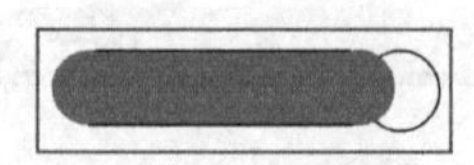

图11-88 修剪图形

STEP 8 按【Ctrl+K】组合键分离图形，然后分别选择图形边框，按【Delete】键删除，完成效果如图11-89所示。

STEP 9 将其水平垂直居中对齐，新建一个默认名称的影片剪辑元件，然后在元件中绘制一个圆形，填充为灰色（#DDDDD），效果如图11-90所示。

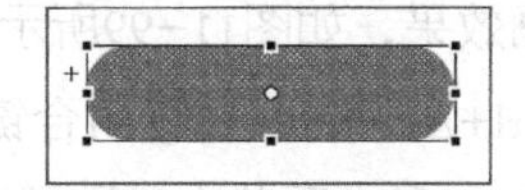

图11-89 编辑元件

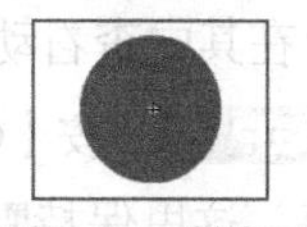

图11-90 创建元件

STEP 10 新建一个影片剪辑元件，将"奥普琳娜.jpg"图片放入元件中，并居中对齐，在时间轴的第2帧处单击鼠标右键，在弹出的快捷菜单中选择"插入空白关键帧"命令，插入一个空白关键帧，然后将"君君.jpg"图片放入该帧处，效果如图11-91所示。

STEP 11 单击"新建图层"按钮，新建图层2，然后在第1帧处单击鼠标右键，在弹出的快捷菜单中选择"动作"命令，在打开的面板中输入"stop();"代码，效果如图11-92所示。

STEP 12 使用相同的方法继续在其他帧处插入图片和动作代码，其中图层1中每帧放一张素材图片，图层2中每帧处添加一个动作代码，代码与第1帧相同，完成后效果如图11-93所示。

图11-91 编辑空白关键帧

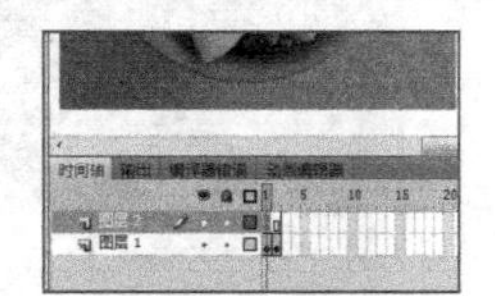

图11-92 添加代码

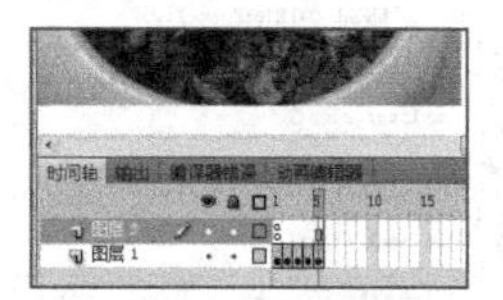

图11-93 添加其他代码

（二）添加动作并测试动画

要使用Flash制作效果更为精美的动画还需要结合脚本动作来完成，其具体操作如下。

STEP 1 单击"场景"超链接，返回场景舞台，将刚才创建的元件3拖入舞台，并水平垂直居中对齐，在"属性"面板的名称文本框中输入名称"apln"，效果如图11-94所示。

STEP 2 将元件1放入到舞台右下角，保持元件选择状态，在属性栏的"色彩效果"栏的"样式"下拉列表中选择"Alpha"选项，将值设置为46%，然后按【Ctrl+T】组合键变形，效果如图11-95所示。

STEP 3 将元件2拖曳到场景中，并将其放在元件1的上面，在属性面板中修改名称为"b1"，然后变形到合适大小，设置样式为"亮度"，值为78%，效果如图11-96所示。

STEP 4 使用相同的方法创建4个圆形，名称分别为"b2"～"b5"，效果如图11-97所示。

图11-94 拖入元件3

图11-95 拖入元件1

图11-96 拖入元件2

图11-97 制作其他按钮

STEP 5 新建一个图层，在其上单击鼠标右键，在弹出的快捷菜单中选择"动作"命令，在打开的“动作”面板中输入如图11-98所示代码。

STEP 6 按【Ctrl+S】组合键保存，然后按【Ctrl+Enter】组合键打开“测试动画”对话框，在其中查看动画效果，如图11-99所示。

STEP 7 按【Ctrl+Alt+Shift+S】组合键打开“导出”对话框，在其中设置导出位置和名称等，这里保持默认，完成后单击保存(S)按钮即可（最终效果参见：光盘\效果文件\项目十一\任务三\多肉轮显.swf、多肉轮显.fla）。

```
import flash.events.Event;

var myTimer:Timer = new Timer(5000);
myTimer.addEventListener(TimerEvent.TIMER,timerHandler);
myTimer.start();
function timerHandler(event:TimerEvent):void
{
    apln.play();
}

b1.addEventListener(MouseEvent.ROLL_OVER,bROLL_OVER);
b2.addEventListener(MouseEvent.ROLL_OVER,bROLL_OVER);
b3.addEventListener(MouseEvent.ROLL_OVER,bROLL_OVER);
b4.addEventListener(MouseEvent.ROLL_OVER,bROLL_OVER);
b5.addEventListener(MouseEvent.ROLL_OVER,bROLL_OVER);

b1.addEventListener(MouseEvent.ROLL_OUT,bROLL_OUT);
b2.addEventListener(MouseEvent.ROLL_OUT,bROLL_OUT);
b3.addEventListener(MouseEvent.ROLL_OUT,bROLL_OUT);
b4.addEventListener(MouseEvent.ROLL_OUT,bROLL_OUT);
b5.addEventListener(MouseEvent.ROLL_OUT,bROLL_OUT);

function bROLL_OVER(e:Event):void
{
    var n:String = e.target.name;
    apln.gotoAndStop(int(n.substr(1,1)));
    myTimer.stop();
}

function bROLL_OUT(e:Event):void
{
    myTimer.start();
}
```

图11-98 添加脚本

图11-99 测试动画

任务四 使用Dreamweaver CS5进行页面编辑

效果图以及网页中需要使用到的动画等素材与客户确认好后就可以开始页面的编辑了，通常是先制作静态的页面，然后再进行动态页面的设计，最后再测试检查整个网站。

（一）制作主页

制作网站时通常先制作一个网站的主页，然后再制作其他页面，下面讲解主页的制作方法。

1. 制作网页头部

下面使用Dreamweaver CS5制作主页的头部区域，其具体操作如下。

STEP 1 启动Dreamweaver CS5，选择【站点】/【新建站点】菜单命令，在打开的对话框中按照图11-100所示设置。

STEP 2 在“文件”面板的站点上单击鼠标右键，在弹出的快捷菜单中选择“新建文件夹”命令，新建1个文件夹，更改名称为“任务四”。

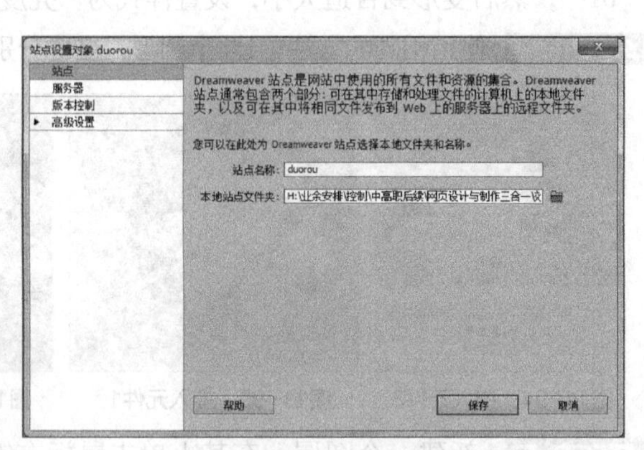

图11-100 创建站点

STEP 3 在"任务四"文件夹下新建两个文件夹，分别命名为"img"和"html"，然后在"html"文件夹上单击鼠标右键，在弹出的快捷菜单中选择"新建文件"命令，新建一个html文件，更改名称为"index.html"，效果如图11-101所示。

在创建站点时一定要对整个站点中的文件类型进行分类，如这里创建的"img"文件夹用于放置网站中的图片，"html"文件夹用于放置网站中的静态页面。一些大型的网站还会有放置CSS样式文件、动画文档文件夹等。

STEP 4 双击"index.html"，打开页面，选择【插入】/【布局对象】/【Div标签】菜单命令，在打开的对话框的"ID"文本框中输入"all"，表示为该DIV使用唯一的ID样式，如图11-102所示。

STEP 5 单击[新建 CSS 规则]按钮，打开"新建CSS规则"对话框，直接单击[确定]按钮，在打开对话框中的左侧选择"方框"选项，在设置宽为1000px、高为973px，"Margin"栏设置参数如图11-103所示，表示DIV的上下边框与里面文字距离为0，左右居中。

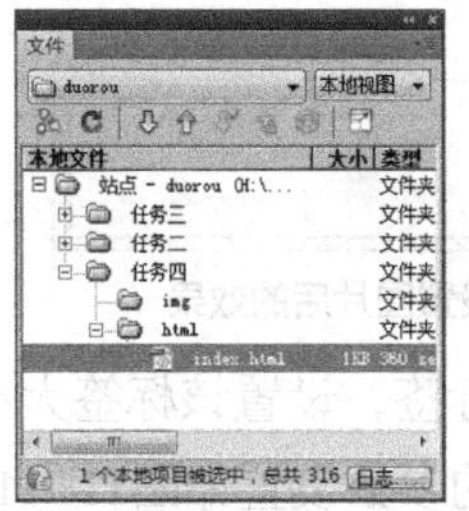
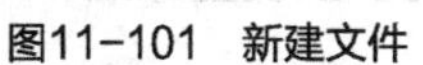

图11-101 新建文件

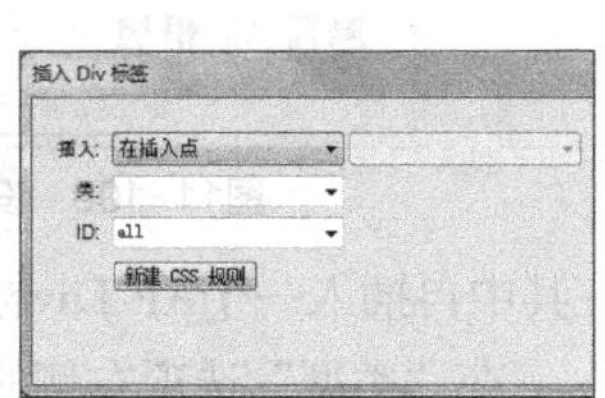

图11-102 创建DIV

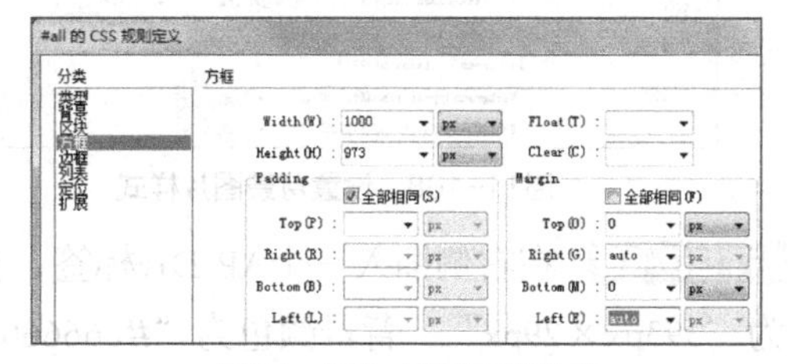

图11-103 设置方框样式

STEP 6 依次单击[确定]按钮确认设置，然后删除默认的文本，使用相同的方法创建一个名称为"top"的DIV，设置大小为"1000×404"像素，初学者为了便于查找和观看，可先为其设置一个背景颜色，这里设置将该标签背景设置为"#FC9"，如图11-104所示。

需要注意的是，在进行布局时，DIV的大小不是随意给定的，必须给定精确值。可打开网页效果图，使用Photoshop来测量，测量方法是使用矩形选框工具，选取需要测量的区域，然后在"信息"面板中查看具体大小。

STEP 7 将插入点定位到名称为all的DIV中，再次插入一个名称为"maid"的DIV，大小为"1000×499"像素，设置背景颜色为"#CFC"，效果如图11-105所示。

STEP 8 使用相同的方法在底部创建一个名称为"bottion"的DIV，大小为"1000×70"像素，设置背景颜色为"#OFF"，效果如图11-106所示。

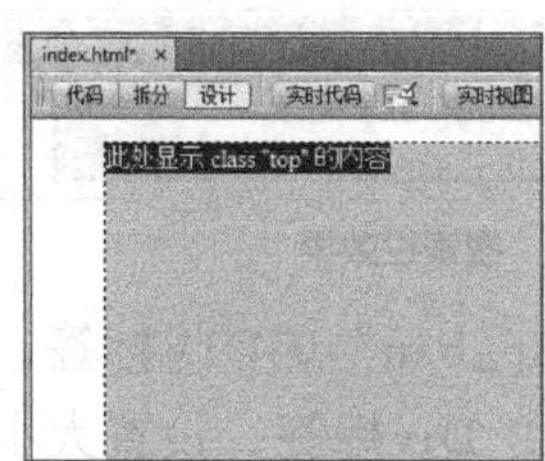

图11-104 设置top样式

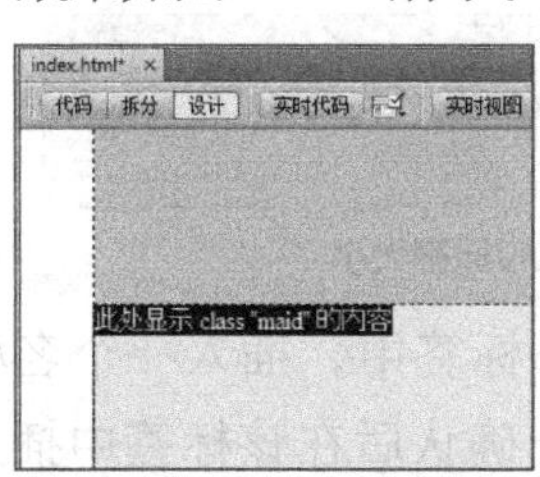

图11-105 设置maid样式

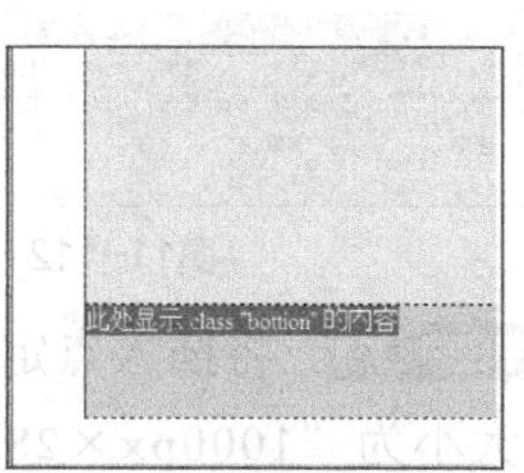

图11-106 设置bottion样式

STEP 9 将插入点定位到名称为top的DIV中，再次插入一个名称为“top_tb”的DIV，大小为“1000×121”像素，设置背景颜色为白色。

STEP 10 在“top_tb”中单击定位插入点，选择【插入】/【布局对象】/【AP Div标签】菜单命令，插入一个AP Div标签，选择该标签，在“属性”面板中设置大小为“606px×121px”，背景颜色为白色，如图11-107所示。

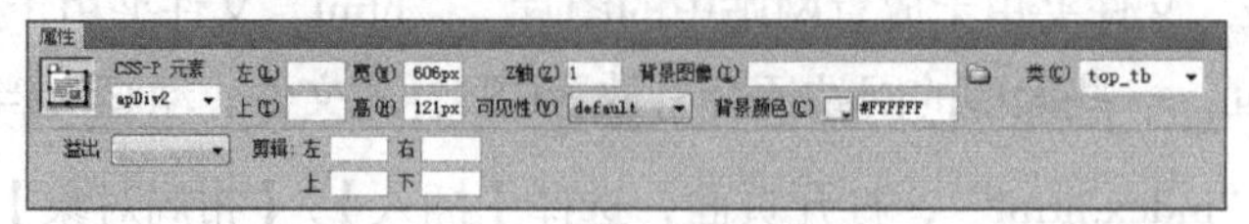

图11-107 设置AP Div标签大小

STEP 11 选择创建的AP Div标签，然后在“CSS面板”中单击“编辑”按钮，在打开的面板中单击“背景”选项，在右侧列表中按照图11-108所示进行设置。

STEP 12 单击确定按钮，效果如图11-109所示。

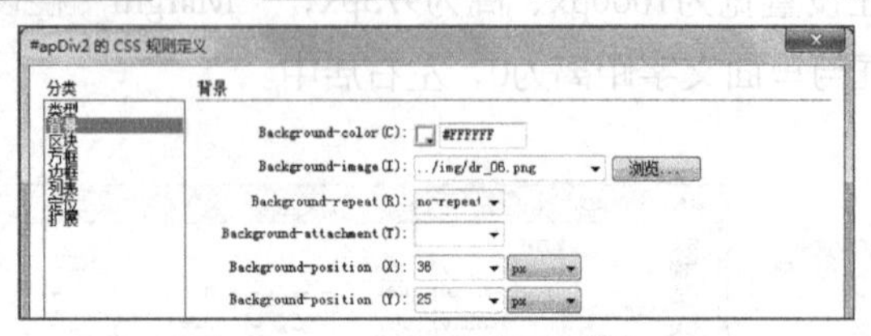

图11-108 设置背景图片样式

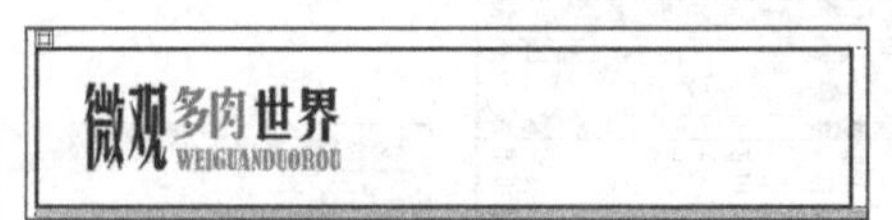

图11-109 设置图片后的效果

STEP 13 在右侧插入一个AP Div标签，在其中再插入一个AP Div标签，设置该标签大小为“393px×29px”，背景颜色为“#666666”，在“类型”选项右侧的参数设置如图11-110所示。

STEP 14 单击确定按钮，在该标签中输入相关的文字，效果如图11-111所示。

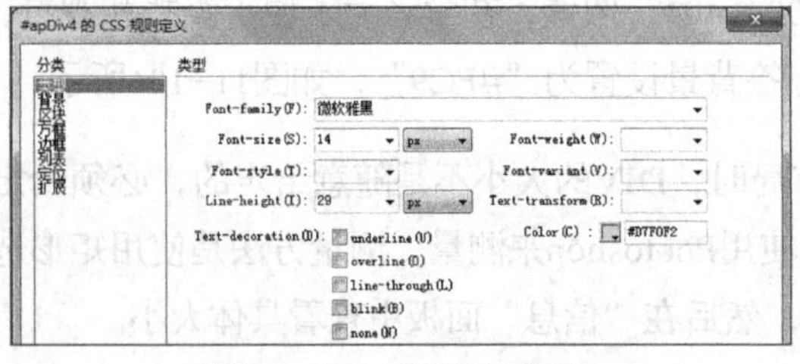

图11-110 设置标签样式

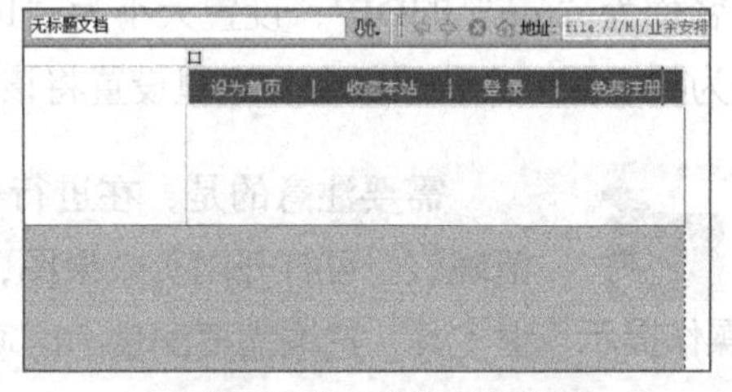

图11-111 输入文本效果

STEP 15 将插入点定位到“apDiv3”中，插入一个AP Div标签，然后在属性栏中进行设置，参数如图11-112所示。

STEP 16 此时页面中效果如图11-113所示。

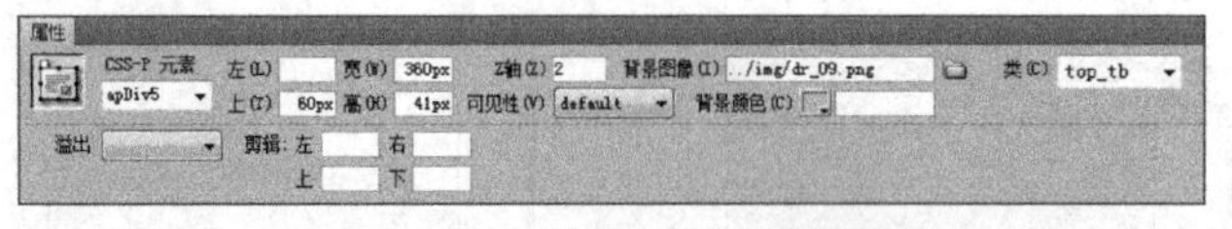

图11-112 设置AP Div标签大小

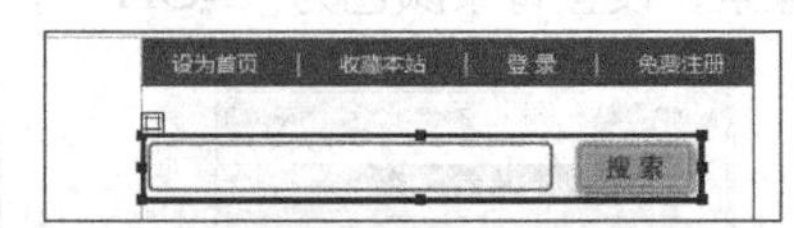

图11-113 搜索栏效果

STEP 17 将插入点定位到top标签中，插入一个名称为“top_ban”的DIV标签，设置大小为“1000px×283px”，确认后在该标签中插入一个AP Div标签，设置大小为

"1000px×242px"，然后设置背景为"dr_14.png"（素材参见：光盘\素材文件\项目十一\任务四\dr_14.png），效果如图11-114所示。

STEP 18 将插入点定位到"top_ban"标签中，然后插入一个AP Div，大小为"1000px×242px"，设置背景为"dr_14.png"，如图11-115所示。

图11-114　制作banner区

图11-115　制作导航栏

STEP 19 保持标签的选择状态，通过"CSS面板"打开规则定义对话框，在其中按照图11-116所示进行设置。

STEP 20 将插入点定位到该标签中，通过输入空格控制文本位置，输入导航文本后的效果如图11-117所示，完成网页头部制作。

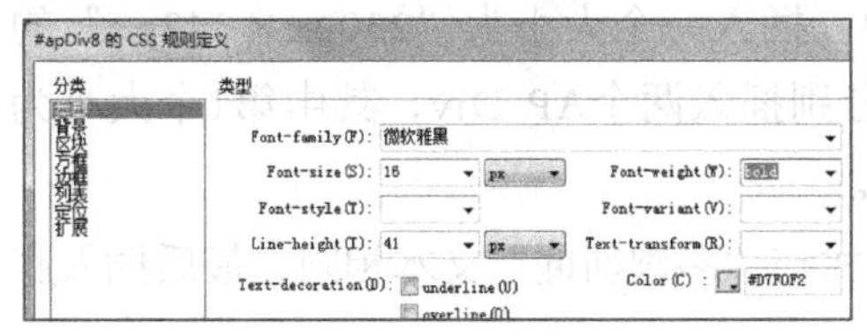

图11-116　设置类型CSS样式

图11-117　输入导航文字

2. 制作网页主要内容

下面使用Dreamweaver CS5制作主页的主要内容区域，其具体操作如下。

STEP 1 将插入点定位到"maid"标签中，插入一个名称为"maid_tb"的DIV标签，规则定义按照图11-118所示进行设置。

STEP 2 在"maid_tb" DIV下方再插入一个名称为"maid_gd"的DIV，参数设置如图11-119所示，然后在"边框"选项中设置边框样式为"solid"，宽度都为1px，颜色都为灰色。

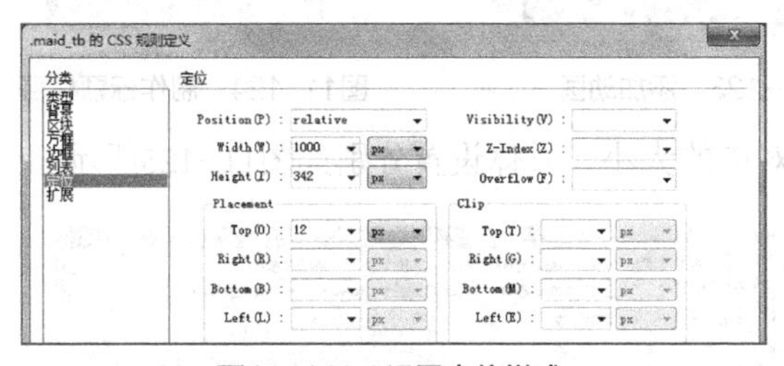

图11-118　设置定位样式

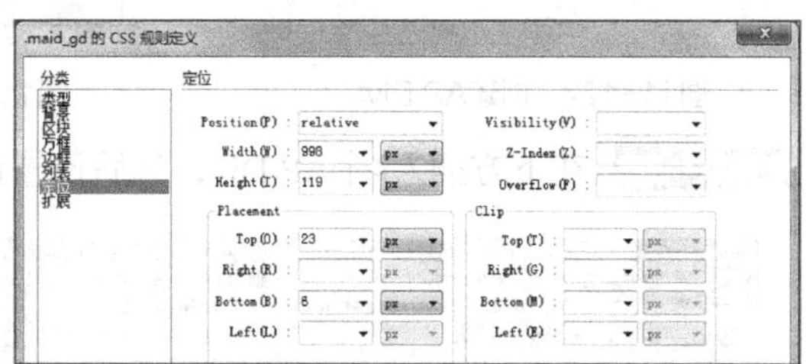

图11-119　设置定位样式

STEP 3 将插入点定位到"maid_tb"标签中，插入一个AP Div标签，然后设置大小为"357px×342px"，再在其中插入一个AP Div标签，大小为"357px×36px"，背景颜色为浅灰色，效果如图11-120所示。

STEP 4 在下方插入一个大小为"357px×304px"，顶部距离为39px的AP Div，背景颜色为浅灰色。

STEP 5 将插入点定位到第1个AP Div中，插入一个大小为"150px×36px"的AP Div，并设置字符格式为“微软雅黑、18点、墨绿色（#515C52）、加粗、居中对齐”，然后在其中输入“多肉新闻”文本，继续在右侧插入一个大小为“150px×36px”的AP Div，设置字符格式为“微软雅黑、14点、墨绿色（#515C52）、右对齐”，效果如图11-121所示。

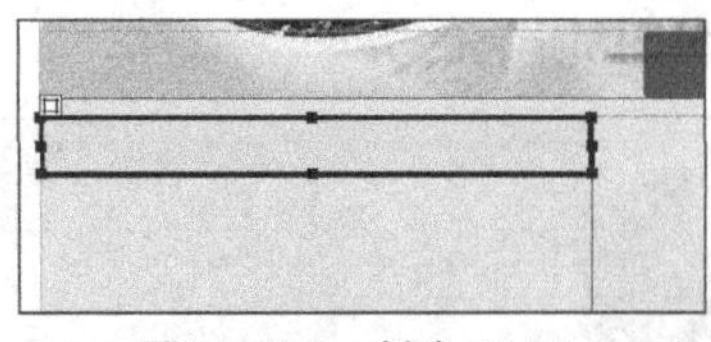

图11-120　创建AP Div

图11-121　输入文字

STEP 6 在下方的AP Div中嵌入一个大小为“332px×281px”的AP Div，设置距离左边13px，上边10px，效果如图11-122所示。

STEP 7 将插入点定位到该标签中，选择【插入】/【媒体】/【swf】菜单命令，在打开的对话框中选择“多肉轮显.swf”动画（素材参见：光盘\素材文件\项目十一\任务四\多肉轮显.swf），将其插入该标签中，效果如图11-123所示。

STEP 8 将插入点定位到“maid_tb”标签中，插入一个大小为“230px×342px”的AP Div，然后使用步骤3～步骤5的方法在其中分别插入两个AP Div，其中第1个大小为“230px×36px”，第2个大小为“230px×303px”。

STEP 9 在其中输入文字并设置字符格式，格式与“多肉新闻”文本相同，最后插入底纹图片，效果如图11-124所示。

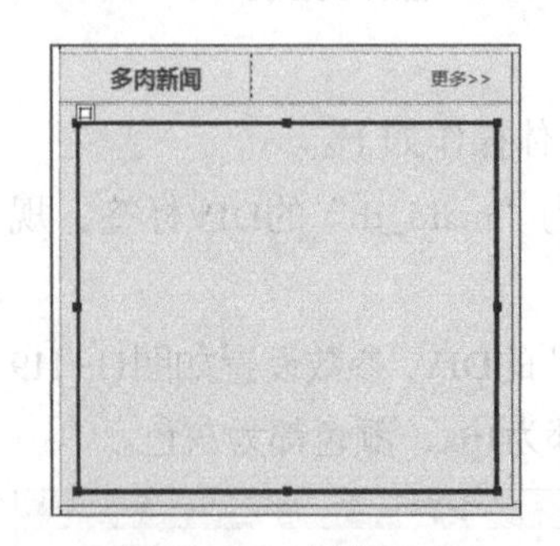

图11-122　创建AP Div

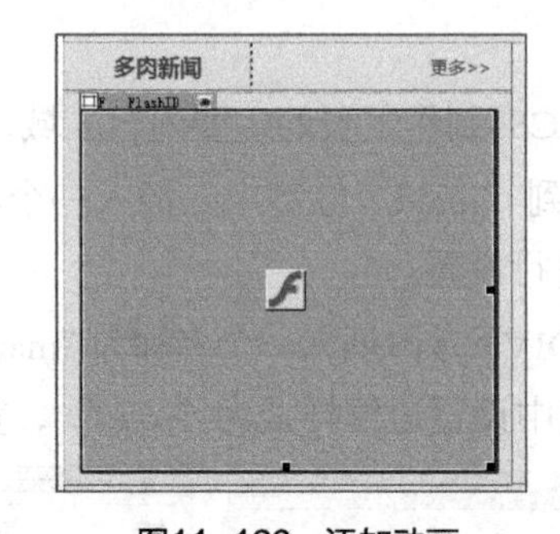

图11-123　添加动画

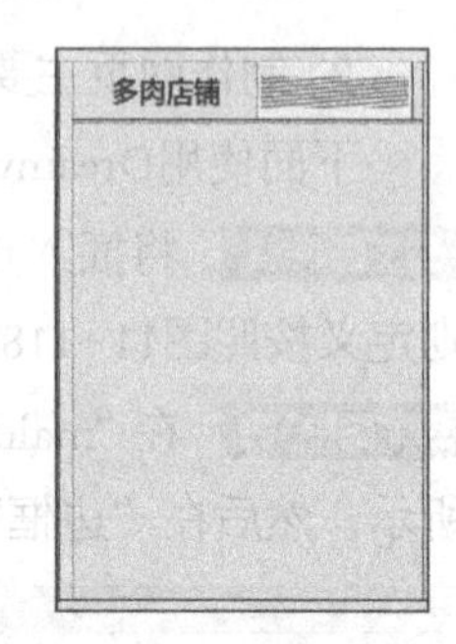

图11-124　制作标题栏目

STEP 10 在下方插入4个AP Div，然后设置对应的大小，具体设置分别如图11-125所示。

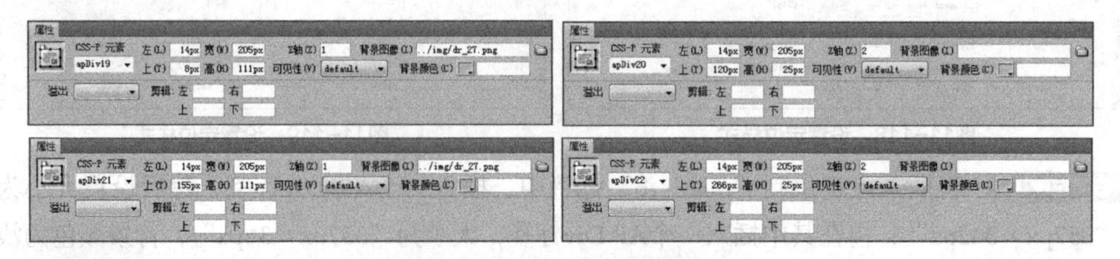

图11-125　制作多肉店铺板块

STEP 11 完成后效果如图11-126所示。

STEP 12 继续在maid_tb的右侧插入一个AP Div标签，属性面板参数设置如图11-127所示。

STEP 13 在其中嵌入一个AP Div，属性面板参数设置如图11-128所示。

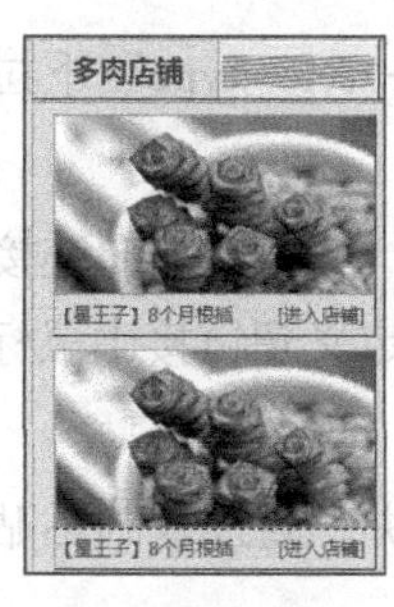

图11-126 多肉店铺板块效果

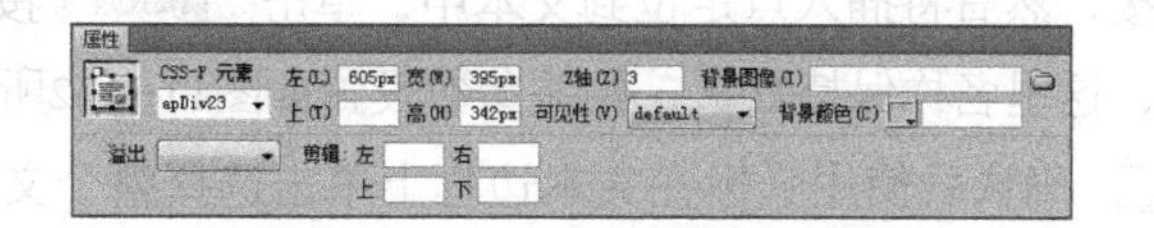

图11-127 设置右侧主要标签大小

STEP 14 在嵌入的AP Div标签的下方再次插入一个AP Div，属性面板参数设置如图11-129所示。

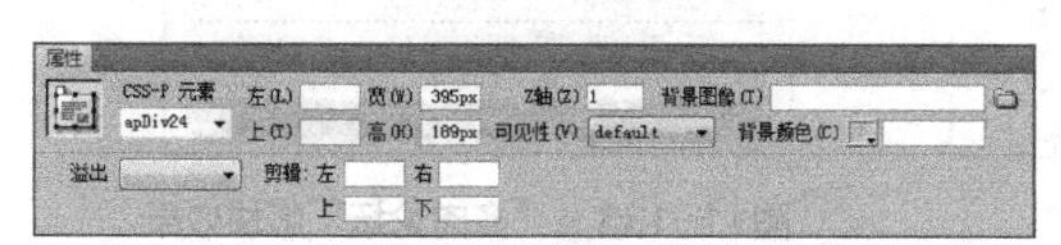

图11-128 设置第1个嵌入标签大小

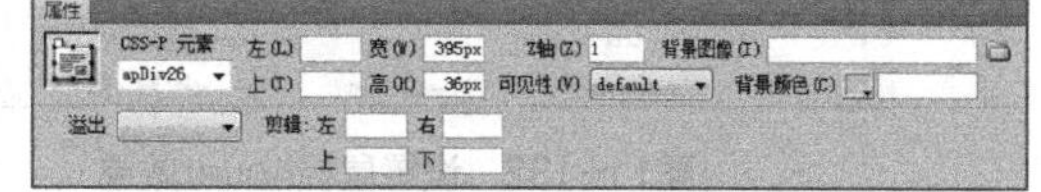

图11-129 设置第2个嵌入标签大小

STEP 15 使用相同方法在第1个嵌入标签中再次嵌入两个AP Div标签，用于放置标题文本和底纹，属性面板参数设置如图11-130所示。

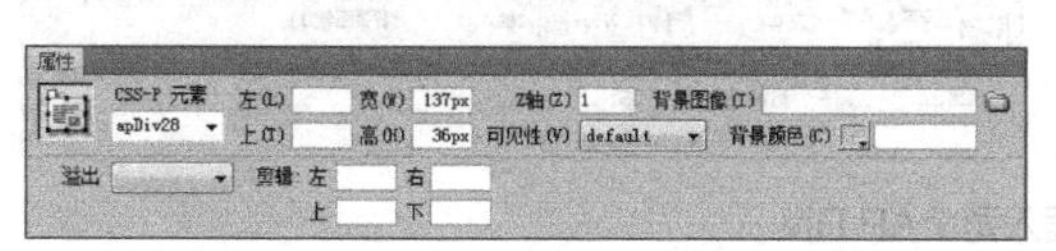

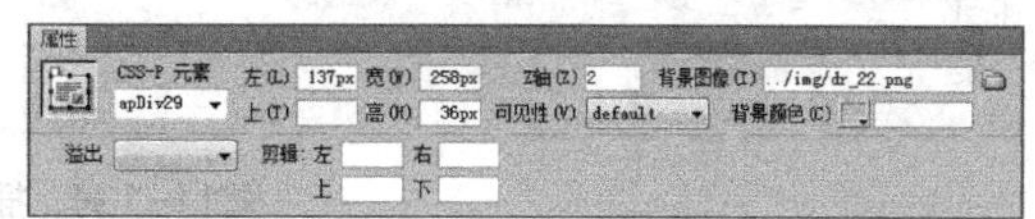

图11-130 制作标题栏

STEP 16 在名称为"apDiv27"的标签中单击定位插入点，然后在属性面板单击 HTML 按钮，在其中单击"项目符号"按钮添加项目符号。

STEP 17 在标签中输入"熊童子叶插种植过程，详细【精品】……[2014.02]"文本，选择文本，然后单击 CSS 按钮，再单击 编辑规则 按钮创建新规则，这里规则名称保持默认，打开规则定义对话框，其中相关设置如图11-131所示。

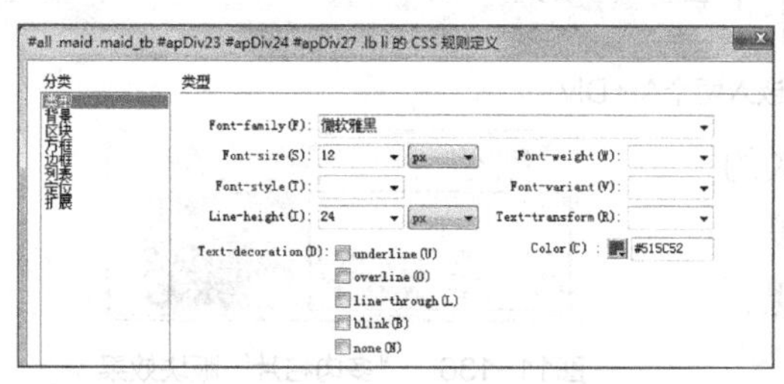

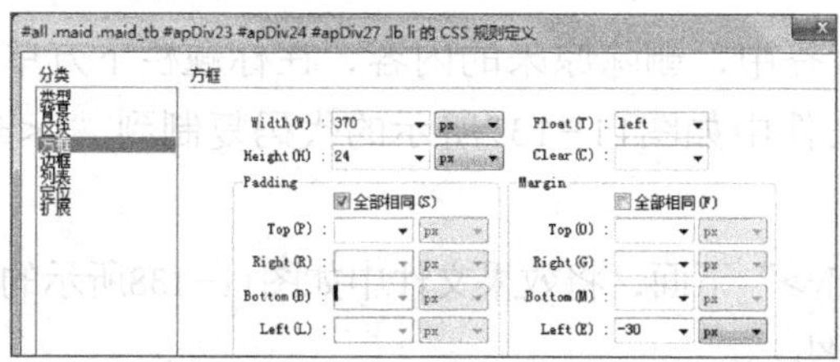

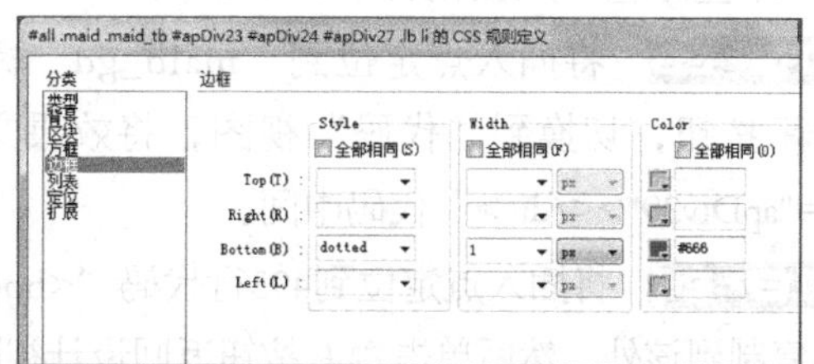

图11-131 设置列表样式

STEP 18 在规则定义对话框中选择“列表”选项，在“list-style-type”下拉列表中选择“none”选项，设置列表不显示项目符号。

STEP 19 单击 确定 按钮，确认设置，选择其中的文本，对其添加超链接，这里先设置为空链接，然后将插入点定位到文本中，单击 编辑规则 按钮定义超链接中鼠标移上去后的文本效果，这里名称保持默认，相关参数设置如图11-132所示。

STEP 20 确认后使用鼠标在文本边框上单击选择整个文本块，通过复制粘贴的方法复制多个，完成后效果如图11-133所示。

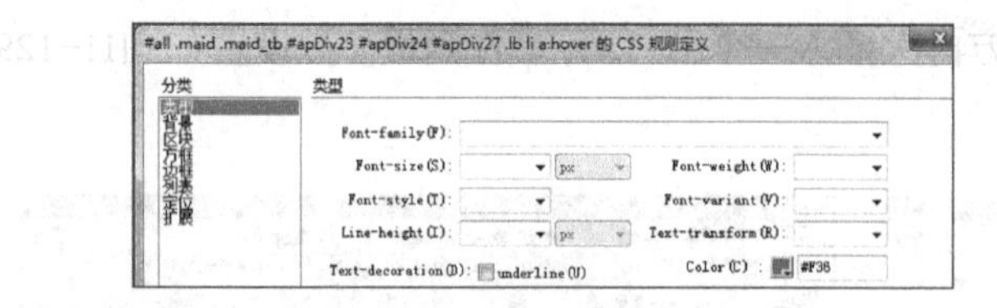

图11-132　设置鼠标hover效果

图11-133　“多肉论坛”版块效果

STEP 21 将插入点定位到名称为“apDiv25”的标签中，插入两个AP Div标签，相关设置如图11-134所示。

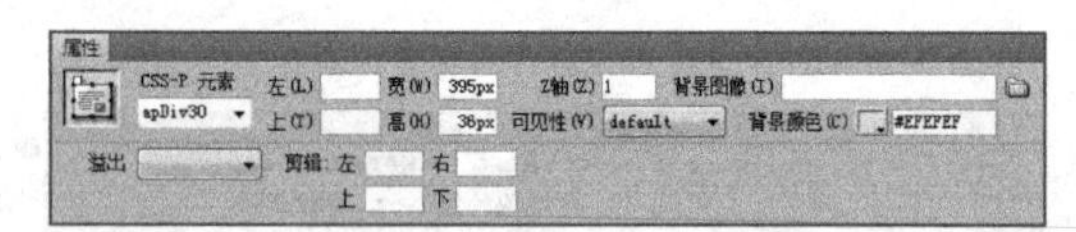
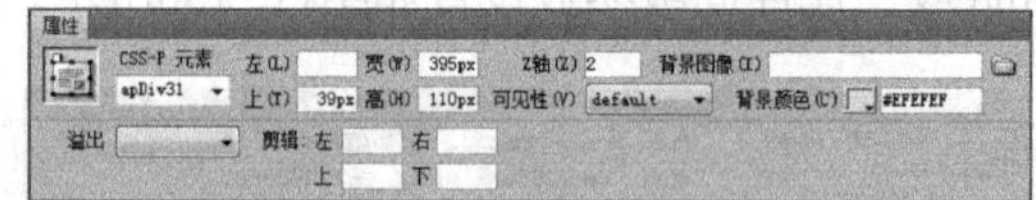

图11-134　插入两个AP Div

STEP 22 在上面一个AP Div标签中再嵌入两个AP Div标签，大小等设置与“多肉论坛”版块的设置方法相同。

STEP 23 在下面一个AP Div标签中同样嵌入两个AP Div标签，属性面板相关参数如图11-135所示。

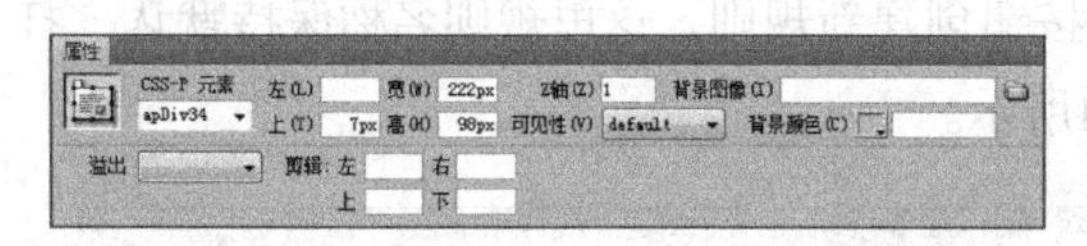
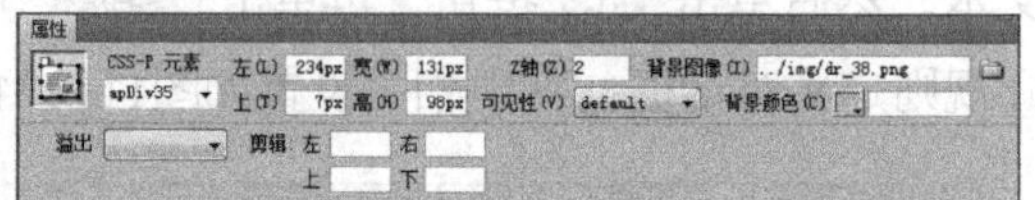

图11-135　嵌入两个AP Div

STEP 24 设置第1个嵌入AP Div只输入相关的文本，然后设置标题文本格式为“微软雅黑、14px、墨绿色”，设置内容文本为“微软雅黑、12px、墨绿色”，效果如图11-136所示。

图11-136　“多肉名片”版块效果

STEP 25 将插入点定位到“maid_gd”标签中，删除原来的内容，在标题栏下方单击 代码 按钮，切换到“代码”视图，将效果文件中如图11-137所示的代码复制到“<div id="apDiv39"></div>”代码中间。

STEP 26 将插入点定位到495行代码“<body>”下面，将效果文件中如图11-138所示的代码复制到该处，然后单击 设计 按钮返回设计视图。

```
<div style=" width:920px; float:left; background-color:#FFF; height:118px;">
  <div id="demo">
    <div id="indemo">
      <div id="demo1">
      <a href="#"><img src="../img/dr_50.png" border="0" /></a>
      <a href="#"><img src="../img/dr_50.png" /></a>
      <a href="#"><img src="../img/dr_50.png" border="0" /></a>
      <a href="#"><img src="../img/dr_50.png" /></a>
       <a href="#"><img src="../img/dr_50.png" border="0" /></a>
      <a href="#"><img src="../img/dr_50.png" /></a>
      </div>
      <div id="demo2"></div>
    </div>
  </div>
  <script>
        <!--
        var speed=10;
        var tab=document.getElementById("demo");
        var tab1=document.getElementById("demo1");
        var tab2=document.getElementById("demo2");
        tab2.innerHTML=tab1.innerHTML;
        function Marquee(){
        if(tab2.offsetWidth-tab.scrollLeft<=0)
        tab.scrollLeft-=tab1.offsetWidth
        else{
        tab.scrollLeft++;
        }
        }
        var MyMar=setInterval(Marquee,speed);
        tab.onmouseover=function() {clearInterval(MyMar)};
        tab.onmouseout=function() {MyMar=setInterval(Marquee,speed)};
        -->
    </script>
</div>
```

图11-137　复制图片滚动DIV布局

```
<body>
<!--无缝滚动-->
<style type="text/css">
<!--
#demo {
background: #FFF;
overflow:hidden;
border: 1px dashed #CCC;
width: 920px;
margin-top:10px;
}
#demo img {
border: 3px solid #F2F2F2;
}
#indemo {
float: left;
width: 800%;
}
#demo1 {
float: left;
}
#demo2 {
float: left;
}
-->
</style>
<!--无缝滚动-->
<!--主体Start-->
```

图11-138　复制图片滚动CSS样式

STEP 27 将插入点定位到bottion标签中，单击 编辑规则 按钮，在打开的对话框中按照图11-139所示设置CSS样式。

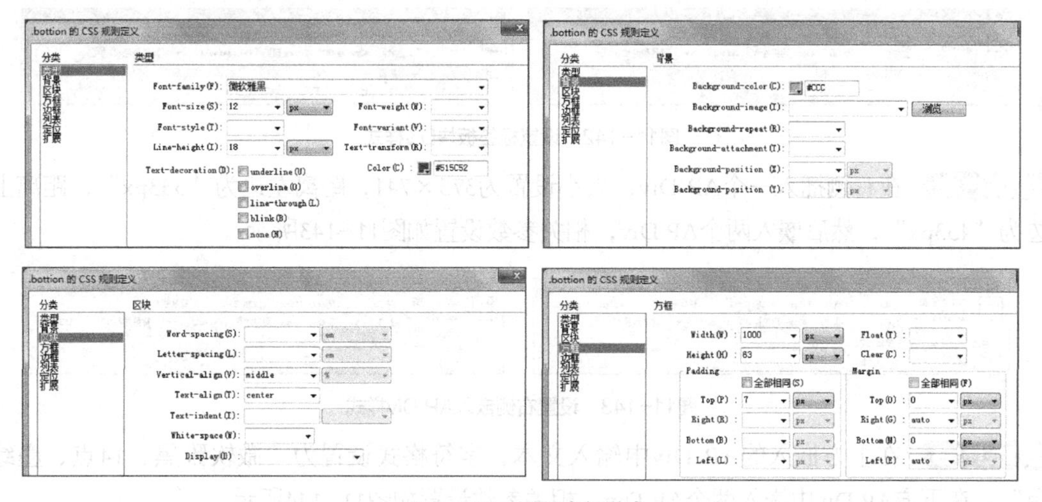

图11-139　设置底部样式

STEP 28 选择“maid”标签，将其背景色修改为白色，然后对标题栏等相关的文字添加超链接，完成后保存页面即可（最终效果参见：光盘\效果文件\项目十一\任务四\html\index.html）。

（二）制作其他页面

主页制作完成后就可以制作其他的页面，这里由于篇幅有限，因此只制作一个二级页面和一个三级页面，其具体操作如下。

STEP 1 观察发现，其他页面的布局与主页只是内容板块不同，因此在“文件”面板中选择“index.hrml”页面，在其上单击鼠标右键，在弹出的快捷菜单中选择【编辑】/【拷贝】命令，然后在“html”文件夹上单击鼠标右键，在弹出的快捷菜单中选择“粘贴”命令。

STEP 2 得到“index_拷贝.html”文件，更改名称为“drgl.html”，双击打开该文件，在中间内容部分选择相关Div标签，将其删除，并在CSS样式面板中将对应的样式删除，完成后效果如图11-140所示。

STEP 3 在“maid”标签中插入一个AP Div，大小为“265px×471px”，背景颜色为灰色，效果如图11-141所示。

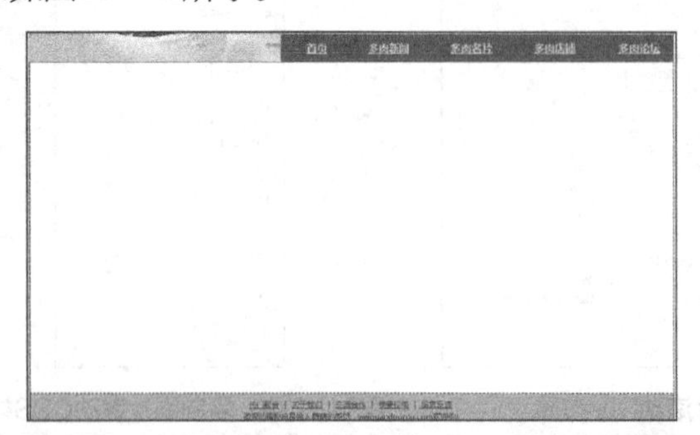

图11-140　删除不需要的Div标签和CSS样式后的效果

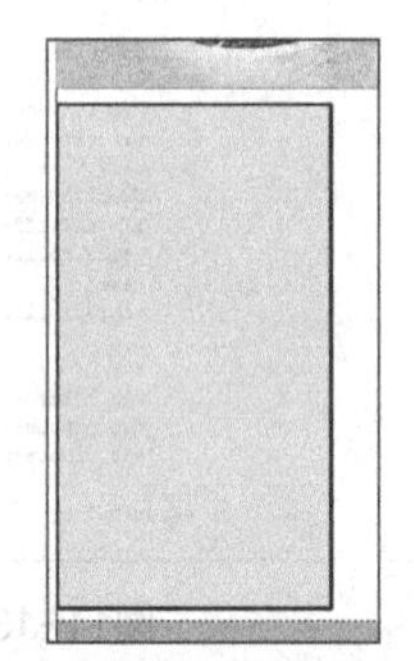

图11-141　创建左侧AP Div

STEP 4 在左侧的AP Div中嵌入两个AP Div，相关参数设置如图11-142所示。

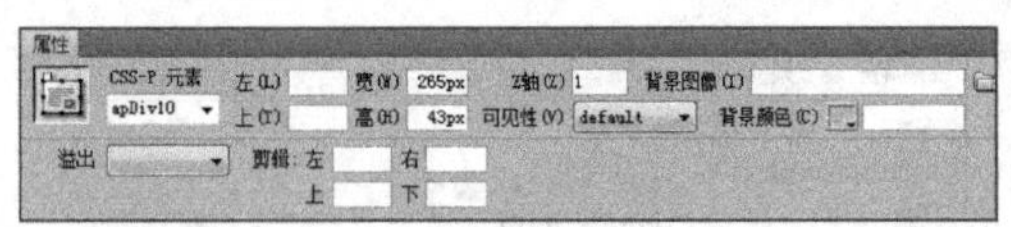

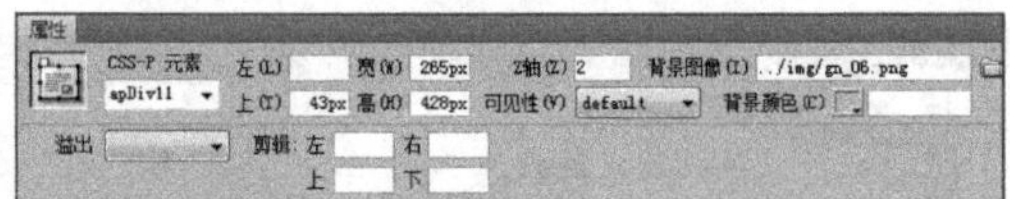

图11-142　设置标签板块Div样式

STEP 5 在右侧插入一个AP Div，大小设置为375×741，距离左边为“333px”，距离上边为“433px”，然后嵌入两个AP Div，相关参数设置如图11-143所示。

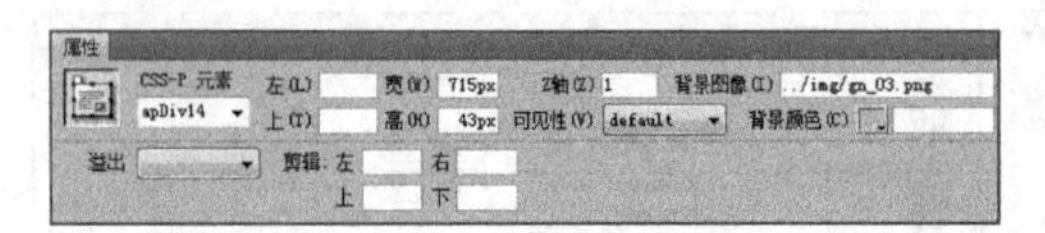

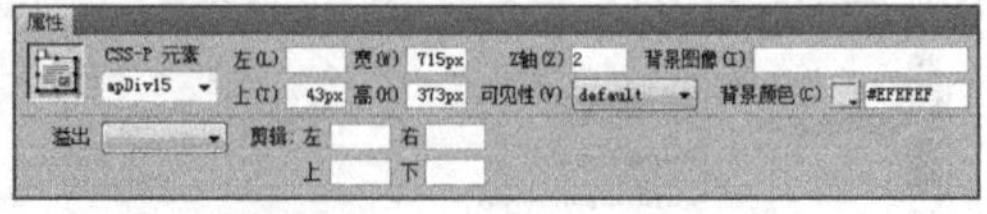

图11-143　设置右侧嵌入AP Div样式

STEP 6 在上方嵌入的AP Div中输入文本，字符格式设置为“微软雅黑、14点、墨绿色”，在下方AP Div中嵌入两个AP Div，相关参数设置如图11-144所示。

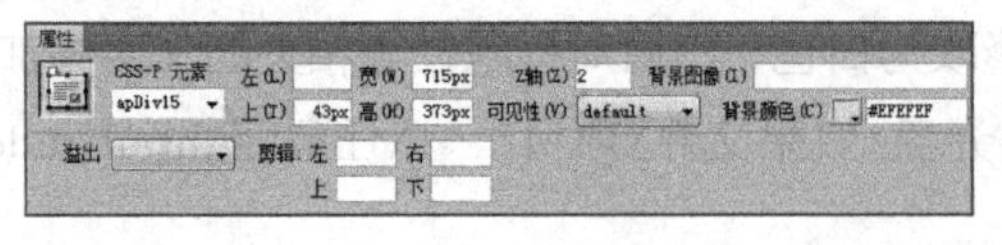

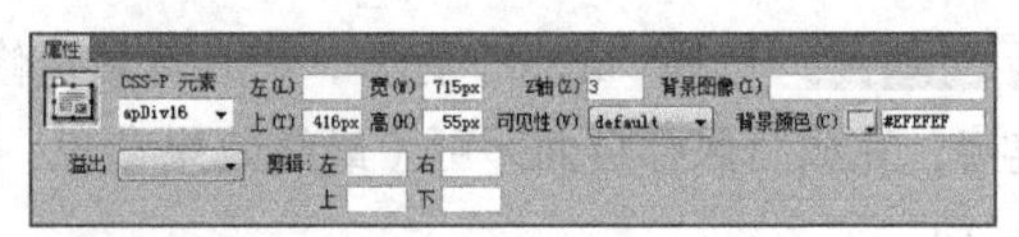

图11-144　设置右侧下方嵌入的AP Div样式

STEP 7 在右侧下方第一个嵌入的AP Div中创建项目列表，设置方法与index.html页面中多肉论坛版块相同，将大小修改为与右侧AP Div相等宽度的大小即可。

STEP 8 在右侧下方的第2个AP Div中插入8个AP Div，大小设置可参见效果图，并在相应的AP Div插入效果图中对应的图片，在相应位置添加超链接，效果如图11-145所示。

STEP 9 使用步骤1～步骤2的操作创建“drxl.html”页面，并删除不需要的部分，然后使用相同的方法对内容部分进行版式布局，在需要的地方创建超链接即可。

图11-145 设置右侧下方嵌入的AP Div样式

STEP 10 打开制作的3个网页，更改相关的超链接，使其单击对应的文字能够打开对应的页面，完成后保存页面即可，如图11-146所示（最终效果参见：光盘\效果文件\项目十一\任务四\html\drxl.html）。

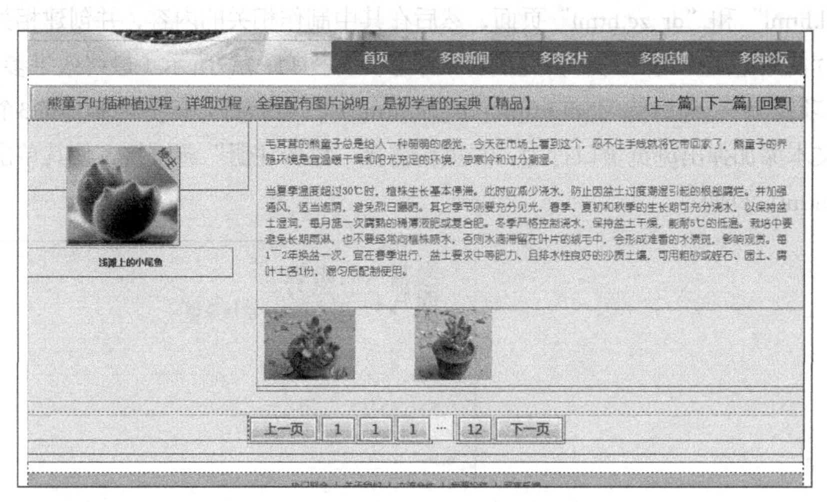

图11-146 制作多肉细览页面效果

常见疑难解析

问：在制作网页过程中，需要一边制作一边测试吗？

答：对于初学者来说，很有必要，并且最好在计算机中安装多个浏览器进行测试，以检测页面的兼容问题。在测试过程中，如发现一些Div标签位置不正确，可通过添加“float:left;”代码来调试，若还是不能解决，则可以显示边框，代码为“*{border：1px red solid;}”，将其复制到样式区域中，表示显示整个页面所有DIV的边框。

问：前面案例中的网页布局都是使用DIV+CSS布局，可以使用表格布局吗？

答：可以。但是建议设计者在进行布局时尽量使用DIV+CSS来进行布局，这样避免了表格布局的局限性，并且将内容与形式分离，减小了文件大小，且便于修改。

拓展知识

网页制作完成后需要对网站进程测试和发布，测试网站主要包括测试兼容性，检查和修复链接，检查下载速度等，而发布网站则是将制作的网站发布到Internet中，使浏览者能够访问。

在网站设计中，网站制作完成并发布成功后，还需要后期对网站进行维护和更新，更新一些页面后可能出现本地站点和远程站点不一致现象，这时可选择【站点】/【同步站点范围】菜单命令，打开“同步文件”对话框，设置同步范围和方向即可。

课后练习

在任务四创建的站点中新建一个名称为“课后练习”的文件夹，在其下创建两个页面，分别为“dl.html”和“dr_zc.html”页面，然后在其中制作相关的内容，并创建相关的超链接（其中图片使用站点中的图片），完成后效果参见如图11-147所示（最终效果参见：光盘\效果文件\项目十一\课后练习\dl.html、dr_zc.html），最后打开任务四制作的3个页面，对“登录”文本添加弹出浏览窗口行为，并重新链接“免费注册”超链接，使其单击即可跳转到“dr_zc.html”页面。

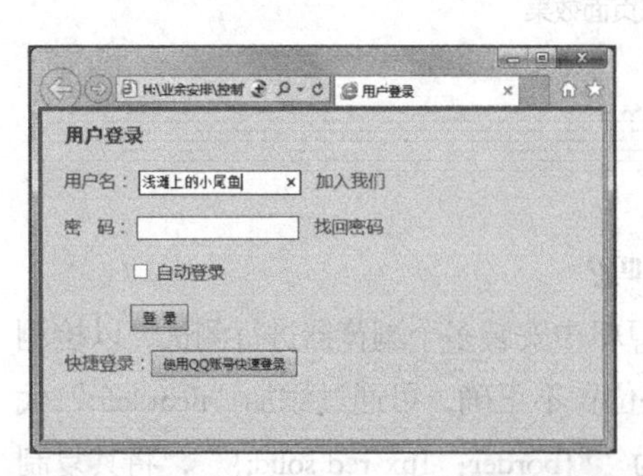

图11-147 制作用户登录和免费注册页面